全国高等职业教育机电类"十二五"规划教材

电子工艺与电子技能

主　编　郭文立　李　玮
副主编　白宏伟　陈跃敏
　　　　张黎强　王俊豪

黄河水利出版社
·郑　州·

内 容 提 要

本书将电子产品生产工艺与电子技术基本技能融为一体，从电子产品整机制造过程与工艺的实际出发，以电子产品整机生产工艺与技术为主线，内容涉及电子产品生产的全过程。全书共分 13 章，分别介绍常用工具和仪器仪表的使用、常用电子元器件的识别与检测、电路图与电子产品技术文件的识读、印制电路板的设计与制作、焊接技术与工艺、电子产品的组装、电子产品整机装调与质量检验、电子产品制作等。本书注重能力的培养，强调应用，突出实用，通俗易懂。

本书可作为电子工艺、电子技能、电子元器件的识别与检测等课程的教材，适合于高职高专应用电子、电子信息、电气自动化和通信技术等电类专业，也可作为机电一体化等其他工科专业或相关职业培训通用的电子基本技能（训练）课程的教材或参考书。

图书在版编目（CIP）数据

电子工艺与电子技能/郭文立，李玮主编. —郑州：黄河水利出版社，2011.12

全国高等职业教育机电类“十二五”规划教材

ISBN 978 - 7 - 5509 - 0045 - 5

Ⅰ.①电…　Ⅱ.①郭…　②李　Ⅲ.①电子技术 - 高等职业教育 - 教材　Ⅳ.①TN

中国版本图书馆 CIP 数据核字（2011）第 256874 号

组稿编辑：王文科　电话：0371-66028027　E-mail：wwk5257@163.com

出 版 社：黄河水利出版社

地址：河南省郑州市顺河路黄委会综合楼14层　　邮政编码：450003

发行单位：黄河水利出版社

发行部电话：0371 - 66026940、66020550、66028024、66022620（传真）

E-mail: hhslcbs@126.com

承印单位：河南地质彩色印刷厂

开本：787 mm×1092 mm　1/16

印张：18.75

字数：460 千字　　印数：1—4 100

版次：2011 年 12 月第 1 版　　印次：2011 年 12 月第 1 次印刷

定价：38.00 元

前 言

本书是一本介绍电子产品生产工艺的书,同时本书也是一本关于电子技术基本技能方面的书。

电子产品生产工艺包括两方面的内容:一是电子整机产品生产工艺,二是由电子整机产品构成电子系统的连接与调试工艺。所谓电子整机产品生产工艺,也就是电子整机产品制造工艺,即电子整机产品在设计、试验、装配、焊接、调试、检验、维修与服务方面的工艺和技术。本书将更多地介绍电子整机产品生产工艺,不过多涉及电子系统的连接与调试工艺。

电子整机产品生产工艺也包括两方面的内容:一是生产工艺的技术手段和操作技能,二是生产过程中的工艺管理与质量控制。先进的工艺技术是保证产品质量的必要条件,是提高生产效率、降低生产成本、最终提高经济效益的关键。因此,具有一定的理论、掌握现代工艺技术与技能的应用型技术人才,才是社会与企业真正需要的。

很多学校都是将电子工艺与电子技能课程分开设置,这样,不可避免地会存在内容重复或遗漏。而且,在传统的电子工艺课程教学中,更多的是重视生产过程与生产工艺的介绍。本书在构思与编写中,力图将电子产品工艺与电子技术基本技能融为一体,希望使学生在了解电子整机产品生产过程与工艺的同时,了解过程中的工作、岗位对从业人员的理论基础、技术和技能的要求,从而有目的地去学习理论和技术,有目的地去培养与提高技能。

本书在构思与编写中,坚持以理论"必须、够用"为原则,注重能力的培养,力求编写出定位准确(具有电路、电工和电子技术基础知识,培养技术岗位应用型技术人才)、思路清晰、内容丰富新颖(内容详尽但不过多涉及理论,注重新器件、新技术、新工艺、新方法,舍弃过时知识或很少用到的元器件等内容)、结构合理、风格传统、图文并茂、通俗易懂、强调应用、突出实用的教材。

本书从电子产品整机制造过程与工艺的实际出发,内容涉及电子产品生产的全过程。全书共分13章,分别介绍常用工具和仪器仪表的使用、常用电子元器件的识别与检测、各种电路图与电子产品技术文件的识读、印制电路板的设计与制作工艺、焊接技术与工艺、电子产品的组装技术与工艺、电子产品整机装调与质量检验技术与工艺等,本书最后还给出了两个典型的电子产品制作实例,以期总结、综合所学,整体掌握与提高。需要指出的是:本书在每章之后并没有给出很多基础性的练习题,而是给出了一些稍有难度,用以检验是否能够灵活应用所学,具有启迪思维的训练、思考与问答题;鉴于现在已经有很多专门的书籍介绍印制电路的设计及其软件(Protel、OrCAD)的使用,本书不再编写电子CAD方面的内容。

本书由郭文立和李玮担任主编。郭文立构思、通稿全书,并编写第四章第四节、第五章、第七章和附录五、附录六;李玮协助通稿,并编写第四章第一至三节、第六章、第十三章和附录四;白宏伟任副主编,编写第八章、第九章和第十章;陈跃敏任副主编,编写第二章和第三章第一至四节;张黎强任副主编,编写第一章和第三章第五节;王俊豪任副主编,编写第十二章和附录一至附录三;侯清江编写训练、思考与问答题;郭贝贝编写第十一章。

本书在编写过程中,参阅了相关的书籍、资料和文献,在此向其编者或作者表示感谢!

由于编者水平有限,书中难免存在不妥之处,敬请广大读者批评指正。

编　者

2011 年 9 月

目　录

前　言
第一章　常用工具与仪器、仪表的使用 ……………………………… (1)
　第一节　常用工具的使用 ……………………………… (1)
　第二节　万用表的使用 ……………………………… (7)
　第三节　信号发生器和示波器的使用 ……………………………… (13)
　训练、思考与问答 ……………………………… (18)
第二章　无源元件的识别与检测 ……………………………… (20)
　第一节　电阻器的识别与检测 ……………………………… (20)
　第二节　电容器的识别与检测 ……………………………… (32)
　第三节　电感器和变压器的识别与检测 ……………………………… (40)
　训练、思考与问答 ……………………………… (47)
第三章　半导体器件的识别与检测 ……………………………… (49)
　第一节　半导体二极管的识别与检测 ……………………………… (49)
　第二节　半导体三极管的识别与检测 ……………………………… (57)
　第三节　场效应管与 IGBT 的识别与检测 ……………………………… (64)
　第四节　晶闸管的识别与检测 ……………………………… (68)
　第五节　集成电路的识别与检测 ……………………………… (72)
　训练、思考与问答 ……………………………… (80)
第四章　传感器与转换器件的识别与检测 ……………………………… (82)
　第一节　电光与光电转换器件的识别与检测 ……………………………… (82)
　第二节　压电器件的识别与检测 ……………………………… (94)
　第三节　常用传感器的识别与检测 ……………………………… (97)
　第四节　电声器件的识别与检测 ……………………………… (105)
　训练、思考与问答 ……………………………… (111)
第五章　开关与保护类器件的识别与检测 ……………………………… (112)
　第一节　接插件、开关与继电器的识别与检测 ……………………………… (112)
　第二节　保护元件的识别与检测 ……………………………… (127)
　训练、思考与问答 ……………………………… (133)
第六章　表面装贴器件 ……………………………… (134)
　第一节　概　述 ……………………………… (134)
　第二节　表面安装电阻器 ……………………………… (135)
　第三节　表面装贴电容器 ……………………………… (137)
　第四节　表面装贴电感器和磁珠 ……………………………… (139)
　第五节　表面安装晶体管和集成电路 ……………………………… (139)

第六节　其他表面装贴器件 …… (142)
训练、思考与问答 …… (142)
第七章　电子电路图的识读 …… (143)
第一节　电路图识读的基本知识 …… (143)
第二节　电路框图与电路原理图的识读 …… (148)
第三节　电路装配图与印制电路图的识读 …… (158)
训练、思考与问答 …… (163)
第八章　印制线路板的设计与制作 …… (164)
第一节　印制线路板的基础知识 …… (164)
第二节　印制线路板的设计 …… (167)
第三节　印制线路板的制作 …… (176)
训练、思考与问答 …… (185)
第九章　电子产品的组装技术与工艺 …… (186)
第一节　组装基础 …… (186)
第二节　通孔插入安装技术(THT) …… (187)
第三节　导线的加工 …… (194)
第四节　线束的扎制 …… (197)
第五节　表面贴装技术 …… (197)
训练、思考与问答 …… (201)
第十章　焊接技术与焊接工艺 …… (202)
第一节　焊接的分类与锡钎焊 …… (202)
第二节　手工焊接技术 …… (209)
第三节　焊接质量 …… (213)
第四节　工业生产锡钎焊技术 …… (217)
第五节　手工拆焊 …… (220)
第六节　表面安装元件的手工焊接与拆焊 …… (223)
训练、思考与问答 …… (226)
第十一章　电子产品整机装调与质量检验 …… (228)
第一节　整机装配 …… (228)
第二节　电子产品的调试 …… (230)
第三节　整机质检 …… (234)
训练、思考与问答 …… (235)
第十二章　电子产品技术文件简介 …… (236)
第一节　电子产品设计文件 …… (236)
第二节　电子产品工艺文件 …… (240)
第十三章　电子产品制作实例 …… (248)
第一节　黑白电视机稳压电源的制作 …… (248)
第二节　分立元件收音机的组装与调试 …… (256)

附　录 …………………………………………………………………………（268）
附录一　电气电路图常用符号 ………………………………………………（268）
附录二　国产电阻器型号命名方法 …………………………………………（282）
附录三　国产敏感器件型号命名方法 ………………………………………（283）
附录四　国产电容器的型号命名方法 ………………………………………（284）
附录五　半导体分立器件的型号命名方法 …………………………………（285）
附录六　集成电路命名方法与国外产品代号 ………………………………（288）
参考文献 ………………………………………………………………………（292）

第一章　常用工具与仪器、仪表的使用

在电子产品的生产、维护和维修过程中，要用到很多的工具、器材、设备、仪器和仪表，如装配工具、测试仪器和仪表、防静电工具和器材、焊接设备等。下面仅介绍手工操作中常用的工具、仪器和仪表。

第一节　常用工具的使用

在电子产品的组装、调试、检测和维护、维修过程中，常用的工具有焊接工具、夹持与整形工具、剥线与剪切工具及紧固工具等。

一、焊接工具

焊接工具是用来焊接、拆卸元器件及导线的工具，是电子产品生产、制作和维修过程中不可缺少的工具。手工焊接工具主要有电烙铁、吸锡器和吸锡电烙铁、热风枪等。

(一)电烙铁

电烙铁是焊接工具中最重要的基本工具，它主要由烙铁头、发热部件和手柄等构成。电烙铁按发热部件与烙铁头的相对位置，可分为外热式电烙铁和内热式电烙铁两种。

1. 外热式电烙铁

外热式电烙铁由烙铁头、烙铁芯、外壳(内罩烙铁芯)、手柄、电源线和插头等部分组成，如图1-1所示。外热式电烙铁因发热元件在电烙铁头的外面而得名。

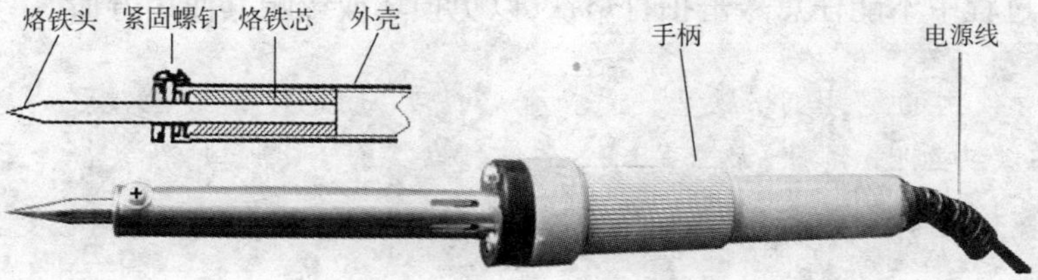

图1-1　外热式电烙铁

电热丝绕在薄云母片绝缘的圆筒上，组成烙铁芯，烙铁头安装在烙铁芯里面，电热丝通电后产生的热量传送到烙铁头上，使烙铁头温度升高。

常用的外热式电烙铁有25 W、35 W、45 W、75 W等几种功率规格。功率越大，烙铁产生的热量越大，烙铁头的温度越高。在焊接印制电路板组件时，通常使用功率为25～45 W的电烙铁。

烙铁头可以加工成不同形状，以适用于不同的焊接对象，如表1-1所示。凿式和尖锥形烙铁头的角度较大时，热量比较集中，温度下降较慢，适用于焊接一般焊点。当烙铁头的角度较小时，温度下降快，适用于焊接对温度比较敏感的元器件。斜面烙铁头，由于表面大，传热较快，适用于焊接布线不很拥挤的单面印制电路板焊接点。圆锥形烙铁头适用于焊接高密度的线头、小焊盘以及小而怕热的元器件。

表 1-1　常见烙铁头的外形与应用

烙铁头外形	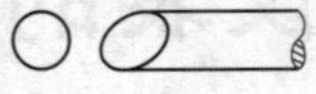	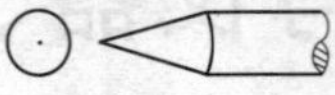	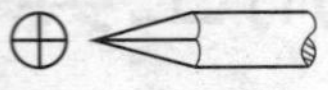		
烙铁头名称	圆斜面形	圆尖锥形	尖锥形	凿形	半凿形
烙铁头应用	通用	密集小焊点	密集小焊点	长形焊点	较长焊点

烙铁头插入烙铁芯的深度直接影响烙铁头的表面温度。一般焊接体积较大的焊件时，烙铁头要插得深些，焊接小而薄的物体时可浅些。

使用外热式电烙铁时应注意以下事项：

(1)烙铁头一般用紫铜制作，在温度较高时容易氧化，在使用过程中其端部易被焊料浸蚀而失去原有形状，因此需要及时加以修整。初次使用或经过修整后的烙铁头，必须及时挂锡(又称吃锡、上锡、搪锡)。方法是：通电加热后，用锉刀将烙铁头刃面锉平整光亮，烙铁头刃面蘸上松香接触焊锡丝，使烙铁头刃面均匀地镀上一层锡。这样做有利于提高电烙铁对焊接件的可焊性，防止烙铁头表面氧化，延长电烙铁的使用寿命。使用一段时间后，烙铁头如果严重氧化而发黑、凹凸不平，会影响热量的传递和焊接，要重新修整镀锡才能使用。擦拭烙铁头要用浸水海绵或湿布，不得用砂纸打磨烙铁头，也不要用锉刀锉，以免破坏镀层，缩短使用寿命。若烙铁头不吃锡，可用松香助焊剂在浸锡槽中上锡。

(2)目前合金烙铁头(基本都是锥形尖头烙铁)的使用已经非常广泛，对于这种烙铁头，使用时切忌用锉刀、砂纸打磨修理，以免损坏外镀合金层后缩短烙铁头的寿命。合金烙铁头的擦拭也只能用浸水海绵、湿布或软纸，不得使用硬物，使用中更不能把烙铁尖头弄弯、折断。

(3)使用过程中不能任意敲击拍打烙铁，以免损坏或影响其使用寿命。

提示：不管使用的是紫铜烙铁头还是合金烙铁头，切忌使用酸性较强的焊锡膏助焊，否则很容易使烙铁头氧化、锈蚀，尤其是对合金烙铁头。使用合金烙铁头的电烙铁，还要尽量少用松香，因为松香在高温下呈弱酸性。

外热式电烙铁既适用于焊接大型的元部件，也适用于焊接小型的元器件。由于发热元件在烙铁头的外面，大部分的热量会散发到外部空间，所以加热效率低，加热速度较缓慢，一般要预热 5 ~ 7 min 才能焊接。

2. 内热式电烙铁

内热式电烙铁由手柄、连接杆、卡箍、烙铁芯、烙铁头等组成，如图 1-2 所示。由于烙铁芯安装在烙铁头里面，因此称为内热式电烙铁。烙铁芯是采用极细的镍铬电阻丝绕在瓷管上，在外面套上耐高温绝缘管制成。烙铁头的一端是空心的，它套在烙铁芯外面，用卡箍来紧固。

内热式电烙铁升温快，加热效率高。20 W 内热式电烙铁的实用功率相当于 25 ~ 40 W 的外热式电烙铁。它具有体积小、质量轻、耗电省、使用灵巧等优点，因而得到广泛应用。

内热式电烙铁的使用注意事项与外热式电烙铁基本相同。由于其连接杆的管壁厚度只

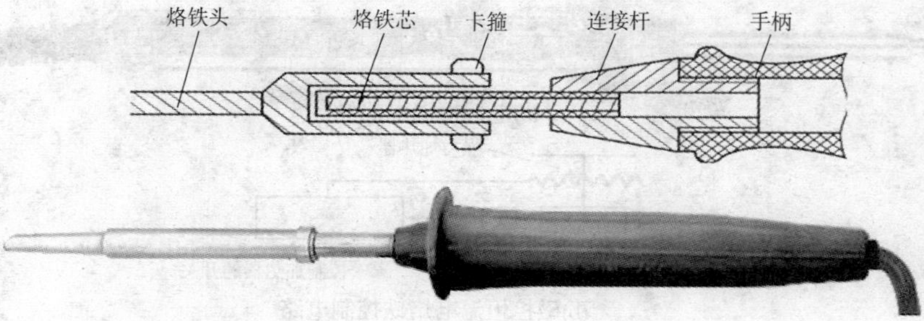

图 1-2　内热式电烙铁的外形

有 0.2 mm，而且发热元件是用瓷管制成的，所以更应注意不要敲击，不能用钳子夹连接杆。有的内热式电烙铁的烙铁头，在紫铜表面镀有纯铁或镍，使用寿命比普通烙铁头高 10～20 倍，并且由于镀层耐焊锡的浸蚀，不易变形，能保持操作时所需的最佳形状。使用时要注意，不可损坏其外部镀层。

3. 恒温电烙铁

目前使用的外热式和内热式普通电烙铁，加热一定时间后烙铁头温度都会超过 300 ℃，这对焊接晶体管、集成电路等元件是不利的，一是焊锡容易被氧化而造成虚焊，二是如果烙铁头与焊点接触时间长，由于烙铁头温度太高，会对元器件、电路板造成损坏或破坏。在对焊接要求较高的场合，通常采用恒温电烙铁。恒温电烙铁有手柄控制和电源控制台两大类。它们的恒定温度均可以预先设定调节。

1）手柄控制恒温电烙铁

（1）电控恒温电烙铁。

电控恒温电烙铁是用热电偶作为传感元件来检测和控制烙铁头温度的。当烙铁头的温度低于规定数值时，温控装置就接通电源，对电烙铁加热，使温度上升；当达到预定温度时，温控装置自动切断电源。这样反复动作，使电烙铁基本保持恒定温度。恒温电烙铁实物外形如图 1-3（a）所示。

（2）磁控恒温电烙铁。

磁控恒温电烙铁是在烙铁头上装一个强磁性体传感器，用于吸附磁性开关（控制加热器开关）中的永久磁铁来控制温度。它的控制电路与结构如图 1-3（b）、（c）所示。

升温时，通过磁力作用，带动机械触点，闭合加热器的控制开关，电烙铁被迅速加热；当烙铁头达到预定温度（强磁性软磁材料到达居里点）时，强磁性材料失去磁性，从而使磁性开关的触点断开，加热器断电。当温度下降至低于强磁性体传感器的居里点时，强磁性体恢复磁性，磁性开关的触点闭合，又继续给电烙铁供电加热。如此不断地循环，达到控制电烙铁温度的目的。

如果需要控制不同的温度，只需要更换烙铁头即可（不同温度的烙铁头，装有居里点不同的强磁性软磁材料）。烙铁头的工作温度可在 260～450 ℃内任意选取。

2）电源控制台恒温电烙铁

电源控制台恒温电烙铁是通过电源控制台进行恒温控制的电烙铁，又叫恒温烙铁焊台。它的主要控制电路并不在手柄里，而是在专门的电源台中。其外形如图 1-4 所示。有的恒温烙铁焊台带有静电防护（ESD）功能，故而又称防静电焊台。

(a)电控恒温电烙铁

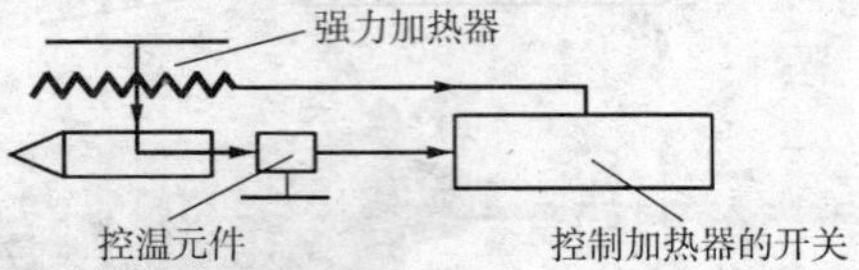

(b)磁控恒温电烙铁控制电路

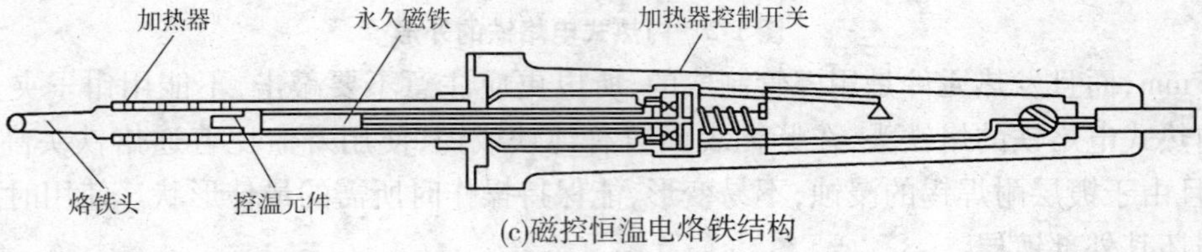

(c)磁控恒温电烙铁结构

图 1-3　恒温电烙铁

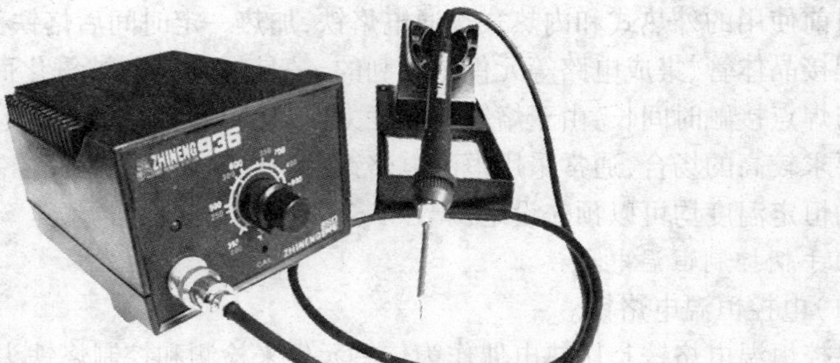

图 1-4　恒温烙铁焊台

(二)吸锡器和吸锡电烙铁

在检修电子电器时,经常需要拆下某些元器件或部件,这时使用吸锡器或吸锡电烙铁,就能够方便地将印制电路板与元器件引脚上的焊锡吸除,使焊接件与印制电路板脱离。

1. 吸锡器

吸锡器是一种没有加热装置的活塞式吸锡泵,拆焊元器件时需配合电烙铁使用。常见吸锡器的外形如图 1-5 所示。它实际是一个小型手动空气泵,因而又被称为吸锡泵。

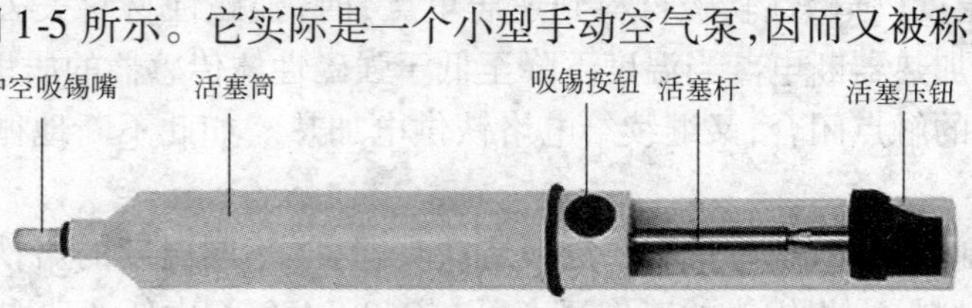

图 1-5　吸锡器

使用时先按下活塞压缩按钮(活塞压钮),活塞筒中的空气被排出,待烙铁将焊锡熔化时,将吸锡器的耐热塑胶中空吸锡嘴对准焊点,稍微用力按下活塞释放按钮(吸锡按钮),活塞在活塞筒中的弹簧作用下迅速弹回,焊锡就通过烙铁头被负压吸入活塞筒内。再按下活塞压缩按钮,一部分被吸入活塞筒内的焊锡会从中空吸锡嘴被排出,但有少量焊锡会残留在活塞筒内。活塞筒内焊锡积累多时,应当取下活塞对其清理,不然,会影响吸锡效果。

2. 吸锡电烙铁

吸锡电烙铁是将活塞式吸锡器与外热式电烙铁融为一体的拆焊工具,所不同的是,其金属烙铁头为中空结构,并且通过中空金属管与活塞筒连通,兼具加热和吸锡嘴的双重作用。图 1-6所示为一种吸锡电烙铁的外形图。由于其自身具有加热功能,使用时将中空烙铁头对准待吸焊点加热,等焊锡熔化时吸锡即可。

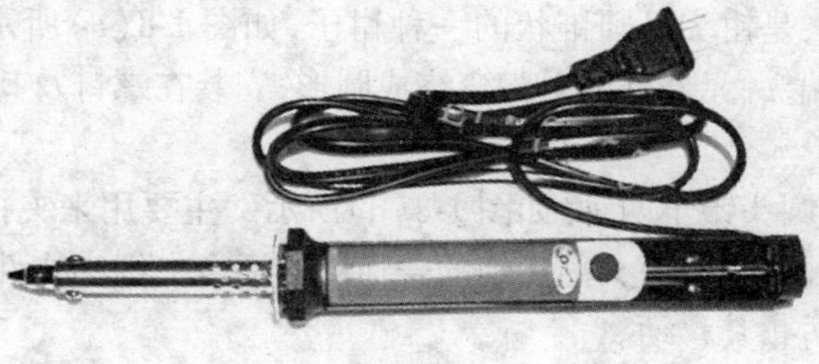

图 1-6　吸锡电烙铁

(三)热风枪

热风枪又称为热风焊台,是一种利用热风来熔化焊锡对元器件进行焊接与拆除的工具,主要用来对集成电路、排阻等多管脚元器件和表面装贴元器件的焊接与拆除。

热风枪主要由气泵、气流稳定器、控制电路板、手柄、外壳等基本组件构成。

热风枪的工作原理类似于电吹风,用一个小风扇将电热丝产生的热量以风的形式送出。在风枪口有一个传感器,对吹出热风的温度进行取样,用来实现对热风的恒温控制和温度显示。热风枪还有风枪口大小不等的喷头,可以根据具体情况来选择喷头的大小。使用时,根据待焊(拆)元器件的大小,调节好输出的风量大小和温度以及喷头与待焊(拆)元器件间的距离,配合夹持工具,就可以进行焊(拆)操作。

图 1-7 所示为两种不同形状热风枪实物外形图。

图 1-7　热风枪

二、夹持与整形工具

(一)尖嘴钳

尖嘴钳是一种钳头呈尖头状的钳子,如图 1-8(a)所示。主要用来夹持小零件或元器件引脚,对元器件引脚加工成形、布线等,也可用来剪切线径较细的导线。尖嘴钳一般带有塑料套柄,使用方便,且能绝缘。

为防止尖嘴钳钳头断裂,不宜用它弯绕较硬、较粗的金属导线及其他硬物。尖嘴钳的头部是经过淬火处理的，不要在锡锅或高温的地方使用，以保持钳头部分的硬度。

（二）平嘴钳

平嘴钳是一种钳头呈扁平状的钳子，如图 1-8（b）所示。它主要用于夹持并拉直裸导线、将较粗的导线及较粗的元器件引脚成形。在焊接晶体管及热敏元件时，可用平嘴钳夹住引线，以便于散热。

（三）圆嘴钳

圆嘴钳又称圆头钳，是钳头呈圆锥状的一种钳子，如图 1-8（c）所示。由于钳头呈圆锥形，可以方便地将导线端头、元器件的引脚弯绕成圆形，安装在螺钉及其他部位上。

（四）镊子

镊子有尖头镊子和圆头镊子两种，如图 1-8（d）所示。主要用来夹持小物件。头部较宽的医用镊子可夹持较大的物件，而头部尖细的普通镊子适合夹细小物件。在焊接时，用镊子夹持导线或元器件，以防止其移动。

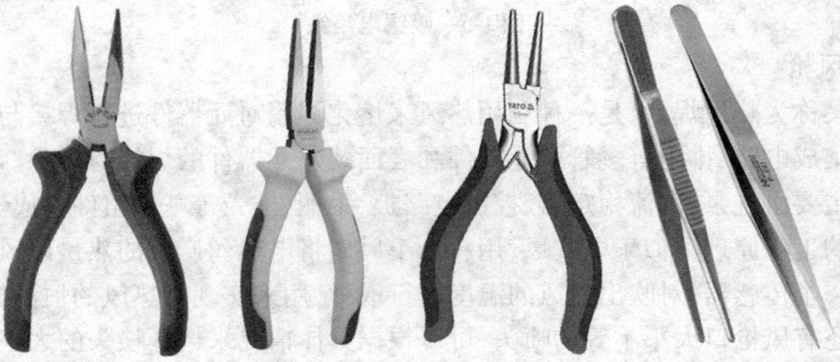

(a)尖嘴钳　(b)平嘴钳　(c)圆嘴钳　(d)镊子

图 1-8　尖嘴钳、平嘴钳、圆嘴钳和镊子

三、剥线与剪切工具

（一）斜口钳

斜口钳又称偏口钳，如图 1-9 所示。它主要用于剪切导线，尤其适合用来剪除焊接后多余的元器件引脚。剪线时，要防止剪下的线头、管脚飞出伤眼。

（二）剪刀

剪刀有普通剪刀和剪切金属线材用剪刀两种，后者如图 1-10 所示，其头部短而宽，刃口角度较大，能承受较大的剪切力。

图 1-9　斜口钳

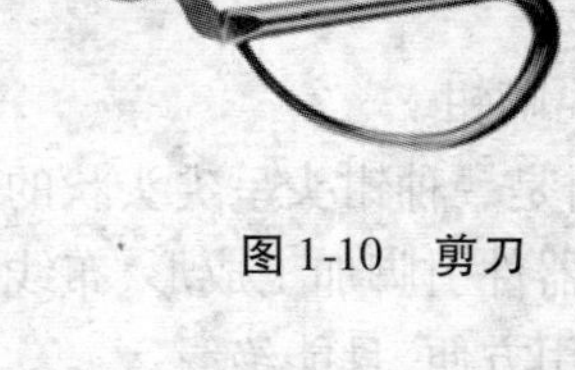

图 1-10　剪刀

（三）剥线钳

剥线钳是一种用于剥掉绝缘护套导线的表面绝缘层而露出导线线头的剥线工具。用剥线钳剥线头效率高、线头尺寸准确、不易损伤芯线。常用剥线钳的实物外形如图 1-11(a)所示。剥线钳的钳口一般有若干个不同直径的钳口,如图 1-11(b)所示。使用时应根据待剥导线的线径选择合适的钳口,这样才能既剥掉线皮,又不损伤导线。剥线时,一手将导线放入选定的钳口并露出(线头)要求长度的导线,另一只手紧握钳柄把手用力合拢,待剥线钳切断导线的外层绝缘护套并将其拉出后,松开钳柄把手,即可取出剥出线头的导线。

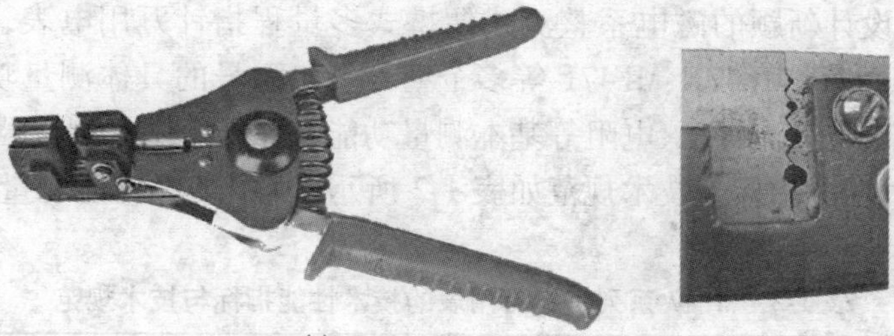

(a) (b)

图 1-11 剥线钳的实物外形与剥线钳的钳口

四、紧固工具

紧固工具用于紧固和拆卸螺钉和螺母。它包括螺钉旋具、螺母旋具和各类扳手等。螺钉旋具也称螺丝刀、改锥或起子,常用的有一字形、十字形两类,并有自动、电动等形式。另外,还有一种无感螺丝刀经常在电路调试时使用,用来进行电感量的调整,它是由非金属或非磁性材料制作而成的。

一字形螺钉旋具是用来旋转一字槽螺钉的工具。选用时应使旋具头部的长短和宽窄与螺钉槽相适应,否则容易损坏安装件的表面或者损坏螺钉旋具。另外还要注意,使用时旋具不能斜插在螺钉槽内。

十字形螺钉旋具适用于旋转十字槽螺钉。选用时应使旋具头部与螺钉槽相吻合,否则易损坏螺钉槽和旋具。

自动螺钉旋具具有同旋、顺旋和倒旋三种动作。当开关置于同旋位置时,与一般旋具用法相同。当开关置于顺旋或倒旋位置,在旋具刃口顶住螺钉槽时,只要用力顶压手柄,螺旋杆通过来复孔而转动旋具,便可连续顺旋或倒旋。

提醒:使用螺钉旋具时,压和拧要同时进行,用力要平稳。

第二节 万用表的使用

万用表又叫多用表、三用表、复用表,是一种多功能、多量程的测量仪表,一般可测量直流电压、直流电流、交流电压、交流电流、电阻等,有的还可以测音频电平、电容量、电感量及晶体管的一些参数(如 h_{FE})等。它是电子电气领域必不可少的基本测量工具。

万用表按指示方式可分为模拟式和数字式两大类。模拟式万用表以指针的形式指示测量结果,它由指示部分(用电磁系表头)、测量电路和测量挡位转换装置三部分组成。数字式万用表是以数字的方式显示测量结果,可以自动显示数值、单位、正负极性等。

万用表的型号众多，在指针万用表中使用最多的是 MF47 系列和 500 型万用表，数字式万用表使用较多的有 VC9801A⁺、VC9802A⁺等。

一、MF47 系列指针万用表及使用

（一）MF47 系列指针万用表简介

MF47 系列是设计新颖的磁电系整流式便携式多量程指针万用电表，该系列有 MF47、MF47A、MF47B、MF47D、MF47E、MF47F 等多个型号。各型号的具体测量功能不尽相同，但都具有交直流电流、交直流电压、电阻等基本测量功能，近 30 个基本测量挡位和若干个附加测量挡位。其技术性能指标与技术规范如表 1-2 所示（其中某些功能和量限仅限于特定型号）。

表 1-2　MF47 系列指针万用表的技术性能指标与技术规范

<table>
<tr><th colspan="2">量限范围</th><th colspan="2">灵敏度及电压降</th><th>精度</th><th>误差表示方法</th></tr>
<tr><td rowspan="2">直流电流（DC A）</td><td>0 – 0.05 mA – 0.5 mA – 5 mA – 50 mA – 500 mA</td><td colspan="2" rowspan="2">0.28 V 或 0.5 V</td><td>2.5</td><td rowspan="7">以示值的百分数计算</td></tr>
<tr><td>10 A</td><td>5</td></tr>
<tr><td rowspan="3">直流电压（DC V）</td><td>0 – 0.25 V – 1 V – 2.5 V – 10 V – 50 V – 250 V</td><td>20 kΩ</td><td rowspan="4">具体参照刻度盘右下角</td><td>2.5</td></tr>
<tr><td>250 V – 500 V – 1 000 V</td><td rowspan="3">9 kΩ</td><td>2.5</td></tr>
<tr><td>2 500 V</td><td>5</td></tr>
<tr><td>交流电压（AC V）</td><td>0 – 10 V – 50 V – 250 V – 500 V – 1 000 V – 2 500 V</td><td>5</td></tr>
<tr><td>直流电阻（Ω）</td><td>R × 1/R × 10/R × 100/R × 1k/R × 10 k/R × 100 k/R × 1M</td><td colspan="2">中心值 16.5 或 15</td><td>10</td></tr>
<tr><td>通路蜂鸣</td><td colspan="5">R × 1（参考值）　低于 10 Ω 时蜂鸣器工作</td></tr>
<tr><td>电容量 C（μF）</td><td>C × 0.1/C × 1/C × 10/C × 100/C × 1 k/C × 10 k/C × 100 k/C × 1 M</td><td colspan="2"></td><td></td><td></td></tr>
<tr><td>LI 检测（mA）</td><td>100 mA – 10 mA – 1 mA – 100 μA</td><td colspan="2"></td><td></td><td></td></tr>
<tr><td rowspan="2">LV 检测（V）</td><td>R × 1 – R × 1k</td><td colspan="2"></td><td colspan="2">0 ~ 1.5 V</td></tr>
<tr><td>R × 10k</td><td colspan="2"></td><td colspan="2">0 ~ 10.5 V</td></tr>
<tr><td>晶体管 h_{FE}</td><td>R × 10　h_{FE}　0 ~ 1 000</td><td colspan="2"></td><td></td><td></td></tr>
<tr><td>红外线遥控数据检测</td><td colspan="5">垂直角度 ±15°，距离 1 ~ 30 cm
红色发光管指示（点亮）</td></tr>
<tr><td>电池电量检测</td><td>1.2 V、1.5 V、2 V、3 V、3.6 V　RL = 7.5 ~ 8 Ω</td><td colspan="2"></td><td></td><td></td></tr>
<tr><td>音频电平（dB）</td><td>– 10 ~ + 22 dB　0 dB = 1 mW/600</td><td colspan="2"></td><td></td><td></td></tr>
<tr><td>电感 L</td><td>20 ~ 1 000 H　AC 10 V/50 Hz</td><td colspan="2"></td><td></td><td></td></tr>
<tr><td rowspan="2">标准电阻箱（Ω）</td><td>0.028 ~ 22.5 M</td><td colspan="2"></td><td rowspan="2">±1.5%</td><td rowspan="2"></td></tr>
<tr><td>0.05 ~ 22.5 M</td><td colspan="2"></td></tr>
<tr><td>测电笔</td><td>红色发光管指示（点亮、220 V 交流检测）</td><td colspan="2"></td><td></td><td></td></tr>
</table>

注：采用生产厂家说明书所给数据。

以下以应用广泛的 MF47F 型万用表为例,介绍指针万用表及其使用。

(二)MF47F 型万用表及使用

万用表的主要性能指标基本上取决于表头的性能。表头的灵敏度(表头指针满刻度偏转时流过表头的直流电流)越小,表头的灵敏度愈高;测电压时的内阻越大,其性能就越好。MF47F 型万用表采用磁系统稳定性强、灵敏度高、线性好的外磁式表头,它是一只高灵敏度的磁电式直流电流表。

1. MF47F 型万用表的面板介绍

MF47F 型万用表正面外形(面板)及其说明如图 1-12 所示。

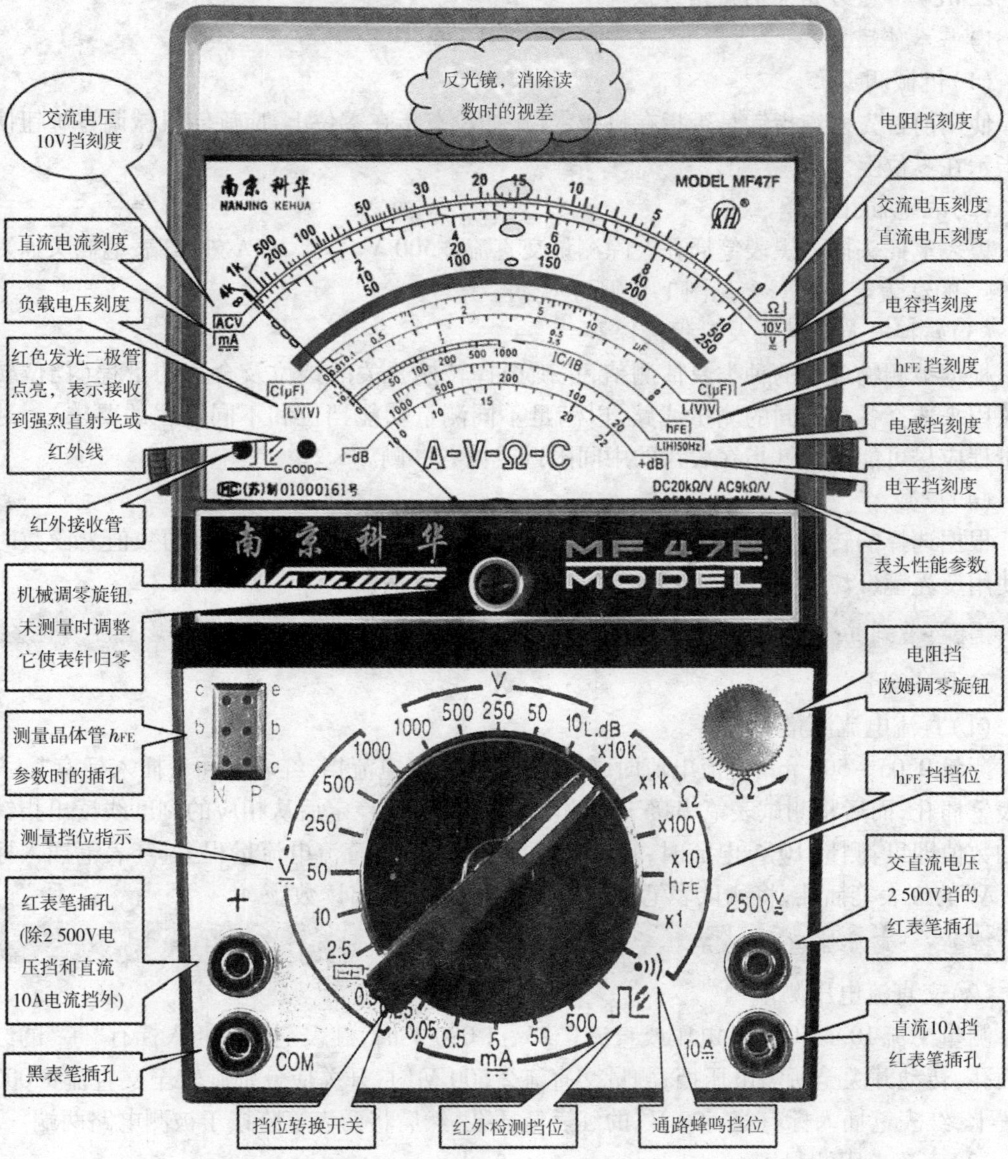

图 1-12　MF47F 型万用表正面外形及其说明

MF47F 型万用表背面外形及其说明如图 1-13 所示。

图 1-13　MF47F 型万用表背面外形及其说明

2. MF47F 型万用表的使用方法

1) 基本使用方法

(1) 机械调零。

使用前首先检查指针是否指在机械零位,如没有指在零位上,应旋转机械调零旋钮使指针指示在零位上。

(2) 表笔插孔选择。

黑表笔插头插入黑表笔插孔。除测量交直流 2 500 V、直流 10 A 外,红表笔插头插入标有"+"的红表笔插孔。参见图 1-12 所示说明。

(3) 转换开关的挡位及量程选择。

根据被测物理量的种类及估测值,正确选择转换开关的挡位及合适的量程(挡位转换开关用来选择各种不同的测量线路,以满足不同测量功能挡位和不同量程的要求)。选择的量程应尽可能使指针指在表盘的中间附近或偏右一侧。

(4) 读数。

根据选择的转换开关挡位及量程找出对应的刻度线,读出指针指示的数值。读数时合理使用反光镜,以减小视线偏差引起的误差。

提醒:看到指针与反光镜中指针重合,说明视线与表盘表面垂直,此时读数没有视差。

2) 具体测量

(1) 直流电流测量。

测量 0.05 ~500 mA 直流电流时,转动开关至所需电流挡,红表笔插头插入标有"+"的红表笔插孔,而后将测试表笔串接于被测电路中,待指针稳定后从相应的刻度线读出指针指示的数值即可;测量 10 A 电流时,转动开关放在 500 mA 直流电流量程上,红表笔插入标有"10 A"的红表笔插孔,将测试表笔串接于被测电路中,读出读数。

提醒:一定要注意,红表笔接于被测电路的高电位,否则表针会反打。

(2) 交直流电压测量。

测量交流 10 ~1 000 V 电压或直流 0.25 ~1 000 V 时,红表笔插头插入标有"+"的红表笔插孔,转动开关至所需电压挡;测量交直流 2 500 V 时,开关应分别旋转至交直流 1 000 V 位置上,红表笔插入标有"2 500 V"的红表笔插孔,然后将两表笔跨接于被测电路两端。

(3) 直流电阻测量。

用万用表测量电阻时,按下列步骤操作:

①选择合适的倍率挡。万用表欧姆挡的刻度线是不均匀的,所以倍率挡的选择以指针停留在刻度线较稀的部分为宜,且指针越接近刻度尺的中间,读数越准确。一般情况下,应

使指针指在刻度尺的1/3至2/3间。

②欧姆调零。测量前，将两个表笔短接，同时调节“欧姆调零旋钮”，使指针刚好指在欧姆刻度线的零位，以保证测量准确。并且每换一次倍率挡，都要再次进行欧姆调零。

③读数。电阻的实际值 = 指示值 × 量程。

提示：①欧姆调零时如果指针不能调到零位，说明电池电压不足或仪表内部有问题。R×10k挡使用的是9 V电池，其余各电阻挡使用的是1.5 V电池；②测量电路中的电阻时，应先切断电路电源，如电路中有电容应先行放电；③当检查电解电容器漏电电阻时，可转动开关到R×1k挡，红表笔必须接电容器负极，黑表笔接电容器正极。

(4)通路蜂鸣器检测(BUZZ)。

同欧姆挡一样首先进行欧姆调零，此时如果蜂鸣器工作发出约1 kHz长鸣叫声，即可进行测量；当被测电路阻值低于10 Ω左右时，蜂鸣器发出鸣叫声，此时不必观察表盘即可了解电路通断情况。

(5)红外线遥控器数据检测。

红外线遥控器数据检测挡，是为判别红外线遥控发射器工作是否正常而设置的。旋至该挡时，将红外线发射器的发射头垂直对准表盘左下方红外接收窗口(偏差不大于±15°)。按下需检测功能按钮，如红色发光管闪亮，表示该发射器工作正常。在一定距离内(1～30 cm)移动发射器，还可以判断发射器输出功率大小。使用该挡时应注意：①发射头必须在垂直于接收窗口±15°范围内检测；②当有强烈光线直射接收窗口时，红色指示灯会点亮，并随入射光线强度不同而变化(此时可作光照度计参考使用)。因此，检测红外遥控器时应将万用表表盘面避开直射光。

(6)音频电平测量。

音频电平测量是在一定的负荷阻抗上，测量放大器的增益和线路输送的损耗，测量单位以dB表示，音频电平以交流电压为基准刻度，当指示值大于+22 dB时，可在50 V以上各量限测量，按表上对应的各量限的增加值进行修正；测量方法与测交流电压基本相似，转动挡位开关至相应的交流电压挡，并使指针有较大的偏转；当被测电路中带有直流电压成分时，可以在“+”插座中串接一个0.1 μF的隔直流电容器。

(7)电容、电感测量。

电容、电感的测量分别使用C(μF)和L(H)刻度线。首先准备交流10 V/50 Hz标准电压源一只，将挡位开关旋至交流10 V挡，需测电容或电感串接于任一测试表笔，而后跨接于10 V标准电压源输出端，此时指针所指表盘C(μF)或L(H)刻度值即为被测量值。

(8)晶体管放大倍数h_{FE}测量。

转动挡位开关至h_{FE}挡(R×10处)，进行欧姆调零后将晶体三极管对应插入N(NPN型)或P(PNP型)孔内，表针指示h_{FE}刻度线上的数值即为该管直流放大倍数。测量中如果发现指针偏转指示大于1 000，则有可能是三极管插错了引脚或晶体管已损坏。

提醒：使用万用表时要注意：①测电流、电压、电阻时，不能带电切换量程，否则，可能损坏万用表；②选择量程要先选大的，后选小的，尽量使被测值接近量程；③测量前一定要看清楚挡位开关置位是否正确，挡位错误极易损坏仪表；④注意在欧姆挡改换量程时，需要进行欧姆调零，无需机械调零；⑤测量结束，一定要将挡位转换开关置于最大电压挡位(对500型万用表则置空挡位)。

二、数字万用表及其使用

与模拟式仪表相比，数字式万用表精确度高、灵敏度高、显示清晰、读数方便、准确、过载能力强，使用更简单。数字式仪表已经取代模拟式仪表成为主流。下面介绍 VC9801A$^+$ 型数字万用表及其使用方法。

(一) VC9801A$^+$ 型数字万用表介绍

1. 性能、测量功能与技术指标

VC9801A$^+$ 型数字万用表是一款 LCD 显示的 $3\frac{1}{2}$ 位(最大显示 1999)数字表，带有自动极性显示，具有以挡位大小数值作为测量结果小数点、电池电力不足显示提示符号和测量交流显示"AC"等功能。它的外形如图 1-14所示。

图 1-14　VC9801A$^+$ 型数字万用表

VC9801A$^+$ 型数字万用表测试功能与量程如下:

(1)直流电压 V ⎓

200 mV ~ 2 V ~ 20 V ~ 200 V ~ 1 000 V。

(2)交流电压 V ~

200 mV ~ 2 V ~ 20 V ~ 200 V ~ 700 V。

(3)直流电流 A ⎓

200 μA ~ 2 mA ~ 200 mA ~ 2 A ~ 20 A。

(4)交流电流 A ~

200 μA ~ 2 mA ~ 200 mA ~ 2 A ~ 20 A。

(5)电阻 Ω

200 Ω ~ 2 kΩ ~ 20 kΩ ~ 200 kΩ ~ 2 MΩ ~ 20 MΩ ~ 200 MΩ。

(6)晶体管放大倍数 h_{FE}

(7)电容量 F

只有一个量程(20 μF)，测量范围为 0.001 ~ 20 μF。

(8)二极管和通路蜂鸣 —▷|— ·))

显示二极管上的压降数值(单位 mV)，通路时蜂鸣器蜂鸣提示。

2. 面板上的功能按键、开关与插孔及说明

(1)电源开关 POWER 按键:开关按下时电源接通;开关弹出时，电源断开。

(2)功能量程选择开关:完成测量功能和量程的选择。

(3)输入插孔:仪表共有四个输入插孔，分别标有"VΩ"、"COM"、"mA"和"20A"。其中，"VΩ"和"COM"两插孔间标有"MAX 1000V DC 700 VAC"字样，表示从这两个插孔输入的交流电压不能超过 700 V(有效值)，直流电压不能超过 1 000 V。此外，"mA"和"COM"两插孔之间标有"MAX 2A"、"20A"和"COM"两插孔之间标有"MAX 20 A"字样，它们分别表示由插孔输入的交、直流电流的最大允许值为 2 A 和 20 A。测试过程中，黑表笔固定于"COM" 不变，测电压、电阻时，红表笔置于"VΩ"，测电流时，红表笔置于"mA"或"20 A"。

(4) h_{FE}插孔(插座): h_{FE}插座为四孔插座，标有 E、B、C、E 字样，设置的两个 E 孔内部是连通的，以便于插入不同引脚排列的三极管，测量 h_{FE}参数。

(5) HOLD 保持按键:按下此键，当前测量结果保持在液晶显示器上并出现"H"符号，再

次按下退出测量结果保持状态。

(6)B/L 按键:用于开启或关闭显示屏上的背光灯。

(二)使用方法

数字万用表的使用方法与指针式万用表稍有区别。使用时要注意以下几点:

(1)使用时要将电源开关打开,测量结束关闭电源。

(2)使用数字表进行测量时,如果被测值超出所选择量程的最大值,万用表最高位将显示"1",表示显示数字位数太多而溢出,这时应选择更高的量程。

(3)红、黑表笔可以颠倒插入对方的插孔中,测量的电压、电流结果大小不受影响,但是极性相反。

(4)欧姆挡的量程表示的不是倍率,而是上限数值。如使用 200 Ω 挡,只能测出 200 Ω 以下电阻的阻值。

(5)为使测量时屏幕能够显示出最多的数字,提高分辨率,应尽量使测量结果接近挡位量程。如使用 200 kΩ 挡虽也能测出 10 kΩ 的电阻,但屏幕显示出的数字少且准确度不高,应改用 20 kΩ 挡测量。

(6)数字万用表内部电路红表笔为正极,黑表笔为负极,这与指针式万用表正好相反。因此,测量晶体管、电解电容器等有极性的元器件时,必须注意表笔的极性。

(7)测量二极管时,当二极管正向接入时,屏幕显示的是二极管上的压降数值(单位 mV)。对于锗管应显示 0. 150 ~0. 300 V,硅管应显示 0. 450 ~0. 700 V,若显示超量程符号"1",表示二极管内部断路,显示"000"表示二极管内部短路。

(8)当误用交流电压挡去测量直流电压,或者误用直流电压挡去测量交流电压时,显示屏将显示"000",或低位上的数字出现跳动。

(9)当显示电池实物图形符号、BATT 或 LOWBAT 时,表示电池电压低于工作电压,测量结果不准确,应更换电池。

提醒:对于初学者,使用前一定要认真阅读有关的使用说明书,熟悉电源开关、量程开关、插孔、特殊插口的作用。

第三节　信号发生器和示波器的使用

在电子产品的调试和维护、维修过程中,有时需要输入某种电信号,有时又需要对电路中的波形进行观察和测量,这就需要使用信号发生器和示波器。信号发生器即信号源,有函数信号发生器、正弦波信号发生器和脉冲信号发生器等几种。示波器有模拟示波器和数字示波器之分。模拟示波器又有单踪示波器和双踪示波器两种。本节只介绍函数信号发生器和模拟双踪示波器

提示:所谓双踪示波器,就是能同时显示两个波形的示波器。

一、YB1602 函数(波形)信号发生器及其使用

函数(波形)信号发生器就是能产生某些特定的周期性时间函数波形(正弦波、方波、三角波、锯齿波和脉冲波等)信号的信号源,输出的信号频率范围可从几微赫到几十兆赫。函

数信号发生器在实验和设备检测、调试、维护和维修中具有十分广泛的用途。它可以产生一些标准信号,用于对一般信号源进行校准或比对。也可作为某些电气设备的激励信号。

(一)YB1602 函数信号发生器简介

YB1602 函数信号发生器是一种使用较广的仪器,它可以产生三角波、方波、正弦波、斜波等信号,可作为计数器、频率计使用,还可产生 TTL/CMOS 信号,具有扫频功能和压控调频功能。

YB1602 函数信号发生器的(面板)外形如图 1-15 所示。

(二)基本使用方法

由于篇幅限制,下面仅介绍产生三角波、方波、正弦波的基本操作步骤。

第一步:设定衰减开关弹出,外测频开关弹出,电平开关弹出,扫频开关弹出,占空比开关弹出,然后按下电源开关键,打开电源。

第二步:将电压输出信号由信号输出端口通过连接线引出。此信号也可送入示波器输入端口观察。

第三步:按下需要的波形选择开关。

第四步:改变频率范围选择开关和频率调节旋钮,得到所需频率的信号。

第五步:调节幅度旋钮可改变信号幅度,顺时针旋转变大,逆时针旋转信号将被衰减。

第六步:若要改变信号的直流偏置电平,可将电平开关按下,旋转电平钮即可改变。直流偏置电平的最大改变量为 ±10 V。

通过以上操作,即可得到所需要的信号。

二、CA8040 型双踪示波器及其使用

示波器是用来观察与测量电压波形和电参数的一种电子仪器。凡是能转换成电压的信号,都可以用示波器进行观测。示波器现在广泛应用于生产、实验和科研工作中。CA8040 型示波器是一种带宽为 40 MHz 的模拟双踪示波器,可用于同时观察和测定二路电信号的瞬变过程,以便进行定性或定量地测量、对比、分析和研究。

(一)CA8040 型双踪示波器面板功能键(钮)与说明

CA8040 型双踪示波器面板外形与功能键(钮)的简单说明如图 1-16 所示。对部分功能键的进一步说明如下。

第 6 和第 16 功能键(钮)V/DIV(伏/格):分别是通道 1 和通道 2 垂直输入灵敏度粗调及微调旋钮。其中的外旋钮是粗调旋钮,范围为(5 mV ~5 V)/DIV,以 1 -2 -5 的顺序变化,共 10 挡;内钮为微调旋钮,至少可调到显示值的 1/2.5。当微调旋钮顺时针旋到底时为标准位置,这时外旋钮调节的 V/DIV 读数为准确的垂直灵敏度(即信号在垂直方向每占一格对应的电压值)。

第 34 功能键是内外触发源信号选择:按钮按下选择机内触发源信号,有第 28、29、30 所对应的 4 种内触发源信号供选择。垂直方式开关在 Y1、断续时,按下第 30 键(Y1),选择 Y1 输入信号为内部触发源;按下第 28 键(Y2),垂直方式开关在 Y2、断续时,选择 Y2 输入信号为内部触发源;按下第 29 键(Y1/Y2)用 Y1 和 Y2 信号交替触发,即显示 Y1 波形时,用 Y1 信号触发,显示 Y2 波形时,用 Y2 信号触发。双踪时,选此方式。第 28、29、30 按钮全部弹出,用 50 Hz 电源信号作为触发信号。

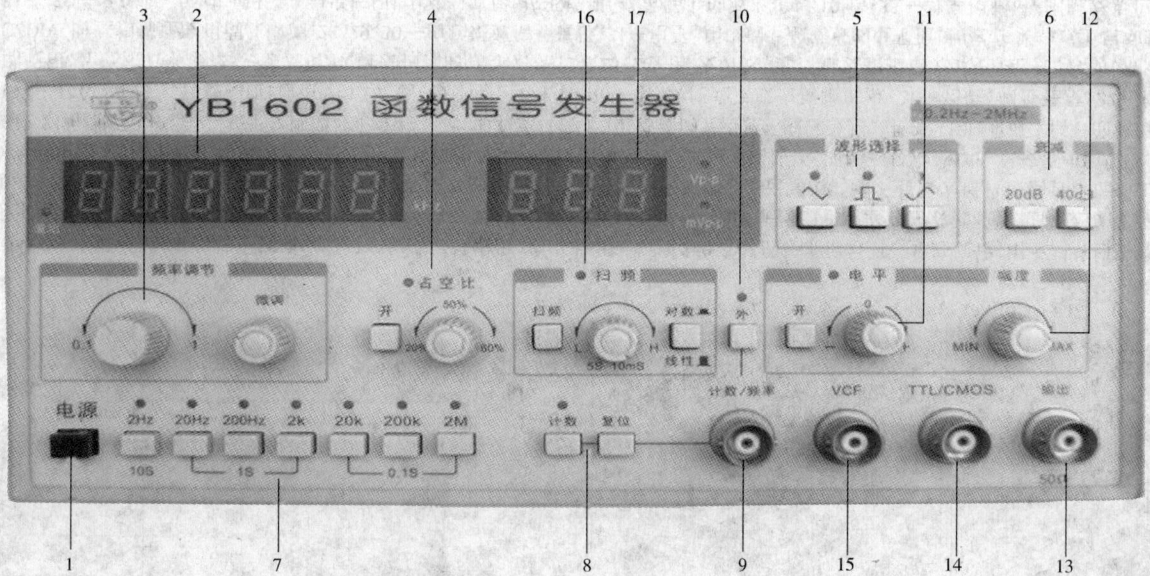

1—电源开关;2—LED 显示窗口;3—频率调节旋钮;4—占空比;5—波形选择开关;6—衰减开关;7—频率范围选择开关;8—计数、复位开关;9—计数/频率输入端口;10—外测频开关;11—电平调节;12—幅度调节旋钮;13—信号输出端口;14—TTL/CMOS 输出端口;15—VCF 端口;16—扫频;17—电压输出指示

图 1-15　YB1602 函数信号发生器的面板外形

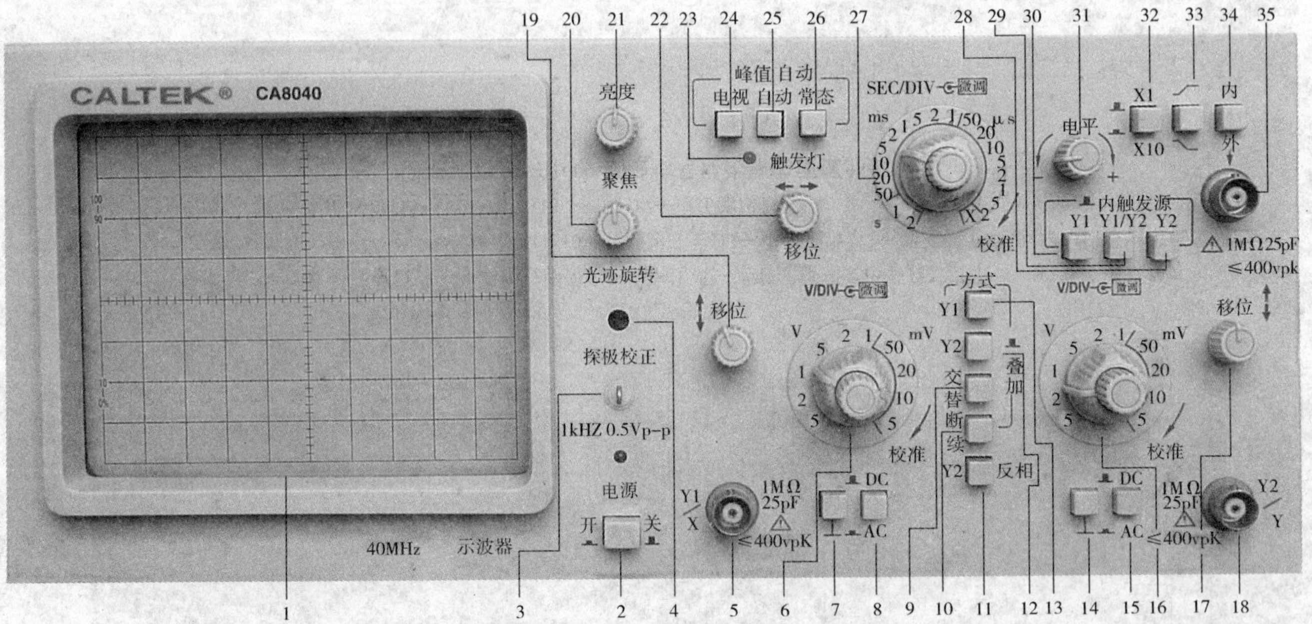

1—显示屏;2—电源开关按钮,按下接通电源;3—校准信号输出,输出 1 kHz、幅度为 0.5 V 的校准信号;4—光迹旋转,用于调节扫描线与屏幕水平刻度的平行;5(18)—Y1(Y2)轴输入,通道 1(2)的被测信号输入端;6(16)—V/DIV,通道 1(2)垂直输入灵敏度粗调及微调;7、8(14、15)—通道 1(2)输入耦合方式选择。选择 AC 时由 5 输入的信号与垂直放大器交流耦合。选择 DC,输入与放大器直接耦合。选择⊥则输入接地,放大器无输入,用于校正输入为零时显示屏上基线的零位;9、10、11、12、13—垂直方式选择,即屏幕显示选择。只按下 12 或 13,屏幕只显示 Y2 或 Y1 的波形(单踪)。按下 9 则两波形交替显示,即双踪。按下 10,断续的光点显示双踪波形。按下 11 时通道 2 信号的波形反相显示;17(19)—移位(↑↓),转动旋钮,通道 2(1)光迹(波形)上下平移;20—聚焦,使光点成为清晰的点;21—亮度,调整亮度;22—移位(←→),转动旋钮,光迹左右平移;23—触发指示,触发扫描时指示灯亮;24、25、26—触发方式,选择触发扫描的方式,有电视、自动、常态三种;27—SEC/DIV,时基扫描速度粗调及微调;28、29、30—内触发源信号选择;31—电平,用以调节触发点的电平值,使之在某一点上启动扫描,此为触发扫描;32—×1 或 ×10,扩展开关,弹出按钮,为常态波形,按下按钮,显示屏上的波形扩展 10 倍;33—斜率控制,控制触发点位于触发信号的上升沿还是下降沿;34—内外触发源信号选择,按下时有 28、29、30 所对应的 4 种内触发源信号供选择;35—外接触发信号输入

图 1-16　CA8040 型双踪示波器面板外形与功能键(钮)说明

第24、25、26 按键为触发扫描方式选择按键。按下第26 键(常态),当没有触发信号时,踪迹处在待命状态并不显示;当有信号时,调节触发电平电位器(第 31 旋钮)控制波形稳定显示。按下第25 键(自动),当没有触发信号输入时,扫描在自由模式下,屏幕上显示扫描线。当有被测信号输入时,自动转为常态状态。按下第 24 键(电视),当想要观察电视场信号时,选择该方式。第 24、25、26 三个按键都弹出为峰值自动,无信号时屏幕上显示光迹,有信号时为自动电平控制,无需调节电平电位器,触发电路能自动以信号峰峰值之间的某一电平启动,获得稳定的波形显示。

第27 旋钮是时基水平扫描速度粗调及微调旋钮。外旋钮是粗调旋钮,扫描速度从 0.2 ms/DIV 至 0.2 ms/DIV;内旋钮为水平扫描速度微调旋钮,可连续调节,当微调旋钮顺时针旋到底时为标准位置,这时由外旋钮调节的 SEC/DIV(时间/格)读数为准确的扫描速度(即信号在水平方向每占一格对应的时间)。

(二)使用方法

(1)开启电源,指示灯点亮,稍待预热,仪器进入工作状态。

(2)将 Y 轴与 X 轴移位旋钮置于中间位置,Y 轴输入耦合开关置于"⊥"(GND),屏幕中出现光迹,调节辉度和聚焦按钮,使光迹亮度适中、清晰。

(3)根据输入信号选择 Y 轴输入耦合方式,选择 Y 轴的输入通道及叠加方式。

(4)根据被测信号幅度和频率,选择合适的 V/DIV 和 SEC/DIV 挡级,将被观察信号从 Y 轴输入,在屏幕上可观察到输入信号波形。

(5)调整电平旋钮和 SEC/DIV 旋钮使波形稳定。

(三)基本参量的测试方法

1. 交流电压测量

在屏上显示一个稳定完整的被测信号波形,例如图 1-17 所示的正弦波,则有

$$\text{被测电压峰-峰值 } V_{P-P} = D\ \text{div} \times n\ \text{V/DIV}$$

式中,D div 为电压峰-峰值对应屏幕上的纵向格数,n V/DIV 为 V/DIV 旋钮(即第 6 旋钮)所置挡级。

2. 直流电压的测量

将输入耦合开关置于"⊥",电平旋钮置于"自动",荧屏上显示出扫描基线,将此基线移位至坐标格的某一刻度,定为零电平的基准位置,如图 1-18 所示的虚线。然后将输入耦合开关置"DC",输入被测信号,扫描线将发生垂直位移,如图 1-18 中的实线。则被测直流电

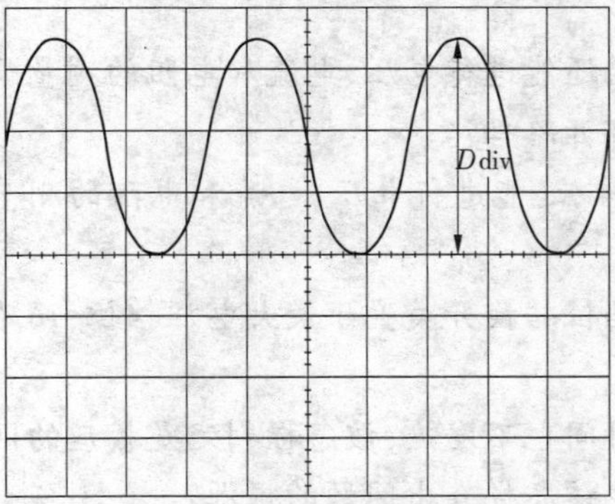

图 1-17　交流电压测量

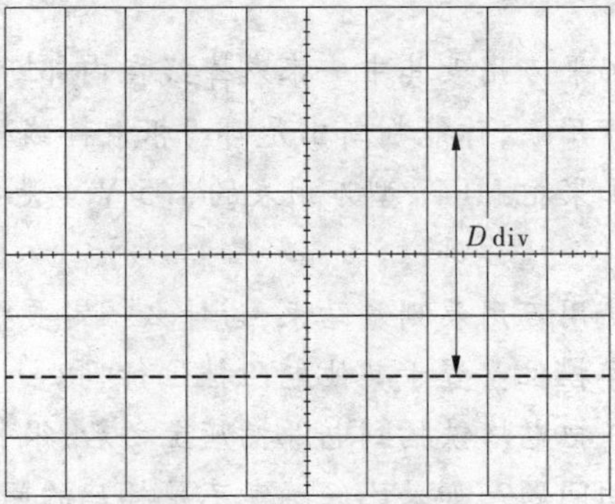

图 1-18　直流电压测量

压为

$$V = D \text{ div} \times n \text{ V/DIV}$$

3. 周期(频率)测量

设被测信号为正弦波,如图 1-19 所示,则此正弦周期为:

$$T = m \text{ div} \times n \text{ SEC/DIV}$$

式中,m div 为一个周期的正弦波所占横向格数,n SEC/DIV 为 SEC/DIV 旋钮(第 27 旋钮)所置挡级。

被测信号的频率可由 $f = 1/T$ 进行计算得到。

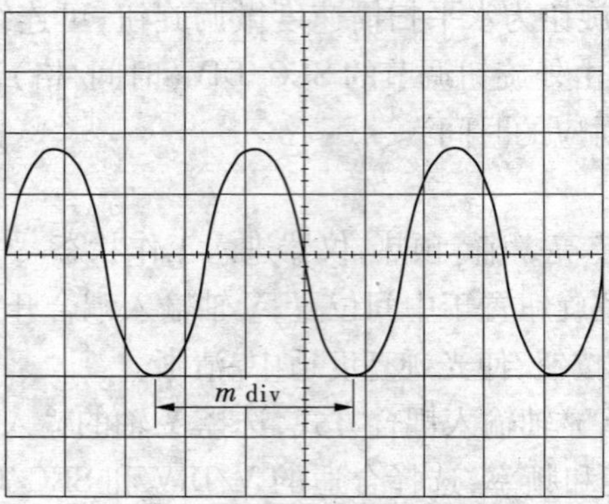

图 1-19 周期(频率)的测量

(四)注意事项

(1)示波器开机有显示后,若要进行定量测量,应首先用校准信号对示波器进行校准。当观察到的方波垂直幅度和水平宽度都正确时,才能进行定量测量。

(2)在定量测量过程中,V/DIV 与 SEC/DIV 的微调旋钮必须保持固定在校准位不动,此时用触发扫描来稳定波形。

(3)若所用探头有衰减,则实测后数据还要乘以衰减倍数。

训练、思考与问答

1. 如果 MF47 型万用表的 0.5 A 电流保险管熔断,还能进行电压、电流和电阻的测量吗?

2. 如果万用表其中一根表棒线在内部断开,还能进行电压、电流和电阻的测量吗? 不借助其他万用表,你能判断出是哪一根表棒线内部开路吗?

3. 如果把 MF47 型万用表的 1.5 V 电池去掉,还能进行电压、电流和电阻的测量吗? 试试看?

4. 使用万用表测量结束,为什么一定要将挡位转换开关置于最大电压挡位,而不是最大电阻倍率挡位? 置于其他电阻挡位行吗?

5. 一把电烙铁插到电源插座上之后,很长时间也不发热,该怎样判定是插座的问题还是电烙铁的问题? 如果已经确定不是插座的问题,该怎样查出问题的根源?

6. 用函数信号发生器分别产生 100 mV 100 Hz、250 mV 3 kHz 、1.5 V 10 kHz 的正弦波

信号,用晶体管毫伏表测量其大小,同时将有关旋钮的位置填写到 1-3 表中。

表 1-3　产生要求的输出信号时对应的开关位置

输出正弦信号	波形选择开关	频率范围选择开关	毫伏表量程选择
100 mV 100 Hz			
250 mV 3 kHz			
1.5 V 10 kHz			

7. 用函数信号发生器产生频率为 500 Hz、幅值为 1 V 的三角波和频率为 20 kHz、幅值为 2 V 的方波,并用示波器显示被测信号。

8. 按表 1-4 产生正弦信号,并用示波器测量它的幅值、周期,计算有效值和频率,将结果记录于表 1-4。

表 1-4　示波器测量正弦信号记录表

函数信号发生器输出信号		CA8040 示波器旋钮位置						由测量值计算			
		V/DIV			SEC/DIV						
频率 f	有效值 U	挡级	微调	U_{P-P} 格数	挡级	微调	T 格数	U_{P-P}	U	T	f
1 kHz	1.41 V										
20 kHz	0.141 V										

注:有效值 U 用毫伏表测量。

(1)用示波器观察显示波形时,输入耦合开关应如何选择?“AC”与“DC”有何区别?

(2)改变示波器 Y 轴衰减量程 V/DIV 和 X 轴扫描时间选择量程 SEC/DIV,对显示波形有何影响?

第二章　无源元件的识别与检测

电子产品是由电子元器件和导电线路按照一定的方式和要求连接、组装而成的。电子元器件是电子产品的最基本要素,它的性能和质量是决定电子产品品质的最重要因素之一。电子产品的技术从业人员必须掌握电子元器件的识别与检测。

无源元件是构成各种电路的基本元器件,也是电子电器中最为常见的元器件,它主要包括电阻器、电容器、电感器与变压器等。对电子元器件的识别与检测,就从电阻器、电容器、电感器与变压器这几种基本的无源元件开始的。晶振、继电器、扬声器、连接器等其他无源元件的识别与检测放入其他相应各章介绍。

提示:在本书电子元器件的识别与检测部分,用到或涉及的常用术语有如下一些:

PCB——印制电路板,即采用“印制”方法制作导线(称为印制导线,实为铜箔导线)的电路板;

PTH——穿孔元件(引脚能穿过 PCB 板的元件。在本书第二~五章介绍);

SMC/SMD——片状元件、表面贴装元件(在本书第六章介绍);

THT——通孔组装技术;

SMT——表面组装技术;

SIP——单列直插(一排引脚);

DIP——双列直插(两排引脚);

轴向元件——元件两引脚从元件两端反向伸出;

径向(单端引线)元件——元件引脚从元件主体同一方向伸出;

pin——管脚(引脚、引线),元件的一部分。pin1 即管脚 1。

第一节　电阻器的识别与检测

电阻器是一种最基本、最常用的电子元器件。打开任何一台电子设备,从排满各种电子元器件的电路板上可以发现,电阻器是使用量最大的一类器件。

一、电阻器概述

电阻器在电路中的作用可简单记为:并联分流,串联降压、分压、限流。

电阻器的基本单位是欧姆(Ω),简称欧。常用的单位还有千欧(kΩ)、兆欧(MΩ),它们之间的换算关系为:1 MΩ = 1 000 kΩ,1 kΩ = 1 000 Ω。

根据阻值是否变化,电阻器有固定电阻器和阻值可变电阻器之分。阻值可变电阻器又分为电位器和敏感电阻器两大类。

电阻器的一般文字符号是“R”;敏感器电阻也可以在“R”后面加一个表示敏感类型的字母,使用双字母文字符号,如“RV”、“RT”等;电位器的文字符号则是“RP”或“W”(“W”

是常见符号,不是国家标准规定的文字符号)。电阻器的电路图形符号如图 2-1 所示。

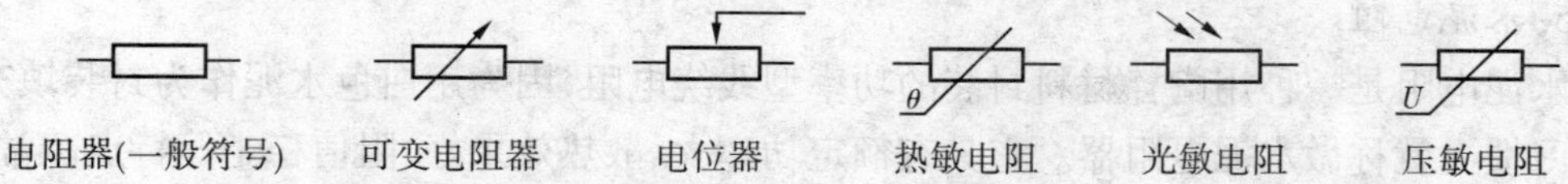

图 2-1　电阻器的电路图形符号

二、固定电阻器

固定电阻器又称普通电阻器,通常简称为电阻。

(一)常用固定电阻器

普通电阻器的种类很多,根据制造材料的不同,可分为碳膜电阻、金属膜电阻、碳质电阻、线绕电阻和水泥电阻等几大类;根据在一个封装中存在的电阻数量多少的不同,又可分为单体电阻和排阻;根据用途的不同,可分为普通电阻和特殊电阻(普通电阻在电路中只起电阻的作用,特殊电阻在电路中有其他的作用)。图 2-2 所示为一些常见固定电阻器的实物外形。

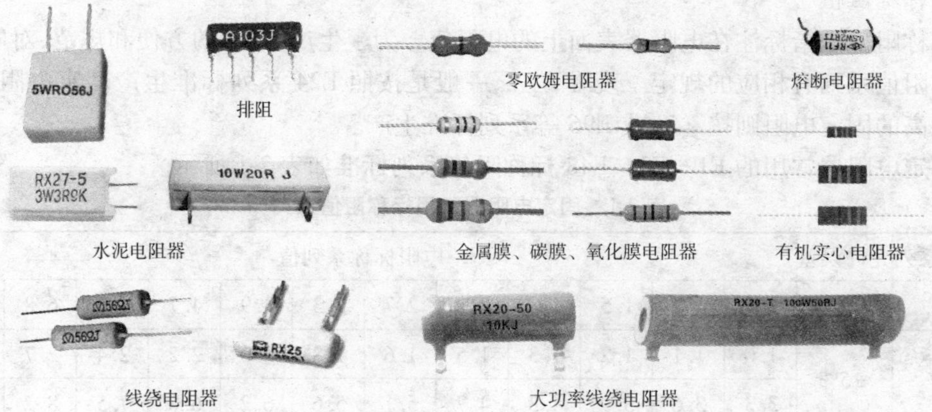

图 2-2　常见固定电阻器的实物外形

下面介绍几种常用固定电阻器。

1. 碳膜电阻

碳膜电阻是由碳沉积在瓷介质基体上制作而成的。它具有高频特性好、温度系数小、生产成本低等特点,应用广泛。

2. 金属膜电阻

金属膜电阻是在瓷介质基体上镀上一层合金膜制作而成,它的结构与外形都与碳膜电阻相似。它具有稳定性高、耐热性能好、温度系数小、高频特性好、精度高、体积小等特点,在精密仪表和要求较高的电子产品中使用。

3. 线绕电阻

线绕电阻是在瓷管或瓷棒等绝缘骨架上用康铜丝或锰铜丝绕丝而成的。它具有功率大、稳定性好、耐高温和精密度高等优点。

4. 熔断电阻

熔断电阻又称保险电阻,是一种具有电阻和保险丝双重功能的元件。具体介绍参见第五章保护元件一节。

5. 水泥电阻

水泥电阻是一种用陶瓷材料封装的功率型线绕电阻,因为用白色水泥作为封装填充物,所以习惯上就称做水泥电阻器。它具有额定功率大、散热效果好、阻值稳定等特点。常用在大电流电源供电电路中,在电路过流时会迅速熔断,起到保护电路的作用。

6. 零欧姆电阻

零欧姆电阻其实就是一根导线,在电路板上起桥接(跨接、跳线)的作用。它是在印制导线无法绕到指定位置时,从电路板的另一面绕过去使用的一种特殊元件——短路线。

7. 排阻

排阻就是一排电阻的简称。其实就是若干个电阻按一定的连接方式制作并封装在一起而成的电阻排,又称电阻网络、网络电阻或集成电阻。多用在计算机、仪器、仪表等电器和其他电器的数字电路中。

(二)主要技术参数

固定电阻器的主要技术参数有标称阻值、允许误差和额定功率等。

1. 标称阻值

标称阻值是指标注在电阻器表面上的电阻值。为了生产、选用的方便和规范,对电阻器的标称阻值系列有相应的规定。现在,工厂一般是按照 E24 系列标准生产固定电阻器,精密度较高的固定电阻则按 E48 或 E96 等系列标准生产。

固定电阻器常用的 E12、E24、E48 标称阻值系列标准如表 2-1 所示。

表 2-1 固定电阻器常用标称阻值系列

标称值系列	允许误差	电阻标称系列值											
E12	±10%	1.0	1.2	1.5	1.8	2.2	2.7	3.3	3.9	4.7	5.6	6.8	8.2
E24	±5%	1.0	1.1	1.2	1.3	1.5	1.6	1.8	2.0	2.2	2.4	2.7	3.0
		3.3	3.6	3.9	4.3	4.7	5.1	5.6	6.2	6.8	7.5	8.2	9.1
E48	±1%	1.00	1.05	1.10	1.15	1.21	1.27	1.33	1.40	1.47	1.54	1.62	1.69
		1.78	1.87	1.96	2.05	2.15	2.26	2.37	2.49	2.61	2.74	2.87	3.01
		3.16	3.32	3.48	3.65	3.83	4.02	4.22	4.42	4.64	4.87	5.11	5.36
		5.62	5.90	6.19	6.49	6.81	7.15	7.50	7.87	8.25	8.66	9.09	9.53

提示:表 2-1 中电阻标称系列值指的是电阻器标称值的前 2 位或前 3 位的有效数字,如标称值 1.8 就表示有 1.8 Ω、18 Ω、180 Ω、1.8 kΩ、18 kΩ、180 kΩ、1.8 MΩ、18 MΩ、180 MΩ等标称电阻值的实际电阻。

2. 允许误差

电阻器的实际阻值相对于标称阻值的最大允许偏差与标称值的百分比,称为允许误差,它代表了电阻器的精度。常见电阻器允许误差与允许误差等级如表 2-2 所示。

3. 额定功率

在规定的温度和环境下,电阻器在电路中长时间连续工作所允许消耗的最大功率,叫做电阻器的额定功率。电阻器的额定功率等级如表 2-3 所示。各种额定功率电阻器的表示符号如图 2-3 所示。

表 2-2　常用电阻器允许误差与允许误差等级代码

允许误差	±0.1%	±0.25%	±0.5%	±1%	±2%	±5%	±10%	±20%
误差等级字母符号	B	C	D	F	G	J	K	M
误差等级数字符号			005	01		Ⅰ	Ⅱ	Ⅲ

表 2-3　电阻器的额定功率等级

种类	额定功率(W)										
非线绕电阻	0.05	0.125	0.25	0.5	1	2	5	10	25	50	100
线绕电阻	0.05	0.125	0.25	0.5	1	2	4	8	10	16	25
	40	50	75	100	150	250	500				

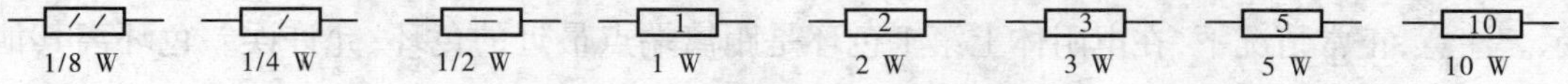

图 2-3　电阻器额定功率的表示

(三)标注与识别

电阻器的主要技术参数和型号等信息需要标注在电阻器上。对于体积较大的电阻器,这些信息可以直接标注在上面。当电阻器体积较小时,就需要采用一些其他的方法进行标注,诸如型号等信息可能还要省略。普通单体电阻器常用的标注方法有四种,下面逐一介绍,最后介绍排阻的标注与识别。

1. 直标法

直标法是将标称阻值和误差等级直接用数字标注在电阻体上。对小于 1 000 Ω 的电阻只标出标称阻值,不标单位;对于阻值大于 1 000 Ω 的电阻,标出单位 kΩ 或 MΩ,同时标出允许误差,但是误差等级为数字表示Ⅲ级时,不再标注出来。

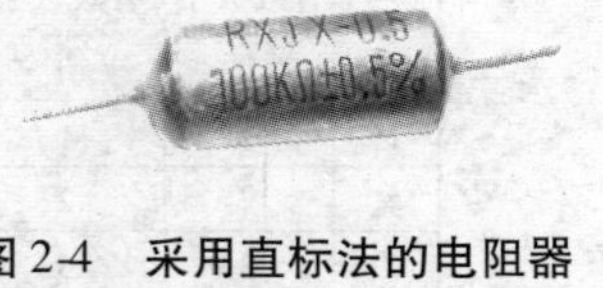

图 2-4　采用直标法的电阻器

如图 2-4 所示采用直标法的电阻器,其标称阻值是 100 kΩ,允许误差为 ±0.5%,额定功率为 0.5 W,型号是 RXJX。

这种标注方法直观,易于判读,但标注中的小数点等信息不易辨识,且只能用于体积较大电阻器的标注。

2. 文字符号标注法

将阿拉伯数字和字母符号按一定的规律组合,标注在电阻体上,表示电阻器的标称电阻和允许误差等级,就称做电阻器的文字符号标注法。

在文字符号标注法中,小数点用阻值的单位来代替,R 表示电阻的单位是欧姆,k 表示 kΩ,M 表示 MΩ;标注中的最后一位表示允许误差等级。如 4R7K、8k2J 等。这种标注法消除了直标法中小数点不易辨识的弊端。

【例 2-1】　电阻器上分别有如下的标注:1R8G、3k6J、R1F、2M7K,试解读这些标注。

解:1R8G 表示电阻的标称值是 1.8 Ω,允许误差等级为 G(即 ±2%);

3k6J 表示电阻的标称值是 3.6 kΩ,允许误差等级为 J(即 ±5%);

R1F 表示电阻的标称值是 0.1 Ω,允许误差等级为 F(即 ±1%);

2M7K 表示电阻的标称值是 2.7 MΩ,允许误差等级为 K(即 ±10%)。

提醒:在有些元器件的文字符号法标注中,虽然也会出现字母 R,如 4R7J、6R8K 等,但这并不表示这个元器件一定是电阻器,也有可能是 4.7 μF(微法)的电容器、6.8 μH(微亨)的电感器。参见图 2-19、图 2-24。识别时还要看它的外形及其他标注,实在无法区分时,可以通过测量电阻值加以区分。

3. 色标法

色标法是用不同颜色的色环(或色带、色点)代表不同的数字和含义,在电阻器表面标注出标称值和允许误差。用这种方法标注的电阻器,其标称阻值的单位是欧姆。色标法有三色环法、四色环、五色环三种。色标法中不同位置的色环(或色带、色点)代表不同的意义,同一位置的不同颜色代表不同的数字。四色环电阻(两位有效数字阻值、E24 系列)和五色环电阻(三位有效数字阻值、E48 系列)的色标标注方法,分别参见图 2-5 和图 2-6 所示。注意,正常情况下,在电阻体上第 1 色环是距离端点最近的色环;允许误差色环离其他色环的距离较远,色环的宽度是其他色环的 1.5 ~2 倍。

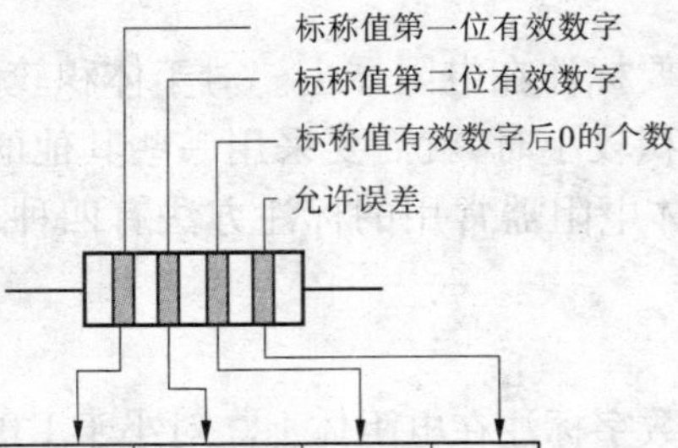

颜色	第一位有效数字	第二位有效数字	乘数	允许误差
黑	0	0	10^0	
棕	1	1	10^1	
红	2	2	10^2	
橙	3	3	10^3	
黄	4	4	10^4	
绿	5	5	10^5	
蓝	6	6	10^6	
紫	7	7	10^7	
灰	8	8	10^8	
白	9	9	10^9	
金			10^{-1}	±5%
银			10^{-2}	±10%
无				±20%

图 2-5　四色环电阻色标标注法

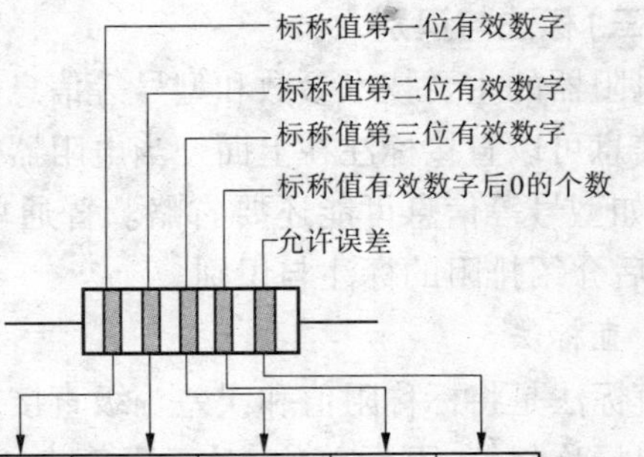

颜色	第一位有效数字	第二位有效数字	第三位有效数字	乘数	允许误差
黑	0	0	0	10^0	
棕	1	1	1	10^1	±1%
红	2	2	2	10^2	±2%
橙	3	3	3	10^3	
黄	4	4	4	10^4	
绿	5	5	5	10^5	±0.5%
蓝	6	6	6	10^6	±0.2%
紫	7	7	7	10^7	±0.1%
灰	8	8	8	10^8	
白	9	9	9	10^9	
金				10^{-1}	
银				10^{-2}	

图 2-6　五色环电阻色标标注法

普通型电阻器常用四色环标注法标注,精密型电阻器用五色环标注法标注。在一些体积很小的电阻器上,也会用到三色环标注法——省略允许误差环的色标法。这种三色环电阻器的允许误差是 ±20%。另外,还有一种少见的六色环电阻,前五色环读法、含义与五色环电阻一样，最后一环表示温度系数。

【例 2-2】 有 3 只色环电阻，分别具有如下一些特征：①四色环电阻器上四条色环依次是银、黄、红、橙；②四色环电阻器第 1、3、4 环的颜色依次是黄、棕、金，第 2 环上的颜色分辨不出是红色还是紫色；③五色环电阻器上色环颜色清晰可辨，依次是棕、黑、黑、黄、红，但是各环在电阻体上排布均匀，无法确定哪个是第 1 环。试确定各电阻器相应的技术参数。

解：①显然银色色环对应的是第 4 环（允许误差环），第 1、2、3 环的颜色分别是橙、红、黄，该固定电阻的标称值是 $12\times10^4\ \Omega$，即 120 kΩ，允许误差为 ±10%。

②由于第一位有效数字是 4，倍率环为棕色（$10^1=10$），所以标称阻值应该是 400 多欧姆。对照表 2-1 所示 E24 标称阻值系列中的数值，可以肯定第 2 环应该不是红色，而应是紫色。该电阻的标称阻值应是 470 Ω，允许误差为 ±5%。

③假定棕色色环对应的是第 1 环，则该电阻标称阻值是 $100\times10^4\ \Omega=1\ \text{M}\Omega$，允许误差为 ±2%。若按相反顺序读，其阻值为 $240\times10^0\ \Omega=240\ \Omega$，允许误差为 ±1%。由于五色环电阻是精密电阻，有 3 位有效数字，应该符合 E48、E96 标称阻值系列规范，但这两个系列中都没有 240 这个数值，所以后一种读法是错误的。该电阻是一个标称阻值为 1 MΩ、允许误差为 ±2% 的固定电阻。

4. 数码法

数码法是一种用 3 位阿拉伯数字表征标称阻值的标识法。在三位数字中，从左至右的第一、第二位代表电阻标称值的前 2 位有效数字，第三位表示前两位数字乘 10 的 N 次方（倍率、乘数）。只是第 3 位数是 9 时表示倍率是 10^{-1}。数码法标注的电阻器默认单位是欧姆。3 位数码后若有字母或符号，就表示允许误差的等级。例如，472K 表示电阻标称值为 4.7 kΩ（$47\times10^2\ \Omega=4\ 700\ \Omega$），允许误差 ±10%；229 表示标称阻值为 2.2 Ω（$22\times10^{-1}\ \Omega$）；000 及 0 表示阻值为 0 Ω 的零欧姆电阻。需要注意的是，220J 并不表示电阻标称值为 220 Ω，允许误差为 ±5%，而是表示电阻标称值为 22 Ω（$22\times10^0\ \Omega$），允许误差等级为 J（±5%），只有标志为 221 的电阻器阻值才为 220 Ω。要将这种标示法与直标法区别开。

数码法多用于体积特别小的电阻器，如将在第六章介绍的表面贴装电阻。

5. 排阻的标注与识别

排阻在电路中多用 RP 或 RN 表示。常见的通孔式（即插装式）排阻，多是单列直插（SIP）封装，引脚排列是有方向性的，通常用圆点或刻痕表示出起始引脚位置（pin1）。

排阻的生产厂家很多，命名方法也不统一。但是，一般说来，在排阻电阻体上都会标注出电阻标称值、允许误差、内部电路类型等信息，有的也会标注出引脚数量、产品型号等信息。参见图 2-7 所示的排阻外形图。常见 SIP 排阻内部电路如图 2-8 所示。

图 2-7　常见排阻外形图

排阻的电阻标称值、允许误差的标注，有的采用直接标注法，有的采用数码法。一些内部电路类型的表示方法如表 2-4 所示。

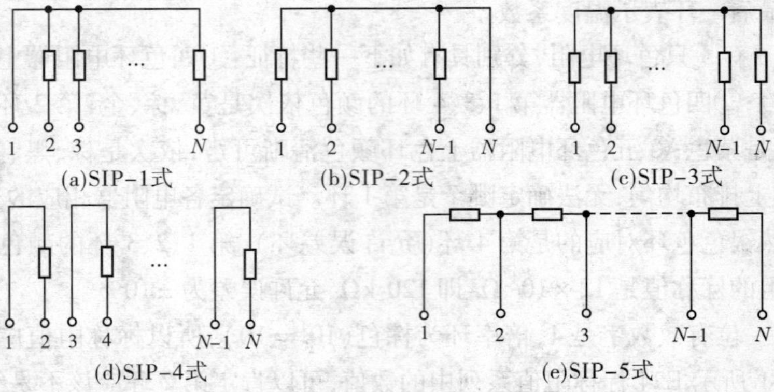

图 2-8 常见 SIP 排阻内部电路

表 2-4 常用排阻内部电路类型表示法

连接型	X	A	1	001	61	81
分离型	Y	B	2 或 3	002 或 003	62 或 63	82 或 83

除表中 A、B 等字符外，C、D、E、F、G、H、I 等也会用来表示内部电路类型。它们代表的含义分别是：A 表示多个电阻其一端连接在一起，公共端从左端（pin1）引出；B 表示每个电阻各自引出，且彼此没有相连；C 表示各个电阻首尾相连，各个端都有引出；D 表示所有电阻有一个公共端，公共端自中间端子引出；E 表示所有电阻其一端连接在一起，公共端自首尾两端都有引出；F、G、H 和 I 比较复杂，不再介绍。

使用时要注意，有的排阻内有两种标称阻值的电阻，在其表面会标注这两种电阻值，如 220 Ω/330 Ω。这时，SIP 排阻的阻值也就有了方向性。

提示：B 型排阻没有公用端，引脚数量一定为偶数，它没有极性。

【例 2-3】 解读排阻体上标注的 9A103J、BX103 -9 和 10X -001 -362 各表示的含义。

解：9A103J 表示该排阻为 9 引脚，内部连接型，8 个电阻共用一端，公用端从 pin1 引出，标称阻值是 10 kΩ，允许误差为 ±5%。

BX103 -9 中，B 表示型号，X 表示电路内部连接，标称阻值是 10 kΩ，8 个电阻共用一端，公用端从 pin1 引出，9 表示该排阻为 9 引脚。

10Y -001 -362 表示该排阻为 10 引脚，内部电阻为分离型，标称阻值是 3.6 kΩ。

三、电位器

电阻值在一定的范围内可连续调节的电阻器称为电位器。电位器图形符号如图 2-1 所示，常见实物外形如图 2-9 所示。

（一）电位器的种类

电位器的种类很多，按电阻体材料可分为线绕电位器、膜电位器、实芯电位器等；按调节方式可分为旋转式电位器、直滑式电位器；按结构特点可分为常规电位器、抽头电位器、带开关电位器、多圈精密电位器等；按联数可分为单联电位器和多联电位器。

电位器的种类虽多，但其原理基本相同。

（二）电位器的结构

电位器一般由电阻体、滑动端、转轴（或推拉把手）、引出端和外壳等构成。如图 2-10 所

图 2-9　常见电位器实物外形

示为旋转式电位器的结构。普通电位器通常有三个引脚：一个滑动端引出端子，两个固定端引出端子。有的会多出一个外壳接地焊片，带开关电位器还有两个开关引脚端子。

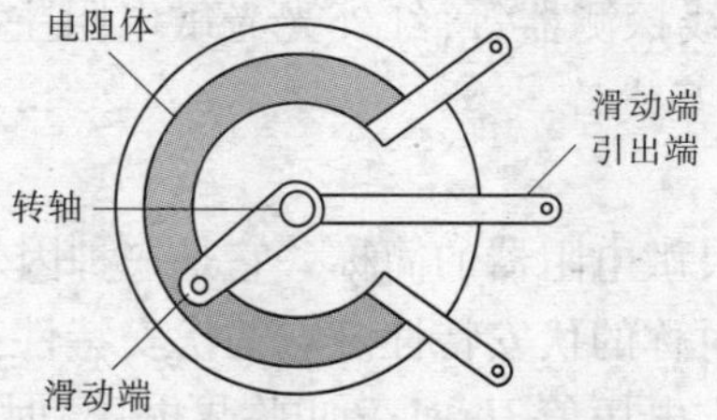

图 2-10　旋转式电位器的结构

（三）电位器的主要参数

电位器的主要参数有标称阻值、允许误差、额定功率和阻值变化特性等。

阻值变化特性是指电位器电阻值随滑动端触点旋转角度或滑动行程而变化的关系，有线性和非线性之分。常用的有直线型、对数型和指数型三种。直线型适用于分压，对数型适用于音调的控制，指数型适用于音量的控制。

（四）电位器的标注

电位器的标注一般采用直标法、文字符号法和数码法。数码法多用于体积较小的电位器标注。

四、敏感电阻器

敏感电阻器是指对温度、湿度、光照和电压等外界因素表现比较敏感的电阻器。常用的敏感电阻有热敏电阻、压敏电阻和光敏电阻等。它们既可以用来作为将非电量转换为电信号的器件使用，也可以作为传感器在完成某种功能的自动控制电路中使用，在自动化、智能化系统中应用广泛。

敏感电阻的电路符号，是在电阻器的一般符号基础之上加一斜线，并在旁边标注敏感的类型如 U、θ 等构成，参见图 2-1。

(一) 光敏电阻器

光敏电阻是一种在陶瓷基片上沉积一层硫化镉(CdS)或硒化镉(CdSe)等光敏半导体材料，引出两个电极后封装而成，是一种应用半导体光电效应原理制成的元件。生产时在光敏半导体材料沉积层上制作有一透光窗口或透镜。它的特点是对光线非常敏感，无光线照射时呈高阻态，暗阻值一般可达 1.5 MΩ 以上；当光线透过透明窗口照射到光敏材料上时，材料中便激发出自由电子和空穴，使其电阻减小。随着光照的加强，载流子数量增多，电阻值迅速降低，可小至 1 kΩ 以下。

光敏电阻的文字符号是“R”或“RG”，但也有用“RL”、“GR”表示的(不是规范用法)。它的电路图形符号和常见实物外形如图 2-11 所示。

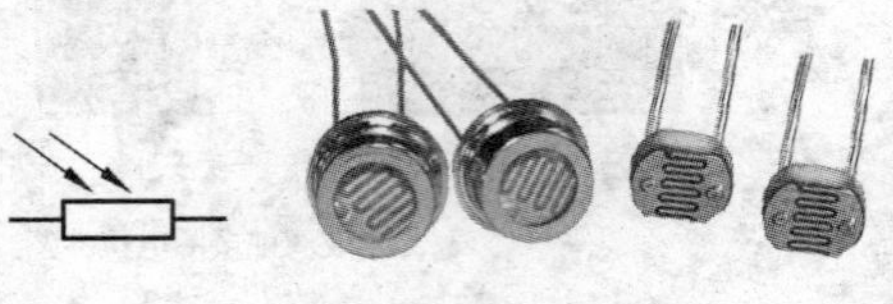

图 2-11　光敏电阻图形符号和常见实物外形

光敏电阻按敏感光谱特性，可分为可见光光敏电阻、紫外光光敏电阻和红外光光敏电阻三种。可见光光敏电阻主要应用于各种光电自动控制系统、电子照相机等电子产品中，紫外光光敏电阻主要应用于紫外线探测器等，红外光光敏电阻主要应用于天文和军事等领域。选用时务必注意，三者不可相互代替。

(二) 压敏电阻器

压敏电阻(VSR)是电压灵敏电阻器的简称。它是一种因外加电压的改变而呈非线性电阻变化的电阻器，具有双向、对称的伏安特性。它的伏安特性如图 2-12(a)所示。当压敏电阻两端所加电压低于标称额定电压值 U_{1mA}(又叫临界电压)时，压敏电阻器的电阻值接近无穷大，内部几乎无电流流过；当遭受略超过标称额定电压值的瞬时过电压或浪涌时，压敏电阻会从近似开路的稳定状态急剧转向可看做短路的低电阻限压状态，工作电流也急剧增大；当两端所加电压低于标称额定电压值时，压敏电阻器又恢复为高阻状态。

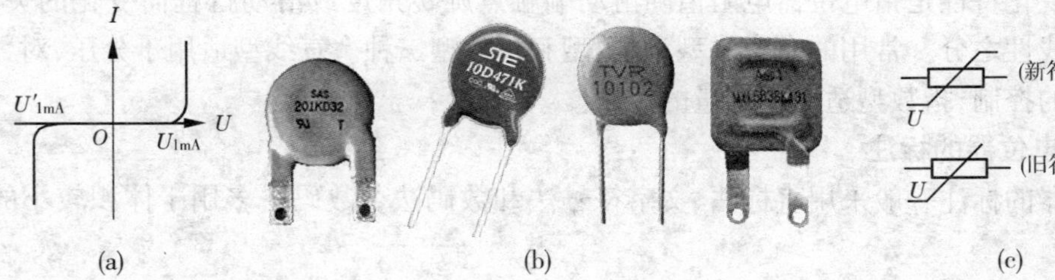

图 2-12　压敏电阻的伏安特性、常见实物外形与电气图形符号

压敏电阻是一种很好的过电压保护元件，广泛应用于电子产品中，起过电压保护、防雷、抑制浪涌电流、吸收尖峰脉冲、限幅、高压灭弧、消噪、保护半导体元器件等作用。

压敏电阻虽然主要作为保护元件应用于瞬态过电压保护(参见第五章第二节)，但是它的伏安特性又类似于半导体稳压二极管(见第三章第一节)，这使它具有了多种功能，可作电压波动检测元件、直流电平移位元件、均压元件、直流高压小电流稳压元件等。作为直流高压稳压元件,其稳定电压可高达数千伏以上,这是半导体稳压二级管无法达到的。

常见的压敏电阻器是金属氧化物压敏电阻(MOV),它是以氧化锌为主要材料制成的金属–氧化物–半导体陶瓷元件。

压敏电阻器的文字符号是"R"或"RV",常见实物外形和电气图形符号如图 2-12(b)、(c)所示。

国产压敏电阻器的外封装上,常标有"MY"等字样,其中 M 代表敏感,Y 代表电压,二者组合在一起就是对电压敏感的意思。关于压敏电阻器(及其他敏感电阻器)的命名法,参见附录三。

(三)热敏电阻器

热敏电阻是一种其阻值随温度变化而发生显著变化的非线性电阻器。它是用对温度极为敏感、热惰性很小的半导体材料制作而成的。热敏电阻主要分两大类:一类是阻值随温度升高而增大的正温度系数(PTC)热敏电阻,另一类是阻值随温度升高而减小的负温度系数(NTC)热敏电阻。

负温度系数热敏电阻是以锰、钴、镍和铜、铝等金属氧化物为主要材料,采用陶瓷工艺制成的。这些具有半导体性质的材料,在温度低时载流子数目少,所以呈现出的阻值较高;随着温度的升高,载流子数目增加,电阻值降低。NTC 广泛应用于各种电器中,用来进行温度检测、温度补偿、温度控制等。在电源电路的整流与滤波电容之间,也经常会见到串接一 NTC 电阻,起软启动保护作用。

PTC 热敏电阻是以钛酸钡为主要材料,掺入钕、锶等稀土元素烧结而成。它的电阻—温度特性如图 2-13 所示。可见,在被称做居里点温度(一般为 120 ~ 165 ℃)的特定温度下,PTC 电阻的阻值较小(可以小到十几欧)且基本不变;当温度超过居里温度 T_C 时,它的阻值随着温度的升高而急剧增大,增加量可达 $10^3 \sim 10^5$ 倍,这时可以认为 PTC 电阻已经处于开路状态,即 PTC 电阻具有开关特性。

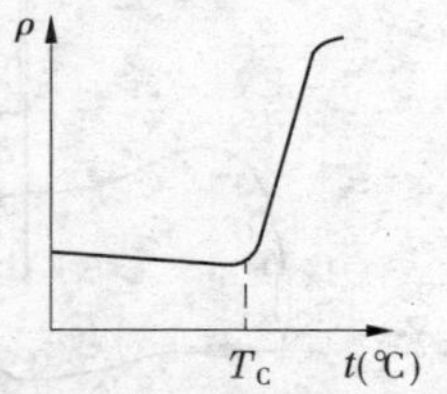

图 2-13 PTC 的电阻—温度特性

PTC 电阻主要作为电器设备的过热保护器件、温控开关和(电机启动、CRT 彩电自动消磁的)无触点延时断开开关使用,还可用来制作恒温加热器。另外,在第五章的保护器件一节,还将介绍到一种叫做自恢复保险丝的器件,它其实就是高分子 PTC 热敏电阻,应用在电路中像普通保险丝一样,起过流保护作用。

热敏电阻器的文字符号是"R"或"RT",常见外形有圆片形、平板形、珠状、柱形、薄膜形、杆形、管形、垫圈形等多种。电气图形符号与常见实物外形如图 2-14 所示。

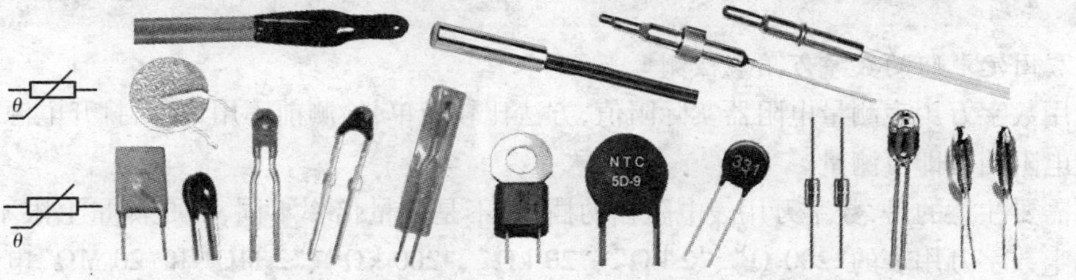

图 2-14 热敏电阻器的图形符号与常见实物外形

五、电阻器的检测

实际应用中,由于生产制造、使用环境和外界作用等原因,电阻器会出现阻值变大甚至开路和电位器动端接触不良、敏感电阻击穿短路或者敏感特性消失等现象。通常用万用表电阻挡直接进行离线测量,即可确定电阻器的实际品质。对于电路中的电阻器,必须使其脱离电路(至少使其一端引脚与电路断开),才能用万用表电阻挡进行检测。

(一)固定电阻器的检测

固定电阻器实际阻值的测定,既可以用指针万用表,也可以用数字万用表。测得的实际阻值如果超出了标称阻值的允许误差范围,就可认定该电阻器品质不良。

1. 固定电阻的指针万用表检测

(1)首先估计被侧电阻的阻值大小,选择适当的倍率挡:对于 100 Ω 以下的电阻可选 R×1挡,对于 100 Ω~1 kΩ 的电阻可选 R×10 挡,对于 1~10 kΩ 的电阻可选 R×100 挡,对于 10~100 kΩ 的电阻可选 R×1k 挡,对于 100 kΩ 以上的电阻选 R×10k 挡。

(2)选择好测量挡位后进行校零调整:短接万用表的两个表笔,调节欧姆调零旋钮,使表针指在电阻刻度的 0 Ω 处。如图 2-15(a)所示。

(3)将万用表两表笔分别接到电阻器的两端引脚,如图 2-15(b)所示,待指针稳定后读出指针所指的刻度值,再乘上所用电阻挡的倍率,得到的就是该电阻器的实际阻值。

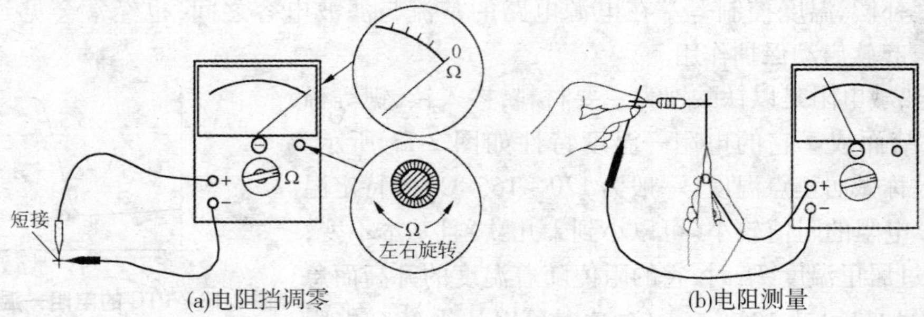

图 2-15　指针万用表测电阻

注意:①测量时,选择挡位要尽可能使表针指在表盘刻度中央右侧,这样才可以说挡位选择已经合适;②每更换一次挡位,测量前都要对该挡位进行校零调整;③测量中,手尽量不要接触或少接触电阻体,绝对禁止用手同时接触到电阻器的两个引脚,以避免人体电阻给测量带来误差;④如无法估计被侧电阻的阻值大小,可试选挡位测量,若万用表指针没有指在表盘刻度中央右侧,则再根据阻值的大概读数,重新选择挡位测量,直到指针指在表盘刻度中央右侧。

2. 固定电阻的数字万用表检测

用数字万用表测量电阻器实际阻值,方法比较简单,检测前不用调零,打开电源,选好合适的电阻挡位即可测量。

需要注意的是,数字万用表电阻挡的挡位,不是测量倍率不同,而是测量上限不同。如三位半数字万用表的“200 Ω”、“2 kΩ”、“20 kΩ”、“200 kΩ”、“2 MΩ”和“20 MΩ”电阻挡,表示该挡能够测量出的最大电阻分别是 200 Ω、2 kΩ、20 kΩ、200 kΩ、2 MΩ 和 20 MΩ。

数字万用表显示屏能够显示的数字位数有限，选择测量挡位时，应尽量接近被测电阻阻值，这样显示屏才能够显示较多的有效数字。如果测量时选择的挡位小，实际阻值会超出量程，显示屏上最高位显示"1"，此时可再调高挡位测量，直到显示屏上显示出最多的有效数字即可。

提醒：数字万用表使用9 V电池供电，使显示屏及测量电路工作。因而，测量完毕要尽快关闭万用表的电源开关。

（二）电位器的检测

1. 电位器标称阻值的检测

首先确定出电位器的两个固定端，用万用表的电阻挡测量这两端之间的电阻值，其大小应在标称值允许误差范围之内，否则表明该电位器已不能使用。

2. 滑动端与电阻体的接触检测

将万用表的两表笔分别接于电位器滑动端和任一固定端，如图2-16所示，缓缓转动（或滑动）滑动端从一个极端位置到另一个极端位置，同时仔细观察滑动端缓动过程中测量的电阻值读数，应能在零到标称值之间连续平稳变化，如有跳跃、断续、抖动、不动现象，就说明电位器存在滑动端与电阻体接触不良或其他问题。

3. 开关的检测

对于带开关的电位器，如反复来回旋转（或推拉）转轴，能清晰地听到开关通断时清脆的"咔哒"声音，并且同时测量电位器开关两个引脚端子之间的电阻，通断特征显现的非常明显，说明该电位器的开关功能正常。如图2-17所示。

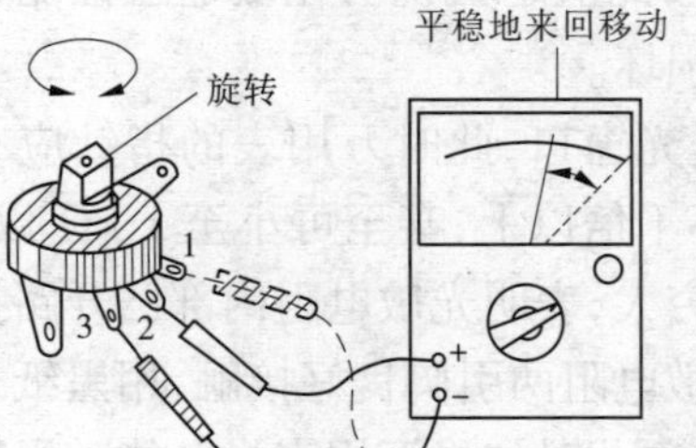

图2-16　电位器滑动端与电阻体的接触检测

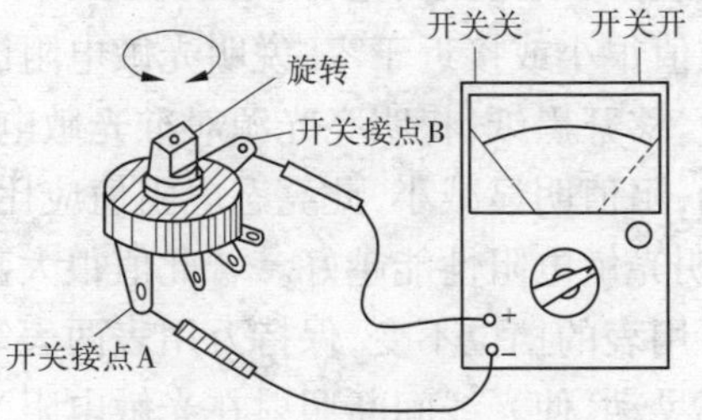

图2-17　带开关电位器的检测

4. 接地焊片与各端子绝缘情况检测

有些电位器金属外壳专门引出接地焊片，它与滑动端、固定端、开关端之间的电阻应该无穷大，如果测量结果不是如此，说明金属外壳与其他端子之间绝缘不好，应修复或弃用。

提醒：在黑白电视机组装、调试项目中，场频电位器作为支架的外壳接地。实训中，一学生在安装该电位器前，没有进行金属外壳与各端子绝缘情况检测，组装好通电，发现已经经过带假负载调试好的稳压电源，输出电压异常。采用逐路断开电源负载的方法，最后查出，是场频电位器外壳接地焊脚与固定端子绝缘不良，导致了故障的出现。应引以为戒。

(三)敏感电阻的检测

1. 热敏电阻的检测

一般说来,热敏电阻对温度变化的敏感性高,不宜用万用表来测量它的阻值。这是因为万用表的工作电流较大,流过热敏电阻时会发热而使阻值改变。但可用万用表简易判断它能否工作。

检查测量时用万用表 R ×1 挡,具体可分两步操作:一是常温检测,二是加温检测。

常温检测是在室内温度接近 25 ℃的环境下,将万用表两表笔接触热敏电阻的两引脚,测出其实际阻值,并与标称阻值对比,二者相差在允许误差范围之内即为正常。若实测阻值与标称阻值相差过大,则说明该热敏电阻性能不良或已损坏。进行这一步测试时应注意,不能用手接触被测热敏电阻及其引脚,以免人体温度对测量结果产生影响。

加温检测,就是将一热源靠近热敏电阻,或者干脆用手捏住,对其加热,同时用万用表测量其电阻值,测得的电阻值随温度变化应有显著的改变,其中正温度系数热敏电阻随温度的升高而增大,负温度系数热敏电阻随温度的升高而减小,说明热敏电阻正常;若阻值无变化或变化不明显,说明其功能消失或者敏感特性变劣,不能使用。

2. 压敏电阻的检测

万用表置于 R ×1 k 挡,测量压敏电阻两引脚间的正、反向电阻,正常情况下应均为无穷大;否则,说明该压敏电阻漏电流大,应予更换。若测得的电阻很小,说明压敏电阻已击穿损坏,不能使用。

3. 光敏电阻的检测

对于光敏电阻,主要通过检测它的亮阻、暗阻和它的灵敏性,来判断其性能。

首先,用黑纸片将光敏电阻的透光窗口严密遮住,模拟黑暗环境测光敏电阻的暗阻。用指针万用表 R ×1 k 挡测量,其结果应在 1 MΩ 以上,此值越大说明光敏电阻性能越好。若测得的数值很小或接近于零,说明光敏电阻已烧穿损坏。

然后,移开黑纸,将明亮光源对准光敏电阻的透光窗口,此时万用表的指针应有较大幅度的摆动,阻值明显减小,此亮态电阻值应比暗阻小千倍以上,甚至可小至 1 kΩ 以下,此值越小,说明光敏电阻性能越好。若此值很大甚至无穷大,表明光敏电阻内部已开路损坏。

若万用表的挡位不变,保持万用表两表笔与光敏电阻两引脚良好接触,用黑纸片在光敏电阻上部晃动,使光线间断照射在光敏电阻受光窗口,此时如果万用表指针能随黑纸片的晃动而左右摆动,说明光敏电阻基本正常。万用表指针摆动幅度越大,表明光敏性能越好。如果指针不随纸片晃动而摆动,说明光敏电阻已经丧失敏感特性。

第二节　电容器的识别与检测

电容器简称电容。与电阻器一样,电容是组成电子线路的基本元器件之一,是电子产品中使用量仅次于电阻器的一类器件。

一、电容器的基本知识

电容器是由两片导体膜(片)中间用绝缘材料隔开而构成的元件。它能够储存一定量的电荷,是一种储存电能的元件。

电容器具有通交流、隔直流、通高频、阻低频的特性，在电路中常用于隔直流、耦合交流、旁路、谐振和能量转换等。

电容器容量的基本单位是法拉，简称法（F），常用的单位有毫法（mF）、微法（μF）、纳法（nF）、皮法（pF），它们之间的换算关系是

$$1\ \mathrm{F} = 10^{3}\ \mathrm{mF} = 10^{6}\ \mu\mathrm{F} = 10^{9}\ \mathrm{nF} = 10^{12}\ \mathrm{pF}$$

电容器的基本文字符号是“C”，电容器常见外形和图形符号如图 2-18 所示。

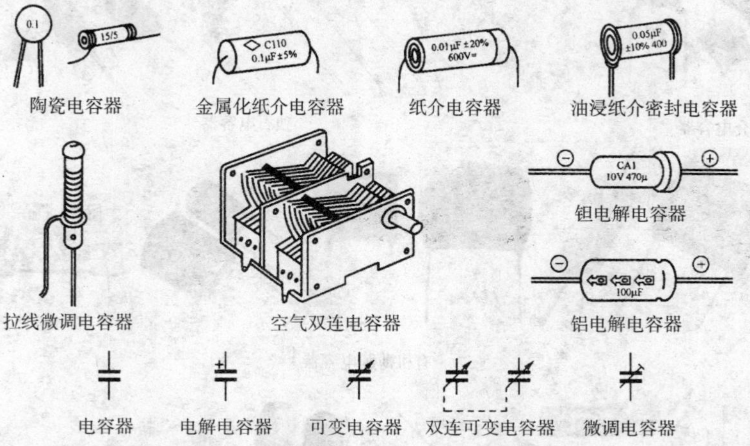

图 2-18　电容器常见外形和图形符号

二、电容器的种类与常用电容器

（一）电容器的种类

电容器的种类很多，按两极板间的介质材料可分为纸介电容器、瓷介电容器、云母电容器、玻璃釉电容器、有机薄膜电容器、电解电容器等；按容量是否可调（电容器的结构决定了容量是否可调），分为固定电容器和可变电容器；根据应用时两个极板是否有极性（能否反极性工作），固定电容器又可分为有极性电容器和无极性电容器；按照一个封装中有几个电容器，又有单体电容、多连电容和排电容之分。

图 2-19 所示为常见电容器实物图。

（二）常用电容器

1. 可变电容器

可变电容器是指电容量在一定的范围内可以连续调节的电容器。它可分为全可变电容器（简称可变电容器）和半可调（微调）电容器。

1）可变电容器

可变电容器是由一组固定的金属定片和一组可旋转的金属动片作为两个极板、动片和定片之间用绝缘的空气或者有机薄膜隔开构成的。动片转动即改变了和定片间的相对面积和距离，电容量也就随之改变。把两组（或多组）动片装在一起同轴转动、同时调整电容容量，叫做双连（或多连）可变电容器。这种电容器广泛应用于普通收音机的调谐和本机振荡电路中。

2）半可调电容器

半可调电容器由两片小型电极中间用介质隔开制作而成。改变两极间的距离或面积可

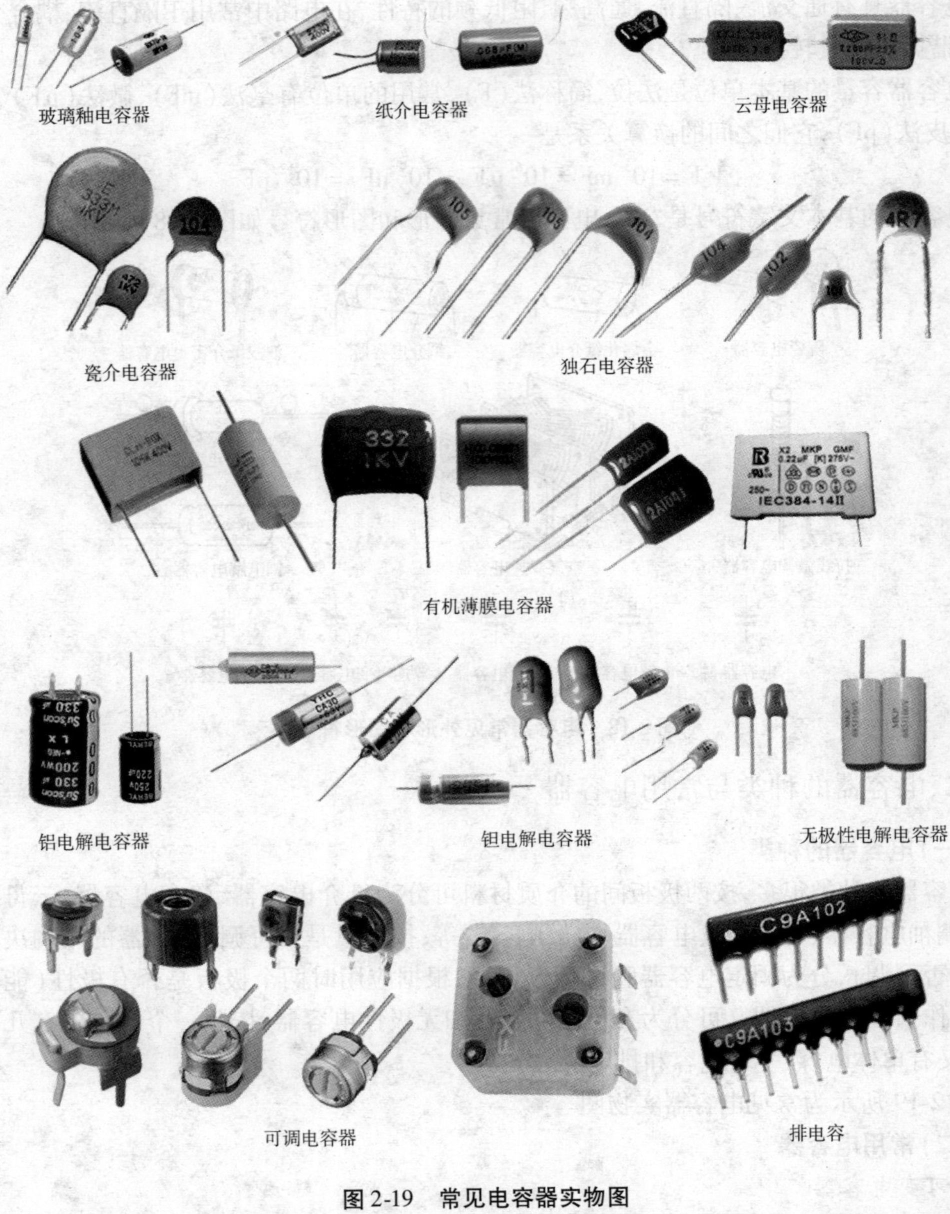

图 2-19　常见电容器实物图

以调节其容量。它的容量较小，可以调节的范围也很小，所以半可调电容器又称微调电容器。它有瓷介和瓷介拉线等几种类型，一般用在将电容量调整得很准确而后不再改变的电路中，作为补偿、校正电容。

2. 固定电容器

1）电解电容器

电解电容器是以铝、钽、铌等金属为正极板，以液态或者半液态、胶体电解液为负极，引出电极封装制作而成的。金属正极板与电解液接触部位，由于电化学作用而形成金属氧化膜，此氧化膜就成为电容器两极间的介质。

铝电解电容器是使用量最多的电解电容器。铝电解电容器中的铝氧化膜介质，并非全方向绝缘，而是具有单向导电性，因而使得铝电解电容器成为有极性电容器。使用中一旦极性接反，则氧化膜导通，流过的过大电流使介质层迅速升温，导致过热击穿。同时，温度升高又使负极电解液产生的气体大量增加，引起电解电容器外壳爆裂。因此，使用时要格外小心，不能搞错极性，也不能应用在交流电路中。同时，还要远离发热元件，以避免电解质过早干涸而失效。

铝电解电容器的氧化膜介质很薄，因此这种电容器可以做到体积不大而容量不小。铝电解电容器的容量可做到10 000 μF，但是它的漏电大、误差大、稳定性差，工作电压不高，常用于需要大容量电容器的电路中，起电源滤波、电源去耦、低频耦合、低频旁路等作用。

钽电解电容器有无极性钽电解电容器和有极性钽电解电容器之分。无极性(双极性)电解电容器采用双氧化膜结构，类似于两只有极性电解电容器将两个负极相连接后构成，它的两个电极分别与两个金属极板相连，两组氧化膜中间为电解质。

钽电解电容器和铌电解电容器，其容量不能做的很大，一般为0.1～1 000 μF，但在温度特性、稳定性、介质损耗、频率特性、使用寿命、绝缘性能等方面，优于铝电解电容器，一般用在要求较高的场合，如积分、计时等电路中，替代铝电解电容器。

2)瓷介电容器

瓷介电容器是以陶瓷作介质，在陶瓷基体两面喷涂银层，接出引线，然后烧成银质薄膜作基板而制成的。这种电容器一般做成片状，所以又叫瓷片电容器。它具有体积小、工作稳定、绝缘性能好等优点，但它容量小，广泛应用在高、中频电路中。

3)独石电容器

独石电容器又称积层陶瓷电容器，其实是一种以碳酸钡为主材料烧结而成的瓷介电容器。其容量比一般瓷片电容器大(10 pF～10 μF)，具有体积小、耐潮湿、耐高温、绝缘性好等优点，它不仅可代替云母电容器和纸介电容器，还可取代一些钽电解电容器，广泛应用于小型和超小型电子设备的电路中，作谐振、耦合、旁路、滤波之用。

4)玻璃釉电容器

玻璃釉电容器是一种以玻璃釉粉做成的薄片为介质的电容器，具有瓷介电容器的优点，且同容量下体积更小、损耗更小。与云母电容器和瓷介电容器相比，它更适合于高温下工作。

5)纸介电容器

纸介电容器是用铝或锡箔作电极板、浸过蜡的纸作介质，相叠后卷成圆柱体密封而成的。它具有容量大、耐高压、低成本等优点，但它的热稳定性差，损耗大，固有电感大。常用于低频和直流电路中，作旁路或隔直电容。

6)有机薄膜电容器

有机薄膜电容器是一种用聚苯乙烯、聚碳酸酯或涤纶等有机薄膜代替纸介，结构类似于纸介电容器的电容。其特点是体积小，绝缘性能好，但是温度系数较大。由于不同薄膜材料的电性能各有不同，所以这类电容器主要应用也不尽相同：聚丙烯薄膜电容器多应用于对稳定性和损耗要求高的电路，聚苯乙烯薄膜电容器可用于高频电路，涤纶薄膜电容器适合作旁路电容。

7)云母电容器

云母电容器是以云母为介质，用金属箔或云母片上喷涂银层作极板，极板和云母层层叠压后封装而成。它耐高温，绝缘性能好，介质损耗小，适用于高频电路和高电压电路。

三、电容器的主要参数

电容器的主要参数有标称容量、允许误差、耐压和绝缘电阻，另外还有工作温度范围、温度系数、介质损耗等。

（一）标称容量

标称容量就是标注在电容器上的电容量数值。与固定电阻器一样，固定电容器标称容量也有相应的标称值系列，具体数值如表 2-5 所示。

表 2-5　固定电容器电容量的标称值系列

电容器类型	标称系列数值											
电解电容器	1.0		1.5		2.2		3.3		4.7		6.8	
纸介电容器	1.0	1.2	1.5	1.8	2.2	2.7	3.3	3.9	4.7	5.6	6.8	8.2
瓷介、云母、玻璃釉、高频有机薄膜电容器等	1.0	1.1	1.2	1.3	1.5	1.6	1.8	2.0	2.2	2.4	2.7	3.0
	3.3	3.6	3.9	4.3	4.7	5.1	5.6	6.2	6.8	7.5	8.2	9.1

提示：瓷介、云母、玻璃釉、高频有机薄膜电容器标称系列数值共有 24 种。将它与固定电阻器的标称值系列相比，你有什么发现？将电解电容器、纸介电容器的标称系列中的数值与瓷介、云母、玻璃釉等电容器的 24 个标称系列数值相比，你又有什么发现？

（二）允许误差

电容器的实际容量相对于标称值的最大允许误差称做允许误差。电容器的允许误差常分成若干个等级，用英文字母或数字表示，如表 2-6 所示。

表 2-6　电容器允许误差与误差等级代码表示

允许误差	±1%	±2%	±5%	±10%	+20% ~ −30%
误差等级字母符号	F	G	J	K	M
误差等级数字符号	01	02	Ⅰ	Ⅱ	Ⅲ

（三）耐压

耐压又称额定直流工作电压，是指在规定的温度范围内电容器能长期正常工作所承受的最高直流电压。常见的电容器耐压数值有 6.3 V、10 V、16 V、25 V、40 V、63 V、100 V、160 V、250 V、400 V、630 V、1 kV、1.6 kV、2.5 kV 等；对于电解电容器，还有 32 V、50 V、300 V、4 500 V等几种。

需要注意的是，耐压值是对直流电压而言的，是任何时间即便是瞬时也不允许超过的数值。如果用在交流电路中，则所加交流电压的瞬时最大值（即峰值）不能超过这个直流电压值，否则电容器会被击穿短路，甚至爆裂。如耐压为 250 V 的电容器是不能应用在 220 V 交流电路中的。有些专用于交流电路的电容器，除给出耐压值外，还会给出交流耐压值。如给出 275 VAC/400 VDC。这里的 275 VAC，就是指它可以工作在交流 275 V 以下的电路中，如工作于直流电路，则它的耐压是 400 V。

(四)绝缘电阻

绝缘电阻又叫漏电电阻,指的是电容器两极间绝缘介质的电阻,是一个用来衡量介质绝缘性能好坏、漏电多少的技术指标。电容器漏电会造成能量损耗、引起介质层发热,这不仅影响电容器的寿命,而且会影响电路的正常工作。漏电越小,电容器性能越好。理想情况下电容器的绝缘电阻应为无穷大。实际上,正常情况下的电容器绝缘电阻也很大,一般小容量电容器的绝缘电阻达数千兆欧姆;电解电容器的漏电稍大,绝缘电阻也在数百千欧姆以上。

四、电容器的标注与识别

(一)电容器的标注与识别

为了方便使用,电容器的参数、型号、极性等重要信息,需要标注在电容器上。由于电容器的体积大小不一,能够标注的信息多少会有所不同,但是,电容器的标称容量和极性电容器的极性标志是一定要标注的。

1. 耐压、允许误差、型号等信息的标注

电容器的型号、耐压、允许误差、工作温度范围或上限工作温度等均以直接表示加以标注,如图 2-20 所示。

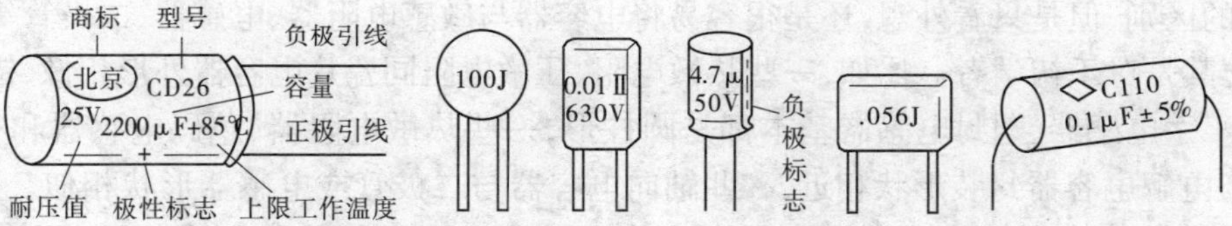

图 2-20　电容器的直标法标注

2. 电解电容器极性的标注

电解电容器是有极性的电容器,它的极性都会直接标注在它的外壳上。另外,一般新出厂的铝电解电容器,还会以长引脚表示正极、短引脚表示负极。

3. 标称容量的标注

电容器的标称容量常用标注方法有四种,分别是直标法、文字符号法、数码法和色标法。

1)直标法

直标法也就是将电容器的容量大小直接标注在电容器上的标法方法,如图 2-20 所示。应用直标法标注电容器的标称容量,可以注明容量的单位,也可以不标注容量的单位。不标注容量单位时,对于电解电容器和标称容量数值小于 1 的无极性电容器,省略的单位是 μF,小数点前的“0”也可省略;而对于标称容量数值大于 1 的无极性电容器,未标出单位是 pF。图 2-20 所示电容器的参数分别是:耐压 25 V、标称容量 2 200 μF;标称容量 100 pF、允许误差等级为 J(±5%);标称容量 0.01 μF、允许误差等级为Ⅱ(±10%)、耐压 630 V;铝电解电容器标称容量 4.7 μF、耐压 50 V;标称容量 0.056 μF、允许误差等级为 J(±5%);标称容量 0.1 μF、允许误差为 ±5%。

2)文字符号法

用容量单位的字母词头作为文字符号,既代替小数点又代表容量单位,与数字组合表示电容器标称容量的大小,即电容器的文字符号标注法如 p56J、6n8K、4μ7Ⅱ,分别表示容量为 0.56 pF、6.8 nF(6 800 pF)、4.7 μF,允许误差等级依次为 J、K、K(Ⅱ)。

提醒：R 有时也会用在电容(或电感)的标注中，以代替 μ，如 4R7 Ⅰ(参见图 2-19 所示独石电容器实物图)。千万注意，标注 4R7 的元器件，不一定都是电阻器，也可能是电容器，也有可能是标称值为 4.7 μH 的电感器(参见本章第三节图 2-25 所示电感器实物图)。

3) 数码法

多用于体积较小的电容器的标注，用 2 位有效数字和 1 位表示倍率的数字构成的 3 位数码，表示电容器的标称容量，容量的单位是 pF。与电阻的数码表示法不同的是，当倍率位的数字为 9 时，并不表示倍率(乘数)为 10^9，而是 10^{-1}。如 682 表示标称容量为 6 800 pF，339 表示标称容量为 3.3 pF。

4) 色标法

电容器的色标法与电阻器的色标法相似，只是单位为 pF。对于立式电容器，色环的顺序自上而下沿引线方向排列；轴式电容器的色环与色环电阻一样，都是偏向一头排列，其顺序从最靠近引线的一端开始，为第一环。

(二) 电容器的识别

1. 电容器与其他元器件的辨识

识别电容器除看外观外，主要还是看标注。虽然仔细观察，也能发现它们的外观与其他元器件的区别，但是只看外观，还是很容易将电容器与敏感电阻器、电感器、二极管等元器件混淆，尤其是对于初学者。比如，一些热敏电阻、压敏电阻同瓷片电容器外形相像，铝电解电容器和工字电感器、塑封电感器基本都是圆柱形，一些热敏电阻器、色码电感器和径向(直插式)钽电解电容器封装形状相近，一些轴向电容器与二极管或电感器形状相似。但是，电阻器、电感器、二极管与电容器的标注的区别还是比较大的：①电子产品中应用的电解电容器，几乎都是有极性电解电容器，其外封装上都有极性标志，这是电感器所不具有的；②瓷片电容器与热敏电阻器、压敏电阻器虽都采用数码法标注标称值，但热敏电阻器、压敏电阻器上不会有允许误差标注，热敏电阻器也不会有耐压标注；③轴向无极性电容器没有极性标志，轴向钽电解电容器多为银白色，且与二极管的极性标志方法区别很大；④不同的元器件(如电阻器与电容器)、同一种元器件的不同类型(如云母电容器和铝电解电容器)它们的型号一定不同，反映在标注上肯定不一样，有关元器件的型号命名方法参见附录。

2. 不同种类电容器的识别

同样是电容器，不同的种类型号不同，通过识别型号可以将它们区别开来，但这仅限于国产电容器。不看型号只通过标注和外观，也能做出一些区分：①通过标注可以将极性电解电容器同无极性电容器区分开来；②铝电解电容外封装多是蓝色或黑色、明黄色，而钽电解电容多是银白色或黄色(橙黄色)，除模压固体钽电解电容有圆柱形的外，其他径向钽电解电容都不是圆柱形；③电解电容器的容量比较大，一般都在 1 μF 以上，国外生产的最小容量电解电容器也达 0.1 μF，这可以作为区分无极性电解电容器、有极性电解电容器与其他无极性电容器的参考依据；④瓷介电容器外形为圆片，比较容易识别。其他无极性电容器就不大容易通过外形准确分类了，尤其是对国外生产的电容器，但是，见得多了还是能区分出绝大多数来。

提示：多仔细观察电容器实物及实物图片(见图 2-19)，对电容器的识别十分有益。学习这门课一定要多实践。

五、电容器的检测

专业的电容器性能检测与质量判别，需要专业的专用仪器、仪表。但是对于常见的电容器开路失效、短路击穿、漏电或容量减小等现象，除较准确的容量测量要用万用表的电容挡（或电容表）外，其余一般都可用指针万用表的电阻挡来检测。

如图 2-21 所示，当用指针万用表的电阻挡来检测正常的电容器时，等同于用万用表内的电池通过表的内阻给被测电容充电。充电开始时，电容器上的电压为零，充电电流大，电容器呈现出很低的电阻。随着充电的进行，电容两端的电压逐渐增大，而充电电流逐渐减小，就如同电容器的电阻在逐渐增大。充电结束，充电电流近乎为零，就像是电容器的电阻几乎是无穷大。

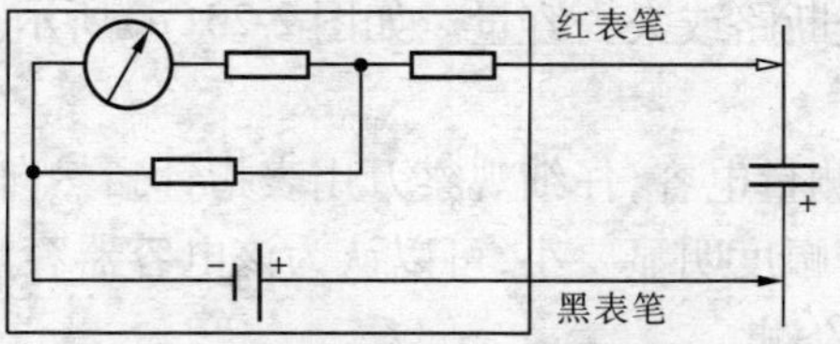

图 2-21　指针万用表电阻挡测量电容器

（一）0.01 μF 以上大容量电容器的检测

对于容量在 0.01 μF 以上的正常电容器，从指针万用表上可以清楚地观察到充电过程：万用表的两表笔与电容器的两引线相接触的一瞬间，表针猛然向右偏转，然后缓慢向左返回，最后表针几乎停留在最左端（∞处）的位置。电容器的电容量越大，表针向右偏转越大，向左返回越缓慢。表针最后停留处的电阻读数，就是电容器的漏电电阻大小。0.01 μF 以上大容量电容器的测量如图 2-22 所示。

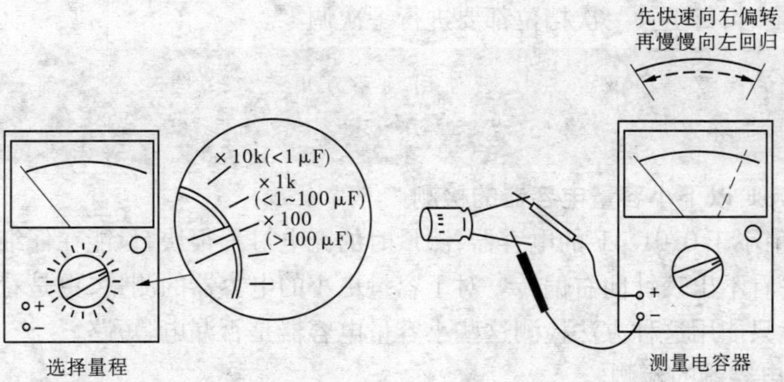

图 2-22　0.01 μF 以上大容量电容器的测量

1. 短路的检测

如果对电容器进行测量时，万用表指针向右偏转到阻值很小的位置后不向左返回，说明该电容器的漏电电阻很小，可以认为已经短路损坏。如图 2-23（a）所示。

2. 漏电的检测

对电容器进行测量时，如果测得电容器的漏电电阻小于 500 kΩ，说明该电容漏电流较大、漏电严重。如图 2-23（b）所示。

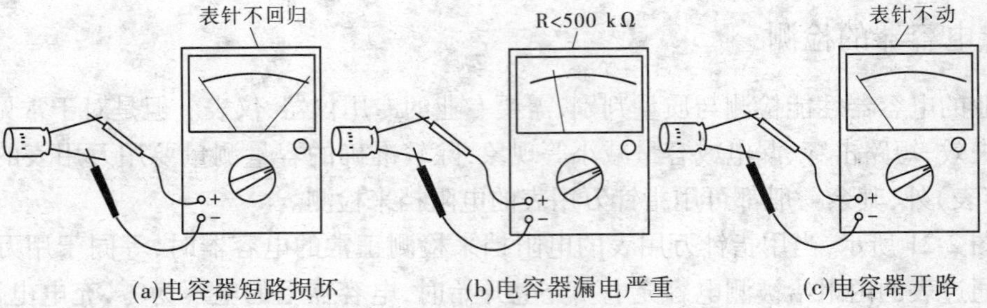

图 2-23　0.01 μF 以上大容量电容器的检测

3. 开路的检测

如果对电容器进行测量时，无论选择万用表电阻挡的哪一个挡位，万用表的指针均不偏转，则可认为该电容器已经断路或失去容量。如图 2-23(c)所示。

4. 容量减小的检测

选择合适的电阻挡位测量电容，仔细观察万用表指针猛然向右偏转的角度，与正常的同类型同容量的电容相比，若幅度明显要小，可以认为该电容器容量减小。

5. 电解电容器的极性检测

电解电容器是有极性的，正向接于电路中呈现出较大的漏电电阻，若反向接于电路中，则呈现出较小的漏电电阻。据此，可以检测判断其引脚的极性。检测方法是：先测量一次电解电容器的漏电电阻，然后交换表笔再测量一次漏电电阻，两次测量中漏电电阻大的一次，黑表笔接的是电容的正极（因为在指针万用表的内部，黑表笔一端是表内电池的正极，如图 2-21所示）。

注意：①每一次测量前，都要将电容器的两引脚短接一下，以免电容带电影响测量结果、损坏测量仪表；②测量时，手不要碰触表笔和被测电容器，那样会影响到测量的准确性；③检测电容器的容量时，每更换一次挡位都要进行一次调零。

提醒： 以上的注意事项很重要，尤其使用数字万用表电容挡时，测量前一定要对电容放电；否则，很容易损坏万用表。另外，也不要忘记进行校零调整。

（二）0.01 μF 以下小容量电容器的检测

对于容量稍小于 0.01 μF 的电容器，测量时的充电过程很快，只能在仔细观察时见表针略微抖动，几乎看不出表针向右偏转。对于容量更小的电容器的测量，更是看不到表针有动静。这时，也就只能用这种方法检测这些小容量电容器是否漏电、短路。

（三）可变电容器的检测

可变电容器的容量较小，对它的检测主要是看是否存在短路（碰片）现象。检测方法是：选用指针万用表 R×1 k 挡，两表笔分别与可调电容的动片、定片两端相接，旋转动片的同时测量它们的电阻，在这个过程中万用表的指针应纹丝不动，否则说明该可变电容器有质量问题。

第三节　电感器和变压器的识别与检测

电感器和变压器是电子电路中比较常用的一类元器件，它们既有相似、相同之处，又有区别。这里所说的电感器是一个广义的概念,它包括电感器和磁珠两种元器件。

一、概述

(一)电感器和变压器

电感器和变压器都是由导线绕制在绝缘骨架上而成的线圈类元器件(也有少数不用骨架)。绝缘骨架可以是空心的,也可以包含铁芯或磁芯。

电感器和变压器虽然都是线圈类元器件,但是,电感器线圈一般只有一个绕组、两个端子(即使有些电感为了调节电感量有多个抽头,也只是同时使用其中 2 个端子);而变压器一般都有两个或更多的绕组、三个以上同时使用的端子(自耦变压器看似只有一个绕组,其实它由两个绕组串联而成,且三个端子同时都在使用),线圈绕组有初级与次级(一次绕组与二次绕组)之分。

电感器又称扼流器、电抗器、电感线圈。用导线绕成的一匝或多匝电感线圈连接在电路中,由于电磁感应会产生一定的自感作用,从而对不同频率的电流产生大小不同的阻碍(实质上是阻碍电流的变化),频率越高阻碍作用越强。当电流流过电感器时,电感器能够把电能转化为磁能存储起来。

变压器的基本工作原理是电磁感应定律,利用其一次(初级)、二次(次级)绕组之间圈数(匝数)比的不同来改变电压比或电流比,实现电能或信号的传输、分配与隔离。在电路中常用作阻抗变换、安全隔离和改变交流电压、交流电流等。

(二)磁珠

严格来说磁珠不是线圈类电感器元器件,但它具有和电感器同样的作用。应用在电路中,磁珠能把高频交流信号转化为热能加以吸收。近几年,它的使用量越来越大,是一种发展很快、滤除高频噪声效果显著的抗干扰元件。

二、电感器

(一)电感器的符号与单位

电感器的文字符号是“L”,电路图形符号如图 2-24 所示。

图 2-24　电感器的图形符号

电感量的基本单位是亨利,简称亨,用字母 H 表示,另外还有毫亨(mH)、微亨(μH)等,其换算关系如下:

$$1\ \mathrm{H} = 10^3\ \mathrm{mH} = 10^6\ \mu\mathrm{H}$$

提示:在一些小型的电感器标注上,有时也能见到更小的电感量单位 nH,参见第六章表面安装元件图 6-6。

(二)电感器的作用

电感器的作用可以简单地描述为:阻交流通直流,阻高频通低频(滤波)。它通常被应用在滤波电路、调谐电路、振荡电路等电路中，或与电容器等组成谐振电路等，起阻流、滤波、选频或储能、产生感应电压等作用。

(三)电感器的结构与种类

电感器一般由骨架、绕组(即线圈)、屏蔽罩、封装材料等组成，为了提高电感器的品质、缩小体积、增加电感量，常在线圈骨架中插入磁芯或铁芯。

电感器的种类很多，按电感量是否可调分为固定电感和可变电感两大类，按导磁体性质可分为空心线圈、铁氧体(磁芯)线圈、铁芯线圈和铜芯线圈，按用途可分为振荡线圈、扼流线圈、调谐线圈等，按绕线结构可分为单层线圈、多层线圈、蜂房式线圈等。常见的电感器实物外形如图 2-25 和 2-26(b)所示。

下面简单介绍几种常见电感器。

1. 空心电感线圈

空心线圈不用磁芯、骨架和屏蔽罩等，而是先在模具上绕好后再脱去模具，并将线圈各圈之间拉开一定距离而成。空心电感线圈多用于高频电路中。

图 2-25　常见电感器实物外形

2. 小型固定电感器

小型固定电感器一般不使用骨架，通常是用漆包线在磁芯上直接绕制而成。小型固定电感器多采用棒状或工字形磁芯。它有密封式和非密封式两种封装形式，主要用在中高频滤波、振荡、陷波、延迟等电路中。两种形式又都有立式(径向引线)和卧式(轴向引线)两种外形结构。密封式多用环氧树脂等材料将线圈密闭封装而成，如色码电感器、色环电感器等。立式电感器如采用工字形磁芯的(塑封或不封)工字形电感器。

提示：从图2-25中看，工字形电感器与铝电解电容器、色码电感器与钽电解电容器、色环电感器与色环电阻器的外形很相似。仔细观察，工形电感与铝电解电容的外观是有区别的，你发现了吗？工形电感向内凹的地方在中部，铝电解电容向内凹的地方在下部。电解电容器有极性标志，电感器没有极性标志；色环电感器与色环电阻器的外形看不出有什么不同，要通过测量（电阻值）才有可能区分出来。

3. 高频扼流线圈

高频扼流线圈也称高频阻流线圈，应用于中高频电路，阻止中高频交流电流的通过。高频扼流线圈采用铁氧体高频磁芯、陶瓷或塑料骨架制成。磁芯形状有环形、棒状、工字形等多种。线圈采用蜂房式分段绕制或多层平绕分段绕制。

4. 低频扼流线圈

低频扼流线圈也称低阻扼流圈，是在空心线圈中插入铁芯制作而成。低频扼流线圈一般采用E形硅钢片铁芯（俗称矽钢片铁芯）、坡莫合金铁芯。为防止通过较大直流电流引起磁饱和，铁芯与空心线圈中间留有适当空隙。低频扼流线圈在电路中通常与电容器一起构成滤波网络，主要应用于电源电路、音频电路等电路。

5. 可调电感器

可调电感器即可调电感线圈，在空心线圈中插入位置可调的磁芯制作而成。磁芯进入线圈，电感量增加；磁芯离开线圈，电感量减小。

6. 共模扼流圈

共模扼流圈也叫共模电感器，是一个以铁氧体为磁芯的共模干扰抑制器件，它由两个尺寸和匝数完全相同的线圈对称（反向）地绕制在同一个铁氧体环形磁芯上，形成一个四端器件，它的结构原理和常见的实物外形如图2-26所示。

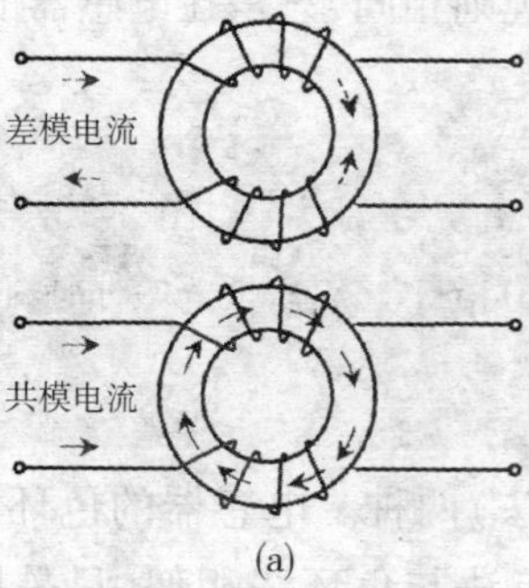

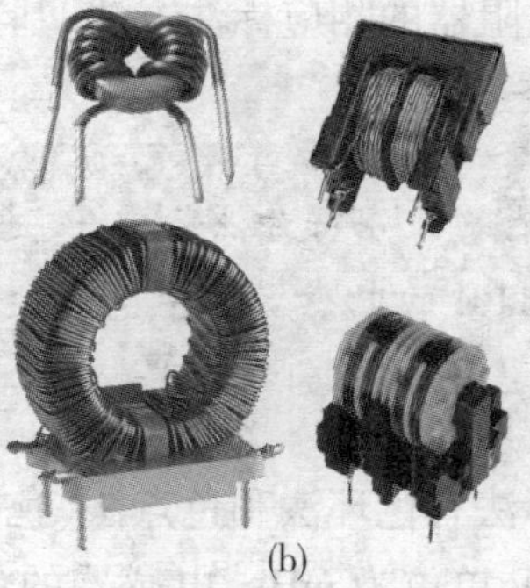

图2-26　共模扼流圈结构原理和常见实物外形

当电路中的正常电流（信号电流或电源电流）流经共模电感时，电流在同相位绕制的电感线圈中产生反向的磁场（磁通量）相互抵消，呈现出很小的漏电感，此时正常信号电流主要受线圈电阻的影响，扼流圈线径粗、匝数少而呈现低阻抗；当有共模（噪声信号）电流流经线圈时，流经两个绕组时方向相同，在线圈内产生同向的磁场而增大线圈的感抗，扼流圈呈现高阻抗，从而起到抑制共模噪声（如雷电干扰）的作用，达到滤波的目的。

共模扼流线圈使用在平衡线路中，实质上是一个双向滤波器，一方面可以滤除信号线上共模电磁干扰，另一方面又能抑制本身向外发出电磁干扰，避免影响同一电磁环境下其他电子设备的正常工作。

共模扼流圈虽有两个线圈，却不起变压器的作用，是一个特殊的电感器。

(四)电感器的主要参数

电感器的主要参数有标称电感量、允许误差、品质因数、额定电流、分布电容等。

1. 标称电感量

电感量是表示电感线圈电感数值大小的量。电感器上标注的电感量大小就叫标称电感量。

2. 允许误差

电感的实际电感量相对于标称值的最大允许偏差范围称为允许误差。

3. 品质因数

品质因数 Q 是一个用来表示线圈损耗大小、衡量线圈质量的物理量。Q 为感抗 ωL 与其等效电阻的比值，即 $Q=\omega L/R$，也可以说 Q 是线圈中储存的能量与损耗的能量的比值。线圈的 Q 值越高，回路的损耗越小。线圈的 Q 值与导线的直流电阻、骨架的介质损耗、屏蔽罩或铁芯引起的损耗、高频趋肤效应的影响等因素有关，线圈的 Q 值通常为几十到一百。在电路中，一般均希望 Q 值大些，但提高线圈的 Q 值并不是一件容易的事。

4. 额定电流

额定电流是指保证电感器长时间正常工作允许通过的最大工作电流。

5. 分布电容

分布电容指线圈的匝与匝间、线圈与屏蔽罩间、线圈与底板间存在的电容。

(五)电感器的标注与识别

电感器的标注方法有直标法、文字符号法、色标法和数码法。电感器的直标法、文字符号法和数码法与电阻器的相应标注方法，基本规则相同，只是在电感器的数码法中省略单位是 μH，这里不再赘述。

> **提醒：**在电感器的文字符号法标注中，也会出现字母 R，如图 2-25 中的 1R0 等。这里的 R 代表 μH 的 μ。1R0 的电感器其电感量是 1.0 μH(微亨)。识别时还要看它的外形及其他标注，才有可能区分出是电阻器还是电容器或电感器等。

电感器的色标法有色环法和色点法(色码法)两种。电感器的色环法与电阻器、电容器的色环法规则相同，单位为 mH。电感器的色点法与色环法相似，只是用色点取代了色环，如图 2-27 所示。

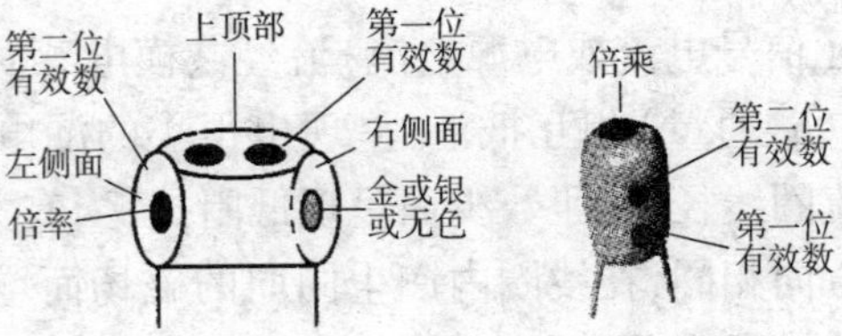

图 2-27　电感器的色点法

三、磁珠

（一）磁珠的构成

不同于电感由磁芯和线圈组成，磁珠由氧磁体组成。磁珠的全称为铁氧体磁珠滤波器（还有一种是非晶合金磁性材料制作的磁珠）。用铁氧体材料做成环状的磁珠，可以直接套在元件的引脚上使用，或者做成空心柱状，导线穿过其中，串接于电路中使用。常见的磁珠外形如图 2-28 所示。磁珠的体积一般较小，需要体积较大时一般做成环状，这种磁珠又称磁环。

图 2-28　常见的磁珠外形

（二）磁珠的工作原理与作用

不同于电感器这种储能元件，磁珠是能量转换（消耗）器件。铁氧体材料的特点是具有很高的导磁率，高频损耗非常大。磁珠等效于一个电感和一个电阻的串联。当导线穿过这种铁氧体磁芯时，所构成的电感阻抗是随着频率的升高而增加的。在低频段，电阻很小，磁芯的磁导率很高，因此电感量较大，电感起主要作用，磁珠的阻抗主要是电感的感抗，整个器件就是一个低损耗、高 Q 值的电感，对低频电流几乎没有什么阻抗；在高频段，随着频率升高，磁芯的磁导率降低，导致电感的电感量减小，感抗成分减少，磁珠的阻抗由电阻成分构成。这时磁芯的损耗增加，电阻成分增加，导致总的阻抗增加。当高频电流通过铁氧体时，高频电流在其中转换成热能耗散掉。

铁氧体磁珠广泛应用于信号传输、电源输入线路中，用来抑制高频干扰和尖峰干扰，吸收超高频信号，起高频滤波作用，同时它也具有吸收静电放电脉冲干扰的能力。如应用于 RF 电路、振荡电路等。在电源线入口端套上磁珠（较大的灰黑色磁环），就可以滤除电源线上的高频干扰。

（三）磁珠的符号与单位

磁珠的文字符号和图形符号与电感器的符号相同。穿在导线上的磁珠还有一个图形符号，是“”，不过这个符号很少应用。磁珠的单位不是 mH 或 μH、nH 等，而是欧姆，是按照它在某一频率下产生的阻抗来标称的，常以 100 MHz 为标准，比如 600 R/100 MHz、42 R/100 MHz，意思是在 100 MHz 频率时磁珠的阻抗相当于 600 Ω 和 42 Ω。

提醒：这一点一定要注意，不要看到电感的符号就认为一定是电感器，看到标注多少多少欧姆就认定它就是电阻。那样的话，一些电路的原理就说不通了。

四、变压器

（一）变压器的结构与种类

变压器是将两组或两组以上的线圈绕制在同一个绝缘骨架上，再加上屏蔽罩、封装材料等制成的，骨架中也可插入磁芯或铁芯等。若线圈是空心的则称为空心变压器，骨架中插入磁芯、铁芯则相应地称为磁芯变压器和铁芯变压器。

变压器的主要作用有降低或提升交流电压、信号耦合、变换阻抗、隔离等。

电子电路中使用的变压器，按工作频率可分为高频变压器、中频变压器（也称中周）、低频变压器等;按用途可分为电源变压器、音频变压器、脉冲变压器、耦合变压器、阻抗变换变压器、隔离变压器(变压比为1:1,一次和二次电路没有电的直接联系,能够实现安全的电气隔离)等。常见的变压器外形如图2-29所示。

(二)变压器的文字符号

变压器的文字符号是“T”,电路图形符号如图2-29所示。

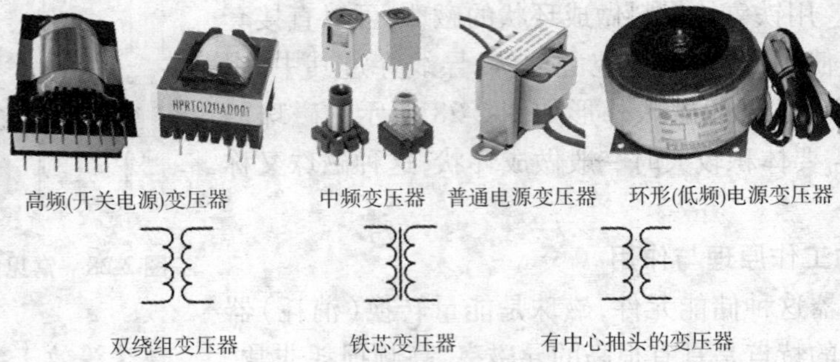

图2-29　变压器常见实物外形和电路图形符号

(三)变压器的主要参数

变压器的主要参数有变压比、额定电压、额定电流、额定功率、效率、绝缘电阻、工作频率等。

1. 额定功率

额定功率是指变压器在规定的频率和电压下,能长期工作而不超过规定温升的输出功率。额定功率的容量单位用VA表示。

2. 绝缘电阻

变压器的各绕组间、各绕组与铁芯之间并不是理想的绝缘,当外加电压时总有漏电流存在,绝缘电阻是施加的电压与漏电流的比值。绝缘电阻过低,可能会使电路工作不稳定,甚至使得设备的外壳带电,造成对设备和人身的危害。

3. 效率

在额定功率时,变压器的输出功率和输入功率的比值,叫做变压器的效率。

4. 变压比

变压比是指变压器原边电压与副边电压的比值。它有两种表示方式:一种只说明比值,如1:2;另一种则同时说明额定电压,如220 V/36 V,表示原边额定电压为220 V,副边电压为36 V。

五、电感器和变压器的检测

对于电感器和变压器这种线圈类元器件,其电感量和Q值等参数的测量需要用专门的仪器仪表。但是对于常见的开路、绝缘不良等现象,可用万用表的电阻挡来检测。

(一)电感器的检测

检测电感线圈的通断情况,可用测量电感线圈两引脚之间的阻值进行。指针万用表置于“R×1”挡,小电感量的电感线圈其阻值为零,对于匝数较多、线径较细的电感线圈应有一定的阻值,通常情况下线圈的直流电阻只有几欧姆(用数字万用表蜂鸣二极管挡测量,读数会达到几十到几百)。如果表针不动,说明该电感器内部开路;如果表针指示不稳定,一般为引脚与线圈之间接触不良。使用万用表的 R×10k 挡，测量线圈与磁芯、铁芯、屏蔽罩间的电阻值，可以判断相应的绝缘状况，如果测量结果不是∞，则说明绝缘性能不良，不能使用。

（二）变压器的检测

变压器的检测可以使用万用表电阻挡进行：一是用万用表 R×10 挡检测各绕组线圈的通断，能够测出不太大的阻值基本上可以说明绕组线圈正常；二是将万用表置于 R×10k 挡，测量绕组与绕组之间的绝缘电阻、各绕组线圈与铁芯和屏蔽罩之间的绝缘电阻，结果应该是万用表指针均指在∞位置不动。否则，说明变压器绝缘不良。

（三）电感器和变压器线圈匝间短路的检测

通过了线圈通断情况检测看似正常的电感器和变压器，并不能够说明它们的性能就是良好的，因为绕组出现匝间短路时，用万用表测量线圈的阻值，无法加以判定。这是由于电感器和变压器绕组自身的阻值不大，线圈间的局部短路对绕组的阻值影响几乎可以忽略。

不管是电感器还是变压器，出现线圈匝间短路时，都会使得 Q 值严重下降。对于电源变压器，发生匝间短路性故障后的主要症状是发热严重和次级绕组输出电压失常；对于电感器，线圈内部匝间短路也会使线圈发热严重。它们都会导致电路工作失常，进而可能会损坏一些相关的元器件。

对于实际应用中常见的线圈匝间短路性故障，专业的检测方法是测量线圈的电感量和 Q 值，业余情况下可以使用代换法或测量空载电流法最终确定。存在短路故障时，其空载电流值将远大于满载电流的10%，空载加电几十秒钟之内便会迅速发热，用手触摸有烫手的感觉，此时不用测量空载电流便可断定变压器有短路点存在。

（四）外观检查

对电感器和变压器除了要用仪器仪表检测，还可通过外观检查发现问题。对电感器外观检查，主要查看线圈有无松散，引脚有无折断、锈蚀，线圈是否有烧灼发黑痕迹，磁芯（或铁芯）是否松动、碎裂、无法调整，屏蔽罩是否有变形等；对变压器，主要通过观察外观来检查其是否有明显异常现象，如线圈引脚是否断裂、脱焊，绝缘材料是否有烧焦痕迹，铁芯是否有松动，绕组线圈是否有外露等。外观检查发现异常，说明存在质量、性能问题，不能再使用。

训练、思考与问答

1. 一个电子元器件上标注有4R7，它一定是电阻吗？用万用表测量其阻值，结果有一个比4.7 Ω要大一些的读数，你认为这个元器件还是电阻吗？如果测得其阻值远比4.7 Ω要小，你认为这是个什么元器件？如果测量其阻值结果是∞，那这又是个什么元器件？说出理由。

2. 一个四色环电阻器，其中一端紧邻的两个色环无法准确判定，另一端两个色环能够看清楚，分别是金、黄。有人准备用指针万用表 R×100 挡测量其阻值，你认为他能否准确测得其阻值？说出理由。如果猜测靠边的那个无法准确判定的色环是紫色，那么，另一个无法准确判定的色环可能是什么颜色？这个电阻器的阻值是多少？

3. 阻值为1.2 Ω的电阻用色标法该怎样标注？用直标法、文字符号法又该怎样表示？这个电阻能够用数码法标注吗？

4. 对电阻测量结束后，长时间不准备使用指针万用表欧姆挡时，为何要将挡位开关置于电压挡？不这样做会有怎样的后果？

5. 色环电阻器的色环颜色如何准确确定？

6. 使用指针万用表 R×10 k 挡测量前，将红黑两表笔短接，结果指针不向右偏转而向左打，其原因在哪里？将红黑两表笔短接进行欧姆校零时，不管怎样旋转调零旋钮，指针就是无法向右偏转到“0”，这该怎样处理？

7. 怎样才能找出电位器的滑动端引脚？

8. 仔细观察图 2-7 和图 2-19 的排阻与排电容，它们的外观和标注的区别在哪里？

9. 电解电容器能用在交流电路中吗？为什么？

10. 检测电感和检测变压器的方法有哪些相同与不同？

11. 一电路需要一个 0.056/63 V 的电容，现有的电容有 56 n/63 V、0.056/100 V、5.6 n/63 V、0.056/50 V、563/100 V、0.047/63 V，如果不考虑材料等问题，这些电容中有哪些可以使用？

12. 有的热敏电阻和电容器、压敏电阻很相像，该怎样区分它们？

第三章　半导体器件的识别与检测

半导体是指常温下导电性能介于良导体与绝缘体之间的材料。半导体器件则是主要应用硅、锗或砷化镓等半导体材料制作而成的，利用半导体材料的特殊电特性来完成特定功能的电子器件。它包括半导体分立器件和集成电路。

半导体分立器件又称晶体管，它包括由各种半导体材料制成的晶体二极管、晶体三极管、场效应管、绝缘栅双极型晶体管、晶闸管等器件。

提醒：这里说的晶体管是严格意义上的晶体管，泛指一切以半导体材料为基础的单一元件。过去，国内有时习惯上将晶体三极管简单称之为晶体管。要注意二者在不同语境下语义上的区别。

第一节　半导体二极管的识别与检测

半导体二极管又称晶体二极管，简称二极管。早期应用的二极管是在半导体 PN 结两端的 P 区和 N 区引出两个电极制作而成，故此得半导体二极管之名。P 区所引出的电极称为阳极（A 极），N 区所引出的电极称为阴极（K 极）。它被广泛应用于各种电子电路中，是一种最基本的重要元器件。

一、二极管的特性与作用

（一）二极管的特性

二极管就是一个 PN 结，其基本特性是具有单向导电性——电流只能从阳极流向阴极。流过的电流与加在它两端的电压（U_{AK}）呈非线性关系，如图 3-1 所示。给二极管两端加上正向电压（即 $U_{AK}>0$），当此正向电压较小时，流过的正向电流十分微弱，二极管不导通，呈现出很大的电阻；当此正向电压达到一定数值（称为开启电压、门限电压或阈值电压）时，二极管导通，正向电阻很小。此开启电压对锗材料二极管为 0.2～0.3 V，对硅材料二极管为 0.5～0.7 V。二极管一旦导通，其两端的电压基本保持不变（仅比开启电压稍稍大一点），电流与

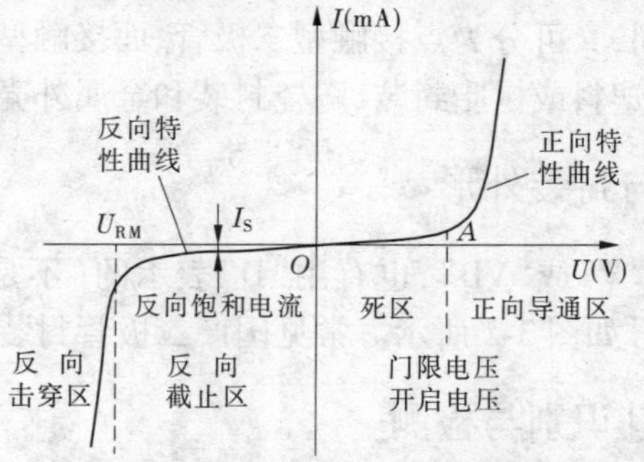

图 3-1　二极管（PN 结）伏安特性

电压几乎是线性关系。如果给二极管加反向电压，当电压值较小时，二极管截止，反向电流(称为反向饱和电流 I_S)极小，反向电阻很大；当反向电压超过某个数值(称为反向击穿电压)时，二极管被反向击穿，电流开始急剧增大，而电压基本稳定不再变化。

根据材料、掺杂分布、几何结构和偏置条件的不同等，二极管除具有上述描述的 PN 结的单向导电性、PN 结的击穿特性外，还有 PN 结的电容效应等特性。

(二)二极管在电路中的作用

二极管广泛应用在各种电路中，根据半导体与 PN 结的不同特性，实现各种不同的功能。例如，应用 PN 结单向导电性进行整流、检波；应用 PN 结正偏导通、反偏截止的特性作为开关；应用 PN 结反向击穿后电压恒定的特性实现稳压；应用 PN 结正向导通后，正向压降基本保持不变(硅管为 0.7 V，锗管为 0.3 V)的特性，把信号幅度限制在一定范围内(即限幅)；应用结电容随外电压变化效应改变电容容量；应用二极管加上正向电压后，在 PN 结附近电子空穴复合，产生自发辐射，将电能转换为光能，实现发光显示；应用光辐射对 PN 结反向电流的调制作用进行光电转换，等等。

二、二极管的主要参数

(一)额定电流

额定电流即最大整流电流，它是指二极管在长时间工作过程中允许通过的最大正向平均电流。在规定散热条件下使用时，不要超过二极管最大整流电流值。例如，常用的 1N4001 - 4007 型二极管的额定正向工作电流为 1 A。

(二)最高反向工作电压

最高反向工作电压也常称为耐压，它是指二极管在工作过程中能承受的最高反向电压。如果超过最高反向工作电压，二极管将有反向击穿的危险。例如，1N4001 二极管反向耐压为 50 V，1N4007 反向耐压为 1 000 V。

(三)最高工作频率

最高工作频率是指二极管工作频率的最大值。使用时，必须使二极管工作在低于该频率的范围内。

三、二极管的分类

二极管种类有很多，根据所用半导体材料的不同，可分为锗二极管和硅二极管；根据其用途不同，可分为整流二极管、检波二极管、开关二极管、稳压二极管、双向稳压二极管、变容二极管、双向二极管、瞬态电压抑制二极管、发光二极管、光敏二极管、热敏二极管、磁敏二极管等；按照管芯结构的不同，又可分为点接触型二极管、面接触型二极管及平面型二极管等。按封装形式，有玻璃封装、塑料或树脂封装、陶瓷封装和金属外壳封装等几种类型。

四、二极管的符号与封装外形

二极管的文字符号是“V”或“VD”，也有用“D”表示的(不是 GB 7159 标准规定的优先采用符号)。它的图形符号如图 3-2 所示。常见国产二极管封装外形如图 3-3 所示。

五、常用二极管及其识别与检测

常用二极管主要有普通二极管和稳压二极管、瞬态电压抑制二极管、变容二极管、双向

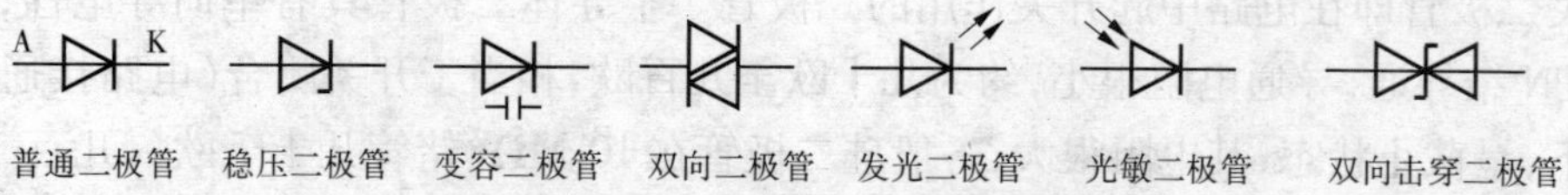

图 3-2 常见二极管的图形符号

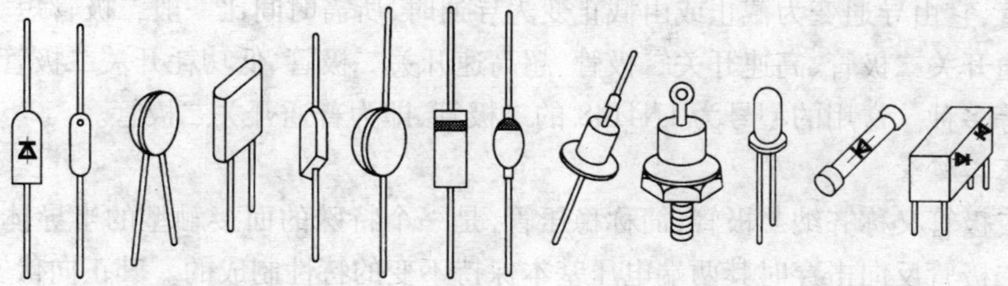

图 3-3 常见国产二极管封装外形

二极管、双向稳压二极管、发光二极管、光敏二极管、快恢复二极管、肖特基二极管等。如图 3-4所示为常见二极管实物图。

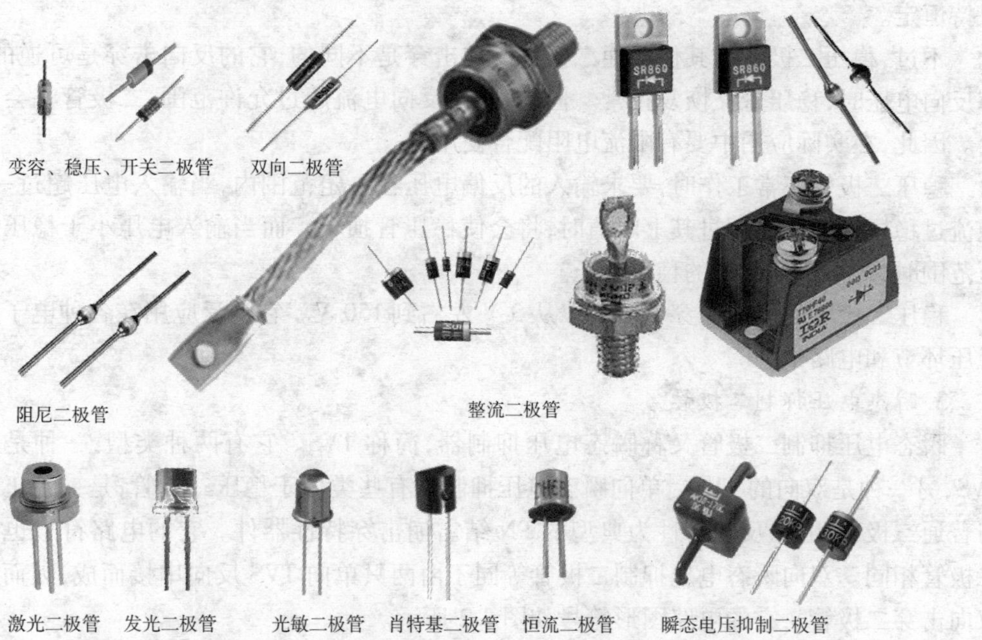

图 3-4 常见二极管实物图

(一) 常用二极管简介

1. 普通二极管

普通二极管包括整流二极管、检波二极管、阻尼二极管、开关二极管、续流二极管等，它们在电路中的作用虽然不同，但其基本结构都是一个 PN 结。硅材料普通二极管正向压降为 0.7 V(锗材料管为 0.3 V)左右。

整流二极管是面接触型，多采用硅材料制作。由于结面积较大，因而能承受较大的正向电流和较高的反向电压。

检波二极管一般都是点接触型、结电容小的中、高频锗二极管，例如国产 2AP 系列等。能用于检波的二极管，大多也能作为限幅、箝位、开关、调制二极管使用。

开关二极管即在电路中起开关作用的二极管。半导体二极管具有单向导电性，在正向偏压下 PN 结导通，导通电阻很小，约为几十欧至几百欧，相当于开关闭合（电路接通）；在反向偏压下，呈截止状态，其电阻很大，一般硅二极管在 10 MΩ（锗管几十千欧～几百千欧）以上，相当于开关断开（电路切断）。利用这一特性，二极管可以作为开关使用。作为开关使用的二极管，它由导通变为截止或由截止变为导通时，所需时间比一般二极管短。开关二极管分为普通开关二极管、高速开关二极管、超高速开关二极管、低功耗开关二极管、高反压开关二极管等多种。常用的型号为 1N4148 的二极管，即为普通开关二极管。

2. 稳压二极管

稳压二极管又称齐纳二极管，简称稳压管，是一个特殊的面接触型的半导体硅二极管。它是利用二极管反向击穿时其两端电压基本保持不变的特性制成的。其正向伏安特性曲线与普通二极管一样，正向使用时可以看成是一个普通二极管。反偏时直到临界反向击穿前，都具有很高的电阻，而在临界击穿点，反向电阻突然降低到一个很小的数值。它的反向击穿曲线比较陡峭，在反向击穿的低阻区，电流虽然在很大范围内变化，但它两端的电压却基本保持恒定。

不过，稳压二极管与其他普通二极管反向击穿是不同的，它的反向击穿是可逆的，当去掉反向电压时，稳压管又恢复正常。但是，如果反向电流超过允许范围，二极管将会发热击穿。因此，在实际应用中要有限流电阻配合使用。

稳压二极管正常工作时，要求输入的反偏电压在一定范围内，当输入电压超过一定值，使流过稳压管的电流超过其上限值时，将会使稳压管损坏。而当输入电压小于稳压管的稳压范围时，将得不到预期的稳定电压。

稳压二极管的反向击穿电压可以从 3 V 左右到 150 V。它广泛应用在各种电子电器的稳压环节和电路中。

3. 瞬态电压抑制二极管

瞬态电压抑制二极管又称瞬态电压抑制器，简称 TVS。它有两种类型：一种是单向的 TVS，另一种是双向的 TVS。单向瞬态电压抑制器有些类似于稳压二极管，是一种正向特性与普通二极管相同、反向特性为典型的 PN 结雪崩击穿特性器件。它的电路符号也与稳压二极管相同。双向瞬态电压抑制二极管等同于由两只单向 TVS 反向串接而成，因而它又叫双向击穿二极管。它的电路图形符号如图 3-2 所示。

双向 TVS 是一种具有双向稳压特性和双向负阻特性的过压保护器件，类似于压敏电阻器。它应用于各种交流及直流电源电路中，用来抑制瞬间过电压。当 TVS 二极管的两极受到瞬间出现的高能量浪涌脉冲电压冲击时，双向击穿二极管能以 10^{-12} 秒量级的速度迅速击穿，将其两极间由高阻状态变为低阻状态，对浪涌电压进行分流和电压箝位，从而保护电路中各元件不被瞬间浪涌脉冲电压损坏。它在使用时可以不考虑电压的正和负。单向 TVS 用来保护直流电压，使用时它的阴极接在电压的正端。

瞬态电压抑制二极管是一种高效能保护器件，由于它具有响应时间短、瞬态功率大、漏电流小、齐纳击穿电流更小（大于 10 V 的稳压只有 1 mA）、箝位电压较易控制、无损坏极限、体积小等优点，因此也叫做防雷管。

提示:TVS 二极管和稳压二极管都可以用来稳压,并且都工作在反向截止状态下。但是,TVS 管主要作用是防止瞬间大电压的影响,最终可以达到稳压的目的。而稳压二极管稳压精度比较高。

4. 变容二极管

变容二极管又称可变电抗二极管,是一种利用 PN 结电容与其反偏电压的依赖关系及原理制成的二极管。也可以说它是一种工作于反偏状态、利用反偏电压来改变 PN 结电容量的特殊半导体器件。

变容二极管多用硅材料制作,可以取代可变电容器,用于自动频率控制(AFC)、调谐回路、振荡电路等电路中。

5. 发光二极管

发光二极管简称为 LED,是由镓(Ga)与砷(AS)、磷(P)的化合物(比如磷化镓、磷砷化镓、砷化镓、砷铝化镓等)材料制成的二极管。当施加正向电压时,在 PN 结附近电子与空穴自发复合,辐射出可见光或红外线。

发光二极管开启电压较普通二极管高,管压降(即正向导通时两端的电压)为 1.5 ~3 V。

有关发光二极管的更多介绍及其识别与检测参见第四章第一节。

6. 光敏二极管

光敏二极管也叫光电二极管。光敏二极管的管芯是一个具有光敏特征的 PN 结,具有单向导电性。当加上反向电压无光照时,光敏二极管截止,只有很小的饱和反向漏电流;当加上反向电压,光线照射 PN 结时, PN 结中产生电子 - 空穴对,使少数载流子的密度大为增加。这些载流子在反向电压作用下而漂移,形成光电流,使反向漏电流大大增加,而且光电流随入射光强度的变化而变化,即利用光照强弱改变了电路中的电流。

有关光敏二极管的更多介绍及其识别与检测参见第四章第一节。

7. 双向二极管

双向二极管又称双向触发二极管、交流开关二极管,简称 DIAC。它属于三层二端半导体交流器件,具有对称性质。如图 3-5(a)、(b)所示。

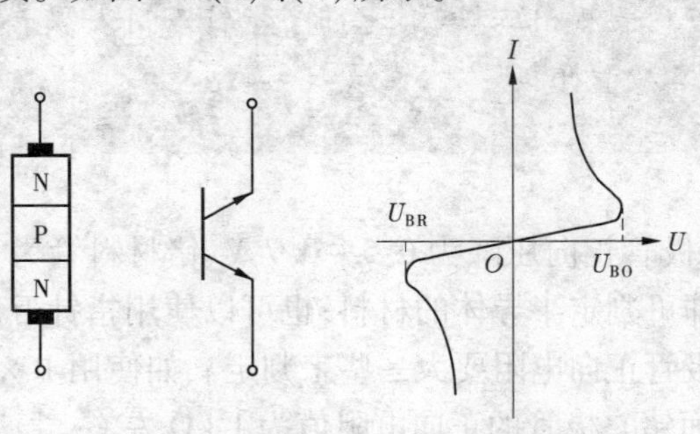

(a)结构 (b)等效 (c)伏安特性

图 3-5 双向二极管的结构、等效和伏安特性

双向触发二极管正、反向伏安特性几乎完全对称,如图 3-5(c)所示。当器件两端所加电压 U 低于正向转折电压 U_{BO}时,器件呈高阻态(截止)。当 $U > U_{BO}$时,管子击穿导通进入负阻区。同样,当 U 大于反向转折电压 U_{BR}时,管子也进入负阻区。即,它等效于一个双方

向皆可导通的开关：不论外加电压的极性如何，只要电压的大小大于转折电压，DIAC 就导通；外加电压小于转折电压，它就截止。

双向触发二极管主要应用在双向晶闸管的触发电路中。它的转折电压为 20 ~ 250 V。

(二) 常用二极管的识别与检测

对于(通孔组装技术的)二极管及其他半导体分立器件，其外封装上一般都会标注出型号，通过型号可以看出它所属类型、材料和极性等信息，再查阅资料还能够掌握其参数；通过对它的测量以及识读外壳上的其他标注信息和外形特征，可以了解它的引脚极性(或名称)和性能。

有关二极管的型号命名方法参见附录五。

1. 普通二极管的识别与检测

1) 引脚极性判别

对于形体较小的小功率二极管，其外壳上都有一个不同于外封装颜色的负极标志色环或色点。如红色玻封开关管 1N4148 的负极一端，一般是黑色标志环；塑封的 1N4001 ~ 1N4007、1N5401 等整流二极管，负极一端是白色标志环；有的形体稍大的二极管，其外壳上有二极管的图形符号，据此可以判定引脚的极性；金属封装的二极管螺母一端为阳极；有的国产二极管阴极一端封装外形不同于阳极，参见图 3-3。

二极管引脚的极性也可以通过测量加以判定。测量时既可以使用指针万用表，也可以使用数字万用表。使用指针万用表测量时，将万用表置于 R × 100 挡或 R × 1k 挡，两表笔分别接二极管的两个电极，测出一个结果后，对调两表笔，再测出一个结果。两次测量的结果，一次测量出的阻值较大(为反向电阻)，一次测量出的阻值较小(为正向电阻)。在阻值较小的一次测量中，黑表笔接的是二极管的正极，红表笔接的是二极管的负极；使用数字万用表测量时，将万用表置于“—▷|—”挡，两表笔分别接二极管的两个电极，若数字万用表显示屏最高位显示“1”，则黑表笔接的是二极管正极；若数字万用表显示出几位数字，则红表笔接的是二极管正极。测出的数值就是二极管的正向导通压降(单位是 mV)。

> **提示：**①数字万用表最高位显示“1”，表示测量结果超量程，显示屏显示不出来；②判断二极管引脚的极性，用万用表测出二极管正向时，指针万用表黑表笔接的是二极管阳极，而数字表红表笔接的才是二极管阳极。

2) 材料的判别

根据硅材料普通二极管正向压降为 0.5 ~ 0.7 V、锗材料管为 0.2 ~ 0.3 V，用数字万用表测出正向导通压降，即可判定半导体的材料；也可以使用指针万用表 R × 100 挡或 R × 1k 挡测量，根据硅材料二极管正向电阻要大一些来判定。如使用 R × 1k 挡测硅二极管正向电阻，一般为 5 kΩ 左右，而锗二极管的正向电阻值为 1 kΩ 左右。

3) 性能检测

正常情况下，普通二极管正向电阻值一般在几百欧到几千欧，反向电阻值为∞；正向导通压降几百毫伏，反向压降为“1”。正向电阻值越小越好，反向电阻值越大越好。正、反向电阻值相差越悬殊，说明二极管的单向导电性能越好。若测得二极管的正、反向电阻值均接近 0 或阻值较小，正反向压降都很小，则说明该二极管内部已击穿短路或漏电损坏。若测得二极管的正、反向电阻值均为无穷大或正反向压降都为“1”，则说明该二极管已开路损坏。

2. 稳压二极管的识别与检测

1）引脚极性判别

对稳压二极管，从外形上看，金属封装稳压二极管管体的正极一端为平面形，负极一端为半圆面形。塑封、玻封稳压二极管管体上印有区别于主体颜色的彩色标记一端为负极，另一端为正极。对标志不清楚的稳压二极管，也可以用万用表判别其极性，方法与普通二极管相同。

2）性能检测

稳压二极管性能检测，其方法与普通二极管相同，只是测出的正向电阻会比普通二极管要高一点，在 10 kΩ 左右。但是，若用 R×10k 挡测量正反向电阻，来判定稳压二极管的性能，则有可能造成误判。其原因是，万用表的 R×10k 挡表内电池为 9 V（也有的为 15 V），测量反向电阻时，有可能使反向击穿电压低于表内电池电压的稳压管反向击穿，结果测得的反向电阻很小。不过，倒是可以应用此方法区分是普通二极管（小于表内电池电压的）还是小稳压值稳压二极管。方法是，分别用 R×10k 挡和 R×1k 挡测量反向电阻，如果测量结果相差不大，就是普通二极管，反之是稳压二极管。

3. 变容二极管的识别与检测

1）引脚极性判别

对于变容二极管，若只有一端涂有色环标记，则这一端即是负极，而另一端为正极。有的变容二极管的管壳两端分别涂有黄色环和红色环，则涂红色环的一端为正极，黄色环的一端为负极。

对变容二极管引脚极性，也可以通过数字万用表测量其正、反向压降来判断。正常的变容二极管，其正向电压降为 0.58～0.65 V，反向电压降显示为溢出符号“1”。能测出正向压降时，红表笔接的是变容二极管的正极，黑表笔接的是变容二极管的负极。

2）性能检测

用指针式万用表的 R×10k 挡测量变容二极管的正、反向电阻值，正常时其反向电阻值为无穷大，正向电阻值较普通二极管大得多，在 200 kΩ 左右。若被测变容二极管的正、反向电阻值均有一定阻值或均为 0，则是该二极管漏电或击穿损坏。

4. 双向触发二极管的识别与检测

由于双向触发二极管的两个引脚没有极性之分，所以对双向二极管的识别就变得相对简单，只要通过型号确定是否是双向二极管即可。

对双向触发二极管性能的大致判定，可以用万用表 R×1k 挡，通过测量双向触发二极管正、反向电阻值进行。正常时，测量它的正、反向电阻值均应为无穷大。若测得正、反向电阻值均很小或为 0，则说明该二极管已击穿损坏。

5. 瞬态电压抑制二极管的识别与检测

对单向 TVS 的识别与检测，可参照稳压二极管进行，只是正常情况下，测量时使用 R×10k 挡也不会使它反向击穿而呈现小的反向电阻。

对双向 TVS 的识别与检测，可参照检测双向二极管的方法进行。

六、常见二极管组件

二极管组件是指由两个或两个以上的二极管按一定的常用方式连接并封装成一体的组

合部件,如由两个整流二极管组合封装而成的整流半桥、两个具有不同温度系数组合而成的具有温度补偿特性的三引脚稳压二极管、两个阻尼二极管组合封装而成的阻尼二极管组件、四个整流二极管组合封装而成的整流全桥等。它们的内部电路连接方式主要有四种,如图 3-6所示。常见封装形状如图 3-7 所示。具有温度补偿特性的三引脚稳压二极管采用的是图 3-6(d)所示的连接方式,只是其中的二极管换成了稳压管。

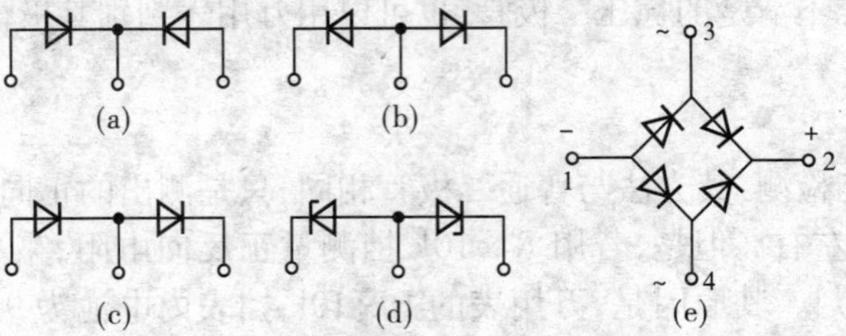

图 3-6　常见二极管组件内部电路连接方式

图 3-7　常见二极管组件实物图

下面仅介绍整流桥的识别与检测,对于其他两二极管三引脚组件,可参考下面的方法和对二极管的识别与检测方法进行。

(一)整流半桥的识别与检测

二极管整流半桥有共阴和共阳两种类型。不管是哪一种类型的整流半桥,其外壳上一般都会有引脚标注,不难识别。

若没有引脚标注,可使用万用表测量判定,方法是:使用指针万用表 R×100 或 R×1k 挡,两表笔分别接半桥的两个电极,测出一个结果后,对调两表笔,再测出一个结果。两次测量出的阻值都是无穷大时,这两个引脚要么是内部两个二极管的阳极,要么是两个二极管的阴极,余下的一个引脚是公共端("+"或"-"端)。再用黑表笔接公共端,红表笔接另两个引脚的任意一个,器件正常情况下,若测得阻值为几千欧,则该整流半桥为共阳型,公共端是二极管的阳极。若测得阻值为无穷大,则该整流半桥为共阴型,公共端是二极管的阴极。

识别出引脚,将整流半桥当做两个二极管,不难对其性能进行检测。

(二)整流全桥的识别与检测

1. 整流全桥的识别

整流全桥封装外形多样,但是不管是哪一种样式,在其外壳上一定会有输入端、输出端的标注。只是有的标注出全部端子,有的只标注出"+"端。若只标注出"+"端,则"+"端对角方向上的引脚就是“ - ”端,另两个引脚端子是交流输入端“ ~ ”。

若全桥组件的极性未标注或标记不清,可用万用表进行判断:将万用表置于 R×1k 挡,黑表笔接全桥组件的任意一个引脚,用红表笔分别测量其余 3 个引脚,如果测得的阻值都为无穷大,则此时黑表笔所接的引脚为全桥组件的直流输出正极;如果测得的阻值都为几千欧,则此时黑表笔所接的引脚是全桥组件的直流输出负极,剩下的两个引脚便是全桥组件的交流输入端。

2. 整流全桥的检测

将整流全桥当做四个二极管分别进行检测,若有一次测量异常,说明整流全桥存在质量问题,不能使用。

第二节　半导体三极管的识别与检测

半导体三极管即晶体三极管,简称三极管。它是电子电路中最常用的基本元器件,同时也是电子电路的核心元器件。现在的大规模集成电路的基本组成部分也是晶体三极管。

一、概述

(一)三极管的结构与符号

半导体三极管是在单晶半导体上制作出两个连在一起且能相互影响的 PN 结再引出电极封装而成的三端元器件。这两个连在一起的 PN 结组成一个 PNP 或 NPN 结构,如图 3-8(a)所示。它中间的 N 区或 P 区叫基区,两边的区域分别称做发射区和集电区,这三个区的引出电极,分别叫基极 B、发射极 E 和集电极 C。

三极管的文字符号是“V”或“VT”(常用符号还有“Q”、“T”和“BG”),电路图形符号如图 3-8(b)所示。

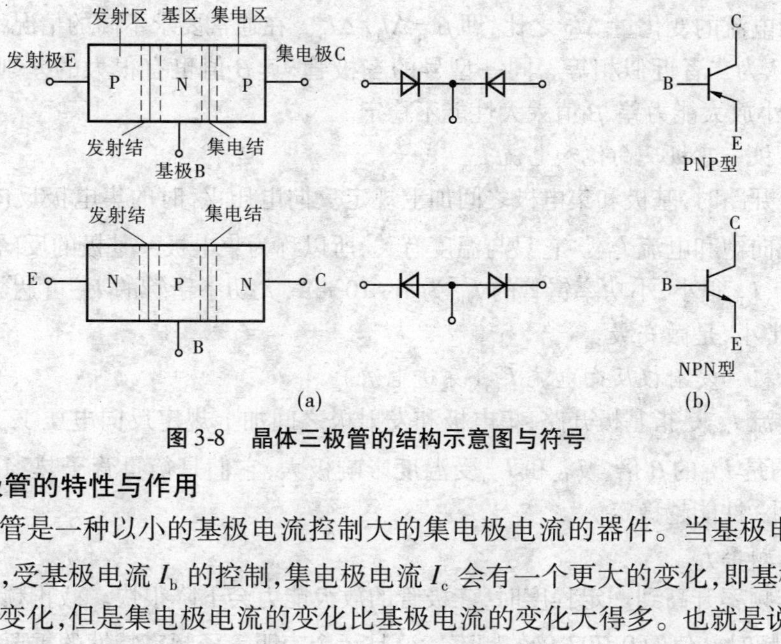

图 3-8　晶体三极管的结构示意图与符号

(二)三极管的特性与作用

晶体三极管是一种以小的基极电流控制大的集电极电流的器件。当基极电流 I_b 有一个小的变化时,受基极电流 I_b 的控制,集电极电流 I_c 会有一个更大的变化,即基极电流控制集电极电流的变化,但是集电极电流的变化比基极电流的变化大得多。也就是说,应用晶体三极管,能够实现用一个微小的(基极)电流变化量获得一个较大的(集电极)电流变化量,即晶体三极管具有电流放大作用。这就是三极管最基本的特性,也是最重要的特性。

三极管具有放大作用,一方面是由于它自身的特性,另一方面,它依赖于外部电路给它提供合适的偏置:发射结正偏,集电结反偏。如果这个条件不能满足,晶体三极管就不会工作于放大状态,而是处于截止或者饱和状态。

三极管工作在饱和状态时,具有发射结正偏、集电结也正偏的特点。三极管工作在截止区,具有发射结反偏、集电结也反偏的特点。

三极管工作在饱和状态时也是导通的,但与放大状态的导通是不同的。饱和时,基极电流失去了对集电极电流的控制作用,即在饱和区三极管不具有放大作用。而且在饱和时,三极管 C－E 间呈现出几乎不变的、很小的管压降(称为饱和压降 V_{CES},对于硅管约为 0.3 V),即 C－E 间相当于一个很小的电阻。而在放大状态时,C－E 间的等效电阻不但不小,而且由于三极管的非线性,还会随着工作点的高低而变化。

如果认为三极管饱和时,C－E 间相当于开关的接通状态,那么,三极管截止时 C－E 间就相当于开关的断开状态,C－E 间几乎没有电流流通。如果应用三极管在截止与饱和状态间转换,就可以认为是一个开关。

综合晶体三极管上述的性能特点,它在电路中的作用主要是电流放大和开关,有时也会把它当做可变电阻或阻抗变换器使用,有时还会使它工作于振荡状态。工作于振荡状态时,三极管具有集电结反偏、发射结小的正偏或零偏的特点。

(三)主要参数

1. 共射极电流放大系数

共射极电流放大系数有交流放大系数 h_{fe}(或 β)和直流放大系数 h_{FE}。直流放大系数 h_{FE} 是指共发射极接法没有交流信号输入时,集电极输出的直流电流与基极输入的直流电流的比值,即 $h_{FE}=I_c/I_b$。交流放大系数 β 是指共发射极接法,集电极输出电流的变化量 ΔI_c 与基极输入电流的变化量 ΔI_b 之比,即 $\beta=\Delta I_c/\Delta I_b$。在通常要求不高的情况下,对同一个三极管,可以认为二者近似相等。同一型号的三极管,其 β 值也有很大的差别,一般为 20～200,β 值太小放大能力差,β 值太大性能不稳定。

2. 集电极－基极反向饱和电流 I_{cbo}

发射极开路时,基极和集电极之间加上规定反向电压 V_{cb} 时的集电极反向电流,叫集电极－基极反向饱和电流 I_{cbo}。它只与温度有关,所以称为集电极－基极的反向饱和电流。良好的三极管,I_{cbo} 很小,小功率锗管的 I_{cbo} 为 1～10 mA,大功率锗管的 I_{cbo} 可达数毫安,而硅管的 I_{cbo} 则非常小,是微安级。

3. 集电极－发射极反向电流 I_{ceo}(穿透电流)

穿透电流 I_{ceo} 是指基极开路,集电极和发射极之间加上规定反向电压 V_{ce} 时的集电极电流。I_{ceo} 大约是 I_{cbo} 的 β 倍。I_{cbo} 和 I_{ceo} 受温度影响极大,它们是衡量管子热稳定性的重要参数,其值越小,性能越稳定。

4. 截止频率 f_β

当工作频率升高到一定程度时,三极管的放大能力会下降很快。截止频率 f_β 就是指当 β 下降到低频时 β 值的 0.707 倍的频率。这是一个表明管子频率特性的重要参数。

5. 特征频率 f_T

频率上升时，β 值就下降。当 β 值下降到 1 时，对应的频率就叫特征频率 f_T。它是一个全面反映晶体三极管高频放大性能的重要参数。

6. 集电极最大允许耗散功率 P_{CM}

集电极电流过大，温度要升高。管子因受热而引起参数的变化不超过允许值时的最大集电极耗散功率称为 P_{CM}。管子实际的耗散功率等于集电极直流电压和直流电流的乘积。使用时应使 $P_C < P_{CM}$。实际使用中为了提高允许耗散功率，都会给大功率晶体管安装较大的散热片。

7. 集电极最大允许电流 I_{CM}

当集电极电流 i_C 增加到某一数值，引起 β 值下降到额定值的 2/3，这时的 i_C 值称为 I_{CM}。当 i_C 超过 I_{CM} 时，虽然不致使管子损坏，但 β 值显著下降，影响放大质量。

8. 反向击穿电压

反向击穿电压是表征三极管耐压能力的重要参数，共有 3 个。

集电极－基极反向击穿电压 $U_{BR(CBO)}$：发射极开路时，集电结的反向击穿电压。

发射极－基极反向击穿电压 $U_{BR(EBO)}$：集电极开路时，发射结的反向击穿电压。

集电极－发射极反向击穿电压 $U_{BR(CEO)}$：基极开路时加在集电极和发射极之间的最大允许电压。通常喜欢称之为耐压。使用时如果 $V_{ce} > U_{BR(CEO)}$，管子就会被击穿。

（四）三极管的种类

半导体三极管的种类很多，按半导体材料分，有硅管和锗管；按结构类型分，有 NPN 型和 PNP 型；按三极管的耗散功率分，有小功率三极管（$P_{CM} \leqslant 0.3$ W）、中功率三极管和大功率三极管（$P_{CM} > 1$ W）等；按半导体三极管的工作频率分，有低频管、高频管及超高频管等；按封装外形分，有金属封装和塑料封装；按内部结构特点分，有普通三极管和特殊三极管。特殊三极管有复合管（达林顿管）、带阻尼三极管、带续流二极管的三极管、带电阻三极管和光敏三极管、磁敏三极管等。实际应用中使用的普通三极管，多是 NPN 型硅管或 PNP 型锗管。

（五）常见三极管简介

1. 常见三极管的特点

1）普通三极管

这里所说的普通三极管，是指具有 NPN 或 PNP 结构的典型晶体三极管，也就是通常所说的三极管。小功率普通高频三极管为点结型，低频为面结型。大功率普通三极管形体较大，管脚较粗，管体带有固定散热片的螺丝孔，有些管子的集电极与金属外壳或外封装所带金属散热片相连通。

2）达林顿管

达林顿管又称复合管，是将两只（或更多只）晶体管的集电极连在一起，而将第一只晶体管的发射极直接耦合到第二只晶体管的基极，构成共集－共基组合放大器，最后引出三个电极而形成的一个新的三极管。这种管子的极性由最前面三极管的极性决定，放大倍数是各三极管放大倍数的乘积，可达几千。达林顿管主要分为两种类型，一种是普通达林顿管，另一种是大功率达林顿管。普通达林顿管内部无保护电路，功率通常在 2 W 以下。若功率增大，管子的管压降会造成温度升高，前级晶体三极管的漏电流会被后级放大，最终导致整个管子热稳定性差。大功率达林顿管在普通达林顿管的基础上增加了保护功能，保证了在高温条件下大功率输出时的工作稳定性。达林顿管内部电路如图 3-9 所示。

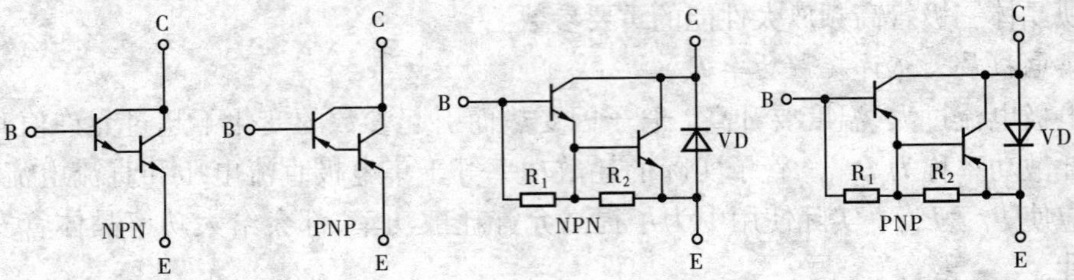

图 3-9　达林顿管内部电路结构

3）带阻三极管

带阻三极管是一种将电阻器与晶体管芯片按一定的方式连接后封装在一起而构成的晶体三极管，在电路中常作为反相器、电压放大器使用。如图 3-10 所示为常见的带阻三极管内部结构。电阻器的大小对带阻二极管工作状态有较大的影响，它们的阻值一般都是几十千欧。通常，生产时，厂家已将内部电阻 R_1、R_2 的值进行合理搭配，与三极管管芯封装成系列产品，这样，电路设计可以标准化、简单化。常用的带阻三极管系列产品的电阻 R_1/R_2 有 10 k/10 k、22 k/22 k、47 k/47 k、1 k/10 k、4.7 k/10 k、10 k/47 k，22 k/47 k、47 k/22 k 等。带阻三极管以小功率管为主，通常采用 TO－92、TO－92S 等封装形式塑封。

4）带续流二极管的三极管

带续流二极管的三极管是一种在晶体三极管芯片的 C－E 极之间反向连接一个二极管芯片后封装在一起而形成的晶体三极管，其内部结构图如图 3-11 所示。这种三极管经常应用在逆变器或开关电源的主变换电路中，这种管子中的三极管工作于开关状态，二极管起续流作用。

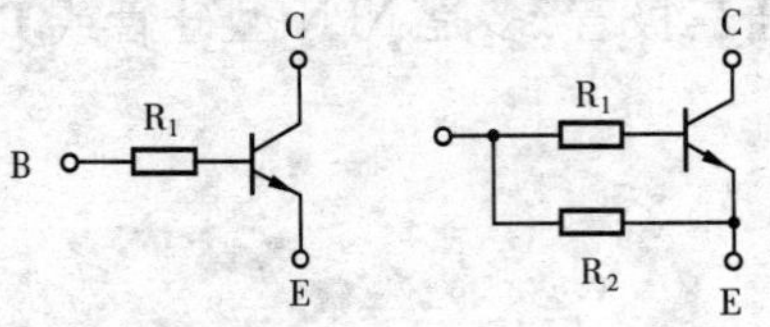

图 3-10　常见带阻三极管内部结构图

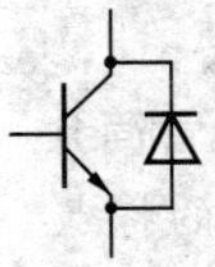

图 3-11　带续流二极管的三极管内部结构

5）带阻尼三极管

带阻尼三极管同带续流二极管的三极管一样，也是在三极管芯片的 C－E 极之间反向连接一个二极管，只是这种管子应用在电视机阴极射线管（CRT）电视机的行输出电路中，故而又称做行输出管。二极管起阻尼作用。有的行输出管在 C－E 极之间接有一个几十欧姆的起保护作用的电阻。行输出管一般都具有很高的耐压。

6）光敏三极管

光敏三极管又称光电三极管，具体介绍参见第四章第一节。

2. 常见普通三极管参数介绍

应用中一些常见普通三极管的参数如表 3-1 所示。

表 3-1　常见普通三极管参数表

型号	材料与极性	P_{CM}(W)	I_{CM}(mA)	$U_{BR(CEO)}$(V)	f_T(MHz)	h_{FE}
S9011	Si－NPN	0.4	30	30	150	28～198
S9012	Si－PNP	0.625	－500	－20		64～202
S9013	Si－NPN	0.625	500	20		64～202
S9014	Si－NPN	0.625	100	45	270	60～1 000
S9015	Si－PNP	0.45	－100	－45	190	60～600
S9016	Si－NPN	0.4	25	20	620	28～198
S9018	Si－NPN	0.4	50	15	1 100	28～198
2SC8050	Si－NPN	1	1 500	25	190	10～60
2SC8550	Si－PNP	1	1 500	－25	200	10～60
2N5551	Si－NPN	0.625	600	160	100	30～250
2N5401	Si－PNP	0.625	－600	－160	100	30～250
2SC1815	Si－NPN	0.4	150	50	80	70～700
2SA1015	Si－PNP	0.4	－150	－50	80	70～700
2SC945	Si－PNP	0.25	100	50	180	90～600
2SA733	Si－PNP	0.25	－100	－50	180	90～600

注:一些晶体三极管其形体较小,在标注时往往将前缀省略,如 2SC8050 标注为 C8050、2SA1015 标注成 A1015,等等。

二、识别与检测

(一)三极管的常见封装形式

所谓元器件的封装形式是指安装元器件芯片的外壳,它规定了外壳及引脚的形状、规格尺寸和引脚排列分布方式与间距等。过去国产通孔式塑封晶体管按照 S－1A、S－2、S－8 等国家标准进行封装,现在均已采用国际流行的封装形式。如,小功率普通三极管采用 TO－18、TO－39、TO－92、TO－92A、TO－92B、TO－92C、TO－92S、TO－92L、TO－126 等封装,普通大功率三极管采用 TO－220、TO－218 带散热塑封,普通大功率三极管和大功率达林顿管采用 TO－3 金属封装等。如图 3-12 所示为几种常见封装管脚排列示意图。图 3-13 所示为现今一些常见不同封装形式的三极管实物外形。

提示:晶体三极管的这些封装形式,集成电路和其他晶体管也能采用,如有的晶闸管就采用 TO－220 封装,大功率三端稳压 IC 也大多采用 TO－220 封装。

(二)普通三极管的识别与检测

1. 三极管及其型号的识别

一个元器件是不是三极管,不能只看它是不是有三个引脚,最主要也是最可靠的方法还是通过对其型号识读和测量加以判定。有关三极管和其他半导体分立器件的型号命名方法参见附录五。

提醒：晶体三极管不一定就是有三个管脚的晶体管，有的可能有四个管脚。如有的高频三极管就是如此，这第四个引脚是管子金属外壳的接地端子，为屏蔽外来干扰而设。有的晶体三极管表面看起来只有两个引脚，实则是三个，如图 3-12 和图 3-13 所示，TO－3 封装大功率三极管就是如此，它的金属外壳内部接集电极。有的光电三极管就只有两个引脚；有三个引脚的管子也不一定就是晶体三极管，它也可能是其他晶体管或集成电路。

有些日本产的塑封小功率晶体管，其型号后面标有“R”，说明其引脚排列与普通管子相反，应用时一定要注意。

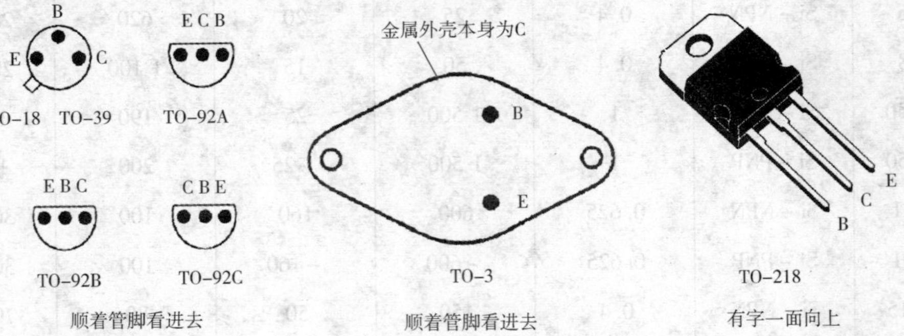

图 3-12　几种常见封装管脚排列示意图

图 3-13　常见不同封装形式的三极管实物外形

2. 管型与引脚的判定

通常情况下，虽然三极管的引脚排列是有规律的，而且通过管子外壳上标注的型号，也可以查找到引脚的排列顺序，但是，通过测量确定引脚的排列，才是唯一可靠的方法。因为毕竟还会有特殊情况的存在：比如无法得知型号；又比如，即使同一型号的管子也可能有不同的封装。如实际应用中发现，以韩国三星公司型号命名方法命名的 S9013，就有两种不同的引脚排列。

通过测量确定引脚排列的步骤如下。

1)找出基极

由图3-8晶体三极管的结构示意图可以看出,不管是NPN型还是PNP型,测量任意两极之间的正反向电阻,只有C、E两极之间的正反向电阻都是无穷大,而C、B之间与B、E之间都相当于一个二极管,正常情况下,测其正反向电阻都应该是一个无穷大、一个比较小。据此,可以将指针万用表置于R×100挡或R×1k挡(对大功率三极管使用R×1挡),红黑两表笔分别接三极管的任两个电极,测出一个结果后,对换两表笔,再测出一个结果,如果两次测量结果都是无穷大,这两个电极就是C、E极,余下的引脚就是基极B。

2)确定管型

找出基极后,根据基极与另外两个电极之间PN结的方向,就可以确定管子是NPN型还是PNP型。将万用表黑表笔接基极,红表笔接触另外两个电极中的任一电极,若测得电阻很大,则说明测出的是反向电阻,基区为N型半导体,三极管为NPN型;若测得电阻很小,则为PNP型。

3)区分发射极和集电极

方法一:将万用表置R×1k挡,两表笔分别接还没有区分出的C、E两电极,对NPN型管,用手指捏住基极与黑表笔所接引脚,测得一电阻值,然后将两表笔交换,同样用手捏住基极和黑表笔所接管脚,又测得一电阻值。两次测量中阻值小的一次,三极管导通,黑表笔所接是NPN管的集电极,红表笔所接是发射极。测试方法和检测原理如图3-14所示。

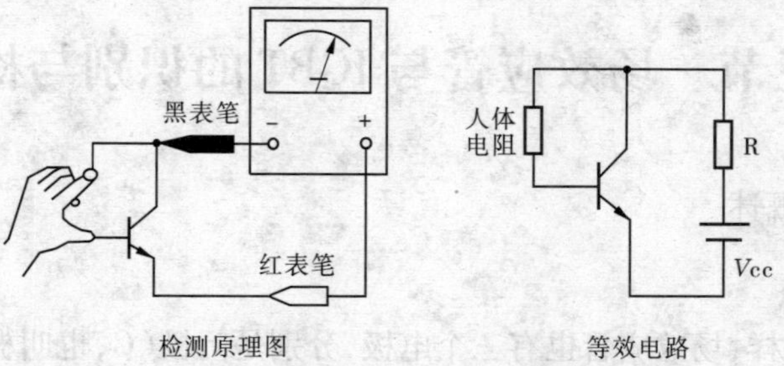

图3-14 测试方法和检测原理

方法二:将万用表置于h_{FE}挡,根据已经确定的管型选择相应的测试插孔排,把基极管脚插入对应的基极插孔,另外两个管脚试着插入C、E插孔,如果管脚插入正确,会测得一个合适的h_{FE}数值;如果C、E两个引脚插入插孔错误,则几乎测不出h_{FE}。据此可以区分出发射极与集电极。此方法仅适合于普通小功率三极管的检测。不过此方法也同时测量了h_{FE},可谓一举两得。

3.材料的判定

对于材料的判定,将基极与另外两个电极之间当做二极管,参照二极管材料的判定方法进行即可。

4.性能检测

三极管的常见质量不良现象有击穿短路、断极开路、温度特性差、工作不稳定。

对于击穿短路、断极开路这类硬故障,只要把三极管看做是两个二极管的组合,通过测量电阻不难给予判定。

温度特性差、工作不稳定与参数变差属于软故障,不易检测。没有专业测试设备的情况下,主要使用万用表测量 h_{FE}和估测穿透电流 I_{ceo},给予粗略判定。

估测 I_{ceo}的方法是:将万用表置于 R×100 或 R×1k 挡,对于 NPN 型三极管,黑表笔接 C 极、红表笔接 E 极,测 E-C 间的阻值,阻值越大,说明管子的 I_{ceo}越小,管子的性能越稳定。

另外,测量 h_{FE}和估测穿透电流的同时,人为给管子加热(如用手捏住管子 1 min),观察万用表读数的变化。如果读数变化快,则说明管子稳定性差,不宜使用。

对于在路三极管,可以测量各极电压并与正常工作时的电压加以对比,综合考虑各种因素粗略判定,若有疑问再进行离线测量,最终确定。

(三)特殊三极管的识别与检测

达林顿管、带阻尼三极管、带续流二极管的三极管、带电阻三极管等特殊三极管,其外观上与普通三极管并无多大区别,要将它们与普通三极管区分出来,只有通过万用表测量或者通过型号查阅技术资料获知更多信息来区分。

对于达林顿管、带阻尼三极管、带续流二极管的三极管、带电阻三极管这些特殊三极管,由于它们都相当于由三极管等若干元器件复合而成,因此要想通过使用万用表的测量,判定到底是哪一种特殊三极管以及引脚的排列方式是很困难的。通过型号查阅厂家技术资料了解相关的信息,才是可靠的方法。

检测已知类型及引脚分布情况的特殊三极管的性能时,要注意将极间短路与极间接有小阻值起保护作用的电阻区分开来。这就要求测量电阻时使用 R×1 挡,并且一定要进行欧姆调零。判定极间开路时也要谨慎,否则极易误判。

第三节　场效应管与 IGBT 的识别与检测

一、场效应管概述

(一)特性与特点

同晶体三极管一样,场效应管也有三个电极,分别是门极(G,也叫栅极)、漏极(D)和源极(S)。它是一种利用电场效应来控制电流的器件。漏极和源极之间的电流流经通道称为导电沟道,此沟道的宽窄受栅极电压的控制。当栅极电压发生变化时,导电沟道的宽窄也发生变化,导致沟道导电能力的变化,流过沟道的漏极电流 I_D 也会随之变化,即用栅极电压 U_{GS}实现了对漏极电流的控制。由于它属于电压控制型半导体器件,所以这种晶体管被称做场效应管,又称场效应晶体管(英文简称 FET)。

场效应管是一种只有一种极性的载流子导电的器件,因此场效应管也称单极型晶体管。

场效应管具有输入电阻高(达 $10^9 \sim 10^{14}$ Ω)、功耗低、噪声小、热稳定性好、动态范围大、没有二次击穿现象、安全工作区域宽、制造工艺简单、易于集成等优点,因而成为双极型晶体管的强大竞争者,尤其是在集成电路中被大量应用,大有取代三极管的趋势。但是,它的输入阻抗相当高,容易产生静电击穿,且功率相对晶体管要小。

(二)分类与作用

普通场效应管按其栅极与漏极、源极是否用绝缘材料(通常为 SiO_2)隔开,分为结型场效应管(JFET)和绝缘栅型场效应管(MOS 管);按导电沟道分有 N 沟道和 P 沟道两种;按导电方式分为耗尽型与增强型两种。结型场效应管均为耗尽型,绝缘栅型场效应管既有耗尽型的,也有增强型的。这样,MOS 场效应晶体管就有 N 沟道耗尽型和增强型、P 沟道耗尽型和增强型四种。

作为功率开关器件(又称电力电子器件)的场效应晶体管 VMOS,它的导电机理与 MOS 场效应晶体管相同,但它没有普通场效应管所特有的耗尽型绝缘栅场效应管,实际应用中使用的主要是绝缘栅型 N 沟道增强型器件。

普通场效应管可作为放大、阻抗变换器件使用,还可以用作可变电阻、恒流源和电子开关。现在,在实际应用中,分立件普通场效应管作为放大器件已经较为少见,倒是作为开关器件的 VMOS(功率场效应管)应用较多。

提示:结型场效应管的源极和漏极是对称的,源极和漏极互换使用不影响效果;有些 MOS 场效应晶体管源极和漏极不能互换使用。

(三)普通场效应管的符号、外形与识别

场效应管的文字符号与晶体三极管相同,图形符号如图 3-15 所示。它的外形封装与晶体三极管相同,因此难以通过外形将它与晶体三极管等三管脚半导体器件区分开来,只能依靠型号和测量加以区分。

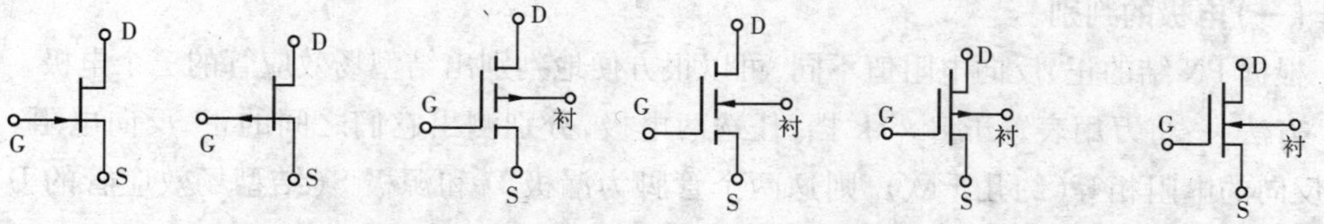

N沟道　P沟道　增强型P沟道　增强型N沟道　耗尽型P沟道　耗尽型N沟道

(a)结型场效应管电路符号　(b)绝缘栅型场效应管电路符号

图 3-15　普通场效应管的图形符号

(四)VMOS 场效应晶体管

VMOS 场效应管是一种垂直导电功率开关器件。它的导电机理和电路符号与普通场效应管相同。但是因为它特殊的结构,使得在源漏极之间形成了一个寄生二极管,虽然仍然采用普通场效应管的电路符号,实际上却等效于普通场效应管与一个二极管的反向并联,如图 3-16 所示。

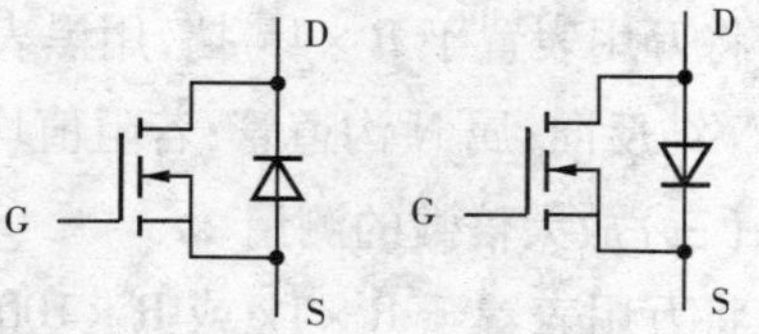

(a)N沟道　(b)P沟道

图 3-16　VMOS 场效应管等效电路

(五)场效应管的主要参数

场效应管的主要参数有开启电压、饱和漏电流、直流输入电阻、跨导和击穿电压等。除耗尽型场效应管外,其他的类型都需要一个开启电压才能正常工作。

1. 夹断电压 $U_{DS(off)}$

夹断电压是指当 U_{DS} 一定时,使漏极和源极之间刚刚截止时所需的 U_{GS}。

2. 开启电压 $U_{DS(th)}$

开启电压是指当 U_{DS} 一定时,使漏极和源极之间刚刚导通时所需的 U_{GS}。

(六)使用中的注意事项

(1)MOS 场效应管输入阻抗极高,为防止静电感应将栅极击穿,尽量不要用手触摸栅极。当必须要触摸引脚时,要先将人体或衣服上的静电进行放电或佩戴接地环、防静电手套等,再触摸;在运输、贮藏中必须将引出脚短路,要用金属屏蔽包装。

(2)进行测量、焊接等操作时,要求一切测试仪器、工作台、电烙铁、线路本身都必须有良好的接地;对场效应管的焊接采用热风枪是比较安全的方法;对于少量焊接,也可以将电烙铁烧热后拔下插头或切断电源且将烙铁头对地放电后焊接。焊接绝缘栅场效应管时,要按源极—漏极—栅极的先后顺序焊接,并且要断电焊接;在连入电路之前,管子的全部引脚保持互相短接状态,焊接完后才能把短接材料去掉;在未关断电源时,绝对不可以把管子插入电路或从电路中拔出。

(3)对于结型场效应管,可以用万用表电阻挡定性地检查管子的质量(检查各 PN 结的正、反向电阻及漏源之间的电阻值),而对于绝缘栅场效管要尽量用测试仪测试,而且要在接入测试仪后才能去掉各电极短路线。取下时应避免栅极悬空,且应先短路再取下。

二、结型场效应管的检测

(一)电极的判别

根据 PN 结的正、反向电阻值不同,可以很方便地判别出结型场效应管的三个电极。

方法一:将万用表置于 R×1k 挡,任选两电极,分别测出它们之间的正、反向电阻。若正、反向的电阻相等(约几千欧),则这两个管脚为漏极 D 和源极 S(结型场效应管的 D 、S 极可互换),余下的则为栅极 G。

方法二:用万用表的黑表笔任接一个电极,红表笔依次接触其余两个管脚,测其阻值。若两次测得的阻值近似相等,则黑表笔所接为栅极 G,余下的两个为 D 极和 S 极。

(二)沟道类型的判别

将万用表置于 R×1k 挡,用黑表笔接栅极测量与另两个管脚的阻值,若阻值均很大,说明 PN 结反向,属 N 沟道管;若阻值均很小(约几欧),则是 P 沟道管。

(三)放大倍数的测量

将万用表置于 R×1k 或 R×100 挡,两只表笔分别接触 D 极和 S 极,用手靠近或接触 G 极,此时表针右摆,且摆动幅度越大,放大倍数越大。

提示:对 MOS 管来说此方法也适用,但是为防止栅极击穿,可在测量前先在 G-S 级间接一只几兆欧的电阻,然后按上述方法测量。也可不接电阻,手拿螺丝刀的绝缘柄,用金属部分去碰 G 极。

(四)性能判别

检查两个 PN 结的单向导电性,PN 结正常,管子是好的,否则为坏的。测漏、源间的电阻 R_{DS},正常时应为几千欧。若 $R_{DS}\to 0$ 或 $R_{DS}\to\infty$,则说明管子已损坏。测 R_{DS}时,用手靠近栅极 G,表针应有明显摆动,摆幅越大,管子的性能越好。

三、VMOS 场效应管的检测

(一)引脚的判别

对于 N 沟道增强型 VMOS 场效应管,将万用表置 R×1k 挡,交换表笔分别测量三个引脚两两之间的电阻,在六次测量中只有一次测量结果是小阻值,此时黑表笔所接为 S 极,红表笔所接为 D 极,另一管脚是 G 极。其依据是源－漏极之间有一个寄生二极管,栅极与另两个管脚绝缘;对于 P 沟道 VMOS 管,测量结果是小阻值时,黑表笔所接为 D 极,红表笔所接为 S 极。

提示: 注意,在上述测量过程中,每进行一次测量前都要将引脚短接放电,以免栅极带电,影响测量结果。

(二)漏－源间的通断检测(好坏的判别)

(1)先将被测 VMOS 管的栅极 G 与源极 S 短接放电,然后将万用表置 R×1k 挡,黑表笔接源极 D,红表笔接漏极 S,所测阻值应几乎为无穷大;

(2)将黑表笔接源极 G,红表笔接漏极 S,给栅极与源极间的等效电容充电,而后黑表笔转接至漏极 D,红表笔保持不动,所测阻值呈现出漏－源极导通、阻值变小不再是无穷大的结果(如果检测时使用 R×10k 挡,则所测阻值很小);

(3)将 G—S 极短路后,黑表笔接 D 极,红表笔接 S 极,所测阻值又几乎变回无穷大。

通过以上(包括电极判别的)检测,符合上述结果的 VMOS 管,性能基本无问题;否则说明存在质量问题,不能使用。

四、IGBT(绝缘栅双极型晶体管)的识别与检测

IGBT 是绝缘栅双极型晶体管的英文缩写,它是由 MOSFET 和双极型晶体管复合而成的一种器件,其输入极为 MOSFET,输出极为 PNP 晶体管,它的三个极分别是栅极 G、集电极 C 和发射极 E。它的电路符号和简化等效电路如图 3-17 所示。它的外形封装与大功率晶体三极管、场效应管一样。

IGBT 既具有 MOSFET 器件驱动功率小和开关速度快的优点,又具有双极型器件饱和压降低而容量大的优点,是一种全控型电压驱动型功率开关器件,在变频器、开关电源和 UPS 等现代电力电子设备中得到了越来越广泛的应用,尤其是在较高频率的大、中功率应用中,取代功率晶体管和 VMOS 管,占据了主导地位。

实际应用的 IGBT,大多是在内部已经集成了一个二极管的模块器件,如图 3-18 所示,如大量应用在电磁灶中的 20N120CND、G40N150D 等型号的 IGBT 器件均是如此。对于这种 IGBT 模块器件,VMOS 场效应管的检测方法同样适用于它。

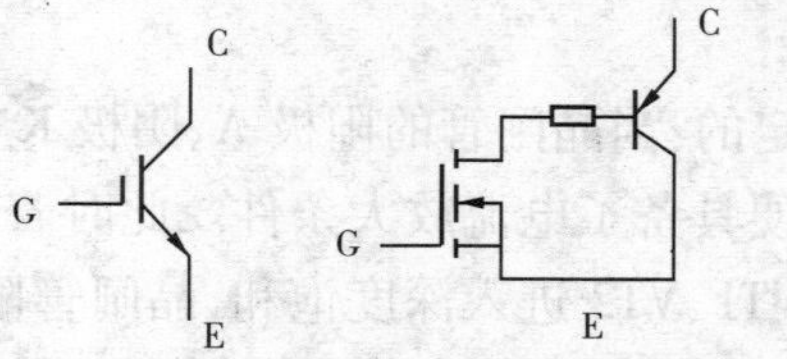

图 3-17　IGBT 的电路符号和简化等效电路

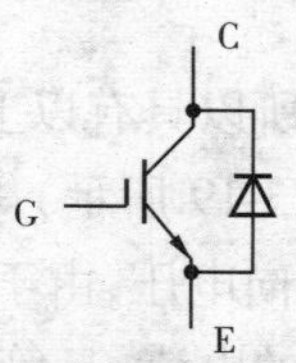

图 3-18　内部集成二极管的 IGBT 等效电路

提示:MOS 场效应管的使用注意事项同样也适用于 IGBT。

第四节　晶闸管的识别与检测

晶闸管是晶体闸流管的简称,也叫可控硅(是可控硅整流器的简称),它是一种能够以小电流控制大电流流通的半导体开关器件,像闸门一样,故此得名晶闸管。在晶闸管的家族中,除普通晶闸管(即单向晶闸管 SCR)外,还有双向晶闸管、快速晶闸管、逆导晶闸管、可关断晶闸管(GTO)、光控晶闸管等多种派生器件。由于单向晶闸管面世最早,应用最为广泛,因此在没有特别说明的情况下,所谓晶闸管均指单向晶闸管。

作为半导体开关器件,各种晶闸管被广泛应用于可控整流、交流调压、无触点电子开关、逆变及变频等电路中。

下面介绍应用最多的单向晶闸管、双向晶闸管和可关断晶闸管的特性、特点及识别和检测方法等。

一、单向晶闸管(SCR)

(一)结构与符号

SCR 是一种由四层半导件构成的三端器件,三个电极分别是控制极(栅极、门极)G、阳极 A 和阴极 K。在电路中一般用文字符号“V”或“VT”表示,有时也用“VS”表示。它的内部结构、等效电路和电路图形符号如图 3-19 所示。

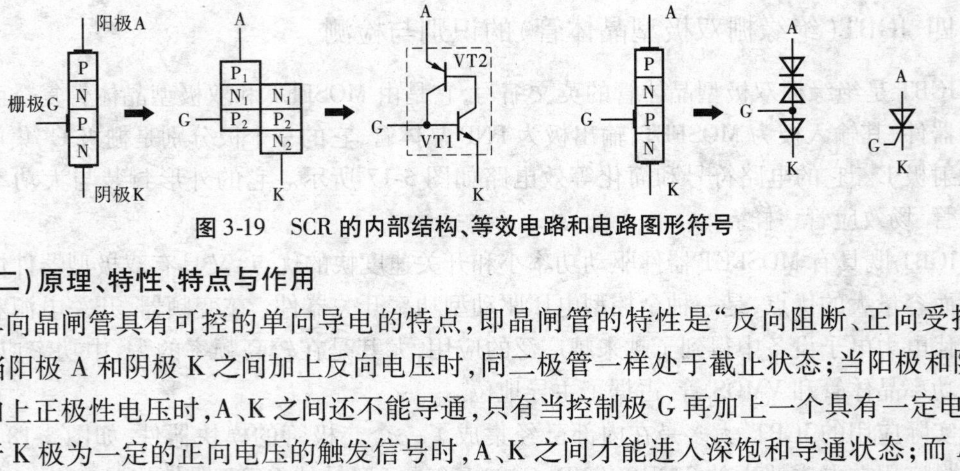

图 3-19　SCR 的内部结构、等效电路和电路图形符号

(二)原理、特性、特点与作用

单向晶闸管具有可控的单向导电的特点,即晶闸管的特性是“反向阻断、正向受控导通”:当阳极 A 和阴极 K 之间加上反向电压时,同二极管一样处于截止状态;当阳极和阴极之间加上正极性电压时,A、K 之间还不能导通,只有当控制极 G 再加上一个具有一定电流、相对于 K 极为一定的正向电压的触发信号时,A、K 之间才能进入深饱和导通状态;而 A、K 两极间一旦导通后,即使撤掉 G 极上的正向触发信号或加反向电压,A、K 之间仍将保持导通状态。只有使 A、K 之间的正向电压足够小或在两者间施以反向电压时,才能使其恢复截止状态。

晶闸管之所以具有以上特性,是由其结构决定的:当晶闸管的阳极 A、阴极 K 间加上正电压后,(如图 3-19 所示)等效三极管 VT1、VT2 便具备了电流放大条件。此时若在它的控制极 G 上加正向电压,由于正反馈的作用,会使 VT1、VT2 进入深度饱和,晶闸管阳极、阴极间就流过较大的电流,且管压降接近于零,电源电压几乎全部降落在负载上。晶闸管导通后,即使去掉控制极电压或加反向电压,也不会使 VT1、VT2 退出深度饱和状态,晶闸管仍然维持通态。

单向晶闸管由于具有对单向导通的电流进行控制的作用,因此它被广泛地用来作为无触点开关(静态开关)或应用于可控整流、调压、调功、逆变等电路。

(三)主要参数

1. 正向阻断峰值电压

正向阻断峰值电压指在控制极断路和晶闸管正向阻断的条件下,可以重复加在元件两端的正向电压的峰值。

2. 反向阻断峰值电压

反向阻断峰值电压指在控制极断路时,可以重复加在元件上的反向峰值电压。

3. 额定正向平均电流

在环境温度不大于 40 ℃和标准散热条件下,可以连续通过 50 Hz 正弦半波电流的平均值,称为额定正向平均电流,简称额定电流。

4. 维持电流

维持电流是在控制极断路时,维持器件继续导通所必须的最小正向电流。

5. 控制极触发电压、触发电流

控制极触发电压、触发电流是指在规定条件下使晶闸管导通所必须的最小控制极直流电压和直流电流值。

(四)外形与识别

晶闸管的外形如图 3-20 所示,主要有螺栓形、平板形三极管型等几种。小功率的晶闸管,其封装外形与中小功率的晶体管类似,为塑封封装,有的带有散热板。中功率晶闸管多采用金属壳封装,控制极管脚比阴极细,阳极为螺栓状。大功率晶闸管外形上主要有螺栓形、平板形和平底形三类,为金属或陶瓷封装。

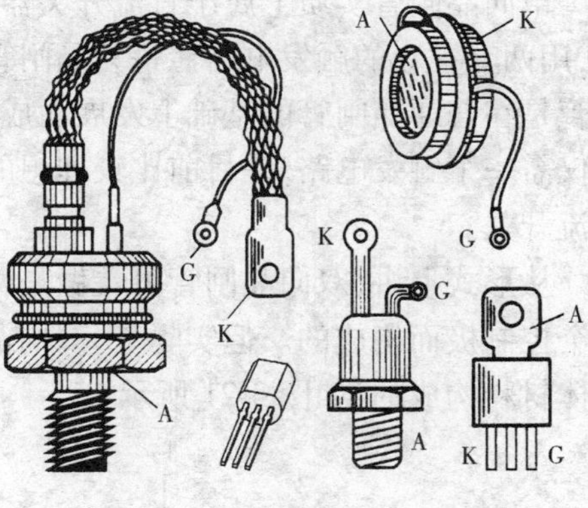

图 3-20 晶闸管的外形

(五)检测

1. 引脚的判别

由单向晶闸管的结构可知,控制极 G 和阴极 K 之间是一个 PN 结,而控制极 G 和阳极 A 之间有两个反向串联的 PN 结。因此,如果对晶闸管的三个电极两两之间测电阻,则无论万用表的红黑表笔怎样放置,A 与另外两个电极间总是呈高阻值。所以,用万用表可以很方便地区分出其电极引脚。具体方法是:将万用表置 R×100 挡,分别测量晶闸管任意两引出脚间的电阻值。随两表笔的调换共进行六次测量,其中五次万用表的读数应为无穷大,一次为小读数。测量结果为小读数时,黑表笔所接为控制极 G,红表笔接的是阴极 K,剩下的引脚便为阳极 A。若在测量中发现不符合以上规律,说明晶闸管损坏或不良。

提示:由于晶闸管的体积和内部 PN 结的面积比普通二极管要大,相应的正反向结电阻也都要小一些,尤其是反向电阻。对于大中功率的晶闸管,这种现象更为明显。测量中不要将此误认为晶闸管损坏或是性能不良。

2. 晶闸管导通特性的测试

对于小功率晶闸管，首先将万用表置 R×1 挡，黑表笔接 A 极，红表笔接 K 极，电阻应为无穷大；然后，保持黑表笔与 A 极接触的同时，再用黑表笔接触 G 极，即在栅极加上正向触发信号，此时表针向右偏转到低阻值，即表明 SCR 已经导通；再使黑表笔与 G 极脱离接触，只要万用表表针仍然指示在低阻值位置，说明 SCR 维持导通状态，被测管具有触发导通能力。否则管子可能是坏的。

对于 3 A 及以上中功率晶闸管，由于其通态压降较大，并且万用表 R×1 挡能够提供的电流低于维持电流，故晶闸管不能完全导通，一旦撤去栅极触发信号，晶闸管可能又会关断。为此，可把两块万用表的 R×1 挡串联起来（将第一块万用表的黑表笔与第二块万用表的红表笔短接），获得 3 V 的电源电压，再使用上述测量方法。也可在万用表 R×1 挡的外部同向串联 1 ~2 节 1.5 V 电池，将测量电压提升后，检测中功率晶闸管。

提示：由于万用表无法提供较大的电流，所以无法使用上述方法对大功率晶闸管进行导通特性测试。

二、双向晶闸管（TRIAC）

（一）概述

单向晶闸管实质上属于直流开关器件，若要控制交流负载，必须将两只晶闸管反极性并联，用两套独立的触发电路让每只晶闸管去触发控制一个半波，这样使用不够方便。双向晶闸管是在普通晶闸管的基础上发展而成的，它不仅能代替两只反极性并联的单向晶闸管，而且仅需一个触发电路，是目前比较理想的交流开关器件。它的英文名称 TRIAC 即三端双向交流开关。

从形式上讲，双向晶闸管可看做是两个单向晶闸管反向并联、两个栅极并接在一起形成一个控制极而构成的。但实际上，双向晶闸管这个三端器件是由 N－P－N－P－N 五层半导体材料构成的，如图 3-21 所示。

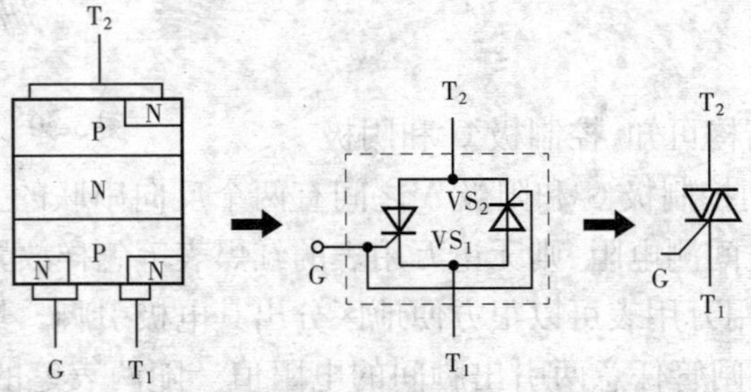

图 3-21　双向晶闸管的结构、等效电路和图形符号

双向晶闸管与单向晶闸管一样，也具有触发控制特性。不过，它的触发控制特性与单向晶闸管有很大的不同：只要在它的控制极上加上一个触发脉冲，也不管这个脉冲是何种极性，都可以使双向晶闸管导通而流通电流，也就是能够双向导通。因此，对于双向晶闸管也就没有了阳极、阴极之分，即没有了确定的阳极和阴极。通常把接近控制极的主电极称为第一电极 T_1，把远离控制极的另一电极称为第二电极 T_2。

双向晶闸管也具有去掉触发电压后仍能导通的特性，只有当 T_1、T_2 间的电压降低到不足以维持导通，或 T_1、T_2 间的电压改变极性时又恰逢没有触发电压，晶闸管才被阻断。

双向晶闸管由于没有了阳极、阴极之分，其参数也就没有了正向峰值电压与反向峰值电压，而只用一个最大峰值电压参数表示相应的含义。双向晶闸管的其他参数则和单向晶闸管相同。

双向晶闸管的文字符号与单向晶闸管相同，也是"V"或"VT"，有时也用"VS"表示，外形也与单向晶闸管没有区别。电路图形符号参见图 3-21。

由于双向晶闸管具有双向导通控制作用，因而它被广泛地用来作为无触点交流开关（静态开关）或应用于交流调压等电路。

（二）检测

1. 判别引脚

（1）从结构上看，T_1 电极与 G 极靠得近，因此 G 与 T_1 之间的正反向电阻都很小；T_2 极距 T_1 极及 G 极均较远，因此 T_2 极与 T_1 极和 T_2 极与 G 极之间的正反向电阻都很大，几乎为无穷大。用万用表的 R×1 挡测量晶闸管任意两引脚间的正反向电阻，如果测出某两脚间的正反向电阻都为低阻（100 Ω 左右），此时表笔所接的两管脚为 T_1 和 G，剩余的引脚是 T_2 极；如果测出某脚和其他两脚都不通，那么该管脚肯定是 T_2 极。另外，采用 TO－220 封装的双向晶闸管，T_2 极通常与小散热板连通，据此也可确定 T_2 极。

（2）找出 T_2 后，可以进一步区分 T_1 和 G。假定 T_1 和 G 两电极中的任意一脚为 T_1，用黑表笔接 T_1，红表笔接 T_2，电阻为无穷大。接着在保持两表笔分别与两个电极相接的情况下，将黑表笔与 G 极瞬间短路，给 G 极加触发信号，如果万用表的读数由无穷大变为低阻（10 Ω 左右），说明管子能被触发导通（导通方向是 $T_1 \rightarrow T_2$）。调换两表笔重复上面操作，管子仍能被触发导通（导通方向是 $T_2 \rightarrow T_1$）时，说明管子具有双向触发特性，假定正确。否则，说明原来的假定是错误的，原假定的 T_1 极实际上是 G 极。

当测功率稍大的双向晶闸管时，若 R×1 挡不能触发导通，可在黑表笔接线中同极性顺向串接一节干电池，再按上述方法测试。

2. 质量判别

在上述判别引脚的过程中，实际上也检测了双向晶闸管的触发性能，如果测量中发现不符合以上规律，或者，无论怎样对换 T_1 和 G 两电极的假定，都不能触发双向晶闸管导通，说明它可能损坏或性能不良。

三、门极可关断晶闸管（GTO）

门极可关断晶闸管（GTO）又称门控晶闸管。普通晶闸管在门极正极性信号触发导通之后，撤掉信号仍能维持通态。要使之关断，必须使阳极电流低于维持电流，这只能通过切断电源，或者给 AK 间施以反向电压，才能实现。SCR 之所以有如此特点，是由于它一旦导通，其内部等效的两个三极管便处于深度饱和状态，门极失去了控制作用，即使从门极抽出电流，也无法使其退出深度饱和。为此，在保持结构和触发导通原理不变的前提下，采用特殊的制造工艺，使器件导通时内部等效三极管只能达到临界饱和，这样在门极加上负极性触发信号，从门极抽出电流，就能使导通的晶闸管关断。这就是门极可关断晶闸管。

图 3-22 GTO 的图形符号

门极可关断晶闸管的英文简称是 GTO，它的电路图形符号如图 3-22

所示,常见外形与 SCR 相同,只是常用的 GTO 功率较大。

由于 GTO 的基本结构与 SCR 相同,都是由四层半导体材料构成的,所以利用万用表对 SCR 的基本判定和检测方法,同样也适用于 GTO。

门极可关断晶闸管不但具有单向晶闸管的功能,而且还具有门极可关断的优势,因而各种使用单向晶闸管的电路都可以改用 GTO。

第五节　集成电路的识别与检测

一、集成电路及其符号

集成电路是一种具有一定功能的微型电路结构(微型电路型元器件),它是利用半导体工艺或厚薄膜工艺(或者这些工艺的结合),将电路中的晶体管、二极管等有源器件和电阻、电容等无源器件及其连线,制作在一块较小的半导体单晶硅基片或绝缘基片上,并封装在管壳之中而形成。它的英文缩写为 IC,港台称之为积体电路。集成电路与分立元件电路相比,具有体积小、质量轻、功耗低、成本低、可靠性高、性能稳定等优点,广泛应用于各种电子产品中。

集成电路通常用字母“IC”表示,但有时也会见到用“N”来作为它的文字符号。在电路中,通常用一个方框、三角形或其他几何图形并从上面引出引脚、标出序号表示。如图 3-23 所示是几种常见的集成电路图形符号。

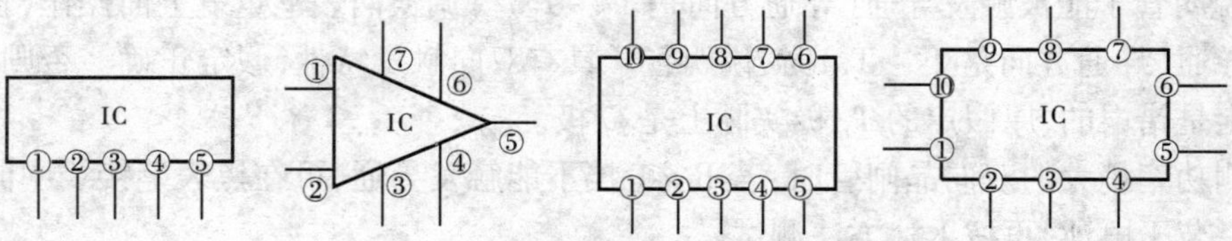

图 3-23　几种常见的集成电路图形符号

提问:你还见过其他的集成电路图形符号吗?

图 3-24 所示是几种常见的通孔式集成电路实物图。

二、集成电路的种类

集成电路的种类很多,常将集成电路按照功能、制作工艺、集成度、导电类型和用途来进行分类。

(一)按功能分类

集成电路板按其功能、结构的不同,可以分为模拟集成电路、数字集成电路和数/模混合集成电路三大类。

模拟集成电路分为线性和非线性两种。其中线性集成电路包括运算放大器、音频放大器等。非线性集成电路包括模拟乘法器、比较器、A/D(或 D/A)转换器。数字集成电路包括触发器、存储器、微处理器和可编程器件。其中可编程器件包括 EPROM(可编程只读存储器)、E^2PROM(电可擦写可编程只读存储器)、PLD(可编程逻辑器件)、EPLD(可擦写的可编程逻辑器件)、FPGA(现场可编程门阵列)等。可编程器件可用编程的方法实现系统所需

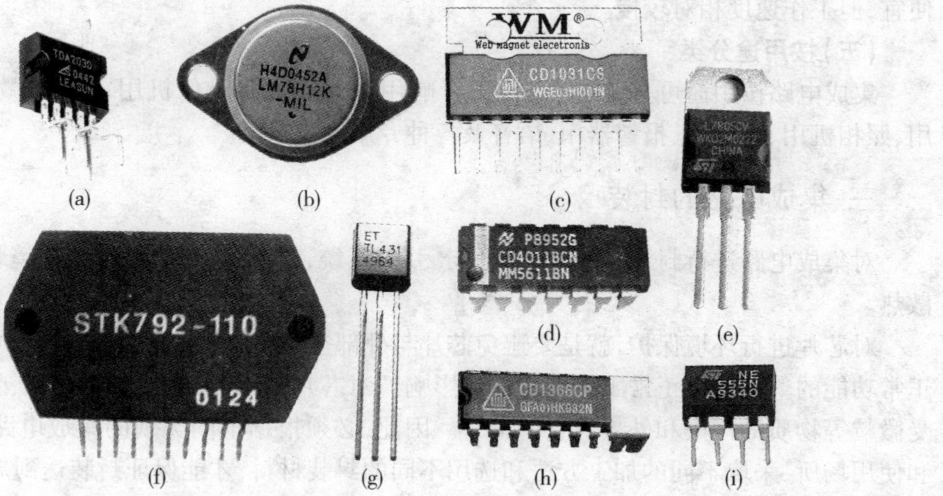

图 3-24　常见的通孔式集成电路实物图

的逻辑功能，是集成电路发展的一种趋势。

（二）按制作工艺分类

集成电路按制作工艺可分为半导体集成电路和膜集成电路。

半导体集成电路是采用半导体工艺技术，在硅片上制作电阻、电容、二极管和三极管等元件。目前大量使用的大多数集成电路都是半导体集成电路。

膜集成电路是在玻璃或陶瓷等绝缘基体上制作的集成电路。膜集成电路又可分为薄膜集成电路和厚膜集成电路。实用化的薄膜集成电路，采用薄膜技术在玻璃或陶瓷基片上制备无源元件和电路元件间的连线，再将集成电路、晶体管、二极管等有源器件的芯片和不使用薄膜工艺制作的功率电阻、大容量的电容器、电感等元件用热压焊接、超声焊接、梁式引线或凸点倒装焊接等方式，组装成一体的完整的集成电路；厚膜集成电路是用丝网印刷和烧结等厚膜工艺，在同一陶瓷片或玻璃等基片上制作无源网络，并在其上组装分立的半导体器件芯片或单片集成电路、微型元件，再外加封装而成的混合集成电路。

（三）按集成度分类

集成电路按集成度高低的不同可分为小规模集成电路、中规模集成电路、大规模集成电路、超大规模集成电路、特大规模集成电路和巨大规模集成电路。

（四）按导电类型分类

按电路中晶体管的类型，集成电路可分为双极型和单极型两类。

双极型集成电路内部电路中用的是双极型的晶体三极管，因此它的工作速度快、工作频率高，但是制作工艺复杂，功耗较大，价格较高。双极型集成电路的代表集成电路有 TTL、ECL、HTL、STTL 等类型。

单极型集成电路内部电路中，以使用 MOS 场效应管组成的各种电路为主。根据在一块集成块内部所使用的 MOS 管的沟道类型，这种集成电路可以分为 N 沟道 MOS 集成电路和 P 沟道 MOS 集成电路两类，简称 NMOS 集成电路和 PMOS 集成电路。此外，还有在一块集成块内部同时使用 NMOS 和 PMOS 的混合 MOS 电路，简称 CMOS 电路。在这三者中，CMOS 电路是最常用的。由于结构上的特点，单极型集成电路容易实现大规模集成，耗电省，价格便宜,但工作速度相对较慢。

(五)按用途分类

集成电路按用途可分为电视机用、音响用、影碟机用、录像机用、电脑(微机)用、通信用、照相机用、遥控用、报警器用、语音及各种专用集成电路。

三、集成电路的封装

对集成电路进行封装,其作用是固定引脚系统,进行物理性保护和环境性保护,增强散热。

对芯片进行环境保护,就是要避免芯片与外部空气接触,免受湿气等其他可能干扰芯片正常功能的气体对它正常工作产生不良影响。对芯片进行物理性保护,就是要使芯片避免受微粒等物质的污染和外界对它的损害。因此,必须根据不同类别的集成电路的特定要求和使用场所,采取不同的加工方法和选用不同的封装材料,才能保证封装达到规定的要求。

(一)集成电路的封装材料

集成电路的封装材料最常用的有金属、陶瓷及塑料三种。

1. 金属封装

金属封装是将分立器件或集成电路置于一个金属容器中,用镍作封盖并镀上金。这种封装的优点是气密性好,不受外界环境因素的影响,散热性好,可靠性高,但安装使用不方便,成本高。

2. 陶瓷封装

陶瓷封装像金属封装一样,也是气密性的,但价格低于金属封装。陶瓷封装除有气密性好的优点外,还可实现多信号、地和电源层结构,并具有对复杂的器件进行一体化封装的能力。它的散热性也很好。缺点是烧结装配时尺寸精度差,不适用于高频电路,价格昂贵。

3. 塑料封装

塑料封装的材料采用的是环氧树脂,这是目前使用最多的封装形式,其最大的优点是价格便宜,性价比十分优越。

(二)集成电路的封装形式

集成电路的封装形式是随着集成电路集成度的提高、引脚数量的增加、封装技术的提高和采用的电子产品组装技术的改变而发展与变化的。从早期通孔式(PTH)集成电路的圆形封装、TO 封装、单列直插式封装(SIP)、双列直插式封装(DIP),到表面装贴 IC 的四边带引脚的扁平封装(如 QFP)、球栅阵列(BGA)封装等,集成电路的封装形式有几十种之多,尤其是采用 SMT(表面装贴)技术促使集成电路的封装技术快速发展,新的封装形式的出现使人目不暇接。有关表面装贴集成电路的 QFP、PLCC、BGA 等封装形式参见第六章。

如图 3-25 所示为通孔式集成电路常见封装形式。其中,TO－99、TO－78 等金属外壳的圆形封装是早期的封装形式,现在已经很难见到。三引脚的 TO－220、TO－202、TO－3 封装形式除用于晶体管的封装外,现在也多见于三端线性稳压集成电路的封装;单列直插式封装(SIP)和双列直插式(DIP)封装,是通孔式集成电路现在广泛采用的封装形式。SIP 是从封装体的一边引出引脚。DIP 封装的引脚从封装体的两端直线式引出,它的外形通常是长方形的,引脚从长的一边伸出。SIP 封装形式的一种变化是锯齿形单列式封装(单列曲插、ZIP 封装),它的引脚仍是从封装体的一边伸出 ,但排列成锯齿形。绝大部分的 DIP 是通孔式，但也可以是表面贴装元器件的封装。当集成电路的管脚数超过 48 时，DIP 结构变得不实用并且浪费电路板空间，采用四边都有管脚的四边封装成为必然。

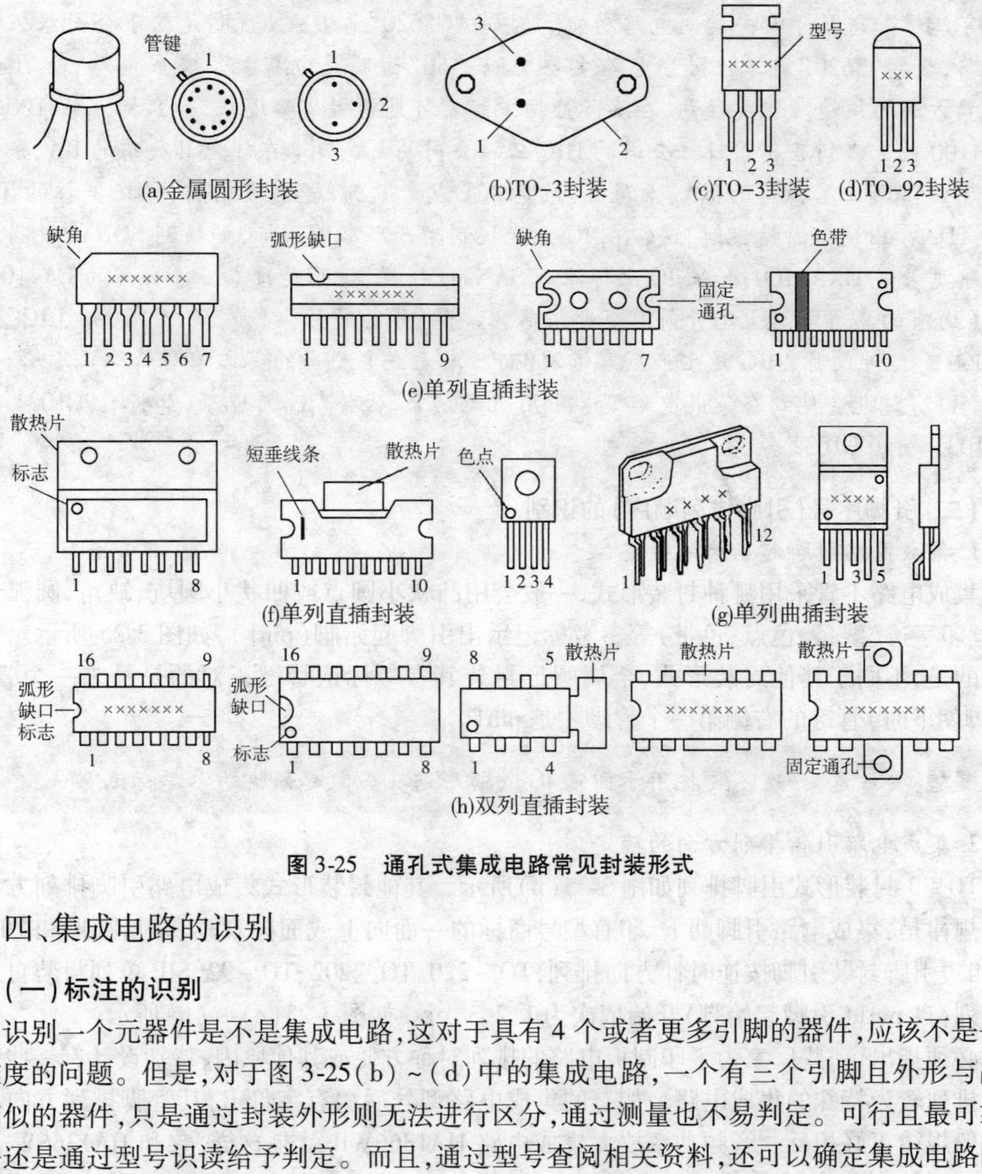

图 3-25　通孔式集成电路常见封装形式

四、集成电路的识别

（一）标注的识别

识别一个元器件是不是集成电路，这对于具有 4 个或者更多引脚的器件，应该不是一个有难度的问题。但是，对于图 3-25（b）～（d）中的集成电路，一个有三个引脚且外形与晶体管相似的器件，只是通过封装外形则无法进行区分，通过测量也不易判定。可行且最可靠的方法还是通过型号识读给予判定。而且，通过型号查阅相关资料，还可以确定集成电路的功能、类型和各引脚的功能。

对于半导体器件，除外形较小的半导体二极管外，其他器件的外形较大，外壳上一般都会根据外壳大小的不同，标注出多少不一的信息，如生产厂家、商标、产品型号、生产日期等，其中，产品型号是必标信息，如图 3-24 所示。

从元器件封装外壳上找出元器件的型号，对元器件的识别非常重要。元器件的型号信息一般都有自己的特点，集成电路的型号一般都由前缀字母和若干数字（或前缀字母和若干字母与数字）组成，如 M50436、CW317、CD4011、LM386N、KA7812、NE555、TDA2822 等。有关集成电路的型号命名方法参见附录六。

图 3-24（b）～（d）、（f）、（h）、（i）所示集成电路的型号分别是 LM78H12K、CD1031CS、

CD4011BCN、STK792、CD1366CP、NE555N。

提示与提醒:(1)根据型号的前缀或标志能够初步判定是哪个厂家或公司的产品,根据其数字能够知道属于哪一类的电路功能。例如 AN5620,前缀 AN 说明是松下公司双极型集成电路,数字"5620"前二位区分电路主要功能,"56"说明是电视机用集成电路,而 70 ~ 76 属音响方面的用途。但要注意,在实际应用中经常可见前缀省略现象,如只标注 A4100。这个 A4100 的"A"到底属于日立公司的 HA、三洋公司的 LA、日本东洋电具公司的 BA、东芝公司的 TA、韩国三星公司的 KA、索尼公司的 CXA 或者欧洲联盟、飞利浦、摩托罗拉的 TAA、TCA、TDA? 出现这种情况时,通常在 IC 上能找到生产厂家或商标,如找到 SONY,说明该集成电路型号是 CXA4100;如果 IC 上标注有 SANYO 字样,说明是日本三洋公司的 LA4100。

(2)有的集成电路上型号前缀全部省略,只有型号的简称,例如,只标"2066 JRC"。这里 2066 是型号简称,JRC 是生产厂家缩写(新日本无线电公司的英文缩写简称)。

(3)有时也会见到在集成电路型号中用"u"或"U"代替"μ"的现象,如将 μPC1031 印成 UPC1031 或 uPC1031 等,要引起注意。

(二)引脚序号(引脚排列顺序)的识别

1. 集成电路引脚起始脚的确定

集成电路不管采用哪种封装形式,一般会用凸状小圆点或凹状小圆坑、缺角、圆弧形缺口、丝印字迹(线条、色点、色带)等参考标记示出引脚起始脚(pin1),如图 3-25 所示。值得注意的是,不同于其他封装形式,金属圆形封装其参考标记管键正对的是最末一个管脚,(引脚朝下时)管键的右侧第一个管脚才是 pin1。

提醒:要注意,一定不要把用于固定 IC 的弧形通孔当做起始脚的参考标记。

2. 集成电路引脚排列方向的确定

TO - 3 封装形式引脚排列如图 3-25(b)所示。其他封装形式集成电路引脚排列方向的一般规律是:集成电路引脚朝下、印有型号商标的一面向上或面向观察者时,圆形和 DIP 封装、四边引脚封装引脚按逆时针方向排列,TO - 220、TO - 202、TO - 92、SIP 单列封装自左向右排列,自 pin1(引脚起始脚)开始依次为 1、2、3、…。如图 3-25(c) ~ (h)所示。

必须指出,一些厂家为了印制板电路的排列对称方便或其他原因,特别设计有一些引脚方向排列较为特殊的集成电路。如有的集成电路型号后缀有字母 R,其管脚排列方向与上述一般规律正好相反。音频功率放大集成电路 HA1366WR 就是这样,它和 HA1366W 具有完全相同的内电路,引脚排列方向却完全相反。日本 NEC 公司生产的 IC,有的也是如此,如图 3-26 所示。这里提醒大家,使用集成电路时最好还是根据型号查阅资料,并特别注意型号后缀,以准确判定引脚的实际排列顺序。

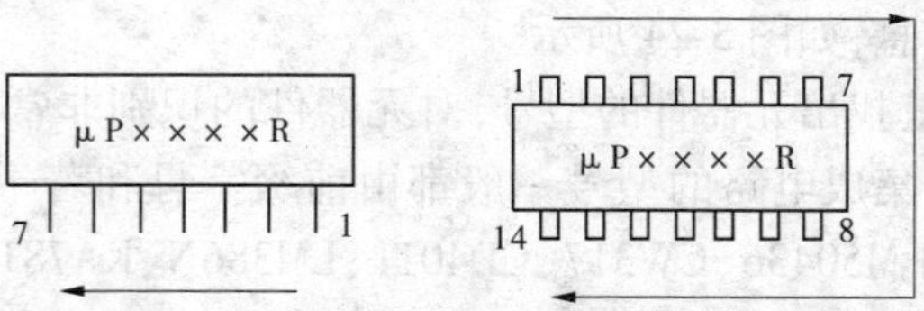

图 3-26 引脚排列方向相反的集成电路引脚序号识别

五、集成电路的检测

集成电路内部是由多个元器件组成的电路,引脚数目多,因而一般是不能够通过万用表的简单测量来准确判断其性能的,通常采用测量结果对比法或代换法,对其好坏进行大致的判定。

(一)离线各脚对地电阻测量对比法

将万用表置于 R×1k 挡,黑表笔接触接地脚,离线(即非在路)测量各脚对接地脚的电阻值并记录。而后,换成红表笔接触接地脚,再次测量各脚对接地脚的电阻值。将两次测量的结果与正常集成电路的对地电阻值进行对比,如果发现一些引脚的对地电阻值相差较大,即可怀疑该集成电路有问题。

这种方法判断集成电路质量的好坏,一般比较准确。但应注意的是,这种比较不是要求阻值绝对相等,而是要求阻值相差不是太大,且阻值相差的规律相同。如果两者的阻值有小的差异,但变化规律是相同的,可以认为该集成电路是好的。

(二)在线各脚对地电压测量对比法

当确定集成电路供电端电压正常时,测量各脚对地电压,再与正常集成电路各脚对地的标准电压加以对比,进行判定。集成电路各引脚电压由两个因素决定:一是外部条件及外接元件,二是集成电路内部电路。如果在路测得的电压与标准数据有较大的差异,应首先确认外部条件及外接元件是否正常,在排除外部条件及外接元件的问题后,大致可以确认集成电路已损坏。

六、常用集成电路简介

集成电路的品种很多,在电子技术的学习和实际的电子电器中,经常会用到几个种类的集成电路,下面简单介绍两个。

(一)三端集成稳压器

稳压集成电路有两个大的种类:一种是内部集成开关型稳压电路的集成电路,另一种是采用线性串联型稳压电路为其内部电路的集成电路。这里所说的三端集成稳压器,是指后一种类型且只有三个引出端子的稳压集成电路。三端集成稳压器已将调整管、比较放大和过热、过流与过压保护电路等不需要调整的元器件,都集成在了一个芯片中,外接元器件极少甚至不需外接元器件,安装和使用简单、方便。线性串联型集成稳压器不一定只有三个引出端,只是由于三端集成稳压器应用非常广泛,故此提到集成稳压器多指三端线性集成稳压器。

1. 三端集成稳压器的分类

根据输出电压是否可以调整,三端集成稳压器可以分为固定式和可调输出式两种。

根据输出电压的正负,固定式和可调输出式两种三端集成稳压器,又可分为正电压输出和负电压输出两个系列。

2. 固定输出电压型三端集成稳压器

输出电压固定的三端集成稳压器,输出电压是由 IC 制造厂家预先调整好的,输出为固定值。其中输出电压为正的称为 78××系列,负电压输出则称为 79××系列。

1)78××系列

78××系列集成稳压器其输出电压有 5 V、6 V、8 V、9 V、12 V、15 V、24 V 等若干挡，分别用 05、06、08、09、12、15 和 24 表示。

根据其最大输出电流的不同，78××系列集成稳压器又有 0.1 A、0.5 A、1 A(或 1.5 A)、3 A、5 A、10 A 几个等级，分别用 L、M、N、无符号、T、H、P 表示。

78××系列集成稳压器有 TO－92、TO－220 和 TO－3 三种常见封装形式。采用 TO－3 封装时输出电流最大，采用 TO－92 封装时输出电流最小。采用 TO－220 封装，不加散热片最大功耗即可达 2 W。

78××系列集成稳压器的三个引出端子，分别是输入端、输出端及接地端(公共端)。采用封装形式不同时，三个引出端子的功能如图 3-27(a)所示。

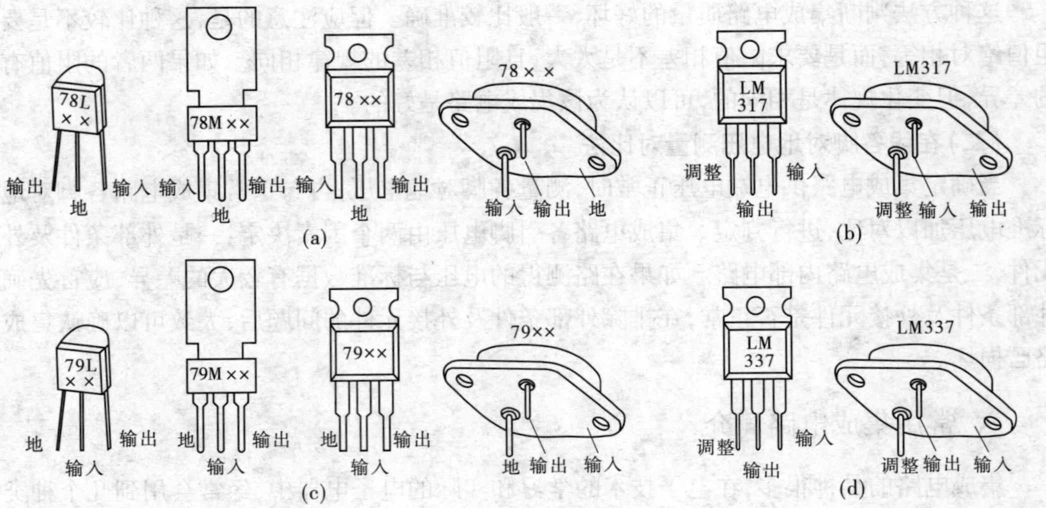

图 3-27　三端集成稳压器引出端子的功能

世界各国生产 78××系列集成稳压器的厂家很多，均采用"'前缀'+78+'输出电流等级'+'输出电压'+'后缀'"的命名方法对其型号进行命名。如，LM78H12K(见图 3-24(b))，其中的前缀 LM 可以看做是厂家的"名称"，H 表示最大输出电流可达 5 A，78 和 12 表示输出电压为＋12 V，后缀 K。

2)79××系列

同 78××系列一样，79××系列集成稳压器也将其输出电压分为若干个挡，分别用 7905、7906、…、7924 等表示。三个引出端子，也分别是输入端、输出端及接地端(公共端)，只是排列的顺序不同于 78××系列。79××系列 IC 三个引出端子的功能如图 3-27(c)所示。

3. 输出电压可调型三端集成稳压器

输出电压可调的三端集成稳压器，也有正值输出电压××117、××217、××317 和负值输出电压××137、××237、××337 两个系列。这里的"××"是型号的前缀，可以是 LM 或 CW 等。

输出电压可调式三端集成稳压器，可通过调节少数外接元件，实现其输出电压在较大范围内调整,从而获得所需的输出电压。例如,CW317 型集成三端稳压器,输出电压可以在 1.2 ~37 V 范围内连续可调。

输出电压可调型三端集成稳压器三个引出端,分别为输入端、输出端和电压调整端(ADJ)。在不同的封装形式下,两个系列的引脚功能顺序如图 3-27(b)、(d)所示。

4. 应用与检测

三端集成稳压器典型应用电路如图 3-28 所示。

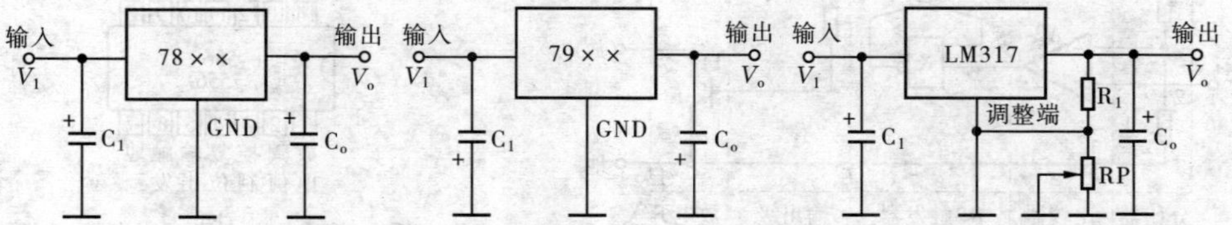

图 3-28　三端集成稳压器典型应用电路

需要注意的是,不管是哪个系列的集成稳压器,只有当输入电压超过额定输出电压 2 ~3 V(输出负电压时要低 2 ~3 V),才能实现稳定的额定电压输出,但输入不宜过大。

对三端集成稳压器的检测,最好是采用在线电压检测法,结果比较准确。当然,由于其管脚只有三个,应用离线各脚间电阻测量对比法,也能比较准确地判断其好坏。

(二)555 时基集成电路

1. 555 时基集成电路简介

555 时基集成电路是由模拟电路和数字电路组合而成、将模拟功能与逻辑功能兼容为一体的中规模 IC。由于它只需在外部接上少量合适的阻容元器件,就可以构成单稳态触发振荡器、双稳态 RS 触发器、施密特触发器、单端电压比较器、无稳态多谐振荡器等电路,用做振荡器、脉冲发生器、延时发生器、方波发生器、锯齿波产生器、定时器等。由 555 组成的电路,由于产生的时间延迟精确,振荡、定时精度高,带负载能力强,因此在电子控制、电子检测、仪器仪表、家用电器、音响报警、电子玩具等诸多方面得到了广泛应用。

555 时基集成电路有双极型(TTL)电路和 CMOS 型电路两大类,分别称为"555"电路和"7555"电路。这两种类型尽管内部电路所用器件类型不同,但都由分压器、比较器、RS 触发器、输出级、放电开关几部分构成,且外特性一致。"555"电路内部结构框图如图 3-29 所示。

2. 555 时基集成电路的识别与检测

世界各国生产 555 时基集成电路的厂家也很多,对其型号均采用"'前缀'+555(或 7555)+'后缀'"的命名方法。如 NE555N(见图 3-24)、5G1555、CH7555、HA17555 等。它们的管脚排列相同,同类型可以互换使用。

现在常用的"555"电路和"7555"电路采用 8 脚 DIP 封装,引脚排列如图 3-30(a)所示。实际应用中,还会经常用到内部有两个 555 的双时基 IC——556 时基集成电路,引脚排列如图 3-30(b)所示。

555 时基电路损坏后,其各引脚间的电阻值必然发生变化,所以用万用表电阻挡将各引脚的电阻值测出,对照正常阻值加以比较,很容易判断器件是否良好。测试时应注意,因 555 时基电路体积较小,用手捏住封装壳体时,不能碰到引脚,否则将对测量阻值产生影响。

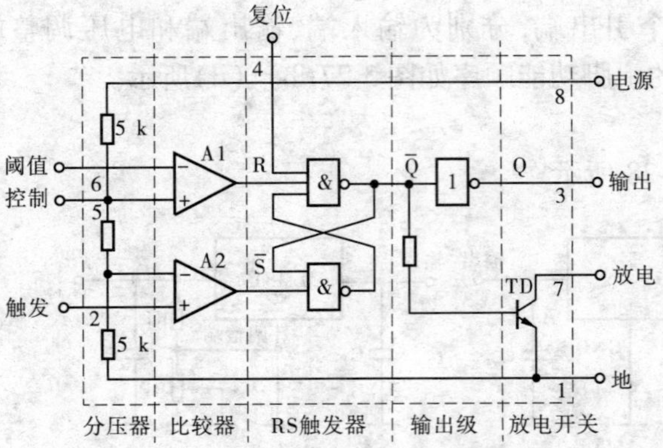

图 3-29 “555”电路内部结构框图

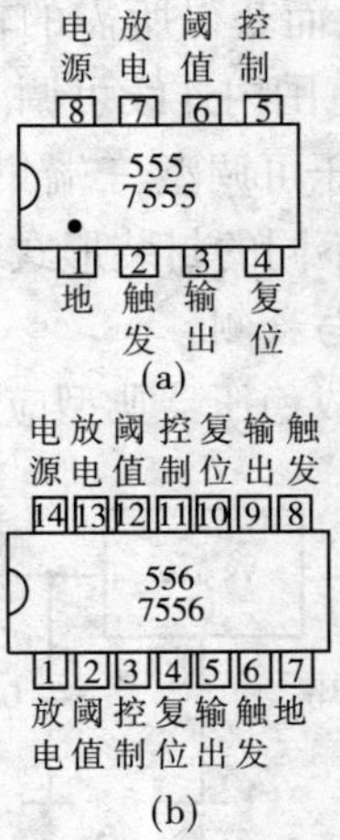

图 3-30 555、556 IC 引脚排列

训练、思考与问答

1. 正常情况下，使用指针万用表 R×100 挡或 R×1k 挡测量二极管的电阻时，黑表笔接二极管的正极、红表笔接二极管的负极，测出的阻值较小（为正向电阻），这是为什么？用数字万用表二极管挡检测二极管，反而是黑表笔接二极管的正极、红表笔接二极管的负极，测出的数值较大（显示超量程溢出符号“1”），这又是为什么？

2. 应用中发现红色玻封的二极管和一种热敏电阻相像，该如何区分出二者？

3. 有一种普通二极管 1N4148 和稳压二极管 1N5237（稳压值 8.2 V）的封装相像，颜色都为粉红，该如何区分出二者？

4. 怎样才能从采用 TO－220 封装的几只元器件中区分出哪些是晶体三极管？

5. 将数字万用表置于二极管挡，测量晶体三极管发射结和集电结的正向压降，对比两次测得的结果，反复几次对比测量，你有什么发现？

6. 在判定二极管引脚的极性测量中，为什么测量出的阻值为正向电阻时，黑表笔接的是二极管的正极，红表笔接的是二极管的负极？

7. 集成电路上标注的型号有什么特征？从如图 3-31 所示集成电路上找出集成电路的型号。另找一些集成电路实物，辨识其上的型号、商标、厂家等重要信息。

图 3-31

8. 有一种热敏电阻封装外形与普通二极管、稳压二极管、双向二极管相像，该怎样区分?

9. 怎样测量二极管的开启电压?

10. 使用数字万用表该怎样判别半桥的引脚和类型(共阳还是共阴)? 该怎样判别它的性能?

11. 该怎样判定一个三端半导体器件到底是晶体三极管还是二极管组件? 或是其他晶体管或集成电路?

第四章　传感器与转换器件的识别与检测

转换类器件是指能够将非电量转换为电量或相反转换的元器件。本质上,传感器也是将非电量转换为电量,只是由于它用途的特殊性,故而单独列出。本章仅介绍电光与光电转换器件、压电器件、电声器件及常用传感器的识别与检测。

第一节　电光与光电转换器件的识别与检测

电光与光电转换器件是指用来实现电光之间相互转换的光电子器件,它包括用来实现电光转换的发光显示器件、用来实现光电转换的光电器件和既有电光转换又有光电转换的光电耦合器件。

一、发光显示器件

发光显示器件是一种把电转换为光的器件,它既可以用在电子电器中作为信号指示或者组成文字或数字显示,也可以用于照明。在电子电器中作为信号的指示中,现在 LED(这里特指普通发光二极管,下同)已基本取代过去使用的白炽灯、氖泡和光电管,而且也可以预见,不久的将来,LED 必将取代白炽灯、日光灯成为照明的主流器件。

(一)发光二极管概述

1. LED 的结构与发光原理

如第三章第一节所述,发光二极管(LED)也是由一个 PN 结组成的,是半导体二极管的一种。LED 常见外形有圆形、长方形、三角形、正方形、组合形、特殊形等。它的一些常见实物外形与结构如图 4-1 所示。

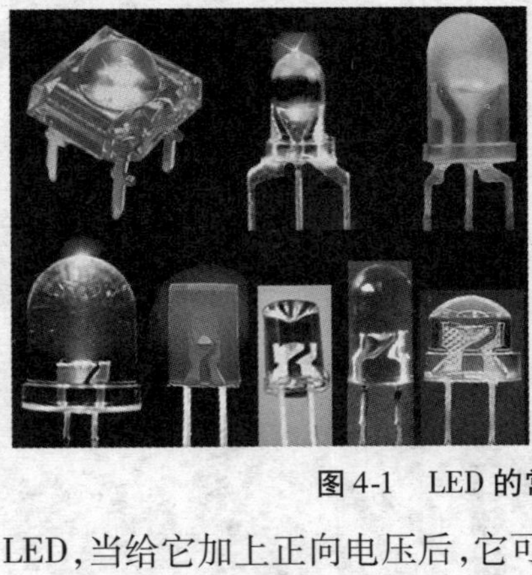

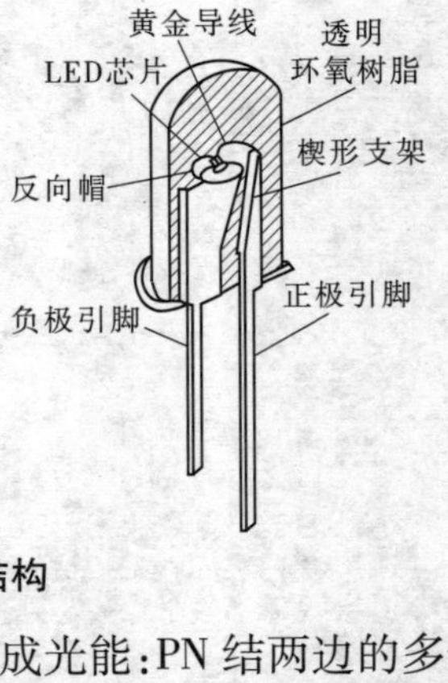

图 4-1　LED 的常见实物外形与结构

对于 LED,当给它加上正向电压后,它可以把电能转化成光能:PN 结两边的多子扩散到对方,在 PN 结附近与对方的多子复合,这种空穴与电子的复合释放出能量,产生光子,即发光。由于不同的半导体材料中电子和空穴所处的能量状态不同,所以当电子和空穴复合时,释放出的能量多少不同,发出的光的波长也不相同(释放出的能量越多,则发出的光的波长越短)。作为指示或显示使用的可见光发光二极管,常用的是发红光的磷砷化镓 LED、发绿光的磷化镓 LED 和发黄光的碳化硅 LED。

2. LED 的特性

发光二极管伏安特性与普通二极管相似,具有单向导电性。只是它的开启电压较普通二极管高,一般为 1.5 ~ 3 V,并且正向伏安特性曲线很陡。由于它的正向伏安特性曲线很陡,即正向电阻很小,因此使用时必须串接限流电阻,以控制通过管子的电流,防止发光亮度过高、电流过大而烧坏 PN 结。一般 LED 的工作电流在十几毫安至几十毫安,而低电流 LED 的工作电流在 2 mA 以下。发光二极管的反向击穿电压约 5 V。

3. LED 的符号

发光二极管的文字符号是"VD"或直接使用"LED",图形符号是"  "。

4. LED 的特点

LED 的内在特征决定了它是最理想的发光器件,有着广泛的用途。

(1)体积小,适用性广:LED 是一块很小的晶片被封装在环氧树脂里面,体积非常小,质量非常轻,可以制备成各种形状的器件,适合用于易变的环境。

(2)耗电量少:一般来说,LED 的工作电压是 1.5 ~ 3 V,工作电流是 10 ~ 30 mA(有的仅零点几毫安即可发光)。这就是说,LED 单管的电能消耗不超过 0.1 W,耗电非常少。

(3)发光效率高,发热量低:白炽灯和卤钨灯其光效为 12 ~ 24 流明/W,荧光灯和 HID 灯的光效为 50 ~ 120 流明/W,消耗的电能很大一部分变成了热损耗。对白光 LED,在 1998 年,其光效只有 5 流明/W,到了 1999 年已达到 15 流明/W,这一指标与一般家用白炽灯相近。而在 2000 年时,白光 LED 的光效已达 25 流明/W,这一指标与卤钨灯相近。现在已经达到 100 流明/W,消耗能量较同光效的白炽灯减少 80%,具有比日光灯或白炽灯更少的热辐射。经过改良,LED 的光效可望达到 150 ~ 200 流明/W。不久,白光 LED 作为照明光源,将成为现实。

(4)使用寿命长:在适当的电流和电压下,LED 的使用寿命可达 10 万 h。

(5)亮度高:超高亮度发光二极管发光强度可达上万个 mcd。

(6)环保:LED 由无毒的材料作成,不像荧光灯含水银会造成污染,同时 LED 也可以回收再利用。

(7)坚固耐用:LED 被完全封装在环氧树脂里面,它比灯泡和荧光灯管都坚固,灯体内也没有松动的部分,这使得 LED 不易损坏。

(8)颜色可变:可以变色,适合不同的要求。对于发光二极管,可以方便地通过化学修饰方法,调整材料的能带结构和带隙,同时配合改变工作电流,实现红黄绿蓝橙多色发光。如小电流时为红色的 LED,随着电流的增加,依次变为橙色、黄色,最后为绿色。

(9)响应时间短:白炽灯的响应时间为毫秒级,LED 灯的响应时间为纳秒级。

(10)价格昂贵,电源电路复杂:较之于白炽灯,目前 LED 的价格比较高昂,并且它属于电流型半导体器件,使用时需串接合适的限流电阻(几十欧姆至几百欧姆),为使亮度稳定,还需要提供恒定的电流,在高效率、高功率因数、安全隔离、符合 EMI 标准、高电流控制精度、高可靠性、体积小、成本低等要求不断提高的情况下,LED 驱动电源电路更加复杂,这些都使得它的使用受到限制。但随着技术的进步等,它必将替代现有照明器件。

5. LED 的种类

发光二极管的种类很多，按发光管发光颜色分，有红色、绿色、蓝色、黄色、白色等颜色发光二极管；按一只 LED 发光颜色的多少，可分为单色发光二极管、双色发光二极管、多色（有红、蓝、绿、白四种颜色）发光二极管和变色发光二极管等；按发光强度角分布图来分，有高指向性、标准型和散射型三类；按发光强度和工作电流可分为普通亮度 LED、高亮度 LED 和超高亮度 LED。另外，在实际应用中，还会见到一些特殊类型的发光二极管，例如闪烁发光二极管、电压型 LED、激光二极管等。

（二）常见 LED 及其识别与检测

这里所说的 LED，指应用最多的可见光发光二极管（普通发光二极管）。

1. 单色发光二极管

1）概述

普通单色发光二极管是开发最早、应用最广泛的普通发光二极管，它具有体积小、工作电压低、工作电流小、发光均匀稳定、响应速度快、寿命长等优点，可用各种直流、交流、脉冲等电源驱动点亮，使用时需串接合适的限流电阻。

普通单色发光二极管的发光颜色取决于制造发光二极管所用的半导体材料。常见普通单色发光二极管有红色、琥珀色、橙色、黄色、绿色和蓝色等几种。

2）识别与检测

（1）观察识别单色发光二极管及管脚。

发光二极管为透明或半透明封装，为不影响正常发光，LED 的外壳上都不标型号或其他标注性字符。但它的外形比较有特色，很容易识别出是否是发光二极管。

普通单色发光二极管属极性元件，肉眼观察可见内部电极是阴极较大，阳极较小，如图 4-1 所示。未经剪脚处理的发光二极管，其阳极引线较阴极要长，因而比较容易辨别出正负极。以上两种判别方法并非 100% 的有效，唯一可靠的方法是进行实际测量。

（2）测量判定管脚。

通过测量正、反向电阻也比较容易判定单色发光二极管的极性。测量方法与普通二极管基本一致，只是发光二极管开启电压较普通二极管高，使用指针万用表测量只能用 R × 10k 挡。如图 4-2 所示。

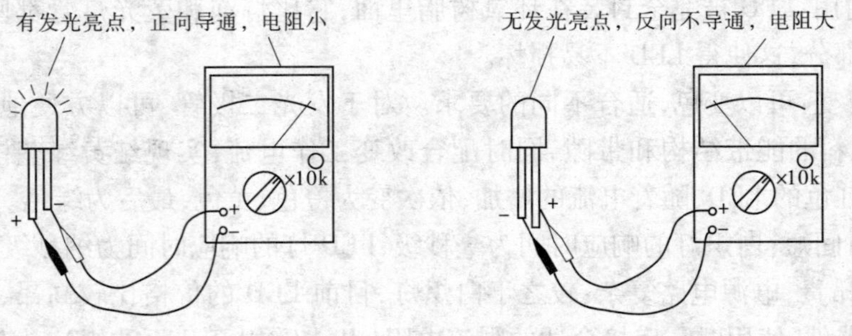

图 4-2　单色发光二极管的测量

提醒与提问：注意，测量时一定要使用 R × 10k 挡，而不能使用 R × 1k 挡。知道这是为什么吗？

(3)性能检测。

①用万用表检测。利用具有 R×10k 挡的指针式万用表,可以大致判断发光二极管的好坏。正常时,发光二极管正向电阻阻值为几十千欧至 200 kΩ,反向电阻值为∞。如果正向电阻值为 0 或∞,反向电阻值很小或为 0,则为损坏。应用这种检测方法测正向电阻时,有时能看到发光管微微发光,但因为 R×10k 挡不能向 LED 提供较大的正向电流,发光很微弱,须仔细观察。有时(如在较明亮的环境中)也可能看不到发光管发光。

如果有两块同型号指针万用表,可以较好地检查发光二极管的发光情况。用一根导线将其中一块万用表的"+"接线柱与另一块表的"-"接线柱连接。余下的"-"表笔接被测发光管的正极,余下的"+"表笔接被测发光管的负极。两块万用表均置 R×10 挡。正常情况下,接通后就能正常发光。若亮度很低,甚至不发光,可将两块万用表均拨至 R×1 挡,若仍很暗,甚至不发光,则说明该发光二极管性能不良或损坏。

提示与提醒:注意,不能一开始测量就将两块万用表置于 R×1 挡,以免电流过大,损坏发光二极管。

②外接电源测量。用 3 V 稳压电源(或两节串联的干电池)串接一 300 Ω 左右的电阻后接于发光二极管,用万用表(指针式或数字式皆可)测量 LED 两端的压降,如果发光二极管的管压降为 1.5 ~3 V,且发光亮度正常,说明发光管正常;如果测得管压降为 0 或接近 3 V,且不发光,说明发光管已坏。

提问:能将 LED 直接接在电池两端,通过观察是否发光,来检测它的好坏吗?

2. 双色发光二极管

1)结构与原理

一般发光二极管内部只封装一个管芯,它只能发出单一色的光。双色发光二极管内部由两个不同颜色的管芯反向并联后封装为一体而成,有 R 和 G 两个引出线,如图 4-3 所示。当 R-G 间加正向电压时,发红光的管芯通电发出红光;当 R-G 间加负向电压时,发绿光管芯通电发出绿光;当在 R-G 间加交变电压时,红、绿光交替闪亮。交变电压的周期小于 0.1 s 时,由于人眼视觉暂留的作用,则感到它发出的是橙色光。

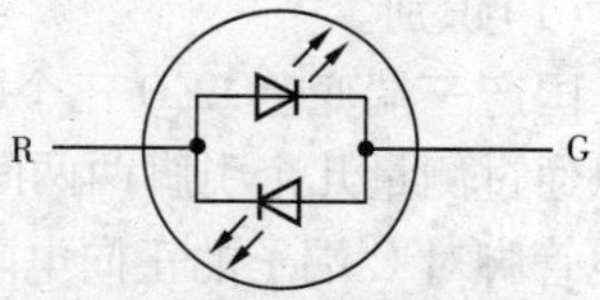

图 4-3 双色发光二极管的结构

2)识别与检测

虽然根据外形很容易识别出是否是发光二极管,但是通过外观,却难以将单色 LED 和双色 LED 区分开来,此种情况下只能通过测量加以区别:交换表笔两次测量器件的电阻,如果两次测量结果相差很大,则为正常的单色 LED;若两次测出的阻值几乎一样,都是十几千欧,则为反向并联结构的双色 LED。

正常情况下使用指针式万用表的 R×10k 挡,测量双色 LED 的两引脚间的电阻,相应正向导通的发光管管芯会被点亮,根据发光的颜色就可以确定黑表笔所接引脚的名称。

对于双色 LED,交换表笔测量其两引脚间的电阻,若并非都是十几千欧且相应发光管管芯不被点亮,则说明该管已经损坏不能使用。

3. 变色发光二极管

1)结构与原理

变色发光二极管就是能变换发光颜色的 LED。在变色发光二极管内部封装了几个不同颜色的管芯，使不同颜色的管芯发光就能呈现出不同的颜色。而且由于不同颜色的发光管的起步工作电压不同(红色最低 1.6 V 左右，蓝色最高 2.0 V 左右，黄色、绿色介于其间)，所以控制输入电压可以控制各个发光二极管的发光与否，最终实现(混色)颜色的变化。

变色发光二极管按引脚数量可分为三端变色发光二极管、四端变色发光二极管和六端变色发光二极管等；按内部几个不同颜色管芯连接方式，可以分为共阴极和共阳极两种。常见的国产三端变色发光二极管产品有：红—绿—橙、红—黄—桔红、黄—纯绿—浅绿等几种。

如图 4-4 所示为由红色、绿色两个管芯制作而成的三端变色(红—绿—橙)发光二极管的外形及内部结构。它有共阴极连接和共阳极连接两种结构形式，有 R 、G 、C(公共端)三个引出线。当在 R 上加正电压时，管子发红光；当在 G 上加正电压时，管子发绿光；当 R 、G 对 C 同时加正电压时，管子发出红色、绿色的混合光，呈现出橙色。

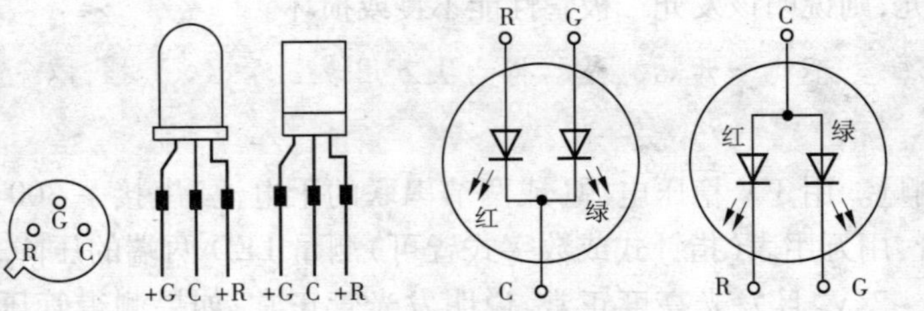

(a)外形 (b)共阴极结构 (c)共阳极结构

图 4-4 三端发光二极管外形与内部结构

2)识别与检测

(1)识别。

国产三端变色 LED 三个引脚的排列如图 4-4 所示。对于非三端变色 LED 或进口器件，可以通过测量几个引脚两两间的电阻，并交换万用表的红黑表笔测量，找出公共端 C，测量其他管脚对 C 端子的正向电阻，同时观察发光的颜色，对管脚加以识别。

提问：怎样才能找出公共端 C?

(2)检测。

找出公共端子后，对变色发光二极管中的每一个颜色的管芯进行检测，即可判定其质量、性能。对变色发光二极管中管芯的检测，其方法与对普通单色发光二极管的检测方法相同。在检测过程中，若发现某次测量时相应发光管不亮，表明已经损坏。

4. 闪烁发光二极管

1)概述

闪烁 LED 也称为七彩发光二极管，是最近几年开发出的一种实现自动闪烁、渐变等功能的集成一体化复合 LED 灯。它的内部集成有控制集成电路和红、绿、蓝等发光芯片，并已设定程序。使用时，只要在其引脚两端加上适当的直流工作电压(3 ~ 5 V)，就能以闪烁方式循环多种颜色发光，发出的颜色由红、绿、蓝三色混色而成。

闪烁发光二极管的外形、电路符号和内部电路组成框图如图 4-5 所示。

七彩发光二极管由于自身的特点，具有很好的装饰效果，能满足不同用户不同场合的需要。它使用简便，可以在原装置上直接代替普通 LED，而具有动态变色的装饰效果。可以广泛用于仪器信号灯、展览灯饰、广告、玩具及各种装饰用品。除可指示器件外，自闪发光二

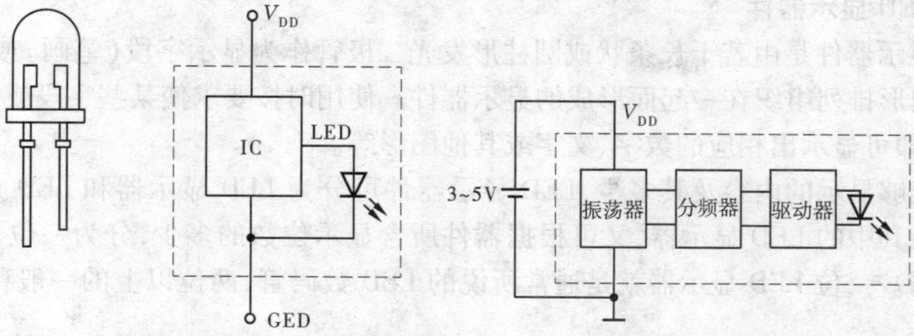

图 4-5　闪烁发光二极管外形、电路符号和内部电路组成框图

极管还能作为脉冲信号发生器使用。

2）识别与检测

（1）自闪发光二极管的识别。

自闪发光二极管的外形与普通单色发光二极管并无区别，但从侧面可看到管芯上还有一条短黑带。这类管子有两种引出方式，一种是长引线为正极，另一种是短引线为正极。

（2）引脚正负极的判断。

使用万用表 R×1k 挡，红、黑两表笔交替接自闪 LED 的两个引脚，当发现其中一次测量表针先向右摆动一定距离，然后表针在此位置上开始轻微抖动（实为振荡，摆动幅度在一小格左右），说明自闪发光二极管内部的集成电路在万用表内部 1.5 V 电池电压的作用下开始振荡，输出的脉冲电流使指针产生抖动，只是因为电压太低还不能使发光二极管发光。但此现象说明万用表红、黑表笔的接法是正确的，即万用表黑表笔接的是自闪发光二极管的正极。

提示：注意，在判断自闪发光二极管正、负极时，千万不要像测普通二极管那样，认为电阻小的那次测量，黑表笔接的是二极管正极。

（3）质量检测。

如果在以上对自闪发光二极管正负极的判断过程中，不管怎样都不出现表针轻微抖动的现象，一般认为此 LED 可能存在质量问题。

5. 电压型发光二极管

1）概述

电压控制型发光二极管（BTV）又称带阻发光二极管，是将发光二极管和串联的限流电阻集成制作并封装为一体的器件，使用时直接接在规定电压的电源两端即可发光。给设计、安装和使用带来了方便。

电压型发光二极管系列产品共有 6 种标称电压，分别为 5V、9V、12V、15V、18V、24V。发光颜色有红、黄、绿等。

2）识别与检测

从外观看，电压型发光管与普通单色发光管并无区别，无法通过观测给予区别。

电压型发光二极管检测与单色发光二极管方法相同，使用指针万用表的 R×10k 欧姆挡。正常时，黑表笔接发光管正极所测电阻一般较小，为正向电阻十几千欧；然后对调表笔测量，所测反向电阻应为无穷大。否则说明器件已损坏。

提问：通过测量能够将电压型发光管与普通单色发光管区分开来吗？

（三）LED 显示器件

LED 显示器件是由若干长条状或圆柱形发光二极管作为显示字段（笔画）或像素点，并按一定的图形排列组织在一起而形成的显示器件。使用时按要求使某些字段或像素点的发光管发光，即可显示出相应的数字、文字或其他图形等。

根据能够显示的内容及其多少，LED 显示器件可分为 LED 显示器和 LED 点阵图文显示屏两类。其中的 LED 显示器，又可根据器件所含显示位数的多少，分为一位、两位、多位 LED 显示器。一位 LED 显示器就是通常所说的 LED 数码管，两位以上的一般称做 LED 显示器。

LED 显示器是目前电路中最常用的显示器件，由于它自身具有功耗低、亮度高、寿命长和尺寸小等优点，使得荧光数码管、辉光数码管等历史悠久的显示器件没有了用武之地；点阵形式的 LED 显示屏可以显示变化的数字、文字、图形图像，不仅可以用于室内环境，还可用于室外环境，具有投影仪、电视墙显示屏、液晶显示屏无法比拟的优点，现在多用来作广告、宣传屏使用。

1. 数码管

1）概述

LED 数码管有共阴极和共阳极两种类型，都是由 7 个字段（7 个笔画 a ~ g）发光二极管和一个小数点（DP）发光管构成的，故此又称为 7 段数码管。它的外形、引脚排列和内部电路结构如图 4-6 所示。对于共阳极 LED 数码管，是将 8 个发光管的阳极接在一起后作为公共阳极（引出脚为③和⑧）。当公共端（③脚和⑧脚）接高电平，字段引脚接低电平，相应字段发光。可以用来显示 0 ~ 9 和 A、b、c、d、E、F、小数点等数字和字符。

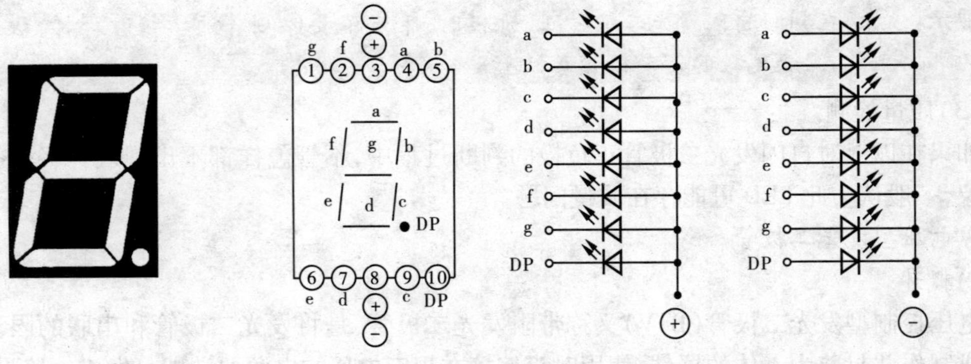

（a）外形　（b）引脚排列　（c）共阳极电路　（d）共阴极电路

图 4-6　LED 数码管的外形、引脚排列和内部电路结构

LED 数码管有红色、绿色、黄色、橙色和蓝色等几种，和单色发光二极管一样，也有普通亮度和高亮度之分。用几个 LED 数码管组成多位 LED 数码显示器，根据需要改变字段的数量、形状和位置，可以显示更多其他信息。

由于生产厂家众多，LED 数码管的引脚排列与分布不尽相同，常见的有双列 10 脚、14 脚、16 脚、18 脚等多种形式。其中 10 脚、16 脚为一位数码管。

2）识别与检测

对于 LED 数码管，器件识别比较容易，管脚的判别较为困难，尤其对于多位数码管，这就需要进行实际测量。实测的基本思路是首先确定公共端，而后明确是共阴极还是共阳极，最后确定笔画。

提问：你能制定一个具体的通过测量判定引脚的方法吗？试试看。

确定了数码引的引脚排列后，将每一个显示字段当做一个发光管进行检测，就可判定数码管的好坏。

2. 点阵式 LED 显示屏

1）简介

点阵形式的 LED 显示屏又称矩阵式 LED 显示屏，是由许多发光二极管均匀排列组成的点阵显示模块。它有单色点阵 LED 显示屏和双色点阵 LED 显示屏之分。常见的 5×5、8×8 等小发光点（直径 3 ~ 8 mm）小 LED 显示屏多用于电器的信息显示；用于室外公共场合的大 LED 显示屏，显示面积较大，一般有几平方米至十几平方米，发光点直径为 10 ~ 26 mm。

如图 4-7（a）~（c）所示为单色 8×8 点阵 LED 显示屏的正面外形、背面及背面局部（下半部引脚部分）图形。这种单色 8×8 点阵 LED 显示屏由 64 个发光管组成，接在 8 条行线和 8 条列线的交叉点上，如图 4-7（d）所示。

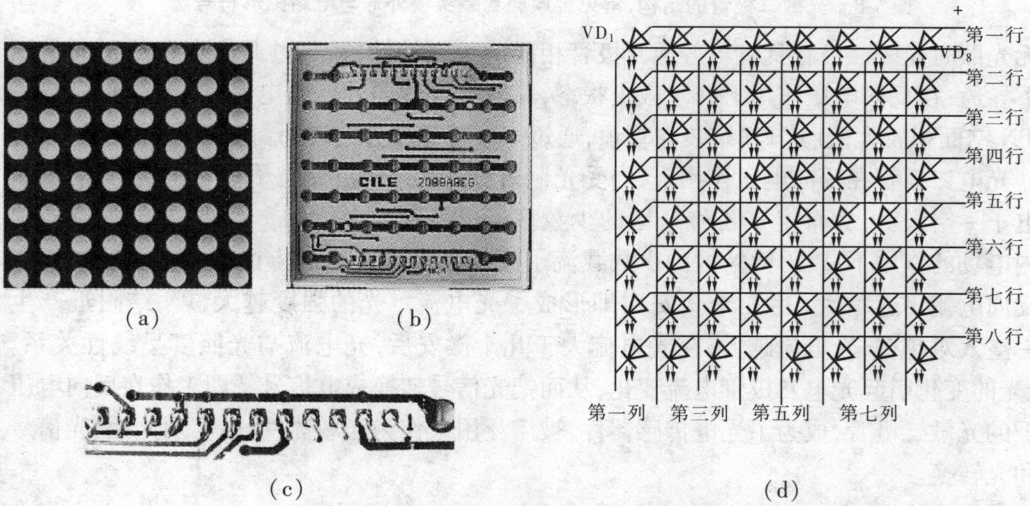

图 4-7　单色 8×8 点阵 LED 显示屏正面、背面、背面局部图形及内部电路结构

双色点阵 LED 显示屏的每一个发光点，都是一个双色 LED。因而，在同样的点阵数量情况下，它的列线比单色屏多一倍，即每一列都有不同颜色的两条列线。

2）识别与检测

点阵式 LED 显示屏的管脚较多，但管脚排列依然是从左下角开始，如图 4-7（c）所示，注意图中右侧的 1 脚标志“1”。至于各脚的名称，一般需要通过测量得到。

对点阵式 LED 显示屏的检测，就是将每一个发光点当做一个单色（或双色）发光管进行检测，具体方法不再赘述。

二、光电转换器件

用来实现光电转换的光电器件主要有：利用半导体光敏特性工作的光敏电阻、光电二极管和光电三极管等光电导器件，利用半导体光伏效应工作的光电池等。这里仅介绍光电二极管和光电三极管。

（一）光电二极管

1. 概述

1）结构、原理与作用

光电二极管又称光敏二极管，它的结构如图 4-8（a）所示。与普通二极管一样，普通光敏二极管也是由一个 PN 结构成的半导体器件。

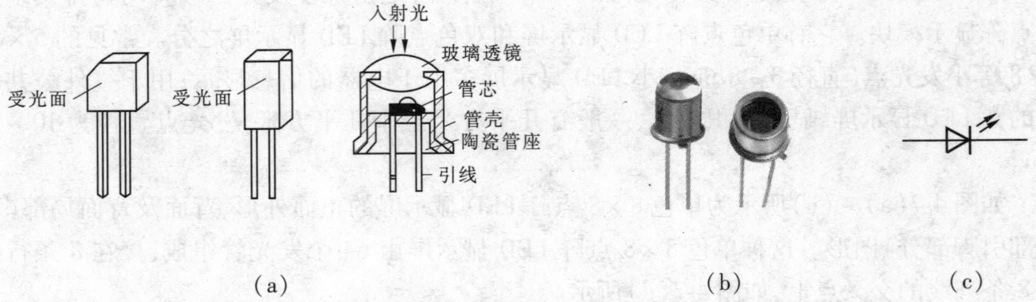

图 4-8　光敏二极管的结构、常见金属壳封装实物外形与电路图形符号

无光照时光敏二极管具有与普通二极管相同的伏安特性：在超过开启电压的正向电压作用下导通；在反向电压作用下处于截止状态，只能流过微弱的反向电流（暗电流）。但是，它的 PN 结面积较大，且其 PN 结装在管顶，通过一个特意设置的透明窗口，可直接受到光的照射。光电二极管在反向电压作用下，当受光照射时，PN 结附近受光子轰击，吸收其能量而产生电子－空穴对，从而使 P 区和 N 区的少数载流子浓度大大增加。因此，在外加反向偏压和内电场的作用下，P 区和 N 区的少数载流子渡越阻挡层进入对方区域，从而使通过 PN 结的反向电流迅速增大（达几十微安），即形成了光电流。光的强度越大，PN 结附近产生电子－空穴对越多，光电流越大，在光电流大于几十微安后，光电流与光照度呈线性关系。这样，光的变化引起光电二极管电流变化，从而把光信号转换成电信号。即工作在反向电压作用下的光敏二极管，成为了光电传感器件，被广泛用来作为光敏器件，以实现光控、光信号接收和光转换。

2）符号与分类

光电二极管的文字符号一般为“VD”，电路图形符号如图 4-8（c）所示。主要种类有 PN 结型、PIN 结型、雪崩型和肖特基型等。用得最多的是硅材料 PN 结型光电二极管。

2. 光电二极管的识别

光电二极管常见外形为透明塑料、树脂或金属壳封装，如图 4-8（b）所示为常见金属壳封装实物外形。光电二极管外形比较有特色，容易辨识。

光电二极管两引脚有正、负极之分，通常情况下，靠近管键或色点的是正极，另一脚是负极；较长的是正极，较短的是负极。正常时，光电二极管用遮光物（例如黑胶布等）将其透明窗口遮住，就相当于一个普通二极管，若用万用表测量，测出的引脚极性更可靠。

3. 光电二极管的质量检测

将万用表置 R×1 k 挡，黑表笔接光电二极管正极，红表笔接负极，测其正向电阻，应为 10～20 k；改用红表笔接光电二极管正极，黑表笔接负极，然后用一遮光物（例如黑纸片等）

将光电二极管的透明窗口遮住，测得无光照情况下的反向电阻应为无穷大，反向电阻不是无穷大说明漏电流大。移去遮光物，使光电二极管的透明窗口朝向光源，这时万用表测得阻值为几千欧或 1 kΩ 以下，说明管子性能基本正常。如果在无光照和有光照时测得的反向电阻均为 0 或无穷大，则说明此光电二极管已损坏，不能使用。

(二)光电三极管

1. 符号与分类

光电三极管又称光敏晶体管，也有 PNP 型和 NPN 型两种，一般为硅材料 NPN 型。它的文字符号为“VT”或“V”，电路图形符号和常见外形如图 4-9 所示。

图 4-9　光电三极管常见外形和电路图形符号

2. 结构、原理与作用

光敏晶体管的结构与一般三极管很相似，也具有电流增益，只是它的基区为光窗口。光敏晶体管的基区面积较大，发射区面积却做得较小，且大多数只有发射极 E 和集电极 C 两个管脚，其基极一般不接引线(也有引出基极引线的，作为温度补偿使用，不用时需剪掉)。对于 NPN 型光敏晶体管，当集电极加上正电压，无光照时基极开路，集电极处于反向偏置状态。当光线照射在基区时，与光电二极管一样，入射光在基区中会激发出电子 - 空穴对，在内电场的作用下，光生电子被拉到集电区，空穴被集聚在基区靠近发射区的一边，由于空穴的积累而引起发射区势垒的降低，其结果相当于在基极与发射极间加上一个正向电压，这样便有大量的电子流向集电极，形成输出电流，且集电极电流为光电流的 β 倍。可见，光敏晶体管相当于一个光敏二极管和一个晶体管的组合，如图 4-10 所示。

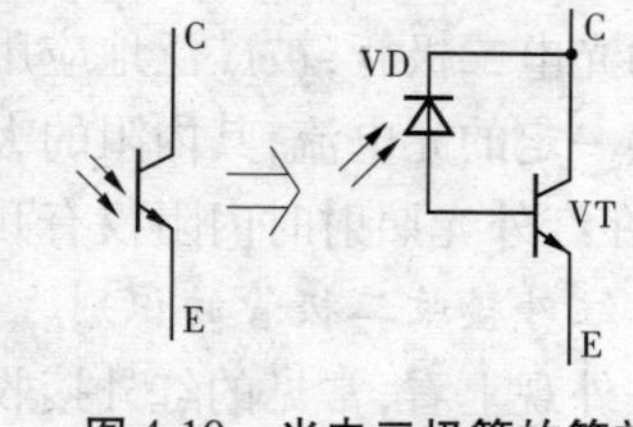

图 4-10　光电三极管的等效

光电晶体管不仅能够实现光电转换，而且具有放大作用，这相当于提高了光电转换的灵敏度，因而输出电流大。但是由于输入输出之间的线性不够好，所以，它多被用来作为光电开关元件或光电逻辑元件使用。

3. 光电晶体管的识别

对于光电晶体管，一般而言，靠近管键或色点的是发射极 E，离管键或色点较远的是集电极 C，较长的管脚是发射极 E，较短的管脚是集电极 C。

4. 光电晶体管检测

将万用表置于 R×1k 挡，对于 NPN 型光敏晶体管，用黑表笔接集电极 C，红表笔接发射极 E。用遮光物遮住光电三极管的光窗口，由于没有光照，光电三极管中没有电流，CE 间的电阻值应接近无穷大；移去遮光物，将光电三极管的光窗口朝向光源，这时万用表测得的阻值应为几千欧或1 kΩ左右,指针的偏转大小表征光电三极管的灵敏度。

如果测量发现不符合上述规律,则说明器件已经损坏。

三、红外发光二极管与红外接收二极管

(一)红外发光二极管

红外发光二极管又称红外线发射二极管,它的结构、原理与普通发光二极管一样,也是发光二极管的一种,只是使用的半导体材料不同,发出的是不可见的红外光。红外发光二极管采用全透明或浅蓝色、黑色的树脂封装,外形和发光二极管相似。它主要应用于各种红外光控及遥控发射电路中。

虽说红外发光二极管是发光管的一种,但是由于它的特殊性,使得它的识别和检测方法与普通发光二极管并不完全相同。它的管压降较普通发光管要低(约1.4 V),使用指针万用表的R×1k挡或R×100挡进行测量,可以判定其PN结的正、反向电学特性是否正常。由于它发射的红外光人眼无法看到,因而无法通过测量时的发光情况判定其是否正常。为此,可准备两块MF47型万用表,将其中一块的挡位转换开关置于红外接收与检测挡,使其作为红外接收器,并使待测红外发光管对准万用表的红外接收管;再用另一块万用表测量红外发射二极管正向电阻,同时观测作为红外接收器的万用表的指示,判断红外LED能否正常发射红外光。

提示:用另一块万用表测量红外发射二极管正向电阻时,等同于用万用表的内阻和电池使红外发射管具备了发出红外光的条件。

(二)红外接收二极管

1.红外接收二极管简介

红外接收二极管又叫红外光电二极管、红外光敏二极管,是一种对红外波长的光有最佳反应的光电二极管,被广泛地应用于红外遥控接收电路中。这种二极管能在红外线的照射下产生一定的光电流,其内阻的大小由入射光的强度决定,没有红外光照射时内阻为几兆欧以上,在红外光照射时内阻仅有几千欧。

2.红外接收二极管的识别

从外观上看,常见的红外接收二极管外观颜色呈黑色。识别引脚时,面对受光窗口,从左至右分别为正极和负极。另外,在红外接收二极管的管体顶端有一个小斜切平面,通常带有此斜切平面一端的引脚为负极,另一端则为正极。

用万用表电阻挡测试判断引脚结果更可靠。将万用表置于R×1k挡,用交换红、黑表笔两次测量两引脚间的电阻值,正常时应为一大一小。阻值较小时红表笔所接的引脚为负极。

3.红外接收二极管的性能检测

通常采用以下两种方法进行红外接收二极管的性能检测。

(1)用万用表电阻挡测量红外接收二极管正、反向电阻,根据正、反向电阻值的大小,即可初步判定红外接收二极管的好坏。将万用表置于R×1k挡,正常时,红外接收二极管的正向电阻为3~4 kΩ,反向电阻应大于500 kΩ。否则,说明管子性能不良。

(2)将万用表置于R×1k挡,红表笔接被测红外接收二极管的正极,黑表笔接负极,此时测得电阻在500 kΩ以上。用一个好的彩电遥控器正对红外接收二极管的受光窗口,距离

为 5 ~ 10 mm，当按下遥控器上的按键时，若红外接收二极管性能良好，一般万用表指示的电阻值应由 500 kΩ 以上减小到 50 ~ 100 kΩ。被测管子的灵敏度越高，阻值会越小。用这种方法挑选红外接收二极管十分方便，且准确可靠。

用此法也可以方便地区分出是红外发光二极管还是红外接收二极管。

4. 红外发光二极管与红外光电二极管的区分

在实际工作中，有时需要区别是红外发光二极管，还是红外光电二极管（或者是光电三极管）。其方法是：若管子都是透明树脂封装，则可以从管芯安装来区别。红外发光二极管管芯下有一个浅盘，而光电二极管和光电三极管则没有；若管子尺寸过小或为黑色树脂封装，则可用万用表 R × 1k 挡测量电阻。用手捏住管子（不让管子受光照），正向电阻为 20 ~ 40 kΩ，而反向电阻大于 200 kΩ 的是红外发光二极管；正反向电阻都接近∞ 的是光电三极管；正向电阻在 10 kΩ 左右，反向电阻接近∞ 的是光电二极管。

（三）一体化红外遥控接收头

一体化红外遥控接收头是一种采用黑色树脂封装的模块电路，它将红外接收、前置放大、带通滤波、解调等集成在一块基片上，用来实现红外遥控的接收与解调。一般有电源正极、电源负极和输出三个管脚，管脚排列顺序并不统一。如图 4-11 所示为一体化红外遥控接收头常见外形及其管脚排列。

图 4-11　一体化红外遥控接收头常见外形

四、光电耦合器

（一）简介

光电耦合器简称光耦，也称光电隔离器。它是将发光器件（如红外发光二极管）与光电器件（如光电二极管、光电三极管）共同封装在一起组合而成的元件。它以光为媒介传输电信号，即通过电—光—电的转换，实现输入与输出间良好的电气隔离。由于它的信号传输具有单向性等特点，因而具有良好的电绝缘能力和抗干扰能力，现已广泛应用于电气绝缘、信号隔离、电平转换、数字通信、级间耦合、级间隔离、驱动电路、开关电路、脉冲放大、固态继电器、数字仪表、通信设备及微机接口中。

光电耦合器的种类很多，主要有光电二极管型、光电三极管型（又称通用型，分无基极引线和基极引线两种）、达林顿型、施密特型、光纤维型、光敏晶闸管型、光敏场效应管型和高速型等。封装形式与集成电路相同。其电路图形符号如图 4-12 所示。

（二）光电耦合器的检测

光电耦合器也可用万用表检测：输入部分和检测发光二极管相同，输出部分与受光器件类型有关，对于输出为光电二极管、三极管的，则可按光电二极管、光电三极管的检测方法测量。下面以通用型光电耦合器为例，介绍光电耦合器的检测方法。

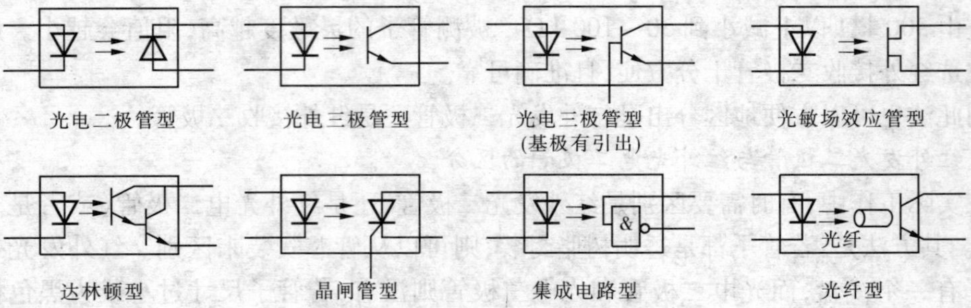

图 4-12　光电耦合器电路图形符号

1. 静态检测

输入端检测:将万用表置于 R×1k 挡或 R×100 挡(光电耦合器的两个输入端之间 LED 的管压降在 1.3 V 以下),测发光二极管的正、反向电阻值。正常情况下,正向电阻值为几百欧,反向电阻值为几千欧至几十千欧。

输出端检测:测量接收管的集电结和发射结电阻,无论正测、反测其阻值都应为无穷大,否则说明器件已损坏。

2. 动态检测

给光电耦合器的输入端加一电压,使发光二极管发光,同时检测输出端光电三极管有无产生电流,以此来检测该光电耦合器的好坏。

检测时可用两块万用表,将一块万用表置 R×1 挡,黑表笔接发射二极管的正极,红表笔接发射二极管的负极,为发射二极管提供驱动电流,使光耦内的发光管发光。将另一块万用表置 R×100 挡,黑表笔接光电三极管的集电极,红表笔接发射极,当发光二极管发光时,光电晶体管集电极、发射极间的阻值应由无穷大变为几十千欧。

保持这种连接方式,将与发光二极管连接的万用表置 R×100 挡,降低驱动电流,发光二极管发的光减弱,此时光电三极管产生的电流减小,表现为万用表指示电阻值变大(由几十欧变为几千欧)。如果接收管输出两端之间的阻值无变化,说明该光电耦合器已损坏而不能使用。

第二节　压电器件的识别与检测

压电器件是利用一些具有压电效应的材料制作而成的元器件。所谓压电效应,简单地说就是,一些材料在沿一定方向受到外力的作用而变形时,在它的两个相对表面上出现正负相反的电荷;而当沿一定方向加上电压时,这些材料又会发生压缩或伸张变形。这种现象即压电效应。目前,应用中比较常见的压电器件有石英晶体元件、陶瓷(谐振器、滤波器、陷波器)元件和声表面波滤波器等,它们在电路中主要起谐振、滤波或陷波作用。当然,压电器件也可以用来作为电声转换器件使用或制作成传感器等。

一、石英晶体元件

(一)石英晶体元件的结构与符号

石英晶体元件又称石英晶体振荡器、石英晶体谐振器,简称为晶振。

石英晶体元件由电极、石英晶片、晶片支架和封装外壳等构成。封装形式有玻璃真空封装、金属外壳封装、塑封和陶瓷封装等几种。其中,又以扁平和细长圆柱状金属外壳封装最为常见。晶振多为两个电极,但也有三电极、四电极型的石英元件。三端型晶振是在两电极晶振基础之上,将晶片原来引出一个电极的一面,分割成互相绝缘的两部分,分别引出电极封装而成。

石英晶振的文字符号是“B”或“BC”,它的电路符号及常见外形如图 4-13 所示。

图 4-13 石英晶振的电路符号及常见外形

(二)石英晶体元件的原理、特性与作用

石英晶振是利用具有压电效应的石英晶片制成的一种谐振元件。这种石英晶体薄片受到外加交变电场的作用时会产生机械振动,当交变电场的频率与石英晶体的固有频率相同时,振动变得很强烈,即产生了机械谐振。谐振的频率主要取决于石英晶片的尺寸和形状,稳定度极高。产生机械谐振时,电路中的电流也达到最大。

石英晶体元件实际上相当于一个损耗很小、品质优良的谐振回路,如图 4-14(a)所示。它的品质因数 Q 可达 $10^4 \sim 10^5$,这是普通 LC 谐振回路无法比拟的。因此,它主要作为性能优异的稳定频率和频率选择元件使用,是构成各种高精度振荡器的核心元器件。图 4-14(b)所示为其电抗—频率特性,其中,f_0 是 L、C 串联的谐振频率(等效阻抗最小),f_∞ 为 LC 与 C_0 并联的谐振频率(等效阻抗达到最大值),f_0 与 f_∞ 相离很近,相差很小。石英晶体只是工作在 $f_0 \sim f_\infty$ 之间这个很窄的频率范围才呈感性,其余都是呈容性。

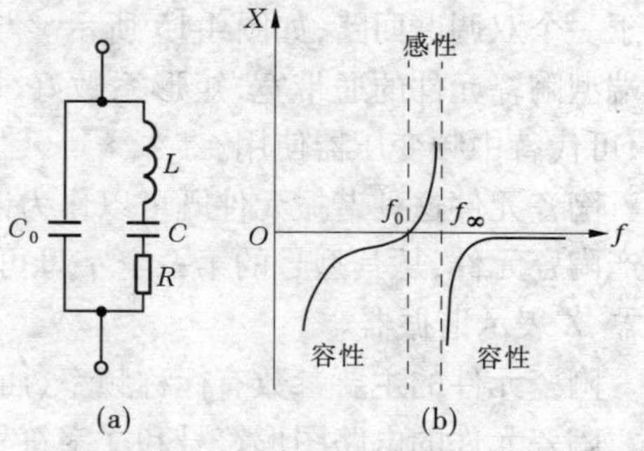

图 4-14 石英晶体的等效电路与电抗—频率特性

(三)石英晶体元件的主要参数

1. 标称频率

标称频率是指通常标注在晶振外壳上、用以指出在一定条件下工作时稳定度最高的频率。标称频率一般用带有小数点的几位数字表示,如 4. 433、12. 000、24. 576 等,单位是 MHz 或 kHz。

2. 负载电容

石英晶体元件工作于标称频率起振时呈感性,需配接外部电容才能构成振荡电路振荡起来。此时配接的外部电容即负载电容,此时的振荡频率即标称频率。石英晶体元件配接规定的负载电容构成的振荡电路,振荡频率的稳定度最高。

(四)石英晶体元件的识别

石英晶体元件外壳上,都会标注出带有小数点的几位数字表示的标称频率,大多还会标出单位,这种特殊的标注比较容易识读与辨别。其外壳上可能还会有其他的标注,一般是商标、厂标或型号。对于应用最多的两电极石英晶振元件,两个引脚不用区别。

(五)石英晶体元件的检测

用万用表 R×10k 挡,测量石英晶体两引脚之间的电阻值,应为无穷大。若实测阻值不为无穷大甚至出现电阻为零的情况,则说明晶体内部存在漏电或短路现象。如果手拿晶振并加以晃动,能够听到"哗啦哗啦"的响声,则说明石英晶片已经碎裂损坏,不能再用。

二、陶瓷元件

(一)陶瓷元件简介

陶瓷元件又称陶瓷谐振元件,是用具有压电效应的压电陶瓷材料制成的一种谐振元件。它具有与石英晶体元件相同的基本结构、工作原理、特性、作用与等效电路。只是它的频率精度和稳定度等性能,与石英晶振相比,稍有不及。所以,在要求不是太高的情况下,几乎可以替代石英晶体元件。由于其结构简单、造价低廉、损耗小、品质较高,所以应用广泛,尤其是在无线通信与无线广播电器中,更是常见。

陶瓷元件多采用塑封,金属外壳封装较为少见。

与石英晶体元件一样,陶瓷元件既有两端型的元件,也有三端型和四端型的元件。两端型陶瓷元件与石英晶体元件一样,其等效电路为单调谐 *LC* 谐振回路。三端型陶瓷元件则相当于一个双调谐回路,如图 4-15 所示。与两端陶瓷元件相比,三端型陶瓷元件的通带宽,矩形系数好,因而具有较好的选择性,可代替中频变压器使用。

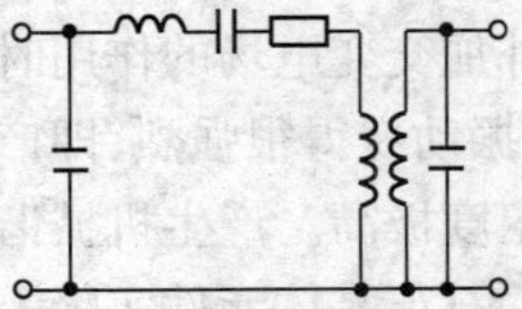

图 4-15　三端陶瓷元件的等效电路

陶瓷元件这种谐振元件既可以作为谐振器使用,也可以作为滤波器、陷波器使用。对于国产陶瓷元件,从其型号的第一个字母可以看出它的功能和用途:L 表示滤波器,X 表示陷波器,Z 表示谐振器。

陶瓷元件的主要参数有标称频率、插入损耗、通带宽度、陷波深度等。

陶瓷元件的电路图形符号和文字符号与石英晶体元件相同。

(二)陶瓷元件的识别与检测

1. 陶瓷元件的识别

同石英晶体元件一样,陶瓷元件外壳上都会标注出带有小数点的、单位为 MHz 的标称频率,只是它的小数点后数字位数要少于晶振。标称频率单位是 kHz 时,一般没有小数位。

如图 4-16 所示为常见陶瓷元件的实物外形图。自左向右它们分别是 455 kHz 两端型陶瓷谐振器、8.0 MHz 两端型陶瓷谐振器、8.0 MHz 三端型陶瓷谐振器、10.7 MHz 三端型陶瓷滤波器、5.65 MHz 三端型陶瓷滤波器、6.5 MHz 三端型陶瓷陷波器。

对于三端型陶瓷元件,其中间引脚一般为公共电极。

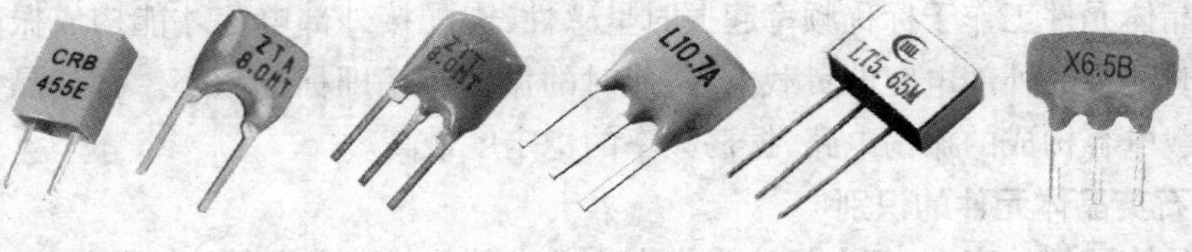

图 4-16　常见陶瓷元件实物外形

提示与提问：由图 4-16 可以看出，两端型陶瓷元件的封装外形与电容器相像。其实，仔细观察其上标注的数字，很容易区分出是标称频率还是标称容量，进而加以区分。按照这个方法你能区分出它们吗？还能想出其他方法吗？

2. 陶瓷元件的检测

陶瓷元件的检测与石英晶体元件的检测方法相同。

三、声表面波滤波器

声表面波滤波器（SAWF）是一种由压电晶体基片制作而成的、同时应用压电材料的正压电效应和逆压电效应的原理实现滤波的器件。它的结构和实物外形如图 4-17 所示，图 4-18 所示为常用电路符号。

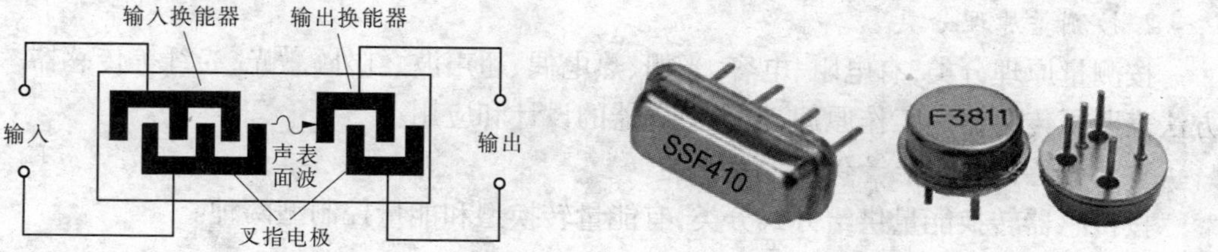

图 4-17　声表面波滤波器结构和实物外形

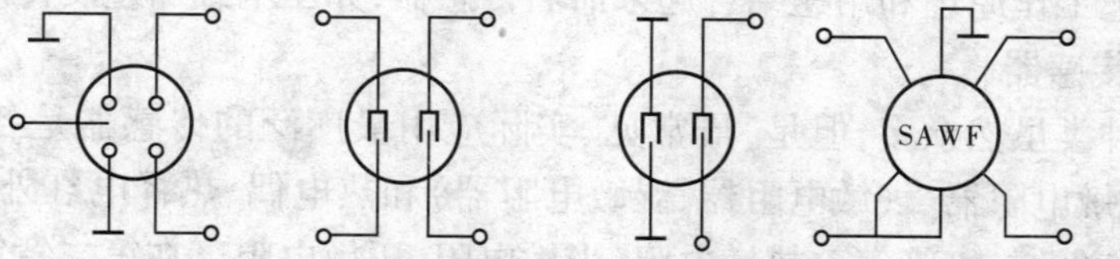

图 4-18　声表面波滤波器常用电路符号

待滤波信号接至一对由压电材料制作的叉指形输入换能器后，由于压电效应，压电材料电极表面产生出与外加输入电信号相同频率的机械振动波，该振动波沿着压电材料基片表面以声速传播（也只能在压电基片表面传播，故称声表面波）。当此机械波传播到输出端的换能器时，由于逆压电效应，机械振动转换为交流电信号输出。

对不同频率的信号，换能器叉指电极的形状、间距、交叉长度和电极数目具有不同的发送和衰减能力，所以这种器件具有滤波作用。它选择性好，吸收深度可达 -35 ~ -40 dB，幅频特性与相频特性好，性能稳定。现在，几乎所有电视机的中频电路都采用这种滤波器。

需要注意，声表面波滤波器的封装方式不同，管脚多少及排布方式也有不同。如图 4-17 所示常见的两种封装中，F3811 声表面器件多一个外壳接地脚，共有 5 个管脚，其管脚排布方式这里不再赘述。

有关声表面波滤波器的检测可参考石英晶体元件的检测方法进行。

第三节　常用传感器的识别与检测

随着电子技术的进步，自动检测及控制装置变得越来越普遍。传感器作为这些装置中获取信息的主要途径和手段，在电子元器件的使用中逐渐占有了重要的地位。

一、传感器概述

传感器是能感受规定的被测非电量的器件或装置，它能够按照一定规律，将感受到的被测非电量转换成便于处理与传输的可用电信号输出。它通常由直接感受或响应于被测非电量的敏感元件和产生可用信号输出的转换元件以及相应的转换电路组成。

（一）传感器的分类及命名

传感器的种类众多，分类方法也有多种。

1. 按被测量分类

按被测量分类，有位移、力、温度、振动、加速度、流量等传感器。这种方法直接表明了传感器的用途，便于使用者选用。

2. 按测量原理分类

按测量原理分类，有电阻、电容、光栅、热电偶、超声波、红外、激光、光纤等传感器。这种方法表明了传感器的工作原理，便于传感器的设计和应用。

3. 按传感器转换能量供给方式分类

按传感器转换能量供给方式分类，有能量转换型和能量控制型两种。

4. 按工作机理分类

按工作机理分类，有结构型和物性型两类。

习惯上常把工作原理和用途结合起来命名传感器，如压电式加速度传感器等。

（二）常用传感器

传感器的种类虽然众多，但是，最常见、实际应用最广泛的传感器是各种敏感电阻（如热敏电阻器、磁敏电阻器、气敏电阻器、湿敏电阻器）和热电偶、热释电红外传感器、光电池、霍尔式传感器、磁敏二极管等。热敏电阻、光敏电阻、压敏电阻已在第二章第一节介绍，下面只介绍其他几种常见传感器。

二、热电偶

热电偶是工程上应用最广泛的温度传感器。其结构简单、使用方便，具有较高的准确度、稳定性及复现性，温度测量范围宽，在温度测量中占有重要的地位。

（一）热电偶及其特性、类型和结构

热电偶的文字符号是“B”，其图形符号如图 4-19 所示。它是一种基于热电效应的测温元器件，由两种不同成分的丝状导体一端焊接在一起而成。这两种不同的导体就是热电偶的电极。使用时，将热电偶的测温端（即两种不同导体的焊接端点处）伸入被测环境中，就能在接线端（冷端）得到与被测温度对应的电动势输出。该传感器属于自发电类传感器，使用时不需外接电源。热电偶的实物外形与结构如图 4-20 所示。

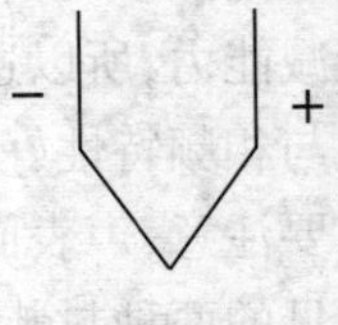

图 4-19　热电偶的图形符号

热电偶按照其电极丝材料的不同，分为多种类型，目前最常用的热电偶是国际电工委员会（IEC）推荐的 8 种标准化热电偶。它们具有 8 个不同的分度号和相应的分度值表。

（二）热电偶的检测

热电偶好坏的简单检测可以使用指针万用表或数字万用表。常温下用电阻挡测量热电

偶回路电阻，正常情况下，应有几欧姆到几十欧姆的电阻。否则，说明热电偶有质量问题。

热电偶的性能检测，要使用数字万用表的 200 mV 挡，通过测量热电偶两端的热电势加以判定。先测量常温时热电偶两电极热电势的数值，再对热电偶加热测量。若加热过程中测量结果有明显变化，则说明热电偶基本正常；若热电势无变化或变化不明显，说明其功能消失或者敏感特性变差，不能使用。

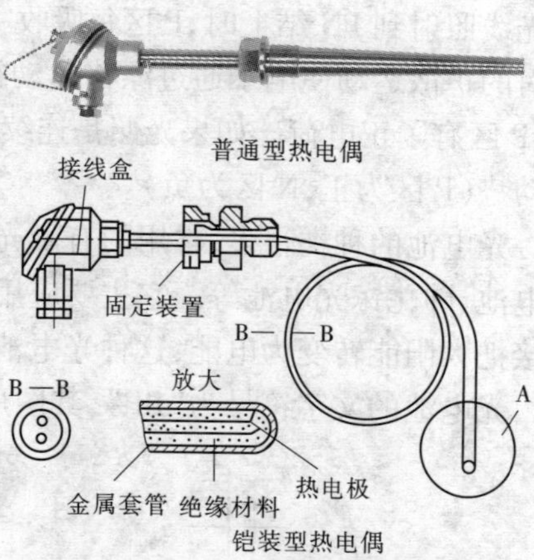

图 4-20　热电偶实物外形与结构

三、热释电红外传感器

热释电红外传感器是一种由锆钛酸铅系陶瓷、钽酸锂、硫酸三甘钛等高热电系数的材料做成的元器件，它能以非接触的形式检测出物体放射出来的红外线能量的变化，并将其转换成电信号输出。常应用于防盗系统的人体感应、温度遥感及自动控制系统等。

热释电红外传感器一般都采用差动平衡结构，由热释电晶片、场效应管、高值电阻等组成。其外形及内部结构如图 4-21 所示。其中，滤光窗的作用是阻止太阳光、灯光等可见光中的红外线通过，免除干扰。

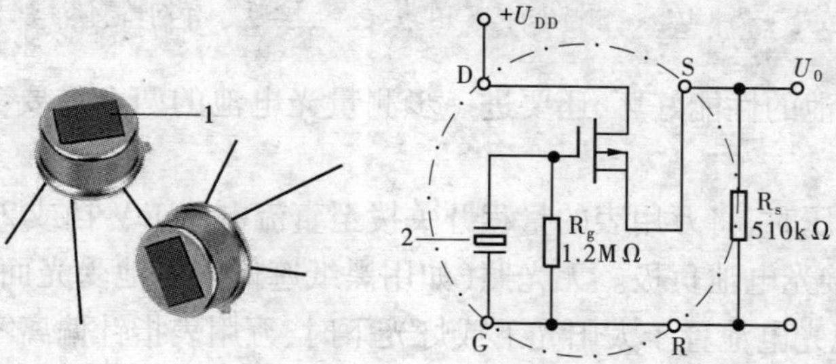

1—滤光窗；2—热释电晶片

图 4-21　热释电红外传感器外形及内部结构

热释电红外传感器的特点是，只有在外界辐射引起它本身温度变化时，才给出一个相应的电信号，当温度变化趋于稳定后就不再有信号输出。即热释电红外传感器只对变化的信号敏感。因此，在实际使用中，还要配备菲涅尔透镜，这样才能发挥最大作用。菲涅尔透镜用透明塑料制成，上下两部分各分成若干等份，是一种具有特殊光学系统的透镜。菲涅尔透镜装设在热释电传感器前方 3 ~5 cm 处，不仅起到聚焦的作用，还起到调制作用，即光线通过透镜单元后，在其反面会形成明暗相间的可见区和盲区，使物体发出的红外辐射能不断地改变热释电体的温度，使它输出一个又一个相应的信号。配合放大电路使用时，可将信号放大 70 dB 以上，能够检测出 10 ~20 m 范围内的人的行动。

四、光电池

（一）光电池简介

光电池是一种直接将光能转换成电能的光电器件，它其实就是一个大面积的 PN 结。

当光线照射到 PN 结上时，P 区每吸收一个光子就产生一对光生电子－空穴对，光生电子－空穴对的扩散运动使电子通过漂移运动被拉到 N 区，空穴留在 P 区。这样，N 区就有了负电荷，P 区有了正电荷。如果光照是连续的，经短暂的时间，PN 结两侧就会有一个稳定的光生电动势(P 区为正，N 区为负)。

光电池的种类很多，常用的有硒光电池、硅光电池、硫化银光电池、氧化亚铜光电池、锗光电池、砷化镓光电池等。它主要应用于仪表、自动化遥测和遥控等方面。有的光电池可以直接把太阳能转变为电能，这种光电池就叫太阳能电池。

光电池的文字符号为“BP”，其图形符号和实物外形如图 4-22 所示。

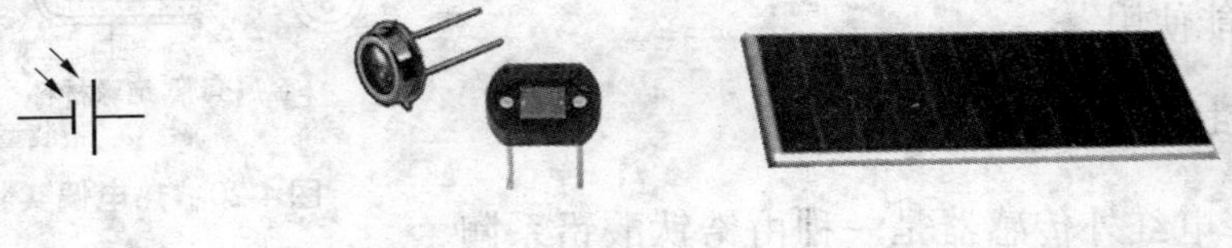

(a)图形符号　(b)普通光电池　(c)太阳能电池

图 4-22　光电池的图形符号和实物外形

(二)光电池的检测

通过万用表测量光电池的电阻值，可粗略鉴别出光电池的好坏。把指针万用表量程开关拨至 R×10 挡，黑表笔接光电池的负极、红表笔接光电池的正极。好的光电池，在用黑布将光电池盖严实时，万用表指针几乎不动；将黑布揭开时，万用表指针会迅速向“0”处靠近。

提醒：光电池是一种电源，测试时万用表表笔接反，有可能使指针反偏而打弯。

要判定光电池的性能好坏，还要进一步测量光电池的两个重要参数——光电池的开路电压和短路电流。

测量开路电压时，将万用表的量程开关拨至直流电压 1 V 挡或 2.5 V 挡，红表笔接光电池正极，黑表笔接光电池负极。无光照(如用黑纸遮住光电池受光面)时，万用表指针不动；当(揭开黑纸)把光电池置于太阳光下或灯光下时，万用表指针偏离零位。以 ZCR71 型光电池为例，中午天气晴朗时，测得其开路电压约为 500 mV。

测试短路电流时，需将万用表的量程开关拨至电流 mA 挡(具体选择哪个 mA 挡，需根据具体的光电池参数表中给定的短路电流确定)，红表笔接光电池正极，黑表笔接光电池负极。将光电池受光面对准太阳，这时的万用表读数即为该光电池的短路电流值。一般来说，此值应与厂家给定的参数值相接近。

按以上方法进行测试，如果没有电压或电流输出，则可认定光电池失效。

提醒：检测结果不正常，也有可能是万用表的表笔接反所致，切记避免这种误判。

五、霍尔式传感器

霍尔式传感器是一种基于霍尔效应的磁敏传感器。这种传感器利用磁场作为媒介，可以检测很多的物理量，如位移、加速度、转速、流量、角度，也可用于制作电流表、功率计、高斯计、接近开关等，可实现非接触测量。而且在很多情况下，可以采用永久磁铁来产生磁场，不需要附加能源。因此，霍尔式传感器广泛应用于自动控制、电磁检测等各个领域。

（一）霍尔效应与霍尔元件

所谓霍尔效应，是指固体材料中的载流子在外加磁场中运动形成电流时，因为受到洛仑兹力的作用而使轨迹发生偏移，在垂直于电流和磁场方向的材料两侧产生电荷积累、出现电势差（霍尔电压）的现象。如图 4-23(a) 所示，若沿 x 轴方向通道控制电流，沿 z 轴方向施以磁场（磁感应强度为 $\boldsymbol{B}$），则在 y 轴方向产生霍尔电动势 E_H。

霍尔器件的文字符号是“B”，电路图形符号如图 4-23(b) 所示。图 4-23(c) 所示为霍尔器件的基本电路，图中“×”表示磁感应强度 $\boldsymbol{B}$ 的方向指向纸面。

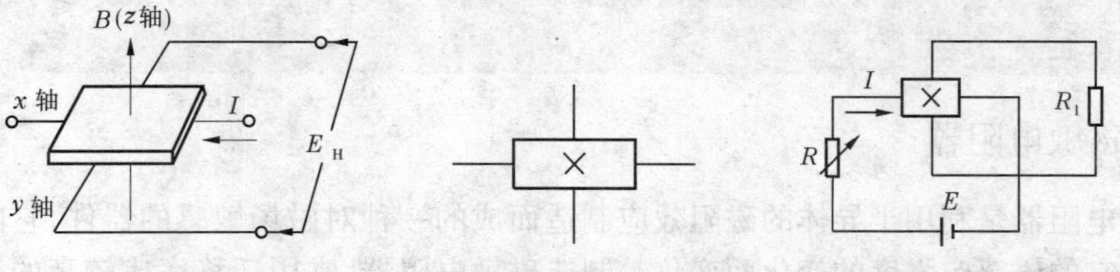

(a)霍尔效应　(b)霍尔元件的电路图形符号　(c)霍尔元件的基本电路

图 4-23　霍尔效应与霍尔元件

霍尔元件一般为四端元件，其中两个引脚为激励电流输入端，另外两个引脚为霍尔电势输出端。常见外形图如图 4-24 所示。常用的霍尔元件有 HZ 系列锗霍尔器件、SH 系列硅霍尔器件、HS 系列砷化铟霍尔器件等。它们广泛应用于磁场测量或作为位移测量或作为转速传感器、接近开关、限位开关等。

（二）霍尔集成电路

霍尔集成电路是将霍尔元件和其他外围电路集成在一块芯片上制作而成的。

霍尔集成电路分线性型和开关型两大类。线性型主要由霍尔元件、放大电路和其他附加电路构成，可得到与磁感应强度成比例的线性变化输出；开关型霍尔集成电路主要由霍尔元件、差分放大电路、施密特触发器和输出电路等部分组成，输入磁感应强度，可得到数字输出。

霍尔集成电路一般为三端结构，这三个引脚分别是电源 V_{CC}、霍尔电势输出端和接地端。霍尔集成电路实物外形如图 4-24 所示。

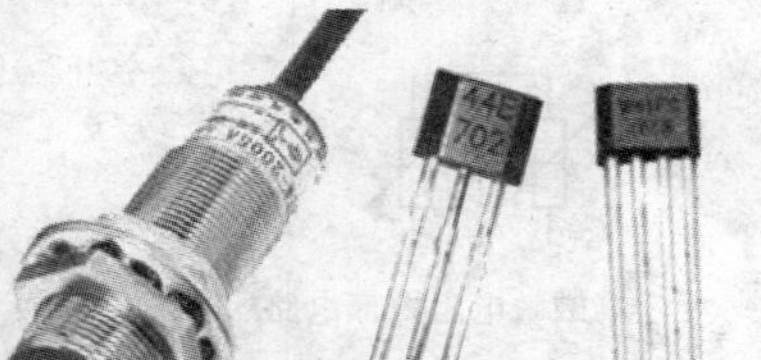

图 4-24　霍尔元件与霍尔集成电路

常见的霍尔集成电路有 SL18、SL3501M 线性型和 SL－N 3019、SL－S3020 可变电源开关型，以及 SL－N3030、SL－S3030、CS6839 开关型等。

提示：霍尔集成电路有型号标记的一面为敏感面，使用或测试时，应使器件的敏感面对准磁钢，否则霍尔集成电路的灵敏度将会很低。

（三）霍尔元件的检测

1. 测量输入电阻和输出电阻

将万用表拨至欧姆挡，将表笔放在两个电流输入引脚上测其输入电阻，然后放在两个霍尔电势输出引脚上测其输出电阻。不同系列的产品应选择不同的量程，以保证测量的准确度。如对于 HZ 系列产品，应选择万用表的 R×10 挡；而对于 HT 和 HS 系列产品，应使用万用表的 R×1 挡测量。测量结果应与器件手册的参数值相符。如果测出的阻值为无穷大或为零，则说明该霍尔元件已经损坏。

2. 测量灵敏度(K_H)

一般采用双表法，将一只表置于 R×1 挡或 R×10 挡（根据控制电流 I 大小而定），为霍尔元件提供控制电流，将另一只万用表置于直流 2.5 V 挡，用来测量霍尔元件输出的电动势 E_H。用一块条形磁铁垂直靠近霍尔元件的表面，此时电压表的指针应明显向右偏转。在测试条件相同的情况下，电压表的指针向右偏转的角度越大，表明被测霍尔元件的灵敏度越高。

提醒：注意不要将霍尔元件的输入、输出端引线接反，也不要有其他杂散磁场的干扰，否则将测不出正确结果。

六、磁敏电阻器

磁敏电阻器是利用半导体的磁阻效应制造而成的一种对磁场敏感的器件，它的电阻值会随穿过它的磁感应强度的变化而变化。制造磁敏电阻器，常用迁移率比较高的半导体材料，如 N 型锑化铟等。磁敏电阻的频率响应极佳，主要用于位移和角度的检测和无触点电位器等。

磁敏电阻器在零磁场下其电阻值一般为几百欧，而磁感应强度为 1 T 时，其电阻值比零磁场电阻增大 12 倍左右。

磁敏电阻器多采用片形膜式封装结构，实际应用中经常可见由多只磁敏电阻器构成的三端或四端等复合磁敏电阻，还有磁阻集成电路。其中，多数四引出端子复合磁敏电阻是由四个磁敏电阻器构成的桥式电路。

三端复合磁敏电阻的内部电路、电路图形符号及实物外形如图 4-25 所示。磁敏电阻器的文字符号是“R”或“RM”。

图 4-25　磁敏电阻的内部电路、电路图形符号及实物外形

磁敏电阻器是否可以工作，可用万用表粗略地判断。将万用表的量程开关拨至 R×1 挡或 R×10 挡，在无磁场时，磁敏电阻器的阻值比较小。取一根条形磁铁，靠近磁敏电阻器，若可看到万用表指示的阻值明显变大，则说明被测磁敏电阻器基本是正常的，否则说明存在质量问题。

七、磁敏二极管

磁敏二极管是一种采用电子与空穴双重注入及复合效应原理工作的、具有很高灵敏度的 PIN 型二极管（I 表示本征型半导体），在它的 I 区的一个侧面制作有一个（载流子）高复合区。当外加正向电压注入到I区电子与空穴时,若施加大小、方向不同的磁场,则在洛仑兹力的作用下,会有多少不一的载流子偏转向高复合区复合或偏转向与高复合区相对的I区的另一个侧面后反弹回I区,从而使I区呈现出与磁场的大小、方向相关的不同大小的电阻,使相同正向电压作用下流过它的电流大小不等,即磁敏二极管能够将磁信号转换成电信号。

磁敏二极管可广泛应用于无触点开关、磁场测量、无损探伤等技术领域。例如,利用磁敏二极管可以制作地磁测量仪,利用导线周围的磁场制成无接触电流表,制作借助磁场触发的无触点开关,同其他器件组合制作直流无刷电机等。磁敏二极管的外形与电路符号如图4-26所示,检测如图4-27所示。

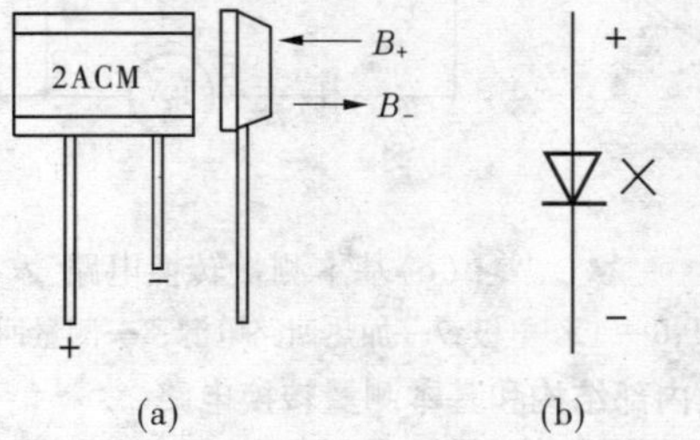

图4-26　磁敏二极管外形与电路符号

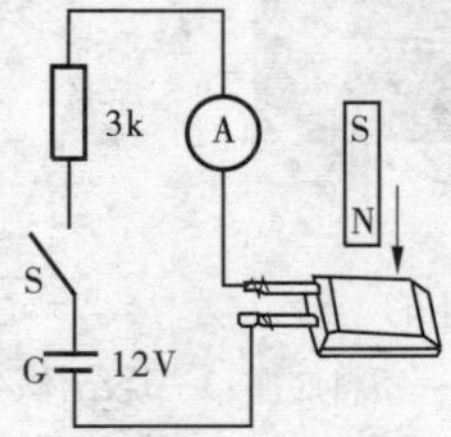

图4-27　磁敏二极管的检测

八、半导体气敏电阻

半导体气敏电阻俗称气敏头、电鼻子,是利用气体的吸附使半导体本身的电导率发生变化这一机理制作而成的半导体敏感器件。它由氧化锡、氧化锌、氧化铜等金属氧化物半导体的烧结体或烧结膜所形成的感应部分和加热器所构成。为了提高气敏半导体材料对某种气体的选择性和灵敏度,在半导体材料中还常掺入钯、铂、银等催化剂。当200~500 ℃的气敏半导体与空气中可燃有害气体接触时,半导体的电导率就会发生相应的变化。在工业生产和日常生活中,利用气敏电阻这一特性可以进行可燃性气体和毒性气体的浓度检测及泄漏报警,以确保生产和生命的安全。

半导体气敏头的文字符号和图形符号没有统一规定,常用的文字符号有“QM”、“QR”、“HQ”和S等,其常用图形符号如图4-28所示。图4-29所示为MQN型气敏电阻的外形、内部结构和基本测量转换电路简图。

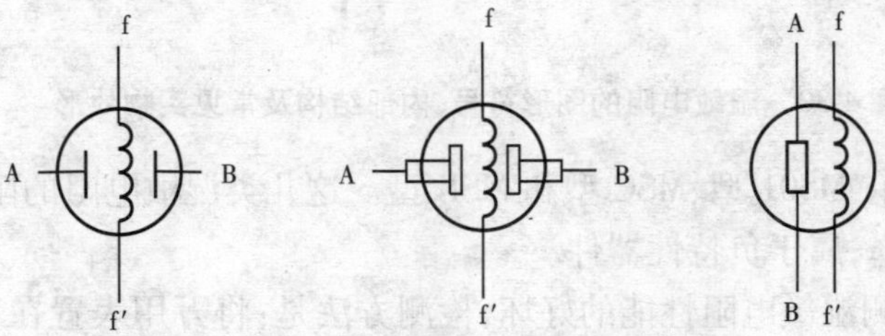

图4-28　半导体气敏电阻的图形符号

气敏电阻在纯净的空气中通电加热时,其电阻急剧下降,过4~5 min后达到稳定阻值。之后,将随着被检测气体的吸附而发生变化,其电阻值变化的规律视半导体的类型而定,P型半导体气敏元件阻值上升,而N型半导体气敏元件阻值下降。目前国产的HQ-2、QM-

N5、MQK－2 型气敏头和进口的 UL－281、UL－282、UL－207 型气敏元件都是 N 型半导体气敏头。这些气敏电阻适用于天然气、煤气、液化石油气、丁烷、丙烷、一氧化碳、甲烷、酒精、氢气、烟雾等气体的检测。

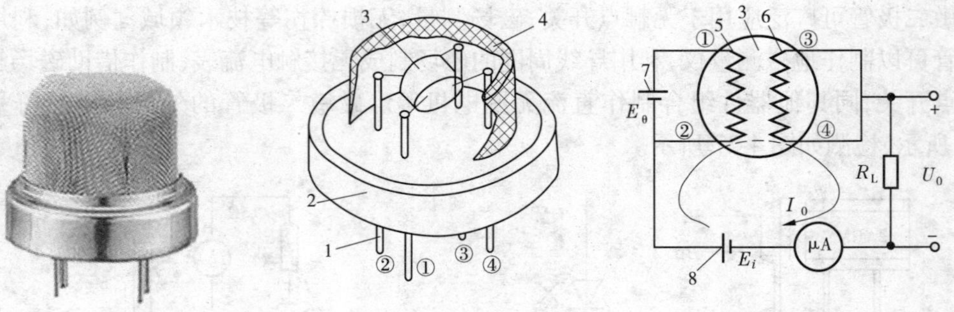

(a)外形　(b)内部结构　(c)基本测量转换电路

1—引脚;2—塑料底座;3—烧结体;4—网罩;5—加热电极;6—工作电极;7—加热回路电源;8—测量回路电源

图 4-29　MQN 型气敏电阻的外形、内部结构和基本测量转换电路

九、湿敏电阻

湿敏电阻是利用湿敏材料吸收空气中的水分而导致本身电阻值发生变化这一原理而制成的。常用的湿敏电阻主要有氯化锂湿敏电阻和有机高分子膜湿敏电阻等。

湿敏电阻的种类很多,从结构看,一般由感湿层、梳状(又称叉指状)电极和绝缘层基片等组成,如图 4-30 所示。当空气中的水蒸气吸附在感湿膜上时,元件的电阻率和电阻值都发生变化。湿敏电阻的感湿特性随着使用材料的不同会有一些差别。

湿敏电阻的文字符号为“R”或“RS”,电路图形符号、内部结构及常见实物外形如图 4-30 所示。

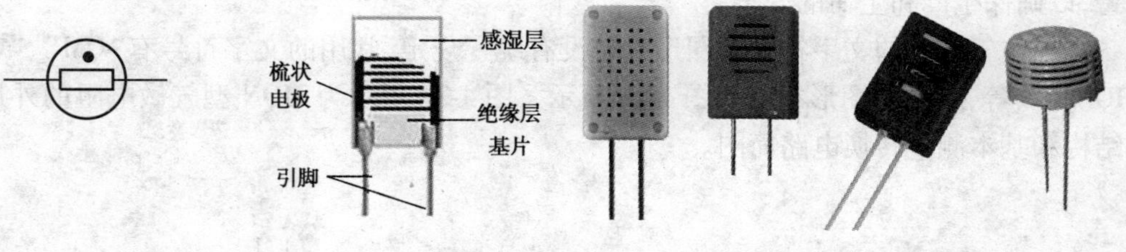

图 4-30　湿敏电阻的图形符号、内部结构及常见实物外形

常用的湿敏电阻有 MS01 型、MSC 型和 MSK 型。这几类湿敏电阻的阻值均随环境湿度(RH 值)的增大而下降,属于负特性器件。

用万用表可以检测湿敏电阻性能的好坏,检测方法是:将万用表置在 R×1k 或 R×10k 欧姆挡,两支表笔分别接湿敏电阻的两个引脚,此时万用表指针显示的读数是当时环境湿度下湿敏电阻的阻值;随后对着湿敏电阻呵气,以增加周围湿度,此时应能看到指针逐渐向右偏转,即湿敏电阻的阻值变小。呵气后稍等,如果阻值又恢复到原来的大小,说明湿敏电阻性能良好。

第四节 电声器件的识别与检测

电声器件是指实现电和声之间相互转换的器件。它主要有将音频电信号转换为声音的扬声器、耳机、压电式蜂鸣器和将声音转换为音频电信号的传声器等器件。

一、扬声器

(一)扬声器的作用与符号

扬声器俗称喇叭,是最常用的一种电-声转换器件,其作用是将(音频电信号)电能转换成声能并辐射出去。

扬声器的文字符号是"B"或"BL",电路图形符号如图 4-31 所示。

图 4-31 扬声器的图形符号

(二)扬声器的种类

扬声器的种类很多,按其换能原理可分为电动式(即动圈式)、静电式(即电容式)、电磁式(即舌簧式)、压电式(即晶体式)等几种;按其工作的频率范围可分为低音扬声器(15 Hz ~5 kHz)、中音扬声器(500 Hz ~7.5 kHz)、高音扬声器(2.5 ~25 kHz)、全频带扬声器等;按其音圈阻抗可分为低阻抗扬声器和高阻抗扬声器。

(三)扬声器的主要参数

扬声器的主要参数有额定功率、额定阻抗、频率响应、灵敏度、指向性等。

1. 额定功率

额定功率又称标称功率,是指扬声器在额定不失真范围内,长时间正常工作的最大允许输入功率。在扬声器的本体和技术说明书上标注的功率即为该功率值。常用扬声器的功率有 0.1 W、0.25 W、1 W、2 W、3 W、5 W、10 W、60 W、120 W 等。

提示:说到扬声器的功率,要注意标称功率与最大功率的区别。最大功率是指扬声器在某一瞬间所能承受的峰值功率。为保证扬声器工作的可靠性,要求扬声器的最大功率为标称功率的 2 ~3 倍。有的时候标注的功率可能就是最大功率,而不是额定功率。

2. 额定阻抗

扬声器的阻抗一般和频率有关。额定阻抗是在频率为 400 Hz 的音频下扬声器的交流阻抗。它一般是音圈直流电阻的 1.2 ~1.5 倍。一般有 4 Ω、8 Ω、16 Ω、32 Ω 等几种。

3. 频率响应

频率响应又称有效范围,指扬声器重放音频的有效工作频率范围。频率响应是衡量扬声器放音频带宽度的指标。

4. 灵敏度

灵敏度是指当输入扬声器的功率为 1 W 时,在轴线上 1 m 处测出的平均声压。扬声器的灵敏度越高,表明电-声转换效率就越高。

5. 指向性

扬声器在不同方向上声辐射本领是不同的,表示这种性能的指标叫辐射指向性。指向性与频率有关,扬声器的辐射指向性随频率的升高而增强。一般在 250 Hz 以下,没有明显的指向性。

(四)几种不同种类扬声器简介

1. 电磁式扬声器

电磁式扬声器也称舌簧扬声器。它是利用电流的磁效应,使音频电流信号通过音圈产生磁场,把软磁材料制成的舌簧磁化。被磁化的可振动舌簧与永磁体相互吸引或排斥,产生驱动力,使振膜振动而发音。这种扬声器灵敏度高,但音质差、频响窄,已很少使用。

提示:扬声器中的音圈,可以简单理解为通过音频电流的线圈。

2. 静电扬声器

静电扬声器又称为电容扬声器。就其结构看,静电扬声器两固定电极分别与振膜构成(双)电容结构。极薄的振膜在静电力的作用下作前后移动,推动空气而发出声音。静电扬声器的振膜质量极轻,因而失真小、音质好、解析力极佳,能捕捉音乐信号中极为细微的变化,充分表现音乐的神韵。一般多用于高保真音响的中、高音单元。

3. 压电扬声器

压电扬声器是利用压电材料的逆压电效应带动金属片发出声音的扬声器。它不需要磁路,不需要偏压,结构简单,价格便宜。但是,它失真大而且工作不稳定,很少使用。

4. 电动式扬声器

电动式扬声器或称动圈式扬声器,是应用最广泛的扬声器,具体的介绍见下面的内容。

(五)电动式扬声器

1. 电动式扬声器的基本结构与工作原理

电动式扬声器由磁体和振动系统两部分组成。其中,磁体由磁铁和软铁芯柱组成,振动系统由振动膜(纸盆或膜片)、定芯支片、音圈等组成。当处于磁场中的音圈有音频电流通过时,由于电流的磁效应,产生随音频电流变化的磁场,这一磁场和永久磁铁的磁场发生相互作用,使音圈随着电流的变化而振动,带动振动膜(纸盆或膜片)发出声音。

2. 电动式扬声器的种类

常见的电动式扬声器有锥盆式、球顶式、号筒式等几种。常见外形如图 4-32 所示。它们的结构简单、低音丰满、音质柔和、频带宽,但效率较低。

(a)锥盆式扬声器

(b)球顶式扬声器

(c)号筒式扬声器

图 4-32 电动式扬声器常见外形

1)锥盆式扬声器

锥盆式扬声器的结构如图 4-33 所示。其振动膜锥形盆多为纸盆,也有的是布边、橡皮边、泡沫边以及复合边。其外形有圆形、椭圆形、超薄型等,并有大小各种口径。根据磁体结构,又有内磁式扬声器和外磁式扬声器两种。其中内磁式扬声器,将其磁铁的磁性封闭在了扬声器内部,漏磁少,失真比较小,成本也高。

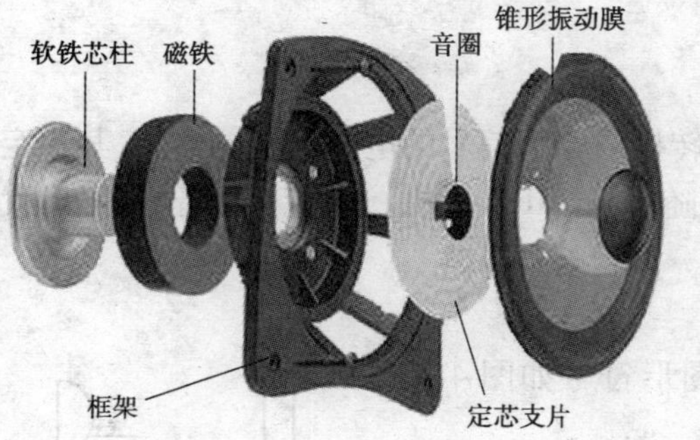

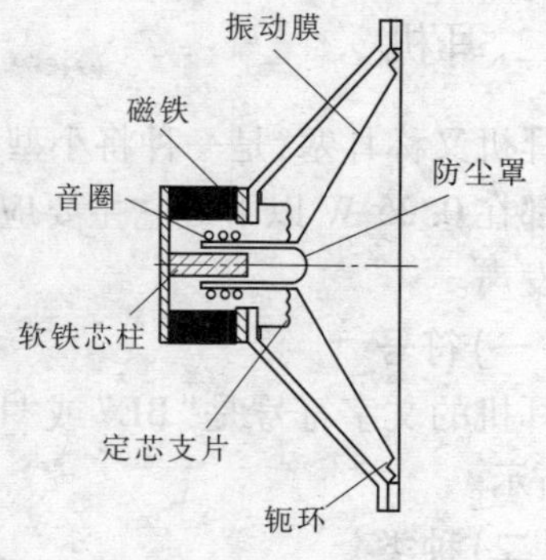

图 4-33　锥盆式扬声器的结构

2) 球顶式扬声器

球顶式扬声器的原理与锥盆式扬声器相似,只是在结构上以球顶式振膜取代了锥形盆振动膜。其振膜为近似半球形的球面,采用布、丝绸、复合纤维或钛合金等材料制成,尺寸较小,粘在音圈上,如图 4-34 所示。球顶式扬声器多为高音扬声器或中高音扬声器。

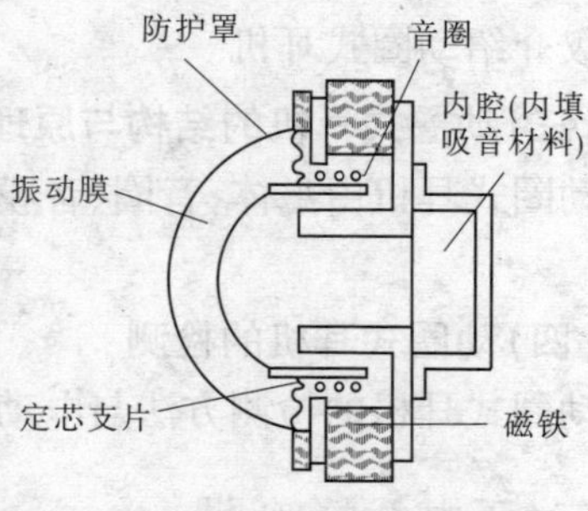

图 4-34　球顶式扬声器的结构

3) 号筒式扬声器

号筒式扬声器由振动系统(高音头)和号筒两部分构成。振动系统与纸盆扬声器相似,不同的是它的振膜不是纸盆,而是一球顶形膜片。振膜的振动通过号筒(经过两次反射)向空气中辐射声波。它的频率高、音量大,常用于室外扩声。

3. 电动式扬声器的检测

1) 性能检测

使用指针万用表的 R×1 挡,可对电动式扬声器的性能进行简易检测。具体方法是:用万用表两表笔断续碰触扬声器音圈的两接线端,正常情况下,应能听到清晰、响亮的“喀喀”声,同时万用表应能测出数值为标称阻抗 80% ~90% 的电阻值。例如,标称 8 Ω 的电动式扬声器,实测电阻值为 6.4 ~7.2 Ω。若实测电阻值较小或较大甚至为无穷大,说明扬声器的音圈有问题;若实测电阻值正常,但声音很小或沙哑甚至无声,说明性能不好或振动部分(音圈或振膜)变形、受阻,不能正常振动发声。

2) 相位检测

使用一只扬声器时无所谓相位的问题,当使用两只以上的扬声器进行串、并联时,则要设法保证流过扬声器的音频电流方向一致,这样才能使扬声器振膜的振动方向一致,不至于使空气振动的能量被抵消而降低放音效果。

将万用表置于直流电流挡的最低挡,将两只表笔分别接扬声器的两引脚,然后用手指轻而迅速地弹一下扬声器的纸盆,同时观看万用表的指针摆动方向,如指针向右摆,则红表笔所接为正极,黑表笔所接为负极;如指针向左摆,红表笔所接为负极,黑表笔所接为正极。用同样的方法和极性规定检测其他扬声器并做好标注,这样按正负极串、并联使用后就可达到同相位了。

二、耳机

耳机又称耳塞,是一种将小型的电信号转换成音频信号的电－声换能器件,其额定功率一般都在0.25 W以下。它主要应用于各种随身听、MP3、手机、语音室、录音棚等处,代替扬声器发声。

(一)符号

耳机的文字符号是"BE"或"B",电路图形符号如图4-35(a)所示。

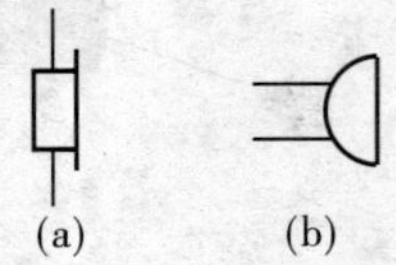

图4-35　耳机、压电式蜂鸣器的图形符号

(二)种类

根据其换能方式的不同,耳机主要可分为动圈式、动铁式、静电式等几种。实际应用中见到的耳机绝大多数是动圈式。以下仅介绍动圈式耳机。

(三)动圈式耳机的结构与原理

动圈式耳机由磁体、音圈、音膜、壳体等组成，其工作原理、工作过程与电动式扬声器相似。

(四)动圈式耳机的检测

动圈式耳机的检测方法与电动式扬声器相同。

三、压电式蜂鸣器

压电式蜂鸣器通常呈圆形,由压电陶瓷片、引线和共鸣腔组成,其工作原理与压电扬声器相同。具有体积小、灵敏度高、耗电省、可靠性好、造价低廉的特点和良好的频率特性。因此,它被广泛应用于报警或声响提示。压电式蜂鸣器常见于音乐贺卡、电子手表、袖珍计算器、电子门铃和电子玩具等小型电子产品上。

压电式蜂鸣器的文字符号是"HA"或"H",电路图形符号如图4-35(b)所示。

对压电式蜂鸣器的性能检测,使用万用表直流2.5 V挡。将待测压电蜂鸣片平放于木板上,带压电陶瓷片的一面朝上,然后将万用表的一只表笔与蜂鸣片的金属片相接触,用另一表笔在压电蜂鸣片的陶瓷片上轻轻碰触,可观察到万用表指针随表笔的触离而摆动。摆动幅度越大,说明压电陶瓷蜂鸣片的灵敏度越高;若万用表指针不动,说明被测压电陶瓷蜂鸣片已损坏。

四、传声器

(一)传声器的种类与符号

传声器又称话筒,俗称麦克风、咪头,是将声音信号转换为电信号的电声器件。

传声器的种类很多,若按换能原理可分为电容式、压电式、驻极体电容式、电动动圈式、炭粒式等。现在应用最广的传声器是电动动圈式和驻极体电容式两类。

传声器的文字符号是"B"或"BM",也有用传声器的英文缩写"MIC"表示的。它的电路图形符号如图4-36所示。

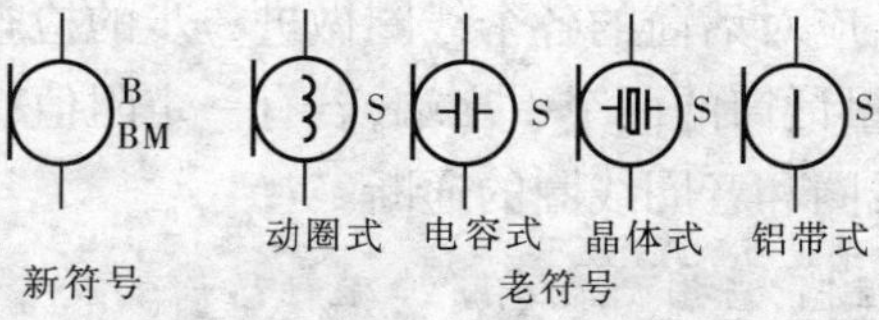

图 4-36　传声器的图形符号

(二)传声器的主要参数

传声器的主要参数有输出阻抗、灵敏度、频率特性、固有噪声和指向性等。

1. 输出阻抗

传声器输出端的交流阻抗称为扬声器的输出阻抗。一般是在 1 kHz 的频率下测得的。输出阻抗分高阻和低阻两种。

2. 灵敏度

传声器的灵敏度是指传声器在一定声压作用下输出的信号电压,其单位为 mV/Pa。高阻抗传声器的灵敏度常用分贝(dB)表示。

3. 频率特性

传声器的频率特性是指传声器在自由场中灵敏度随频率变化而变化的关系。普通传声器的频率响应为 100 Hz ~ 15 kHz,高性能传声器的频率响应为 30 Hz ~ 20 kHz。

4. 固有噪声

传声器的固有噪声是指在没有外界声音、风振动及电磁场等干扰的环境下,测出的传声器输出电压有效值。一般传声器的固有噪声很小,在微伏数量级。

5. 指向性

指向性是指传声器的灵敏度随声波入射方向而变化的特性。传声器的指向性有单向性、双向性和全向性三种。

(三)常见传声器介绍

1. 动圈式话筒

1)动圈式话筒的结构、原理与特点

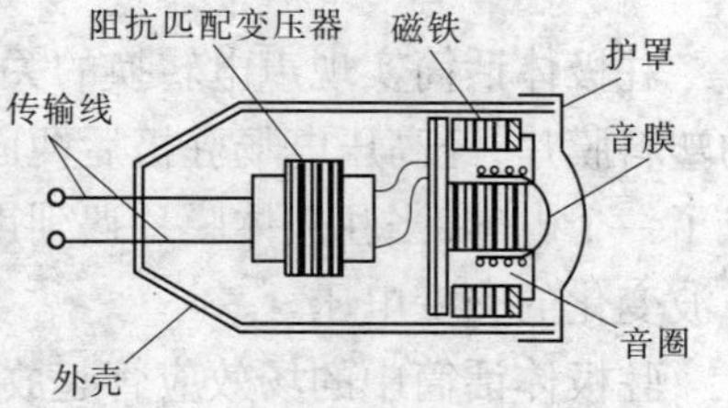

图 4-37　动圈式话筒的结构

动圈式话筒也称电动式话筒。它由永久磁铁、音膜、音圈及阻抗匹配变压器等组成,如图 4-37 所示。当声波传到音膜时,音膜带动音圈随声波振动而振动。由于音圈处在永久磁铁的磁场中,其导线切割磁感应线,在音圈两端产生出随音频而变化的感应电压,再由内部的输出变压器进行阻抗变换后输出。

动圈式话筒具有结构简单、音质好、价格低、稳定可靠、适应性强、动态范围大、固有噪声小等特点,适合于语言和高音场合的拾音。

2)动圈式话筒的类型

根据输出阻抗的高低,动圈式话筒可分为高阻话筒和低阻话筒两种。高阻话筒的输出阻抗为 20 kΩ,低阻话筒的输出阻抗为 600 Ω 或 200 Ω。

3)动圈式话筒的检测

动圈式话筒的检测主要是用指针万用表的电阻挡,测量输出变压器的初、次级线圈和音圈线圈。先用两表笔断续碰触话筒的两个引出端,话筒中应发出清脆的“喀喀”声。如果无声，则说明该话筒质量不良，应对话筒的各个线圈做进一步的检查。测量输出变压器的次级线圈，可以直接用两表笔测量话筒的两个引出端，若有一定阻值，说明该次级线圈是好的，需要检查输出变压器的初级线圈和音圈线圈的通断。

提示：指针万用表置电阻挡，当用两表笔断续碰触话筒的两个引出端时，这等同于将动圈式话筒当做动圈式扬声器来测量，由于二者结构相似，所以正常的话筒就会发出“喀喀”声。

检查输出变压器的初级线圈和音圈线圈时，需要将话筒拆开，将输出变压器的初级线圈和音圈绕组断开，再分别测量输出变压器的初级线圈和音圈线圈的通断。

2. 驻极体传声器

驻极体传声器是一种用驻极体材料制作的话筒，具有体积小、结构简单、频带宽、噪声小、灵敏度高等特点，被广泛应用于手机、助听器、录音机、无线话筒及声控电路等产品中。

1）结构组成与原理

驻极体传声器由声电转换和阻抗变换两部分组成。驻极体话筒头的外形和内部结构如图 4-38 所示。

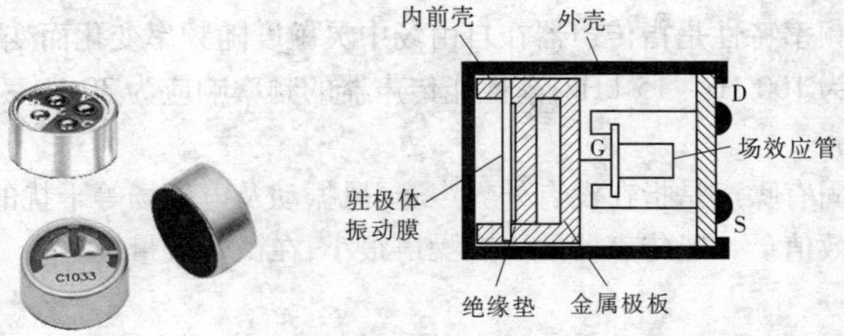

图 4-38　驻极体话筒头的外形和内部结构

驻极体话筒实现声电转换的关键元件是驻极体振动膜，它是一片一面镀有纯金的极薄的塑料膜片，经高压电场驻极后两面分别驻有异性电荷。驻极体振动膜与金属极板之间形成了一个电容，当驻极体膜片遇到声波振动时，引起电容两端的电场发生变化，从而产生随声波变化的交变电压。

驻极体话筒中的场效应管起放大及与外电路的阻抗匹配作用。

2）驻极体话筒的类型

驻极体话筒有两端式和三端式两种类型。两端式驻极体话筒有 2 个输出端，分别是场效应管的漏极和接地端（外壳），如图 4-39 所示。三端式驻极体话筒有 3 个输出端，分别是场效应管的漏极、源极和接地端（外壳），如图 4-40 所示。

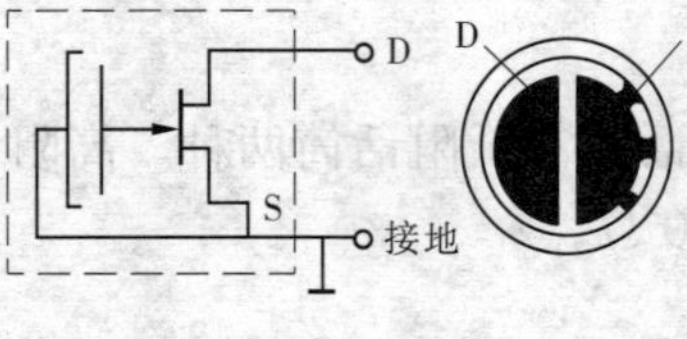

图 4-39　两端式驻极体话筒

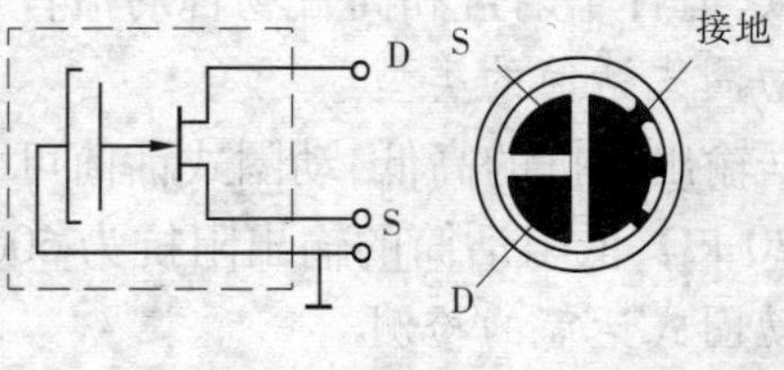

图 4-40　三端式驻极体话筒

3)驻极体话筒的检测

将指针万用表置于 R×1k 挡,黑表笔接话筒的漏极 D,红表笔接话筒的接地端(外壳)和源极 S,用嘴吹话筒,观看万用表的指示,若无指示,说明话筒已失效;有指示则话筒正常。指示范围越大,话筒灵敏度越高。对两端式驻极体话筒而言,用黑表笔接话筒的 D 端,红表笔接地端,此时,用嘴对准话筒吹气,万用表的指针应有指示。同类型的话筒比较,指示范围越大,说明该话筒的灵敏度越高。如果无指示,说明话筒有问题。

训练、思考与问答

1. 怎样通过测量判定 LED 数码管的管脚?

2. 怎样通过测量区分是光电二极管还是两引脚光电三极管?

3. 怎样确定矩阵式显示屏的管脚?

4. 怎样通过测量判定光敏三极管的管脚?

5. 电动式扬声器的音圈与动圈式话筒的音圈的作用是否相同?它们是否都起电感线圈的作用?检测它们的方法与检测电感器、变压器、继电器线圈的方法有哪些相同与不同?

6. 能使用数字万用表检测电动式扬声器吗?

7. 怎样区分发光二极管和红外接收二极管?

8. 通过测量怎样判别出光耦的输入端和输出端?

第五章　开关与保护类器件的识别与检测

本章提到的开关类器件泛指具有开关的通断与转换电路功能的元器件,包括接插件、开关和继电器。保护元件又称保险元件。本章主要介绍这些元器件的识别与检测。

第一节　接插件、开关与继电器的识别与检测

接插元器件与开关是电路中不可或缺的元器件,起着转换、接通或断开电路的作用。继电器则可以说成是一种自动开关。

一、接插元器件

(一)简介

1. 作用

接插元器件又称连接器或插头、插座,泛指各种连接器、插头、插塞、插针、插座、插槽、插孔、管座、接线端子等。通过对它的简便插拔,在电器与电器之间、电子设备的主机和各部件之间、电器中两块电路板或两部分电路之间进行电气连接,或在大功率的分立元器件与印制电路板之间完成电气连接,实现对信号和电能的传输控制。这样便于组装、更换、维护与维修。

在复杂的电子设备中,接插元器件的用量很大。它的质量和可靠性直接影响整个电子系统的性能和运转。

2. 种类

接插元器件种类很多,分类方法也很多。接插件按用途来分,有电源接插件(或称电源插头、插座)、音视频接插件、印制电路连接器(印制电路与导线或印制板的连接)、IC 插座(IC 引脚与 PCB 的连接)、电视天线接插件、电话接插件、光纤电缆连接件等;接插件按结构形状来分,有圆形连接器、矩形连接器、条形连接器、印制板连接器、IC 连接器、带状扁平排线(电缆)接插件等;按工作频率来分,有低频连接器和高频连接器。高频连接器也称同轴连接器,采用同轴结构,与同轴电缆相连接。

3. 组成与结构

接插元器件大多都由插头(又称公头)和插座(又称母头、插口)组成。

接插元器件种类虽多,且不同种类接插元件的结构又有不同,但它们都是由接触体、绝缘体和壳体三部分构成的。接触体是通过操作能断开或闭合电路的两个或多个导体。片状的单元导体称接触片,柱状的称插针或插孔;能断开或闭合电路的一组动、静触点称触点组。多数接触体都有阴、阳之分。插针、接触片称阳性接触体,插孔、音叉式簧片称阴性接触体。接触体的型式很多,圆柱形插针、插孔结构简单、接触可靠、应用广泛。为了改善接触体导电性能、减小接触电阻,通常都在其表面镀上一层银、金或合金等。绝缘体是固定接触体的绝缘构件。除保证多个接触体之间的相互电绝缘外,还起导向、定位、密封等作用。绝缘体的

常用材料有橡胶、塑料、陶瓷等。壳体是固定和保护绝缘体与接触体的构件。

4. 符号

接插元器件的一般文字符号为“X”，插头（凸头）的文字符号是“XP”，插座（内孔）的文字符号是“XS”。常见接插件的电路图形符号如图 5-1 所示。

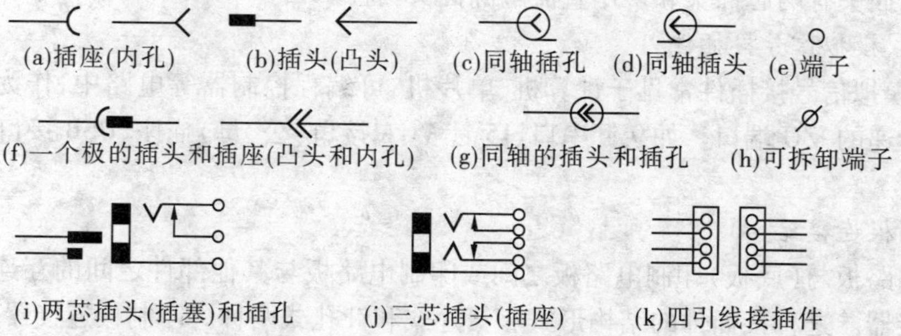

图 5-1　常见接插件的电路图形符号

（二）常用接插件及其识别

1. 音视频接插件

音频接插件主要有莲花（RCA）插头、插座和耳机插头、插座。耳机插头、插座有两芯（单声道）、三芯（双声道）之分，分别有 2. 5 mm、3. 5 mm 和 6. 35 mm（指插头的外径）等规格。

图 5-2 所示为（两芯、三芯）耳机插头、插座示意图。单声道接插件的工作原理如下：在插头未插入插座时，插座中的 1、2 触点为接通状态，1、2 触点与 3 触点之间始终为断开状态。当插头插入插座以后，插头中的 4 端与插座中的 1 触点接通，即 1、4 之间为一条通路；而插头中的 5 与插座中 3 接通，即 3、5 之间为另一条通路。

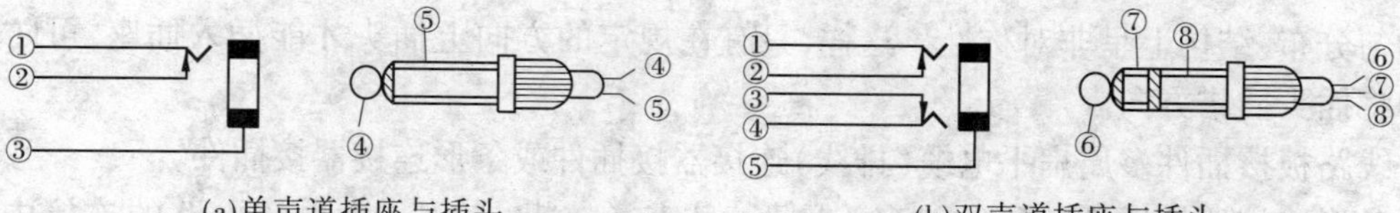

(a)单声道插座与插头　　(b)双声道插座与插头

图 5-2　耳机插头、插座

常见的视频接插件有莲花插头、插座和 BNC 插头、插座以及 S 端子等。

常见音视频接插件外形如图 5-3 所示。

（a）耳机插头、插座　（b）莲花插头、插座　（c）BNC 插头、插座　（d）S 端子

图 5-3　常见音视频接插件外形

2. 直流电源接插件

常用直流电源接插件有 DC 电源插头、插座和钮扣式电池座。

直流电源插头、插座用于便携式直流稳压电源为小型电子电器提供直流电,如电源适配器通过直流电源插头、插座给笔记本电脑供电、直流稳压电源给 MP4 播放器供电等。常见的直流电源插头有两芯插头和多用直流电源插头两种。

3. 数字、模拟信号接插件

数字、模拟信号接插件常见于计算机、单片机、可编程控制器等电路中,作为进行数字、模拟信号传递的 I/O 端口。如 9 针串口、15 针 VGA 接口(公、母)插座、USB 接口(公、母)插座等。

4. 印制板连接器

印制电路板与(底板)印制电路板之间或印制电路板与其他部件之间的互连,通常采用印制板连接器。这种接插件的结构形式有簧片式和针孔式两种。印制板连接器多属矩形接插件,是由绝缘性能较好的矩形塑料壳与数量不等的接触对(即插针和插孔)构成的,接触对的排列方式有两排、三排、四排等多种。分别焊接有插头、插座的两印制电路板,把插头和插座直接插接,中间不通过连接线,实现直接的电气连接。如,计算机的各种板卡、内存条与主板之间就是这样连接的。

5. 电路板(线路板)接插件

线路板之间或线路板与其他部件之间有一定距离时,需要接上适当的引线才能将它们连接起来。在实际应用中,插座直接焊接在印刷电路板的铜箔印制线路上,插头部件通过引线焊接在另一部分 PCB 上,将插头插入插座,便可接通电路。

电路板接插件有单引线接插件和多引线接插件之分。单引线接插件可以根据需要进行自由组合,它通常与短路子(短路器、短路片、短路帽、跳线帽、跳帽、跳线、跳线器)配合使用。多引线接插件主要用来进行多路信号的连接。这种接插件的插头插座上都采用了防呆设计,插头和插座分别设有定位销(凸台与缺口),或者是接插件的插针(插孔)之间的间距不均匀分布,结构上呈非对称性。这样,只有在规定的方向上插头才能插入插座,可防止使用中将插头插错方向。

线路板接插件多属扁平电缆(排线)连接器接插件或条形连接器接插件。

条形连接器接插件的接触对多为圆形,且直径较粗,多用于大电流电路的连接中。例如,电视机交流 220V 电源输入端及行场扫描偏转线圈与电路板的连接,就是采用的条形接插件。

提示:这种接插件一般设置有倒刺钩装置,一旦插头与插座插紧后,倒刺钩将二者钩紧。若想拔下插头,必须先通过挑拨或按压使倒钩脱钩,再抓住插头两侧用力才能拔下。否则,极易损坏接插件或使接插件与电路板脱离连接。

6. 管座

常用的管座如集成电路插座、扣式电池座、显像管(电子管)管座、信号灯座和保险丝管座等。管座通常固定安装在 PCB 或面板上,一面插上相应的元器件,另一面接触体的输出端同电路连接。

图 5-4 所示为一些常用接插件实物外形。

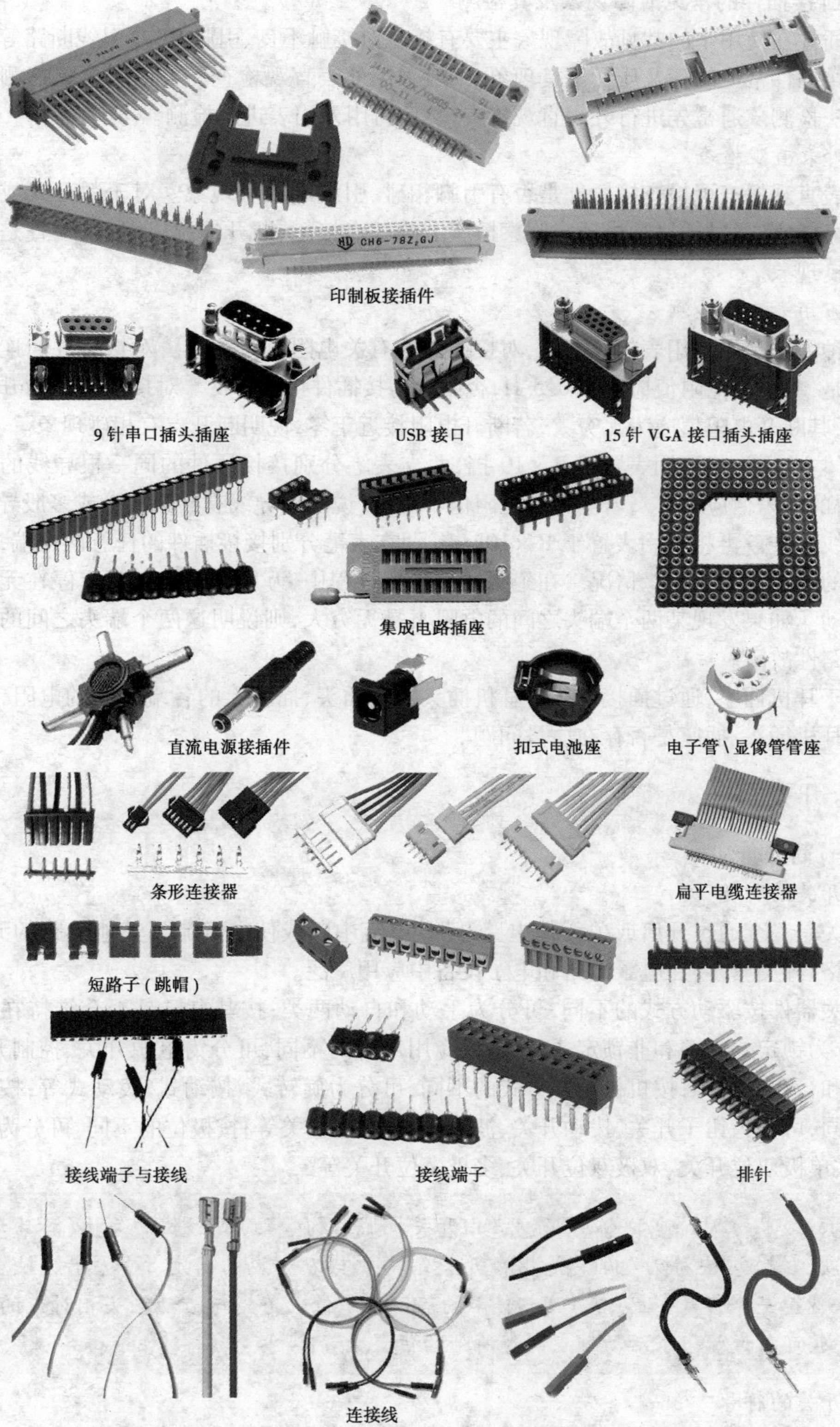

图 5-4　常用接插件实物外形

(三)接插件的常见故障现象及其检测

接插件在使用中的常见故障现象主要有接触对接触不良、引脚开焊、引线断路等。

对接插件常见故障及质量不良现象，一般采用外表直观检查和万用表电阻挡测量检查两种方法检测。通常先进行外表直观检查，然后再用万用表进行检测。

1. 外表直观检查

外表直观检查可检查接插件是否有引脚相碰、引线断线等现象。对于敞开式或半敞开式的耳机插座，通过插拔耳机插头观察插座上的触点接触、断开情况，还可以检查是否存在接触不良现象。

2. 万用表测量检测

这种方法是用万用表的欧姆挡，对接插件的有关电阻进行测量。对接插件的连通点测量标准是，其连通电阻值应小于0.5 Ω，否则认为接插件接触不良。对接插件的断开点测量标准是，其断开电阻值应为无穷大，若断开电阻接近于零，说明断开点有相碰现象。

具体方法是：将万用表置于 R×10 挡，两支表笔分别接接插件的同一根导线的两个端头，测得的电阻值应为零。若测得的电阻值不为零，说明该导线有断路故障或多股导线中大多数导线断开。再将万用表置于 R×10k 挡，两支表笔分别接接插件的任意两个端，可测量两个端的导线之间的绝缘情况。在绝缘情况检测过程中，万用表的指针都应停在无穷大位置上不动。如果发现某两个端头之间的电阻不是无穷大，则说明这两个端头之间的导线有局部短路性故障。

对于耳机插座，通过插接或拔下耳机插头测量插头、插座上的各端子间的电阻，可以准确判定耳机插头、插座是否存在质量问题。

二、开关

(一)简介

1. 开关的种类

开关是一个通过开启或关闭使电路开路、电流中断或使电流流到其他电路的元器件。它的规格、种类繁多，在电子电路和电子设备中应用广泛。

开关器件按驱动方式的不同，可分为手动和自动两类；按其自己是否会维持在动作状态，可分为锁定式开关和非锁定式开关；按应用场合的不同，可分为电源开关、控制开关、转换开关和行程开关等；按机械动作方式的不同，可分为旋转式、按动式、拨动式等；按结构特点的不同，可分为钮子开关、拨动开关、波段开关、按钮开关等；按极位的不同，可分为单极单位开关、单极双位开关、双极双位开关、多极多位开关等。

提示：这里的“极”也称“刀”，是指(由开关机械结构带动)可移位的导体(称为动触点、动触头)；“位”，过去称为“掷”，是指在开关结构中与刀对应的固定导体(即静触点、静触头)。也就是一个刀片(动触点)可以接触的静触头。位数是指与活动触头相对应的静触点的数量，也可以说是一个活动触点能够所处的位置数量。

2. 开关的符号

在电路中，开关用文字符号 S 表示(按钮开关也可用 SB 表示)，开关的电路图形符号如图 5-5 所示。

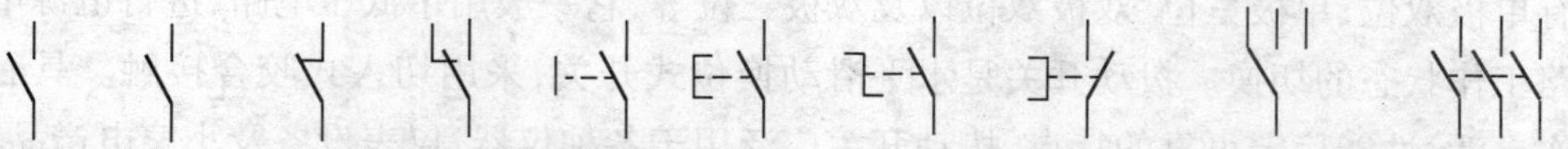

图 5-5　开关的电路图形符号

提示：常闭开关，即动断开关，平常开关动触点与静触点闭合接通、开关动作时断开的开关；常开开关，即动合开关，平常断开、开关动作而闭合接通的开关；转换开关，即动作前接通一条电路、动作后转换为接通另一条电路的开关。

3. 主要参数

1）额定电压

额定电压是指开关在正常工作时所允许施加的安全电压。加在开关两端的电压大于此值，会造成两个触点之间打火击穿。

2）额定电流

额定电流是指开关接通时所允许通过的最大安全电流。当超过此值时，开关的触点会因电流过大而烧毁。

3）绝缘电阻

绝缘电阻指开关的导体部分与绝缘部分的电阻值。绝缘电阻值应在 100 MΩ 以上。

4）接触电阻

接触电阻是指开关在开通状态下，每对触点之间的电阻值。一般要求在 0.1 ~0.5 Ω 以下。

（二）常见开关及其识别

1. 钮子开关

钮子开关是通过扭动开关柄驱动动触点动作，使电路接通或断开的开关。它的接点有单极、双极和三极等几种，接通状态有单位和双位等。它体积小，操作方便，是电器设备中常用的一种开关，工作电流从 0.5A 到 5 A 不等。钮子开关广泛应用于小家电及仪器、仪表中，主要用来作为电源开关或状态转换开关使用。如图 5-6 所示为钮子开关常见外形及其原理示意图。

船型开关也称翘板开关，其结构与钮子开关相同，只是把扭柄换成了船型。外形如图 5-7 所示。

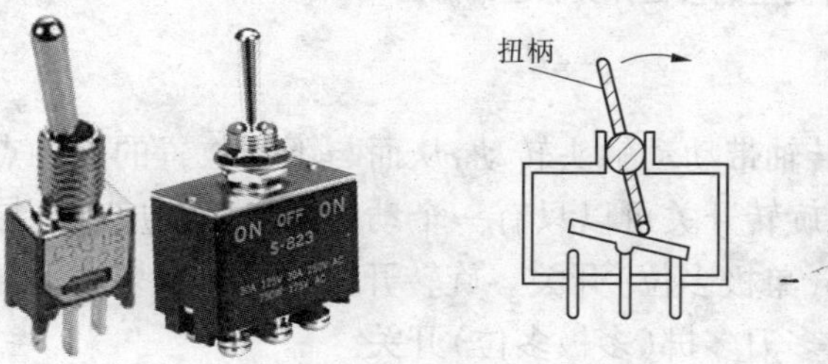

图 5-6　钮子开关常见外形及其原理示意图

图 5-7　船型开关

2. 拨动开关

拨动开关是通过拨动开关柄使电路接通或断开，从而达到切换电路的目的的开关。常见的有单极双位、单极三位、双极双位以及双极三位等，它一般用于低压电路，进行电源电路及电路工作状态的切换。拨动开关是水平滑动换位式开关，采用切入式咬合接触。具有滑块动作灵活、性能稳定可靠的特点，拨动开关广泛用于各种仪器、仪表设备及小家电产品中。拨动开关常见外形及其电路符号如图 5-8 所示。

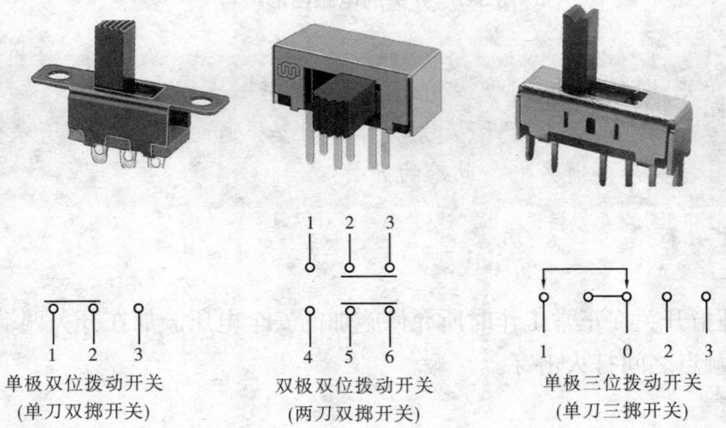

图 5-8　拨动开关常见外形及其电路图形符号

提示：注意，图中的电路图形符号与图片中开关的掷位关系是相对应的。

3. 按钮开关

按钮开关是通过按动按钮推动传动机构使动触点与静触点接通或断开并实现电路换接的开关。按钮开关常用于电信设备、自控设备、计算机及各种家电中。图 5-9 所示为三种类型的按钮开关原理示意图。

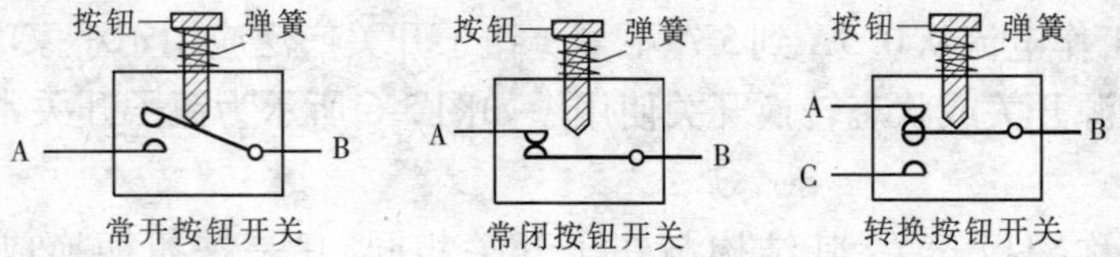

图 5-9　三种类型的按钮开关原理示意图

4. 旋转开关

旋转开关是一种通过旋转旋柄使转轴带动动触头转动，从而与不同位置的静触点接通或断开，达到切换电路的目的的开关。旋转开关可以只有一个动触点及其相应的一层一圈静触点，这样的旋转开关就是单刀多掷（单极多位）开关。旋转开关也可以有多个动触点及其相应数量的多层静触点，这就构成了多刀多掷（多极多位）开关。

旋转开关主要应用在收音机、收录机和指针式万用表、示波器及其他各种仪器仪表中，用来作为波段开关或挡位开关。旋转开关常见外形及其电路图形符号如图 5-10 所示（图中示出的是三极三位开关的电路图形符号）。

图 5-10　旋转开关常见外形及其电路图形符号

提示:波段开关大部分用旋转式开关进行触点的选择,也有的使用拨动式或推拉式开关,实现多个电路的转换。

5. 微动开关和轻触开关

微动开关是一种施压促动的快速转换开关:当外机械力作用于动作簧片上,动作簧片位移到临界点时产生瞬时动作,使动作簧片末端的动触点与静触点快速接通或断开;当外力移去后,动作簧片产生反向动作力,簧片瞬时完成反向动作。因为这种开关的触点间距比较小,故名微动开关,又叫灵敏开关,常用于自动控制设备中。

轻触开关是一种应用在电子电路中的开关,靠内部金属弹片受力弹动来实现通断。使用时轻轻点按开关按钮就可使开关接通,松开时即断开。轻触开关由于体积小、质量轻,在家用电器方面得到广泛的应用。

微动开关和轻触按键开关都属于按钮式非锁定开关。如图 5-11 所示为常见微动开关和轻触开关实物外形。

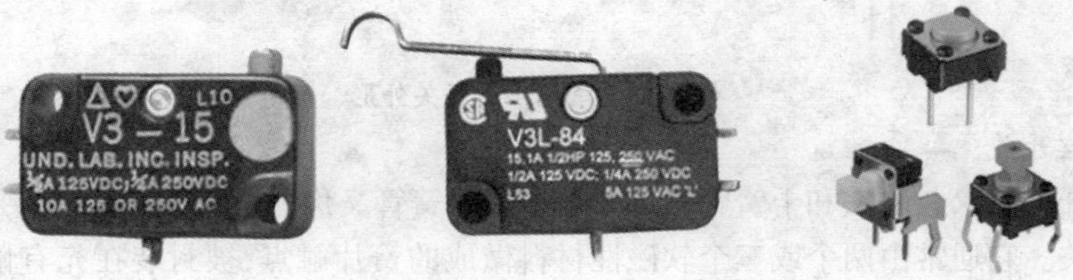

图 5-11　常见微动开关和轻触开关实物外形

提示:锁定式(或称自锁式)开关就是开关按一下维持导通,也就是会自锁,再按一下断路。非锁定(自复式)开关就是只有在开关被按下时导通或者在被按下时断路,放开就回到原来的状态,又称暂时开关或轻触式开关。

6. 薄膜按键开关

薄膜按键开关又称薄膜开关、平面开关、触摸开关,是一种常开型按钮式轻触开关。它是由具有一定柔性的绝缘材料和导电材料层组成的多层结构非自锁按键开关,是近年来流行的集装饰与功能于一体的新型开关。薄膜开关按基材不同,可分为软性和硬性两种;按面板类型不同,可分为平面型和凹凸型;按操作感受又可分为触觉有感型和无感型。

如图 5-12 所示为 16 键标准键盘的薄膜按键开关及其内部电路,开关为矩阵排列方式,有 8 根引线,分成行线和列线。

图 5-12　16 键标准键盘的薄膜按键开关及其内部电路

与传统的机械开关相比，薄膜开关具有结构简单、外形美观、密闭性好、性能稳定、寿命长等优点，被广泛应用于各种微电脑控制的电子设备中，如各种遥控器的键盘等。

7. 水银开关

水银开关又称倾侧开关，是在一个接有两个电极的小巧容器内贮存一滴水银制作而成。水银是液态导体，因为重力的关系，容器位置变化时水银珠会流向较低的地方，如果同时接触到两个电极，两个电极就会连通，开启开关。水银开关主要应用于电器倾倒、倾侧的检测。

图 5-13 所示为常见水银开关外形。

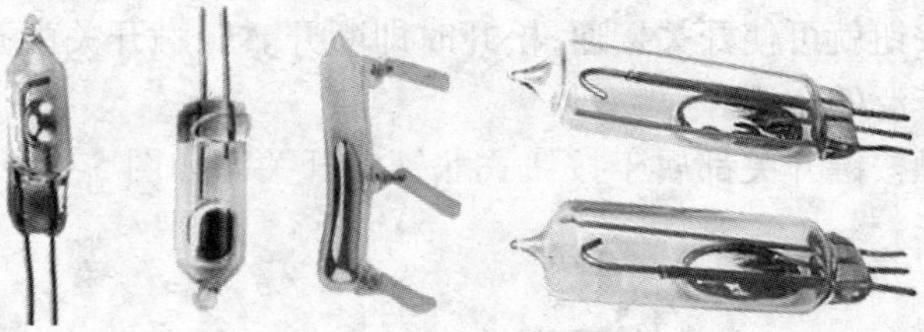

图 5-13　常见水银开关外形

8. 磁控开关

磁控开关由永久磁铁和干簧管两部分组成。干簧管又称舌簧管、磁簧开关，是一种磁敏的特殊开关。它通常由两个或三个软磁性材料做成的簧片触点，被封装在充有惰性气体或真空的玻璃管（少数为塑料管）里制作而成。玻璃管内平行封装的簧片端部重叠，并留有一定间隙或相互接触，以构成开关的常开或常闭接点。

根据干簧触点的构造不同，干簧管可分为常开（H 型）、常闭（D 型）、转换（Z 型），三种类型。

常开接点的干簧管，接点平时打开，只有簧片被磁化时，接点才闭合。常开接点干簧管的工作原理是：当永久磁铁或通电的线圈靠近单簧管时簧片磁化，一个簧片在触点位置上生成 N 极，另一个簧片在触点位置上生成 S 极。异性相吸，当吸引力大于簧片的弹力时，簧片的接点吸合，即电路闭合；当磁力小到一定程度时，因弹力作用接点被重新分开，电路断开。

转换接点的干簧管结构上有三个簧片，第一个簧片用只导电的非磁性材料做成，第二、第三个簧片用既导电又导磁的材料做成，第一、第二两个簧片分别居于第三个簧片两侧。平时，由于弹力的作用，第一、第三簧片相连；当有外界磁力时，第二、第三两个簧片因磁化而相吸，第一、第三两个簧片断开，形成一个转换开关。

作为一种利用磁场信号来控制的线路开关器件，干簧管可以作为传感器，用于计数、限位，在安防系统中主要用于门磁、窗磁的制作，同时还被广泛使用于各种通信设备中。

图 5-14 所示为常见干簧管开关的外形。

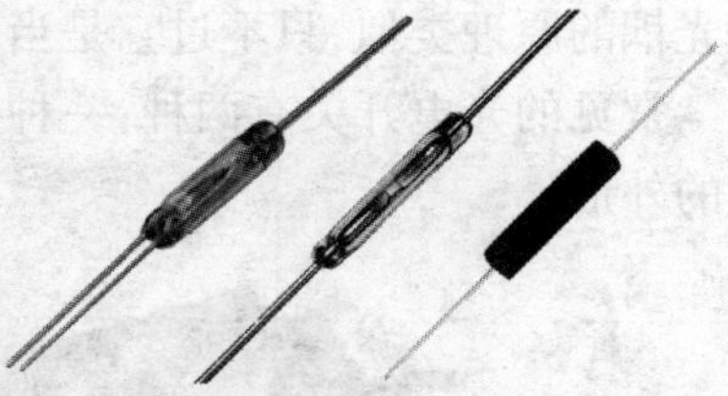

图 5-14 常见干簧管开关的外形

9. 拨码开关

拨码开关又名 DIP 开关，是多个单极单位开关的组合，内部可以有多个微型开关（常见的有 3 个、5 个、6 个和 8 个）。当组合有 8 个开关时，称为 8 位拨码开关。当某路开关拨至“ON”的位置时，该路开关处于闭合状态，否则为断开状态。如图 5-15 所示为常见拨码开关外形及其内部电路结构。

图 5-15 常见拨码开关外形及其内部电路结构

一般说来，拨码开关的外壳上都会有“ON”位置标识。

拨码开关广泛使用于数据处理、通信、遥控和防盗自动报警系统等需要手动程序编制的产品上。

在实际应用中，有时还会见到被称做拨码开关的器件，外形如图 5-16 所示。这种器件有时还会被称做拨盘开关。其实，就其功能而言，它并不是一个传统意义上的开关器件，而是常用在有数字预置功能电路中的编码开关。它的种类很多，图 5-16（a）、（b）所示是一种叫做 BCD 码拨盘开关的一位拨盘编码开关。开关的内部有一块电路板，通过内部的电路，能把拨盘上调整设定的十进制整数转换为相应的 BCD 编码，从开关下面的 4 个管脚输出。这种开关又称十进制—二进制拨盘开关、8421 编码开关。图 5-16（c）、（d）所示为多位 BCD 编码开关。图 5-16（e）所示为十六进制—二进制拨盘编码开关。

（a）（b）（c）（d）（e）

图 5-16 拨盘编码开关

对于图 5-16（a）、（e）所示的拨盘开关，可以通过旋转插入插槽的“一”字螺丝刀，调整设定需转换的整数；而对于图 5-16（b）～（d）所示的编码开关，则要通过按压“＋”或“－”按钮设定需转换的整数。

10. 光电开关

光电开关是光电接近开关的简称，是一种由红外发光管与红外接收管以及相应的电路封装在一起构成的有源开关器件，其实是一种光电传感器。这种新型的开关已被用做物位检测、液位控制、产品计数、宽度判别、速度检测、定长剪切、孔洞识别、信号延时、自动门传感、冲床和剪切机以及安全防护等诸多领域。此外，利用红外线的隐蔽性，光电开关还可在银行、仓库、商店以及其他需要的场合作为防盗警戒之用。

光电开关利用是否对光束有遮挡或反射，检测物体有无，来控制开关电路接通与否。它与光耦的原理类似，只不过它是当做开关使用的。

常见的光电开关有两种：一种是反射式，另一种是对射式。图 5-17 所示为常见光电开关的外形。

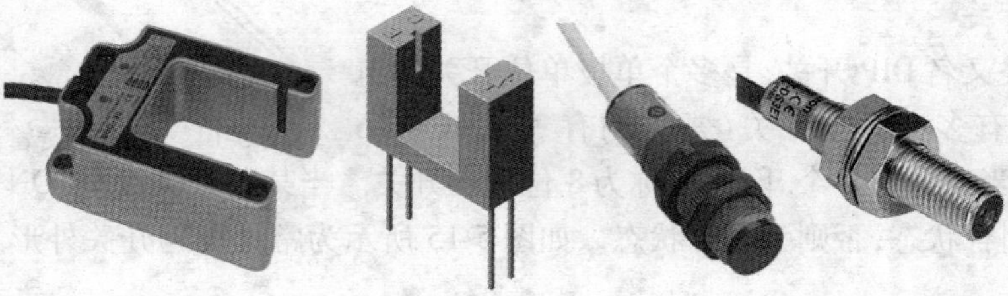

图 5-17　常见光电开关的外形

（三）开关的常见故障现象及其检测

开关器件在使用中常见的故障现象主要有断路、引脚开焊。对于无源开关器件，还会有机械故障、内部触点接触不良等现象。

一般使用万用表的电阻挡检查、检测（无源）开关器件常见非机械故障及质量不良现象。基本方法与检查、检测接插件基本相同：将万用表置于 R×1 挡（或数字万用表的 200 Ω 挡），测量接通两触点引脚间的直流电阻，这个电阻应接近于零，否则说明触点接触不良；将万用表置于 R×1 挡或 R×10 挡，测量该触点断开后触点引脚间及与其他触点引脚间、对“地”间的电阻，此值应为无穷大，否则说明绝缘性能不好。当开关在“开”、“关”两种状态间变化时，动触点与相应静触点间的电阻，应相应迅速地在几乎为零到无穷大之间变化。

对光电开关这种有源开关器件的检测，可参照检测光耦的方法进行。

提示：对于多刀开关，其引脚为两排排列时，两排引脚虽是独立的，却呈对称对应排列。检测前了解开关引脚的排列情况（谁跟谁是一组开关、每组有几个触点、哪个是动触点引脚等），掌握开关的结构与原理，搞清楚开关是锁定式还是自复式，有助于检测和判断。

三、继电器

（一）继电器简介

1. 继电器及其一般结构

继电器是一种当输入量（如电压、电流、温度等）达到规定值时，使被控制的输出电路导通或断开的器件。它并不直接感知和受控于由人或机械装置施加的（压力、拉力、推力等）弹性力。可以认为它就是一种感知和受控于电流、电压、温度等输入变量的开关。

继电器一般都有能反映一定输入变量（如电流、电压、功率、、频率、温度、速度、光等）的感应机构（输入部分）；有能对被控电路实现“通”、“断”控制的执行机构（输出部分）；在继电器的输入部分和输出部分之间，还有对输入量进行耦合隔离、功能处理和对输出部分进行驱动的中间机构（驱动部分）。

2. 继电器的作用

继电器作为一种应用广泛的器件，它的基本功能是开关控制。它常被应用于自动控制和保护等电路中，以较小的电流控制较大的电流，用低电压控制高电压，用直流电控制交流电，而且还能够同时实现控制电路与被控制电路之间的电气隔离。

具体说来,继电器的作用主要有以下几点:

(1)扩大控制范围。例如,多触点继电器控制信号达到某一定值时,可以按触点组的不同形式,同时换接、断开、接通多路电路。

(2)中间放大。例如,灵敏型继电器、中间继电器等,用一个很微小的控制量,可以控制很大功率的电路。

(3)综合信号。例如,当多个控制信号按规定的形式输入多绕组继电器时,经过比较综合,达到预定的控制效果。

(4)自动、遥控、监测。例如,自动装置上的继电器与其他电器一起,组成程序控制线路,从而实现自动化运行。

3. 继电器的分类

继电器的分类方法很多,按工作电压类型分类,可分为直流继电器、交流继电器和脉冲型继电器三类;按照作用原理或结构特征分类,可分为电磁继电器、舌簧继电器、固态继电器、时间继电器、温度继电器、风速继电器、加速度继电器、热继电器、光继电器、声继电器等。

继电器的种类虽然很多,但在电子电路中,常用的是电磁继电器、干簧继电器和固体继电器这三种。下面介绍这三种继电器。

(二)电磁继电器

电磁继电器是一种由控制电流通过线圈所产生的电磁吸力驱动可动部分(动触点)动作,从而实现触点开、闭或转换功能的继电器。它是应用最早、最广泛的继电器。

1. 电磁继电器简介

1)电磁继电器的结构与原理

电磁继电器一般由铁芯、电磁线圈、衔铁、复位弹簧(或带有动触点的弹性簧片)、触点、支座及引脚等组成,结构如图 5-18 所示。

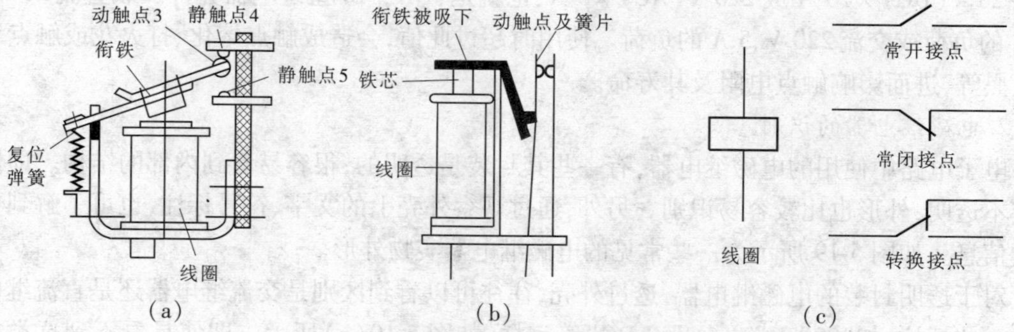

图 5-18　电磁继电器的结构与符号

当有电流流过线圈时,线圈便产生磁场,在磁力的作用下衔铁吸向铁芯(称为继电器吸合或动作),带动动触点 3 与(常开接点的)静触点 5 接触,而与(常闭接点的)静触点 4 断开。当继电器线圈断电后,衔铁在复位弹簧(或弹性簧片)弹性力的作用下恢复初始状态(称为继电器复位或释放),动触点与常闭静触点 4 恢复常闭状态。

提示:继电器线圈未通电时处于断开状态的接点,称为常开接点,处于接通状态的接点称为常闭接点。

2）电磁继电器的分类

电磁继电器有直流电磁继电器、交流电磁继电器、磁保持继电器、极化继电器、舌簧继电器和节能功率继电器等几种不同的类型；根据继电器开关触点的形式，电磁继电器又可分为常开式、常闭式和转换式。

3）电磁继电器的符号

继电器的文字符号是“K”，电磁继电器也可以用“KR”表示。电磁继电器的线圈在电路中用一个长方框符号表示，如图 5-18（c）所示。也有用线圈的一般符号“⌒⌒⌒”表示的。继电器的触点有两种表示方法：一种是把它们直接画在长方框一侧；另一种是按照电路连接的需要，把各个触点分别画到各自的控制电路中，在同一继电器的触点与线圈旁分别标注上相同的文字符号（元器件序号、编号），并将触点组编上号码，以示与其他触点的区别。如 K1、K1－1、K1－2。其中，K1 表示继电器及其线圈，K1－1、K1－2 则表示继电器 K1 的第一触点和第二触点。

4）主要技术参数

（1）额定工作电压：指继电器正常工作时线圈所需要的电压。根据继电器的类型不同，可以是直流电压，也可以是交流电压。如型号为 JZC－21F/006－1Z 的继电器，其中 006 表示额定工作电压为 6 V。对于线圈所加的工作电压，一般不要超过额定工作电压的 1.5 倍，否则会把线圈烧毁。

（2）直流电阻：指继电器线圈的直流电阻值。

（3）触点接触电阻：指继电器触点接触后的电阻值，可以通过万用表测量。对于继电器来说，接触电阻无穷大或者不稳定是最为常见的问题。

（4）接点容量：又称接点负荷、触点开关电压和电流，是指继电器允许接点加载的电压和电流。它决定了继电器能控制的电压和电流的大小。例如 JQX－10 型继电器的接点负荷是 28 V（DC）×10 A 或 220 V（AC）×5 A，也就是 JQX－10 型继电器允许加载直流 28 V、10 A 的负荷或交流 220 V、5 A 的负荷。使用时超过此值，会造成触点熔化、打火花或触点氧化发黑等，进而影响触点电阻及其寿命。

2. 电磁继电器的识别

电子电路中使用的电磁继电器，有一些其封装是透明的，很容易看到内部的结构。即使封装不透明，外形也比较容易识别。另外，通过观察外壳上的文字、符号标注，也可了解到更多的信息。如图 5-19 所示为一些常见的电磁继电器实物外形。

对于透明封装的电磁继电器，透过外壳，往往可以看到区别是交流继电器还是直流继电器的一些标注，如“220 V”、“AC”、“DC”等字样，如图 5-19（a）所示。即使是看不到这类标注符号，也可通过观察铁芯顶部是否嵌有一个铜质短路环，来判定是否是交流继电器（直流继电器没有短路环）。另外，透过透明外壳可以观察触点的结构，了解触点的组数、组内触点的个数，触点是常闭还是常开或转换以及对应的引脚等情况。

不管是什么样封装的电磁继电器，在其外壳上，一般都会标注出型号、接点容量等信息。如图 5-19（b）所示，图中的“12VDC”表示该继电器为直流继电器，线圈工作电压为 12 V；“10A 240VAC/28VDC”表示继电器允许接点加载的电流和电压分别是 10 A、交流 240 V 或直流 28 V。图 5-19（e）所示图中的“NC：20 A”、“NO：30 A”，分别表示常闭接点负荷 20 A、常开接点负荷 30 A。图 5-19（f）所示的图中，“DC12V”是指继电器线圈工作电压为直流 12

V,“1 A 120 VAC”和“1 A 24VDC”表示接点负荷为交流 1 A/120 V 或者直流 1 A/24 V。

图 5-19　常见的电磁继电器实物外形

有的继电器在顶面、侧面或底面还会标注出引脚端子，如图 5-19(b)、(g) ~ (i)所示。对于图 5-19(h)所示继电器，其 1、5 引脚是线圈引线端子，引脚 4 内接动触点，2 为常闭静触点引线端子，3 是常开静触点引线端子。图 5-19(i)所示继电器，2、7 引脚是线圈引线端子；1、3、4 为一组触点，1 是动触点引线端子，3 是常开静触点引线端子，4 是常闭静触点引线端子；5、6、8 为一组触点，8 是动触点引线端子，5 为常闭静触点引线端子。

提问：你能说出图 5-19(b)、(g)所示继电器的引脚名称吗？

3. 电磁继电器的检测

电磁继电器的检测分为继电器线圈的检测和继电器接点的检测。

1) 继电器线圈的检测

将万用表置于 R×100 或 R×1k 挡，测继电器线圈的两引脚间的电阻，正常情况阻值应为几十欧至几千欧(额定工作电压越低线圈阻值越小)，如果阻值明显偏小，说明线圈局部短路；如果阻值为零，说明两线圈引脚间短路；如阻值为无穷大，说明线圈已断路。

2）继电器接点的检测

检测接点的通断情况，使用指针万用表 R×100 挡或者数字万用表 200 Ω 挡。未加上工作电压时，常开接点应不通，常闭接点应导通。当给继电器线圈接上规定的工作电压时，应能听到继电器吸合声，这时，常开接点应导通，常闭接点应不通，转换接点应随之转换，否则说明该继电器损坏。对于有多组接点的继电器，可能会出现部分接点损坏的现象。

提示与提问：在电气控制和自动化领域，经常会见到一种与电磁继电器原理相同的元器件——接触器，它与电磁继电器的区别仅在于控制的负载功率大小不同。接触器控制的负载功率较大。继电器是一种小信号控制电器，而交流接触器则广泛用做电力的通断和控制电路：它的主接点用来接通和分断较大电流的主回路，辅助接点用来实现互锁、自锁、信号控制和联动控制。主接点一般只有常开接点，而辅助接点常有两对具有常开和常闭功能的接点。

（三）干簧继电器的识别与检测

干簧式继电器是常用的继电器之一，它由一个励磁线圈和一个或几个干簧管组成。干簧管继电器的线圈可以绕在干簧管的外面，也可以放在干簧管的旁边。如图 5-20 所示为常见干簧继电器的外形与结构。

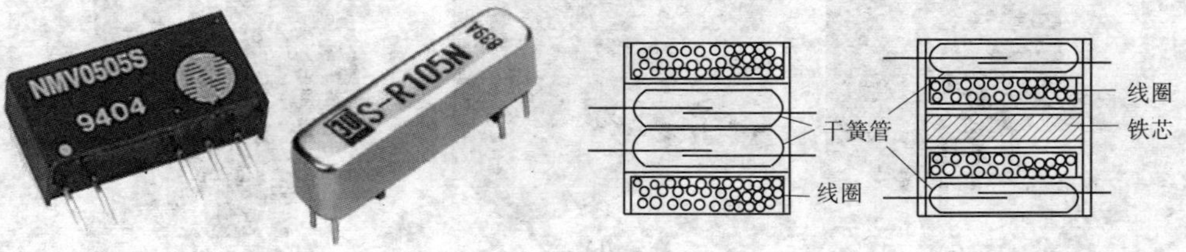

图 5-20　常见干簧继电器的外形与结构

对干簧继电器的线圈和干簧管的检测，可以参考对电磁继电器线圈和干簧管的检测。

（四）固态继电器的识别与检测

固态继电器英文简称 SSR，它是由分立电子器件和电力电子功率器件组成的、无机械运动部件的无触点开关（电路）。

固态继电器由输入电路、隔离耦合电路和输出电路三部分组成。固态继电器的隔离耦合电路多为光电耦合隔离型；输出电路有直流输出电路、交流输出电路和交直流输出电路等形式。交流输出时，通常使用两个单向可控硅或一个双向可控硅，直流输出时使用功率晶体管或功率场效应管。

图 5-21 所示为固态继电器的电路方框图及其电路符号，图 5-22 所示为固态继电器的常见外形。

固态继电器的外壳上一般都会在输入端标注出“+”、“-”或“IN”等字样，在两输出端会根据输出电路类型标注出“+”、“-”或“～”、“OUT”等字样。

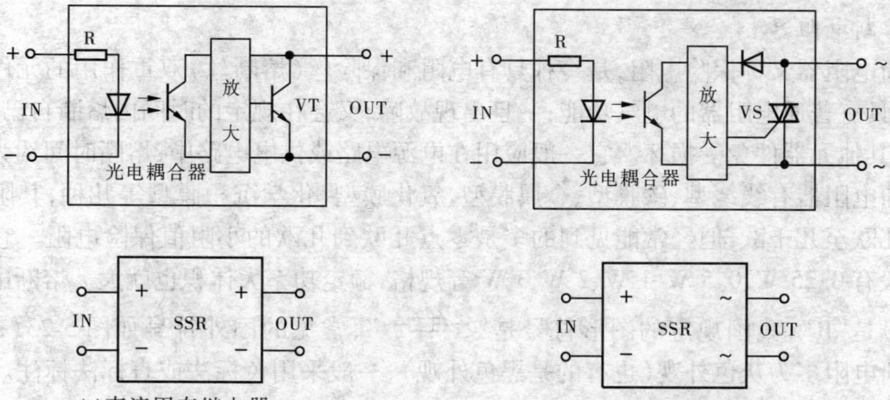

(a)直流固态继电器　　(b)交流固态继电器

图 5-21　固态继电器电路方框图及其电路符号

图 5-22　固态继电器的常见外形

对固态继电器输入端的检测方法,可借鉴对 LED 或光耦的检测方法;对固态继电器输出端的检测,则要根据输出电路功率开关器件的类型,参照相应的器件检测方法进行。

第二节　保护元件的识别与检测

保护元件是一种保护电路和电子电器的元件,它串联或者并联在电路或设备中,当电路或设备出现过流、过热、过压时,对电路或设备起保护作用。

根据保护元件在电路中所起的保护作用,把它们分为过流保护元件、过热保护元件和过压保护元件等几类。

一、过流保护元件

过流保护元件是一种串联在被保护设备或电路的前面,当出现短路或过载现象达到一定的时间时,切断电源起到保护作用的元件。

熔断器是最常用的也是最简单的一种过流保护元件。当出现过流时,大电流将熔断器的核心部分——熔体熔断,从而起到保护作用。熔断器是一种一次性的保护元件。经常使用的熔断器有熔断电阻器和熔断丝。

除熔断器这种一次性的保护元件外,现在,还经常可以见到可恢复过流保险元件,有时也能见到可修复的过流保险元件。

(一)熔断器

1. 熔断电阻器

熔断电阻器又称保险电阻,是一种具有电阻和保险丝(熔断丝)双重作用的元件。正常情况下,具有普通电阻器的电气功能;一旦出现故障,又会在规定的时间内熔断自己,切断电路,保护其他元器件免受损坏。它一般应用在电源电路或供电电路中,熔断时间约为 10 s。

熔断电阻器有线绕型、碳膜型、金属膜型、氧化膜型、化学沉积膜型等几种,其阻值范围为零点几欧至几千欧,但经常能见到的多是零点几欧到几欧的小阻值保险电阻。它的额定功率一般有 0. 25 W、0. 5 W、1 W、2 W、3 W 等规格,额定功率大体积也就大。熔断电阻器的文字符号是“R”,我国规定的图形符号是“─▭─”,常见的国外符号如图 5-23(a)所示。普通熔断电阻多为灰色外观(也有的是黑色外观),一般采用色标法或直标法标注。采用色标法标注时,额定功率可根据体积大小大概确定。图 5-23(b)所示为常见熔断电阻的外形。

2. 熔断丝

熔断丝有普通(玻璃管或陶瓷管)熔断丝、延迟型玻璃管熔断丝和集成电路过流保护管等几种。熔断丝的文字符号是“FU”,它们的图形符号是“─▭─”。

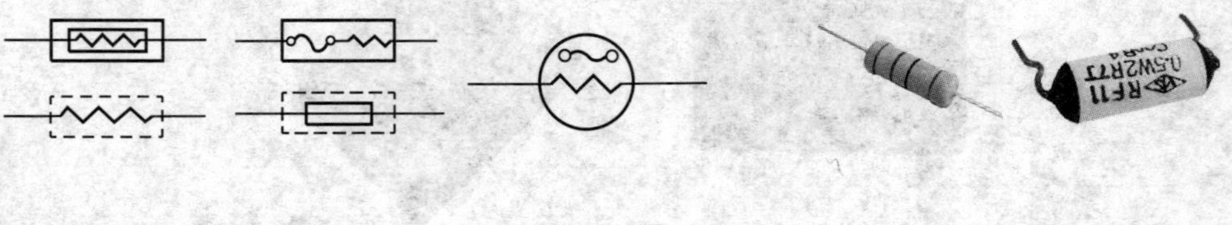

(a)　　　　　　(b)

图 5-23　熔断电阻器常见国外图形符号和常见熔断电阻器实物外形

1)普通熔断丝

普通熔断丝又称普通保险丝管或保险丝管,是价格低廉、使用最普遍的一种熔断丝,额定电流有 0. 5 A、0. 75 A、1. 0 A、1. 5 A、2. 0 A、2. 5 A、3. 0 A、4. 0 A、5. 0 A、6. 0 A、8. 0 A 和 10 A 等规格,长度尺寸主要有 18 mm、20 mm、22 mm、30 mm 等规格。

保险丝管中的熔丝置于玻璃管或陶瓷管中,其两端与两金属帽相连接,并由金属帽将它密封在玻璃管或陶瓷管中。通常,它需要与相应的熔丝管座配套使用。熔丝管座有金属卡座式和胶木或塑料螺旋管座式两种。使用时,熔丝管座的两个电极端子接于电路中,这样方便保险丝管的安装与更换。常见的保险丝管和熔丝管座实物外形如图 5-24 所示。

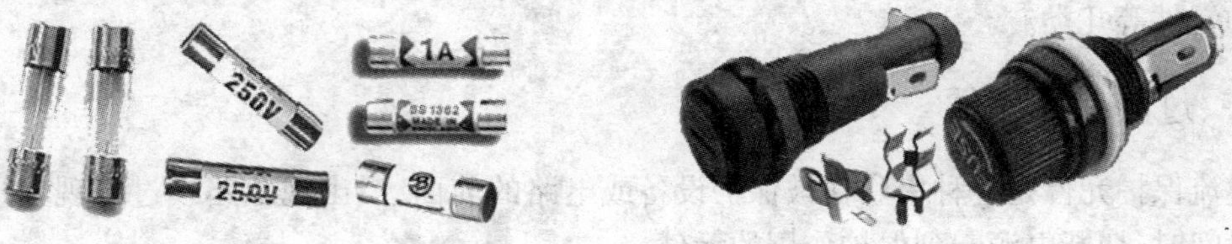

图 5-24　常见保险丝管和熔丝管座实物外形

对于玻璃管熔断丝,由于用肉眼可以直接透过玻璃管看到熔丝是否熔断,因此玻璃管熔断丝使用更方便,应用更普遍。

普通保险丝管的电压、电流规格参数,一般直接标注在保险丝管两端的两金属帽上,比较容易识读。但也有一些国外生产的熔断丝使用色环标注法,这种标注法采用 4 条色环标注,类似于4色环电阻器的标注,只是单位是mA,第4条色环不表示允许误差,而表示时间电流特性。例如,前3条色环分别是棕、黑、黑,表示额定电流为100 mA,即0.1 A;前3条色环颜色依次是绿、黑、红,说明它的电流规格是5 000 mA(5 A)。

2)延迟型熔断丝

延迟型熔断丝是一种具有延迟作用的专用保险丝管,在短时间大电流(浪涌电流)的冲击下并不熔断,当电流过载超过一定时间又能可靠熔断。这种熔断丝主要用在开机瞬时电流较大的电子电器中(开机电流往往达正常工作电流的5~7倍),如CRT彩色电视机中就广泛地使用了延迟型熔断丝。它的规格主要有2 A、3.15 A、4 A等几种。对于延迟型熔断丝,标注时,常在电流规格之前加上字母"T",以示与普通保险丝管的区别,如T3.15A等。如果延迟型保险丝管采用玻璃管封装,透过玻璃管可以看到熔丝中间有一个金属圆珠,这是普通玻璃管熔断丝所没有的。

3)集成电路过流保护管

集成电路过流保护管是一种比普通熔断丝动作速度更快的过流保护器件,又称限流速熔保险集成电路。也就是说,它其实是一种集成电路。集成电路过流保护管通常用"ICP"表示,当然也可以使用"FU"来表示。ICP管的外形如同普通塑封小功率三极管,但它只有2个引脚。使用时一般直接焊接在电路板上,十分方便。

(二)可恢复过流保险元件

可恢复过流保险元件又称可恢复保险丝、聚合开关(Poly Switch),是一种高分子PTC(正温度系数热敏电阻)过流保护元件。它的文字符号、图形符号和外形与普通热敏电阻器相同。

可恢复过流保险元件主要是以经过特殊处理的高分子聚合物树脂为基体,掺入导电材料制作而成的。使用时它和普通保险丝一样,串联在电路中。当电路正常时,它自身的温度与室温相近,聚合物将导体紧密地束缚在结晶状的结构内,形成一条导电通路,电阻很小,不会阻碍电流的正常流通。当电路出现过流时,它的温度升高,聚合物由结晶态变成无定形态,体积膨胀,导电通路被挤开,温度超过居里温度T_C后,导电通路几乎被彻底挤断,导致它的阻值瞬间急剧增大到接近开路,电路中的电流迅速减小到安全值。当故障排除后又自动返回低阻状态,成为可恢复"熔丝"。显然,它是一种限流型的过流保护元件。

二、过热保护元件

过热保护元件是一种串联在被保护器件的电路中,当出现过热现象并达到一定的时间时,切断电路起到保护作用的元件。使用中,它往往被放置在被保护器件的旁边或嵌入其中。

在电子电路或电子电器设备中,经常使用的过热保护电子元器件是温度熔断器,有时也会将可恢复过流保险元件作为过热保护元件使用。

(一)温度熔断器

温度熔断器也称温度保险丝、热保险丝,其文字符号也是"FU",图形符号与普通熔断丝一样,也是"—▭—"。

提醒:实际应用中,有时也会见到温度熔断器的图形符号下方标注"$>\theta$"的表示方式,以示强调温度熔断。

温度保险丝同电流熔断丝和熔断电阻一样,也是一次性的保护元件,动作后(即熔断后)无法再次使用。

温度保险丝有多种构成方式,比较通用的有有机物型温度保险丝、瓷管型温度保险丝和方壳型温度保险丝三种。

有机物型温度保险丝由可动触点、弹簧、可熔体构成。在温度保险丝启动之前,电流从一侧引线流向可动触点,通过金属外壳向另一侧引线流动。在外部温度达到预定温度时,有机物可熔体熔化,压缩弹簧变松,即弹簧膨胀,可动触点与引线分离,回路被打开,可动触点与引线间电流被切断。

瓷管型温度保险丝由轴对称的引线、在规定温度下可熔化的易熔合金及为防止其熔化氧化的特殊混合物和绝缘瓷管构成。周围温度上升时,特定的树脂混合物开始液化,当达到合金熔点时,合金熔化。而液化的树脂混合物,会增大已熔化合金表面的张力。已熔化的合金在表面张力的作用下,迅速以两端引线为中心收缩成球状,从而永久切断回路。

方壳型温度保险丝两引脚间连接着一段易熔合金丝,特殊树脂包覆着易熔合金丝,电流从一个引脚流向另一个引脚,当周围温度上升到它的动作温度时,其易熔合金丝熔化并在表面张力作用下及特殊树脂帮助下,收缩成球状,附在两引脚末端,电路被永久切断。

温度保险丝的额定温度多为 70 ~ 320 ℃,有多种规格。

温度保险丝的外壳封装材料有金属、塑胶和氧化膜三种,封装外形既有径向片式的,也有轴向柱式的,如图 5-25 所示。

温度保险丝外壳上常标注有额定温度、额定电流及额定电压值,容易识别,使用起来也十分方便。

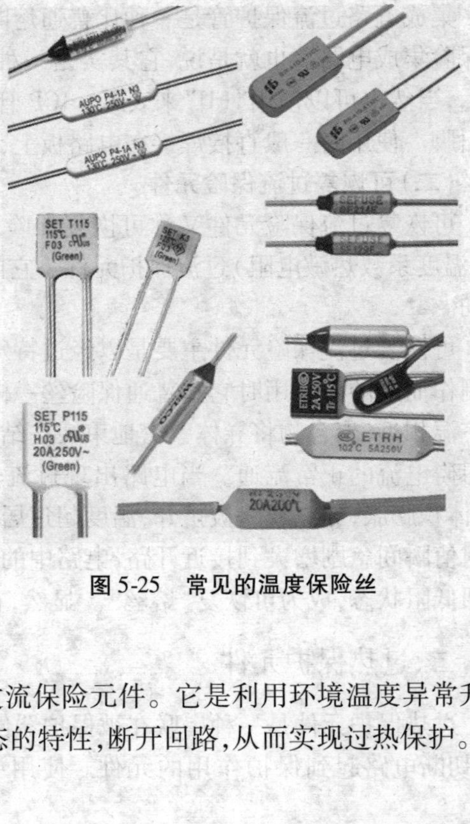

图 5-25　常见的温度保险丝

(二)高分子 PTC 过热保护元件

高分子 PTC 过热保护元件也就是可恢复过流保险元件。它是利用环境温度异常升高时,高分子 PTC 在较低电流下也能进入高阻状态的特性,断开回路,从而实现过热保护。

三、过压保护元件

过压保护即过电压保护,也就是将通过电力线路、通信线路或其他信号接收电路等途径侵入到电子电路的瞬时过电压,限制在电路所能承受的电压范围内,或将强大的雷电流泄流入地,保护电子电器设备或系统不受冲击而损坏。也可以说,过压保护就是为了防止雷击、工业浪涌电压、静电感应造成的破坏。

能实现电路过电压保护的元件,主要有瞬态电压抑制二极管(TVS)、压敏电阻器、气体放电管和半导体过压保护放电管等。

（一）瞬态电压抑制二极管（TVS）

瞬态电压抑制二极管主要在网络通信等信号避雷产品中大量应用，主要采用的是雪崩管系列产品，工作原理是基于 PN 结反向击穿保护。具体介绍参见第三章。

（二）压敏电阻器

压敏电阻器也是一种具有瞬态电压抑制功能的元件，用做过压保护，可以用来代替瞬态抑制二极管、稳压二极管和电容器的组合，是一种限压型的过压保护元件。具体介绍参见第二章。

压敏电阻器使用时，只需将它并联于被保护的电路或设备上，当电压瞬间高于某一数值时，压敏电阻器阻值迅速下降，导通大电流，从而保护电路或电器设备；当电压低于压敏电阻器工作电压值时，压敏电阻器近乎开路，不会影响器件或电器设备的正常工作。压敏电阻应用于电源及供电电路时，常和保险丝配合使用，在电流保险丝之后，并联于被保护电路之前的电路与地之间。当由于过电压使它转向低电阻状态时，一方面限制电源及供电电路上的电压；另一方面，电路中的电流急剧增大，保险丝熔断，也能起到保护电路的作用。压敏电阻器还可以应用于 IC 电路，防止静电放电、浪涌及雷击等其他瞬态电压对它们造成的损坏。

（三）气体放电管

气体放电管是一种间隙式的防雷保护元件，它是由分离开的一对冷阴电极封装在充有惰性气体的玻璃管或陶瓷管内制作而成的。为了改善放电特性，放电管内放电电极上涂敷有放射性氧化物。这种气体放电管有二极型的，也有三极型的。在三极放电管中，第三电极即接地电极。

气体放电管的文字符号是“F”，图形符号和常见实物外形如图 5-26 所示。

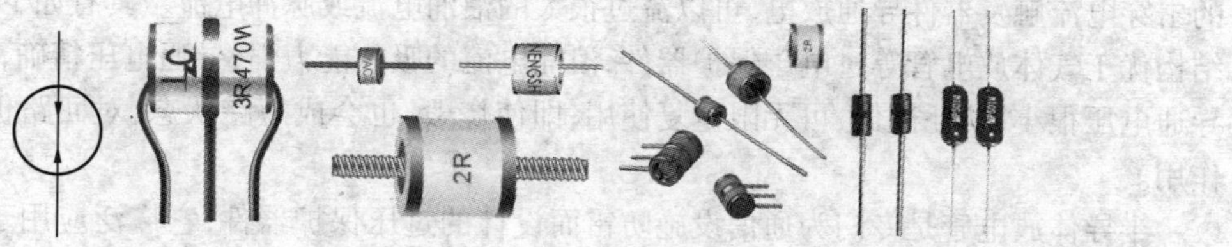

图 5-26　气体放电管的图形符号和常见实物外形

气体放电管在通信系统的防雷保护中已获得了广泛应用，使用中并联在被保护设备的线与线或线与地端之间。

气体放电管的工作原理是气体放电。当放电管两极之间施加一定电压时，便在极间产生不均匀电场，在此电场作用下，管内气体开始游离。若施加的电压未达其动作电压，气体虽游离但并不击穿，放电管呈高阻（绝缘电阻达 1 000 MΩ 以上）状态；当外加电压增大到使极间场强超过气体的绝缘强度时，两极之间间隙放电击穿，由原来的绝缘状态转化为导电状态，浪涌电压在 50 ns 内即被迅速短路至接近零电压，浪涌电流被迅速导入地，从而使得与放电管并联的电子设备得到保护。当浪涌电压消失后，放电管则立即熄灭并恢复为高阻状态，静待下一次的动作。所以，它是一个开关型的过压保护器件。

气体放电管常用于多级保护电路中的第一级或前两级，起泄放雷电暂态过电流和限制过电压作用。

图 5-27 所示为通信电源设备中的一块电路板，上面有几种不同的保护元器件对电路加以保护。

图 5-27　通信电源电路交流输入板上的保护元件

提示：通信电源设备交流输入板上共有 4 个玻璃管熔断丝、3 个保险电阻、5 个压敏电阻和 1 个气体放电管。注意电路板上的文字标注。

(四) 半导体过压保护放电管

半导体过压保护放电管又称固体放电管，是近年来新兴的一种保护器件，也是气体放电管等传统过压保护器件的更新换代产品。它采用了先进的离子注入技术，基于半导体晶闸管结构、原理和技术制造而成，是一种具有负阻特性的双端器件。半导体放电管依靠 PN 结的击穿电流触发器件导通放电，可以流过很大的浪涌电流或脉冲电流。具有如下特点：原理结构优于气体放电管等过电压保护器件，浪涌电流的吸收能力强；导通电压精确，响应快速；导通电压很小，功耗极低，可无限重复使用；即使烧毁，也会成短路状态，对回路仍然有保护作用。

半导体放电管是专门为通信设施防雷而设计的过压保护器件，它广泛应用于通信交换设备、通信发射设备、电话、调制解调器、传真机、XDSL、POS 系统、通信接口中，以保护其内部的 IC 免受瞬间过电压的冲击和破坏。

半导体放电管常见实物外形如图 5-28 所示。

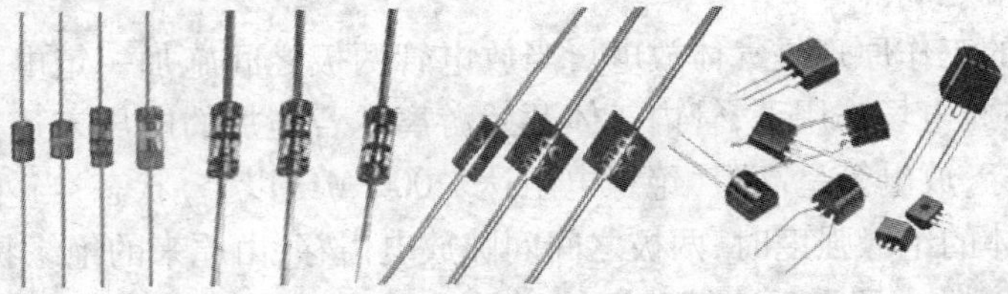

图 5-28　半导体放电管常见实物外形

四、保险元件的检测

(一) 熔断电阻器的检测

熔断电阻器的检测与普通电阻器的检测方法一致，检测时要选择合适的电阻挡位。由于实际应用的保险电阻多是小阻值电阻，测量时一般使用 R×1 挡，使用 R×100 挡的时候很少。另外，在实践中发现，保险电阻除有阻值变大、开路的品质不良现象外，也会有被击穿短路的现象。检测时一定要注意，不要以为阻值小的保险电阻就一定是正常的，一定要和标称值加以比较，最终确定质量正常与否。

（二）电流熔断丝、温度保险丝和集成电路过流保护管的检测

正常情况下，电流熔断丝、温度保险丝和集成电路过流保护管相当于导体，阻值极小。检测时要使用电阻挡，如果使用指针万用表，要选择 R×1 挡，使用数字万用表时，要使用 200 Ω 电阻挡。如果测量结果读数很大或无穷大，说明已经熔断，不能继续使用。

（三）气体放电管和半导体过压保护放电管的检测

正常的气体放电管和半导体过压保护放电管，低电压下（比如万用表内的电池电压下），两极之间应该呈现出高阻状态，其阻值可以视为无穷大。如果用万用表电阻挡的最大挡位（指针万用表一般是 R×10k 挡）测量，测量结果读数不是无穷大，说明存在质量问题，不能继续使用。但是，如果测量结果是无穷大，也并不能说明该放电管一定是正常的而没有失去保护功能。对此，使用万用表无法进一步确定其质量好坏。

（四）其他常见保护元件的检测

压敏电阻、瞬态抑制二极管、扼流线圈、高分子 PTC 过流保护元件（可恢复过流保险元件）的检测，相关章节已作过介绍，这里不再重复叙述。

训练、思考与问答

1. 对于一个单刀三掷开关，该如何判定哪一个端子是动触点引脚？

2. 何谓开关的极和位？

3. 何谓动触点和静触点？何谓常开接点和常闭接点？

4. 解读图 5-19(c)、(d)所示电磁继电器上标注的含义。

5. 如图 5-29 所示电磁继电器，哪两个引脚内部接的是线圈？在这两个引脚上加怎样的电压这个继电器才能正常工作？这个继电器有几组触点？每组触点内的动触点、常闭触点引线分别接哪几个引脚？在不加电的情况下，若用指针万用表 R×1k 挡分别测①③两脚间、②⑩两脚间、⑤⑥两脚间、⑧⑨两脚间的电阻，会有怎样的测量结果？

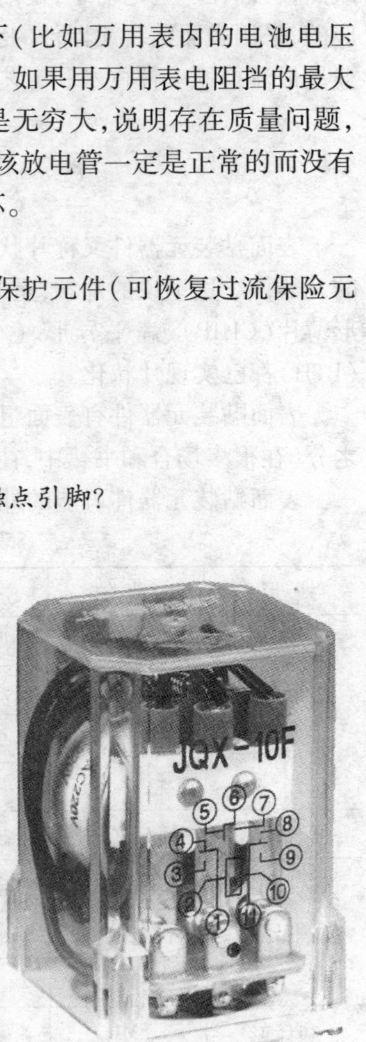

图 5-29　电磁继电器

6. 对于如图 5-22 所示的固态继电器，若输入、输出端子标注不明，你该怎样加以判定？

7. 有人说对保险元件的检测必须、也只能使用万用表的电阻挡，使用数字表也是如此。你同意这种观点吗？说明理由或举例说明。

8. 拆开 MF47 型指针万用表的后盖，仔细观察挡位开关，看看它有几组开关，每组又各为几刀几掷？这种万用表中有保护元件吗？

9. 单灯双控电路中要用到两个单极双位（单刀双掷）开关，使用万用表如何判定这种开关的哪一个接线端子内部接的是动触点？

第六章　表面装贴器件

前面几章介绍的传统长引线(长管脚)元器件,即通孔元器件,是电子产品通孔组装技术(THT)中所采用的元器件,这种封装形式的元器件具有本身固有体积大、组装工艺烦琐等缺点,所以在一些电器中,逐渐被另一种封装形式的元器件——表面贴装元器件所取代。相应的,采用表面贴装元器件的组装技术——表面贴装技术(SMT),也成为了现今电子组装行业里最流行的一种技术和工艺。

第一节　概　述

表面贴装元器件又称片状元器件,是一种无引线(或短小、扁平引线)的片状封装形式的元器件。这里说的片状,是一个广义的概念,是指其外形基本可以认为是一薄片,它有矩形薄片(CHIP)、扁平异形、(小)圆柱形(MELF)等形状。现在,几乎所有的通孔元器件(PTH)都已实现片状化。

表面贴装元器件有表面组装无源器件(SMC)、表面组装有源器件(SMD)和机电元器件之分(在很多场合和书籍中,往往将它们混为一体,统称为 SMD)。

表面贴装元器件可能的外形封装形式如表 6-1 所示。

表 6-1　表面贴装元器件外形封装形式

封装形式	种类	元器件
矩形薄片(CHIP)	SMC	厚膜/薄膜电阻器
		热敏电阻、压敏电阻
		单层或多层陶瓷电容器、云母电容、钽电解电容器、铝电解电容器
		片式电感器、磁珠
复合片式	SMC	排阻、陶瓷电容网络(排容)、滤波器
扁平异形	SMC	电位器、晶体振荡器、微调电容器、铝电解电容器、变压器、排阻、排容
	机电器件	继电器、轻触开关、接插件连接器、微电机
	SMD	二极管、晶体管、场效应管、集成电路
圆柱形(MELF)	SMC	碳膜电阻、金属膜电阻、陶瓷电容器、线绕电感、陶瓷晶体
	SMD	二极管

表面贴装元器件具有体积小、质量轻的特点(体积和质量只有传统插装元件的 1/10 左右),而且由于无引线,因而使用表面贴装元器件时,不需要在电路板上制作管脚插孔(通孔)。元器件可以和印制电路及焊点在 PCB 的同一侧面,电路板的两个面均可利用,所以组装密度高,产品体积小、质量轻(采用 SMT 之后,电子产品的体积一般会缩小 40% ~60%,

质量减轻 60% ~80%),并且贴片元件尺寸标准,这样更方便产品的集成化和功能的综合化,易于实现产品组装自动化,提高生产效率,节省材料、能源、设备、人力、时间等,降低成本(可达 30% ~50%)。另外,采用表面贴装技术,焊接工艺好,焊点缺陷率低;安装密度高,减少了引线和印制导线分布的影响;寄生电容和电感小,高频特性好,减少了电磁和射频干扰;可靠性高,抗振能力强,产品质量有很大提升。

虽然采用表面安装技术使用 SMC/SMD 有很多好处,但是在一些场合还无法取代 PTH 器件。而且,在组装之前对存放的时间(自元器件生产日期算起)及存放环境条件有较高的要求,在储存和组装中需要确保器件不会潮湿。

提示:①表面贴装元器件潮湿会影响焊接质量;②潮湿的零件在瞬时高温加热时,会造成裂损——塑体与引脚处发生裂缝,轻微裂缝会引起壳体渗漏,使芯片受潮而慢慢损坏,影响产品寿命,裂缝严重的直接破坏元件。因此,表面贴装元器件的密封包装一旦拆封要尽快使用。

第二节　表面安装电阻器

表面安装电阻器有矩形薄片 CHIP、扁平异形、圆柱形 MELF 三种封装形式。

一、矩形薄片电阻器

矩形薄片电阻器的外形为扁平形状,如图 6-1 所示(图片做了放大处理)。它的两端是焊接端,通常上表面是黑色,下面是白色。矩形薄片电阻器有厚膜(RN 型)和薄膜(RK 型)两种类型,虽然它们的制造工艺不同,但是它们的电极都采用了多层结构。这样,在组装焊接后,可以有效地防止焊料对电极的侵蚀作用。矩形薄片电阻器的电极,在顶部和底部均向中间延伸,焊接时可以承受高温而不受损。

图 6-1　矩形薄片电阻器

矩形薄片电阻器的外形封装有多种规格,常见的封装大小及相应的参数如表 6-2 所示。

CHIP 封装电阻器的阻值标注在电阻器的黑色上表面上,采用黑底白字标注。标注方法主要是数码标注法、文字符号标注法,有时也会采用代码标注法。

(一)数码标注法

矩形薄片电阻器的数码标注法,与通孔元件电阻器的数码标注法基本相同,只是省去对允许误差的标注:对于允许误差为 ±1% 的精密电阻,采用 3 位有效数加 1 位倍率(10^n)数字的 4 位数码标注法;对于允许误差为 ±5% 的一般电阻,使用 3 位数码标记阻值。

表 6-2　CHIP 封装电阻器常见封装大小及相应的参数

英制		公制		额定功率(W)	最高电压(V)
代码	尺寸大小(长×宽)(in)	代码	尺寸大小(长×宽)(mm)		
0201	0.02×0.01	0603	0.6×0.3	1/20	
0402	0.04×0.02	1005	1.0×0.5	1/16	50
0603	0.06×0.03	1608	1.6×0.8	1/10	50
0805	0.08×0.05	2012	2.0×1.2	1/8	150
1206	0.12×0.06	3216	3.2×1.6	1/4	200
1210	0.12×0.10	3225	3.2×2.5	1/3	200
1812	0.18×0.12	4832	4.8×3.2	1/2	200
2010	0.20×0.10	5025	5.0×2.5	3/4	200
2512	0.25×0.12	6432	6.4×3.2	1	200

【例 6-1】　一些片状电阻器上分别有如下的标注:1502、000、391,试解读这些标注的含义。

解:1502 表示电阻器的标称阻值为 $150\times10^2\ \Omega$(即 15 kΩ),允许误差为 ±1%;

000 表示阻值为 0 Ω(跳线);

391 表示电阻器的标称阻值为 390 Ω,允许误差为 ±5%。

(二)文字符号标注法

矩形薄片电阻器的文字符号标注法与普通电阻器的文字符号标注法相同。

(三)代码标注法

代码(EIAJ 码)标注法是一种适用于封装尺寸较小(0603 及以下)的精密电阻的标注法,采用 2 位数码表示有效数值和 1 位字母表示倍率(10^n)的 3 位代码标注,如 88A、36X。

2 位数字代码与有效数值的对照关系如表 6-3 所示,代表倍率(10^n)的字母与倍率的对应关系如表 6-4 所示。

表 6-3　数字代码与有效数值的对照关系

代码	阻值	代码	阻值	代码	阻值	代码	阻值	代码	阻值	代码	阻值
01	100	17	147	33	215	49	316	65	464	81	681
02	102	18	150	34	221	50	324	66	475	82	698
03	105	19	154	35	226	51	332	67	487	83	715
04	107	20	158	36	232	52	340	68	499	84	732
05	110	21	162	37	237	53	348	69	511	85	750
06	113	22	165	38	243	54	357	70	523	86	768
07	115	23	169	39	249	55	365	71	536	87	787
08	118	24	174	40	255	56	374	72	549	88	806
09	121	25	178	41	261	57	383	73	562	89	825
10	124	26	182	42	267	58	392	74	576	90	845
11	127	27	187	43	274	59	402	75	590	91	866

续表 6-3

代码	阻值	代码	阻值	代码	阻值	代码	阻值	代码	阻值	代码	阻值
12	130	28	191	44	280	60	412	76	604	92	887
13	133	29	196	45	287	61	422	77	619	93	909
14	137	30	200	46	294	62	432	78	634	94	931
15	140	31	205	47	301	63	442	79	649	95	953
16	143	32	210	48	309	64	453	80	665	96	976

注:此表数据为贴片电阻的 96 个前三位有效数值,取自厂家内部资料,与通孔电阻 E96 稍有出入。

表 6-4　代表倍率(10^n)的字母与倍率的对应关系

代码	A	B	C	D	E	F	G	H	X	Y	Z
倍乘数	0	1	2	3	4	5	6	7	-1	-2	-3

前面例举标注 88A 的含义是标称阻值为 $806 \times 10^0 = 806\ \Omega$,允许误差为 ±1%;36X 的含义是标称阻值为 $232 \times 10^{-1} = 23.2\ \Omega$,允许误差为 ±1%。

二、圆柱形 MELF 封装电阻器

圆柱形金属电极无引脚端面元件,简称 MELF。MELF 封装固定电阻器外形为一圆柱体,如图 6-2(a)所示。

圆柱形 MELF 封装电阻器采用色环标注,标注方法与通孔电阻器的色环标注法相同。

(a)MELF 电阻器　　(b)SOP 型排阻　　(c)片式电位器

图 6-2　常见 MELF 电阻器、SOP 型排阻和片式电位器

三、电阻网络(排阻)

排阻有多种封装形式,以 SOP 型封装最常见,如图 6-2(b)所示。另外,还有 PLCC、芯片功率、芯片阵列等封装结构。

四、电位器

表面安装电位器,有片状、圆柱状、扁平矩形等封装外形,如图 6-2(c)所示。片式电位器有敞开式和密封式两种。敞开式不防尘、不防潮,不适合采用波峰焊接。

第三节　表面装贴电容器

传统的长引线电容器种类很多,基本上都已经实现了片状化,由于耐热性和厚度而最难实现片状化的有机薄膜电容器，也早在1982年就实现了片状化。现在，实际应用中，使用最多的电容器是多层片状陶瓷电容（达到80%以上），其次是片状铝电解电容和钽电解电容，云母、有机薄膜等其他种类的片状电容器应用较少。

一、片式陶瓷电容器

容量1 000 pF以下的片状瓷介电容器为单层结构，1 000 pF以上大都采用多层层叠结构（多则上百层，即独石结构，又称MIC），内部电极层数由电容值决定，一般有十多层。与矩形薄片电阻器一样，它们的外部电极也采用多层镀层结构。片式多层陶瓷电容器的外形如图6-3所示。片式陶瓷电容器外观主体一般呈灰黄色（土黄色），片状电容尺寸与片状电阻的尺寸相似，有0603、0805、1210、1206等多种规格，其中1206应用最多。

图6-3　片式陶瓷电容器

矩形片式电容器的容量标注方法一般有两种：一种是和标注CHIP电阻器一样的数码法，它适合于体积大一些的矩形片式电容器的容量标注；另一种是字母数字法，由代表电容量有效数值的一个英文字母和一位表示倍率（10^n）的数字组成（如M3），单位是pF。这种方法适合于尺寸较小的片式电容器的标注，一个英文字母所表示的2位有效数的数值参见表6-5。

表6-5　字母数字容量标注法中字母与数字的对应关系

字母	A	B	C	D	E	F	G	H	I	J	K	L
有效数字	1.0	1.1	1.2	1.3	1.5	1.6	1.8	2.0	2.2	2.4	2.7	3.0
字母	M	N	P	Q	R	S	T	U	V	W	X	Y
有效数字	3.3	3.6	3.9	4.3	4.7	5.1	5.6	6.2	6.8	7.5	8.2	9.1
字母	a	b	c	d	e	f	m	n	t	y		
有效数字	2.5	3.5	4.0	4.5	5.0	6.0	7.0	8.0	9.0			

容量标注为M3的片式电容器，其标称容量是3.3×10^3 pF =3 300 pF =3.3 nF。

对于一些尺寸很小的电容器，从电容本体上无法区分电容的容值和耐压值，只能从其包装料盘标签上进行识别。

瓷介电容器也有圆柱形（MELF）的，它其实是轴向通孔瓷介电容器的表面装贴化。

二、片状铝电解电容器

由于铝电解电容器的介质为电解质，片状化需要解决密封问题，和云母电容一样实现片状化较晚。片状铝电解电容器有矩形树脂封装和圆柱形金属封装两类，如图6-4所示。

注意：片状铝电解电容器外壳上深色标志代表负极（图6-4所示两个柱形片状铝电解电容器的负极均在本体左侧），容量及耐压值在外壳上也有标注。

三、片状钽电解电容器

在表面组装技术中，容量超过0.33 μF的电容器一般是钽电解电容器。片状钽电解电容器有四种不同类型:裸片型、模塑封装型、端帽型和圆柱型。裸片型又称T型,即无封装型。模塑封装型即常见的矩形钽电解电容。端帽型也称树脂封装型,主体为树脂封装,两端有金属电极。圆柱型片状钽电解电容器较少见。常见片状钽电解电容器实物外形如图6-5所示。

图6-4　片状铝电解电容器

图6-5　片状钽电解电容器

矩形钽电解电容外壳一般为黄色或黑色塑料封装,上表面一端印有明显标志线的为正极(黄色外壳时为深色标志线,黑色外壳时为浅色标志线),在封装面上注有电容量的数值及耐压值。

提醒:注意,铝电解电容器和钽电解电容器的极性标志正好是相反的,千万不要弄错。

第四节　表面装贴电感器和磁珠

片式电感器的种类较多,按封装形状可分为矩形和圆柱形,按结构可分为片状叠层式和绕线式。其中,片状叠层式电感器的外观与片状多层层叠瓷介(独石)电容器很相似。如图6-6所示为常见表面安装电感器。

图6-6　常见表面安装电感器

片状磁珠的外形与矩形片状叠层式电感器、片状多层瓷介电容器相似。

提示:注意观察图6-6所示常见表面安装电感器上的标注,你会发现有几个元器件上标注有"R",它们不是电阻。有些电容器上也有,只是没有这里的多。还有,电感器上标注的"10 N"的含义是什么?图中还有几个片状磁珠,在图中的右下角。

第五节　表面安装晶体管和集成电路

一、表面安装晶体管

(一)片状晶体二极管

片状二极管有圆柱形无引线玻璃封装二极管和塑封矩形片状二极管、片状发光二极管

(LED)和片状二极管组件等。图 6-7 所示为常见片状晶体二极管实物外形。

注意:片状二极管外壳上有不同于本体颜色的(色环或色带)特殊标记一端为负极;对于(图 6-7 中间的)长方形 LED,一般在其表面用一色块(点)或在背面用一正三角形作记号,零件表面黑点一端为正极(有黑或绿色块一端为负极)。若在背面作标示,则正三角形所指方向为负极;对于(图 6-7 中上部)正方形 LED,缺角为负极标志;图中右下角元件为整流桥,其极性标志标注在元件上。另外,二极管组件多采用 SOT-23 封装形式,如表 6-6 所示。

图 6-7　常见片状晶体二极管

(二)片状三极管

片状三极管,有三电极管也有四电极管,采用翼形短引线塑料封装。小功率晶体管(包括三极管、复合三极管、场效应管等)以 SOT-23 封装形式、中功率以 SOT-89 封装形式最常用。但是它们体积小,无法在表面标注型号,只在表面印出标记,无法从元件本体分辨出是三极管还是片状二极管组件或其他器件,需根据标记查阅相关资料,了解对应的极性、型号及性能参数等;功率较大的晶体管,封装体积也比较大,可以在元件表面标注型号。常见表面安装晶体管和集成电路的封装形式如表 6-6 所示。

表 6-6　常见表面安装晶体管和集成电路的封装形式

外形				
封装	SOD-123	SOT-23(3pin)	SOT-23(5pin)	SOD-23(6pin)
外形				
封装	SOT-323	SOT-25	SOT-143	SOT-343
外形				
封装	SOT-89	SOT-223	SOP	SOJ
外形				
封装	QFP	PLCC	LCC	BGA

提示：晶体管的主要封装形式有小功率的 SOT－23、SOT－143、SOT－25、SOT－26、SOT－323（mini－SOT）和中功率的 SOT－89，大功率的 SOT－223，二极管常用的 MELF 等。

二、表面安装集成电路

表面安装集成电路是在 DIP 的基础之上发展起来的。常见的表面安装集成电路，其封装外观有两边有引脚（SOP 和 SOJ）、四边有引脚（QFP 和 PLCC）和底部圆引脚（BGA）等几种，如表 6-6 所示。与通孔式集成电路一样，表面安装集成电路本体上，也会用凸状小圆点或凹状小圆坑、缺角、圆弧形缺口、丝印字迹（线条、色点、色带）等参考标记，示出引脚起始脚（pin1）。引脚的排列方向也与通孔式集成电路相同。

（一）小外型塑料封装

小外型塑料封装即 Small Outline Package，简称 SOP 或 SOIC，其名称并不统一，主要名称有 SO、SOM、SOL、SOJ 和 SOP（日本）等。这种双列扁平封装，引脚形状有翼型（引脚向外张开，似鸥翼）、J 型（引脚向零件底部弯曲）和 I 型三种，如图 6-8 所示。SOP 为翼型引脚，SOJ 为 J 型引脚。

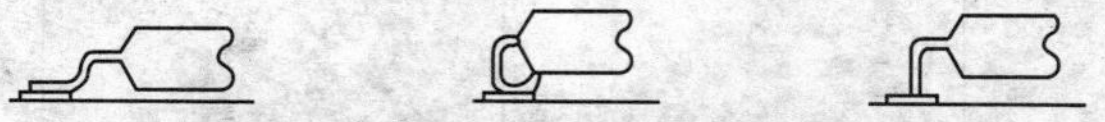

图 6-8　表面安装集成电路引脚形状

现在，常用的双列扁平封装引线间距有 1.27 mm 和 0.8 mm 两种，引脚数量 8～32 个，最新生产的引线间距为 0.76 mm，引脚数量可达 56 个。

（二）方型扁平封装（QFP）

方型扁平封装即 Quad Flat Package，简称为 QFP。它是专为小引线距（又称细间距）表面安装集成电路而研制的，集成电路四边都带有翼型引脚。引线间距 1.27～0.4 mm 多种，引脚数量最多可达数百个，常见的有 44～160 个。

（三）芯片载体封装

芯片载体封装外形呈正方形，主体四侧都有引线，引脚数量最多可达 348 个，通常有塑料及陶瓷封装两大类。

1. 塑料有引线封装（PLCC）

塑料有引线封装即 Plastic Leaded Chip Carrier，简称 PLCC。引脚形状一般为 J 型，16～100 个引脚，间距采用标准 1.27 mm。

2. 陶瓷无引线封装（LCCC）

陶瓷无引线封装即 Leadless Ceramic Chip Carrier，简称 LCCC，也称陶瓷 QFN。紧贴芯片引出端是陶瓷外壳四侧的镀金凹槽，只有电极接触面而无引脚，16～156 引出电极，多采用标准 1.27 mm 间距。应用时，一般并不直接焊接到印制线路板上，而是使用集成电路管座（又称引脚转换座）。集成电路管座焊接到印制线路板上，再将 LCCC 芯片安装管座的安装槽中。

(四)球栅阵列封装(BGA)

球栅阵列封装即 Ball Grid Array,简称 BGA。这种封装的集成电路引线从封装主体的四侧扩展到整个平面,在塑料、陶瓷或载带基板的背面(即集成电路的底面),按阵列方式制造出球形凸状触点(陶瓷 BGA 也有采用柱形触点)代替引线,在基板的正面装配芯片。它有效地解决了 QFP 的引线间距缩小到极限的问题,是一种新型的封装技术,用于多引脚大规模集成电路的封装。阵列间距有 2. 54 mm 或 1. 5 mm、1. 27 mm 等几种,阵列数量 52 ~736。

第六节　其他表面装贴器件

常见的表面装贴器件除前面介绍的几个种类外,还有贴片自恢复保险、片状滤波器、片状振荡器、片状开关和片状继电器等,实物外形如表 6-7 所示。

表 6-7　常见的其他表面装贴器件

实物外形				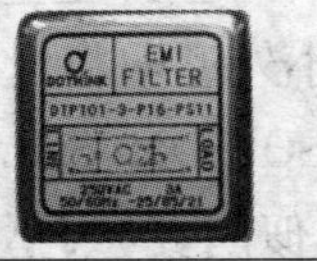
名称	自恢复保险丝	电流熔断器	贴片轻触开关	片状 EMI 滤波器
实物外形				
名称	片状陶瓷滤波器	固态继电器	继电器	片状振荡器

提示:到此为止常用电子元器件介绍完毕。学习这一部分内容,一定要注意对常用元器件识别和检测的掌握,这是最基本的电子技能,也是提高电子实践能力的基础。识别单独电子元器件要一看外形,二看(元器件本体上的)标注,必要的时候还要用万用表测量;如果是电路板上的元器件,还要(或还可)借助 PCB 上的标注去识读,有电路图则可根据图中文字或图形符号确定。

训练、思考与问答

1. 打开一个采用表面安装技术生产的电子产品,如 MP4、手机或电视机高频头等,查看里面用得最多的两种小的片状元器件,说出它们的名称。它们分别呈现何种颜色?元件上面有标注吗?如果不能直接辨识这两种元器件,你能想出办法测量出来吗?

2. 片式电解电容器的正负极该如何区分?

3. 表面装贴二极管的正负极该如何区分?

4. 表面安装元器件有哪几种基本外形?

第七章 电子电路图的识读

电子电路图是为了研究、生产、应用和工程的需要，用约定的符号绘制的一种用来描述电子产品的电路组成、结构、工作原理、电气连接、安装和接线方式的图样，是电子技术领域相互交流的共同技术语言，是指导电子产品装配、调试和维修的重要技术资料。电子电路图识读是进行电子技术学习与研究、电子产品设计、电子产品组装、电子工程施工等，应该掌握的最基本技能。

提示：本章用到和涉及的常用术语有如下一些：

PCB——印制线路板

引脚——元件的一部分，用于把元件焊在电路板上

单面板——电路板上只有一面用金属处理、上有金属线路的板子；

元件面——电路板上插元件的一面；

焊接面——电路板中元件面的反面，有许多焊盘提供焊接用；

焊盘——PCB 板上用来焊接元件引脚或金属端的金属部分；

极性元件——有些元件，插入电路板时必须定向；

极性标志——印制电路板上，极性元件的位置印有极性标志；

跳线——电路板上起桥接（跨接）作用的导线。

第一节 电路图识读的基本知识

电子电路图的类型很多，常用的电路图主要有示意图、方框图、电路原理图（整机电路图）、单元电路图、等效电路图、印制电路图、装配图和接线图等几种。构成这些电路图的文字、图形和线条符号，在国内外都有着统一的规定。下面分别介绍常用的主要电路图及其相关知识。

一、电路方框图

电路方框图又叫电路框图，是一种用简单的方框和连线来表示电路构成概况、信号的流通与处理过程以及电路大致工作原理的电路图。

在这种电路图中，基本上只有方框和连线，几乎就没有别的符号。在这里，简单地将电子产品的电路，按照功能划分为几个部分的单元电路或系统电路，将每一个单元电路或系统电路描绘成一个方框，在方框中加上简单的文字说明，在方框间用连线（有时用带箭头的连线）说明各个组成部分之间的相互关系。用带箭头的线段表示电信号的走向或电路的动作顺序。这里，单元电路是指由一组元器件组成的具有一定功能的基本电路，如放大电路、振荡电路等。系统电路则是指由若干单元电路构成的一个功能模块电路。

方框图的种类很多，主要有整机电路框图、系统电路框图和集成电路内部电路框图等

几种。

(一)整机电路方框图

整机电路方框图是表示整机电路的方框图,也是众多方框图中最大的方框图。它表示整机电路组成的各部分单元或系统电路之间的相互关系。如图7-1所示为线性直流稳压电源电路框图。

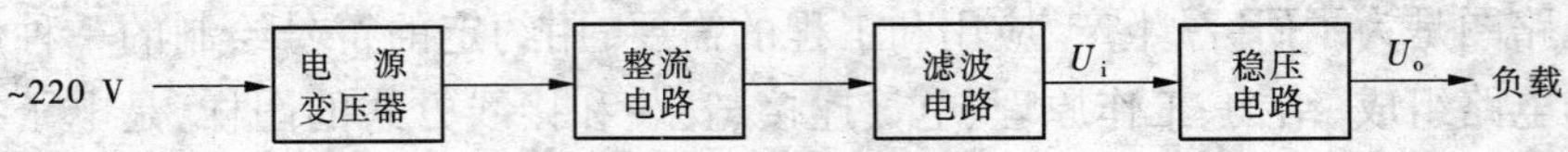

图7-1 线性直流稳压电源电路框图

显然,图中连线的箭头还指出了信号(或电流)传输的方向,形象地表示了信号(或电流)在电路中传输的过程。由框图可以清楚地了解电路组成、信号传输方向和传输过程中对信号的处理方法(如放大或衰减、整流或稳压)等。

(二)系统电路方框图

一个复杂的电子产品,其整机电路是由多个系统电路构成的,每个系统电路又由若干功能电路组成。系统电路框图自然也就是整机电路框图的下一级方框图,它表示该系统电路的组成情况。一般说来,一个整机电路框图是由多个系统电路方框图构成的。图7-2所示为GSM手机发射电路框图。

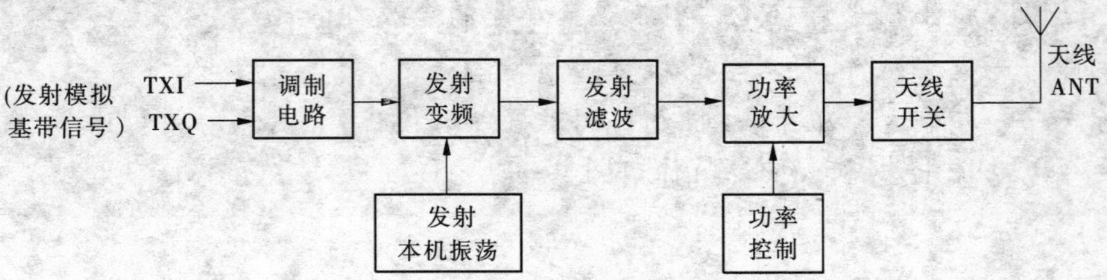

图7-2 GSM手机发射电路框图

(三)集成电路内部电路方框图

集成电路内电路十分复杂,在许多情况下直接画出IC内电路十分困难,也没必要,用方框图来表示集成电路内电路的组成情况,更有利于对电路原理的理解。

如图7-3所示为可调式三端集成稳压电路CW317内部电路方框图。

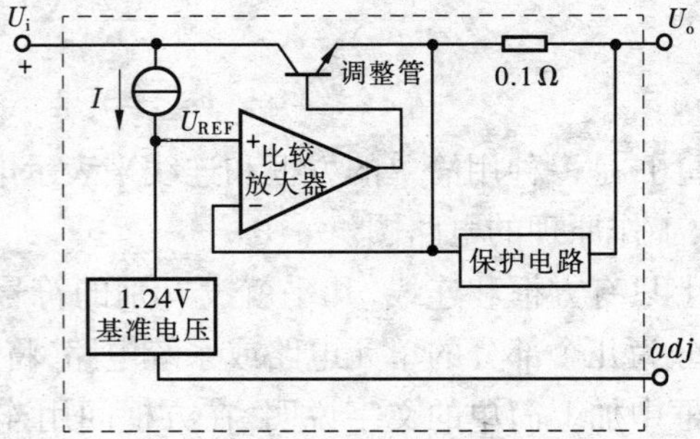

图7-3 CW317内部电路方框图

集成电路的内部电路方框图是比较详细的,从集成电路内部电路方框图中可以了解到集成电路的组成、有关引脚的作用等信息。根据引脚上的箭头方向可以判断该引脚是输入还是输出。这些对分析集成电路的应用电路是十分有用的。

综合上述可知,方框图具有简明、清楚、逻辑性强、包含信息量大等特点。方框图很重要,特别是在分析集成电路的应用电路、复杂的系统电路,了解整机组成情况时,没有方框图会给电路的识图与分析造成很多困难和不便。一般来说,比较复杂的电路原理图都会附有方框图作为说明。通过识读方框图,就可以粗略了解电子产品整机或某一部分电路的基本构成、各部分电路所起的作用和顺序,大致理解电路工作原理,为分析具体电路提供指导性的信息。方框图越详细,为识图提供的有用信息越多。

二、电路原理图

电路原理图也叫电原理图,简称原理图、电路图。它是表明电子产品具体电路构成、说明其电路工作原理的图纸。电路原理图是设计和研制电子产品的原始资料,也是编制产品接线图、设计印制线路图的唯一依据。

电路图主要由元件符号、连线、节点、注释四大部分组成。在原理图中,用元器件图形符号和项目代号(文字符号与序号)表示实物,用线条表示实物之间的连接导线,用节点表示几个元件引脚或几条导线之间相互的连接关系。大多数情况下,图中还会在元器件电气图形符号和项目代号旁标注出一些注释性符号信息,给出各元器件的具体型号、技术参数等重要数据。有些图中还会给出关键点的工作电压、电流、波形等信息,以方便工作原理的分析和产品的组装、调试与检修。

如今,随着微电子技术的发展,集成电路内电路越来越复杂、规模越来越庞大。电子产品大量使用 IC 后,在电路原理图中,都是把集成电路视做一个特殊元件,而 IC 内电路用小方框图表示。这样,电路原理图形状发生了变形,变成了实用电路图与方框图的结合,仍然称做电路原理图。

电路原理图示例参见图 7-4 所示电压可调线性直流稳压电源电路原理图。

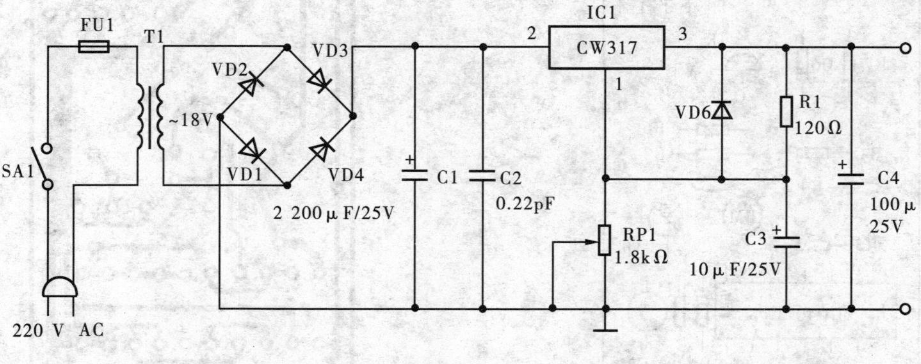

图 7-4 电压可调线性直流稳压电源电路原理图

对比上面的电路框图和原理图,可以看出它们的主要区别:它们虽然都是用来说明电路的原理和结构的,但方框图只能用来说明电路大概轮廓、框架,大致体现电路的工作原理;而原理图则详细给出了电路的全部元器件及其具体型号、参数和它们的连接方式。电路原理图除详细地表明电路的工作原理外,还是采集元件、制作电路的唯一依据。

三、电路装配图

电路装配图是表示电原理图中各功能电路组件、各元器件在实际电路板上的具体分布位置的图形，它已经很接近实际的安装情况，因此又被称为元器件安装图、元器件布局图、元器件布置图、装配布局图等。电路装配图是为了进行电路装配而提供的较为直观的接线的组装工艺图纸。图中的符号往往是元器件的电气图形符号或实物外形封装图、元器件的代号（文字符号，如 R_1、C_2、R1、C2）、型号、参数（如标称值，10k、68p）等，元器件的极性也在图中标出。图中一般不会画出导电图形。这种电路图形是直接印制在电路板上的，对于单面电路板也就是印制在元件插接面上（在 Protel 中，称为顶层字符层、元件面丝印层）。这样，在产品的组装制作时，插装元器件与连接线就比较方便，也便于产品的测试、调试、检查和检修。

图 7-5 所示为集成电路声光控延时照明灯的电路装配图。

四、印制线路图与印制电路图

由于电子产品生产中，采用印制工艺在电路板上制作导电线路以及导电线路与元器件的接点（焊盘），所以把这些导电线路（铜箔线条）称为印制导线，这种电路板称为印制线路板。描述印制线路板焊接面上焊盘和印制导线的分布、走向情况的图形，称为印制线路图，又称印制线路板电路图、印刷线路板图、印刷线路图。

印制线路图是考虑到元器件的体积、散热、抗干扰、抗耦合等诸多因素之后，根据电原理图重新设计而来的，它是为制作印制电路板提供拍照制版的图形，图中只有印制线路和焊盘，所以这种图又称印版图。如图 7-6 所示（与图 7-5 所示电路装配图相对应的印制线路图，为了便于对照识读，对其做了镜像处理）。

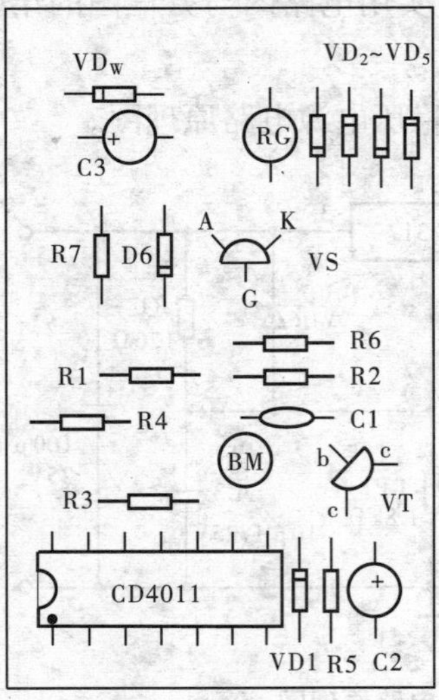

图 7-5　集成电路声光控延时照明灯电路装配图

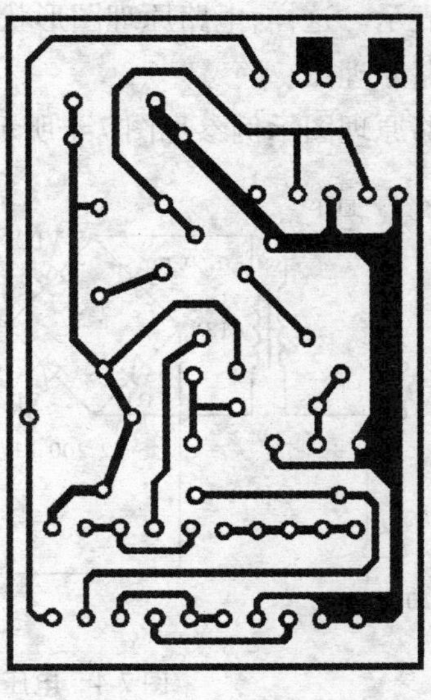

图 7-6　集成电路声光控延时照明灯印制电路图

印制线路板与元器件加工完成后的电路板通常称为印制板或 PCB（Printed Circuit Board）。描述印制板上的电路的图形称为印制电路图。

印制电路图是在印制线路和焊盘的基础之上，再叠加上相应的元器件的符号、代号和编号(即元器件布局图)而形成的,通常以两种不同的颜色或线条绘制,如用绿色表示印制导线,用黑色表示元器件的符号和代号等信息。图 7-7 所示为分立元件声光控延时照明灯的印制电路板图。这种双色绘制的电路图,可以看做是电路装配图与印板图的混合,它几乎反映了电子产品 PCB 板焊接面的真实面貌,只是在印制板焊接面上,相应的元器件的符号、代号和编号等标注信息是用白色印出的。显而易见,这种双色印制电路图更便于用来对产品进行测、调、检、修。

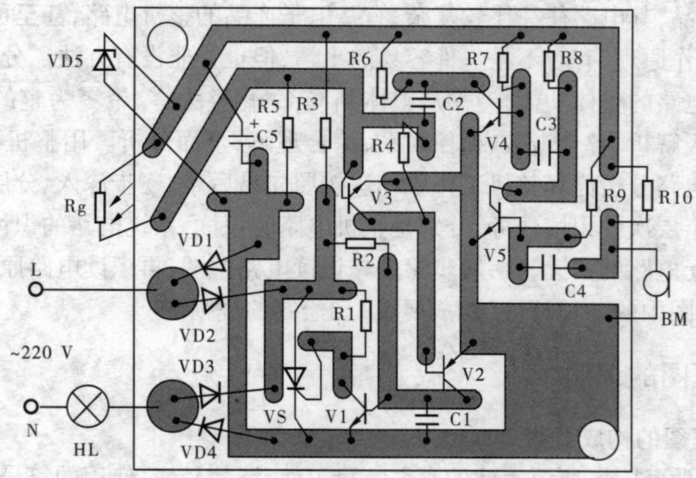

图 7-7 分立元件声光控延时照明灯印制电路板图

现在的印制电路板设计,一般都使用电子 CAD 软件,如 Protel、EWB 等,设计结果可以通过打印机或绘图仪输出。在打印输出图纸时,可以根据需要设定“叠层打印”或“分层打印”。叠层打印电路板顶层标注层和焊接面印制导线,打印出的就是电路装配图与印板图混合的印板电路图形;“分层打印”仅打印电路板丝印层(顶层字符层、顶层标注层)图纸,就可以作为电路装配图使用。

五、接线图

电路接线图是描述产品各电路板块之间各元器件的相对位置关系和接线实际位置的图形。

大型电子电器整机电路十分繁杂,电路原理图也要分成几个部分绘制。整个产品由多块印制电路板组成,各板块之间的连线也很多、很复杂。对于由多台电子设备构成的电子系统,板块之间、设备之间的连接线会有更多。要想清楚每根连接线的作用以及是哪些元器件之间有电气连接是困难的,前述各种电路图都难以解决这个问题。通过电路接线图可以知道各板块之间的连接情况。在实际电路中,这种连接大多是通过接插件实现的。

有了电路接线图,配合接线表、电路图等必要资料,在产品的整件、部件等内部接线具体装接、调整、检查和工程施工时,就会很方便。接线表就是一个指明连接线(颜色、长度等)具体特征、连接线两端具体连接点等信息的表格。

对于电路接线图,识读的主要任务就是要弄清楚这些连接线的来龙去脉,即通过哪些接插件或电缆、导线实现了哪些板块或设备间的电气连接,还要掌握这些导线、电缆或接插件的编号、代号以及在电路板(或设备)上的具体位置。如有可能,也要了解这些连接线的作用。

第二节　电路框图与电路原理图的识读

电路框图和电路原理图虽有区别，但是它们都是用来说明电路结构和工作原理的。识读电路框图和电路原理图，就是要通过它们来了解电路的构成、分析电路的工作原理。这是进行电子产品生产、调试、设计和维修的基础。

一件电子产品，其电路往往比较复杂，有些电子产品的整机电路，甚至可以说十分繁杂。要掌握它们的工作原理，有时不是一件容易的事情，但也并非没有办法。分析电路的工作原理，首先要掌握电路的整体功能，遵循从整体到局部、化整为零、聚零为整的基本方法，也就是逐步分解、逐级解析、各个击破、抓住联系、综合理解、全面分析。用整机原理指导具体电路分析，用具体电路分析诠释整机工作原理。按照先易后难、逐步深入、分层次地进行识读。通常，它包括四个层次的识读任务，分别是整机电路的识读、系统电路的识读、集成电路应用电路的识读、单元电路的识读。一般步骤是先识读电路框图，再识读电路原理图。前提条件是熟知电子电路图中的各种符号（构成要素）和绘制的规则。

一、电路框图的识读

（一）电路框图的构成要素

电路框图简明、清楚，所要表达的含义一目了然、清楚易懂；使用的符号数量少且含义确切。图 7-8 所示为 GSM 手机直接变频线性接收电路框图。

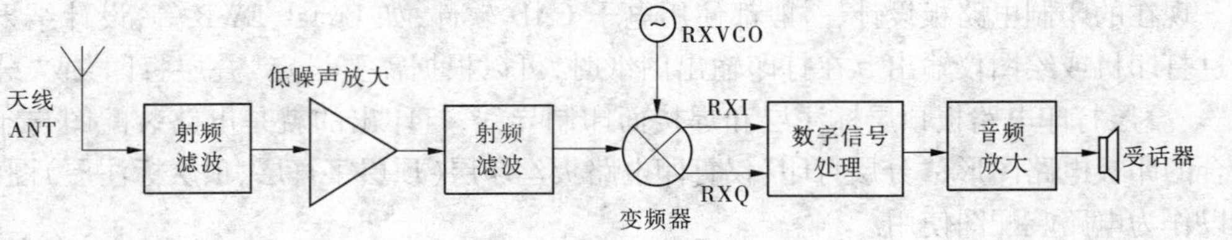

图 7-8　GSM 手机直接变频线性接收电路框图

电路方框图中，每个框表示一个功能模块电路（单元或系统电路），将两框连接起来的线条，明确地表示了功能模块电路依次所起的作用和互相联系的先后顺序。带箭头的连线指明对信号的作用过程和作用方向。清楚了每一个框代表的功能电路，也就能明白该电路框图表达出的电路结构概况和功能原理。只是电路框图中的框并不都是方框，也有可能是表示特定功能电路的圆框、三角框等。常见的特定功能电路的框形图形符号表示参见附录一。

提醒：现在各种电子电路图的设计一般都使用 CAD 软件，现在流行的这些软件，如 Protel 等，都是国外的产品，所使用的图形符号与国家标准并不完全一致，例如图 7-8 中的变频器和 RXVCO 就与 GB4728 规定不一致，读图时一定要注意，平时也要注意多积累。

有些电路框图中，在连接线的上方还会标注出一些诸如该处的波形、频率等特性参数信息（见图 7-13），用以辅助说明，这对理解电路的结构和原理十分有益。

另外，在涉及微处理器的电路时，还有一种习惯画法：单根控制线仍以细实线表示，地址总线和数据总线是总线结构，以空心粗箭头绘制。参见图 7-9 所示的 MCS－51 系列单片机电路框图。

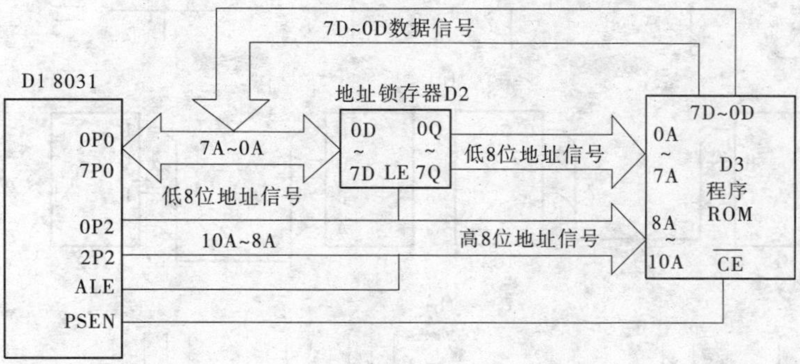

图 7-9　MCS－51 系列单片机电路框图

(二)电路框图的识读任务

识读电子产品整机框图,就是要了解整机电路的系统构成、各系统电路所起的作用和顺序,大致理解电路工作原理。为进行电原理图识读中的化整为零、逐步分解、逐级解析(具体电路)提供指导性的信息。

识读系统电路框图,就是要弄清楚该系统电路的主要功能、任务、信号的变换以及处理过程等。

集成电路的内电路框图一般是比较详细的,对它的识读,并不一定要把它的具体工作原理和具体电路全部掌握,而是要掌握它的功能和有关引脚的作用、是输入还是输出以及接何种外部元件等,以便在电原理图识读时具体分析它的应用电路。

二、电路原理图的识读

(一)电路原理图中的符号

电路原理图主要由元件图形符号、连接线、节点、注释性文字或图形符号四大部分组成,并按一定的规则绘制而成。识读电路原理图,首先必须熟知常用的图形符号、文字符号、连线和绘制规则,并对其表示的含义、标注原则、使用方法了然于胸。

1. 电路原理图中的图形符号

电路原理图中用到的图形符号,主要是构成电路的所有元器件和组件、部件的电气图形符号。这一类的符号有很多,附录一列出了一些比较常见的图形符号,最常见的也就是第二~五章介绍到的图形符号。这些图形符号所表示的元器件的种类、性能、特征、特性及在电路中所起的作用和功能、对整个电路产生的影响等,是必须要掌握的。掌握元器件的哪些参数会对电路性能和功能产生什么样的影响,对于读懂、读通、读透电路图是必不可少的。

提示:电子元器件和组件、部件的电气图形符号有很多,不同时期的规定又不尽相同,国标符号与国际流行符号区别较大,一定要注意学习和积累。

原理图中用到的图形符号还有虚线、接地线以及表示电压、信号波形的图形符号等。

电路原理图中的连接线,其实也是图形符号,只是被用来表示导线和连接。这也是识读电路原理图必须要掌握的。

1)导线的连接

图 7-10(a)所示为导线连接的表示方法。

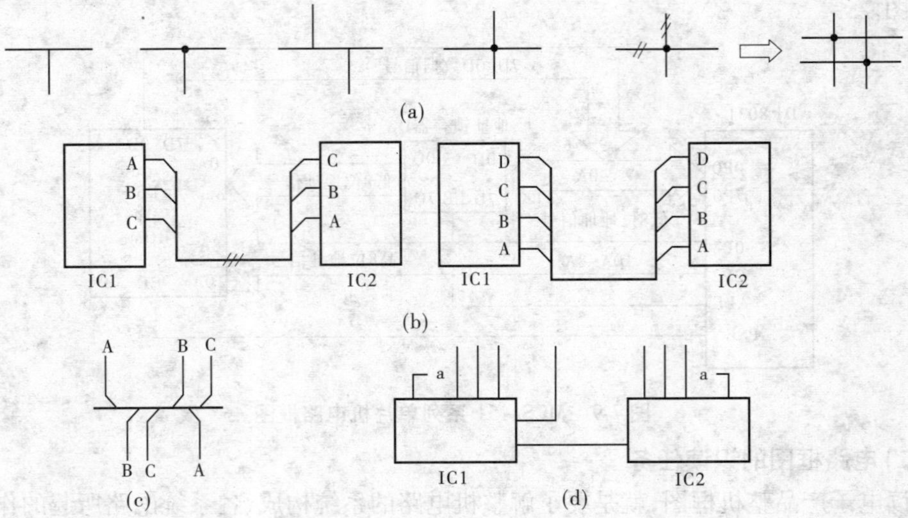

图 7-10　常见导线的连接表示

图 7-10(b)所示为多条去向相同的导线连续线用单线表示。这样,图面清晰,易画易读。单线的两端仍用多线表示,导线组的两端位置不同时,需标注出相对应的标记符号(通常是文字符号及数字编号)。

图 7-10(c)所示为导线汇入用单线表示的一组平行连接线时的表示方法。图中,每根导线两末端注有相同的标记符号,从连接线汇入处折向的方向,可以识别出进入或离开汇总线的方向。

图 7-10(d)所示为导线的中断表示。当连接导线的两端相距较远、中间有较多的图形区域时,采用中断加标记的画法,两中断点标注有相同的标记符号,如 a 等。有些电路图采用这种表示时,导线中断点处是箭头标注,用来指示另一导线中断点所处的大致方向。

2)虚线

电路图中的虚线没有实际的电气连接意义,一般是作为辅助线使用,辅助表达:元器件之间的同轴机械联动、对元器件的屏蔽、封装在一起的元器件等。有关虚线表示同轴联动的示例,参见图 7-14 所示收音机电路原理图。图 7-11 所示为虚线表示元器件的屏蔽。

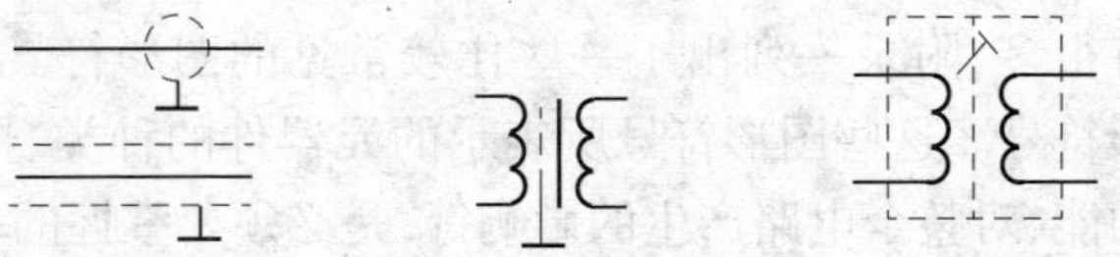

图 7-11　虚线表示元器件的屏蔽

3)电源

在有些电路图中,电源接线省略,只标出了节点,采用其他的图形加字符的方法,表示电源供电,如图 7-12(a)所示。

4)接地线

接地与接机壳或接底板的图形符号如图 7-12(b)所示,要注意它们与等电位及其他接地的区别,更多的内容参见附录一。

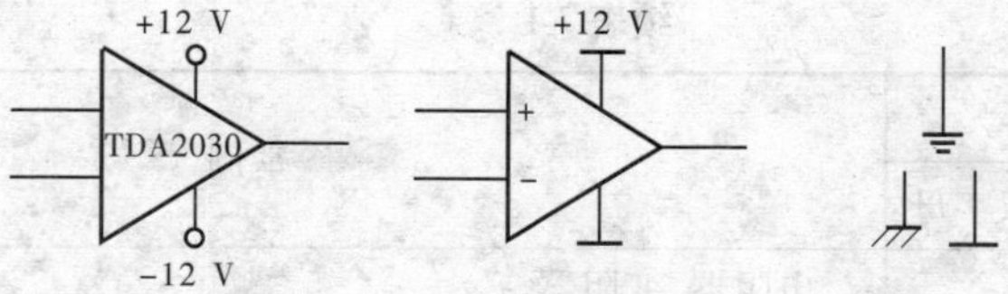

(a)直流电源供电的表示　　(b)接地与接机壳

图 7-12　直流电源供电与接地、接机壳的表示

2. 电路原理图中的文字符号

电路图中的文字符号都属于注释性的说明符号，是为了进一步强调、区分图形符号的性质、型号、技术参数，同时也为了分析、理解、阐述电路图的方便而加以标注的。例如，在由多个系统组成的电子产品电路图中，代号 2R3 就表示第 2 个系统电路中顺序号为 3 的电阻，R516、C522、VD505、L503、VT512、IC501 表示它们都是第 5 个系统电路中的元器件，这样的文字符号标注更加明晰、准确、含义丰富。另外，大多数情况下，元器件的其他一些重要的、更具体注释性信息，也会用文字符号标注出来。

提醒：识读由多个系统组成的电子产品电路图时，根据标注搞清楚元器件所属的系统，对电路的分析十分有益。

电路原理图中用到的文字符号，分为基本文字符号和辅助文字符号两类。基本文字符号用来标明元器件的名称，有单字母和双字母两种。单字母符号如“R”表示电阻器类、“C”表示电容器类等。双字母符号如“RT”表示热敏电阻器、“RV” 表示压敏电阻器等。常用电子元器件、部件、组件、设备、装置的基本文字符号代码见表 7-1。

表 7-1　常用电子元器件、部件、组件、设备、装置的基本文字符号代码表

种类	字母符号		举例
	单字母	双字母	
组件、部件	A	AD	晶体管放大器、集成电路放大器
变换器（从非电量到电量或从电量到非电量）	B		热电传感器、热电池、光电池、变换器或传感器（用做指示和测量）
		BC	晶体换能器
		BP	送话器
		BM	拾音器
		BL	扬声器
		BE	耳机
		BP	压力变换器
		BT	温度变换器
电容器	C		
保护器件	F		过电压放电器件、避雷器、具有瞬时动作的限流保护器件
		FU	熔断器
		FV	限压保护器件
继电器、接触器	K	KA	交流继电器、电流继电器
电感器、电抗器	L		

续表 7-1

种类	字母符号		举例
	单字母	双字母	
电阻器	R		电阻器、变阻器
		RP	电位器
		RT	热敏电阻器
		RV	压敏电阻器
		RG	光敏电阻器
		RS	湿敏电阻器
控制电路的开关	S	SB	按钮开关
变压器	T		电流互感器、电压互感器
半导体器件 电真空器件	V	VG	气体放电管
		VD	二极管
		VT	晶体管
		VT 或 VS	晶闸管
端子 插头插座	X		连接插头和插座、接线柱、电缆封端和接头、焊接端子板、测试插孔
		XB	连接片
		XP	插头
		XS	插座

辅助文字符号用以标明元器件及电路的功能、状态和特征。如“E”表示接地、“DC”表示直流等。

电路图中更多常用的图形符号、文字符号和连接线表示等参见附录一。

(二)电路原理图的识读方法

识读电路原理图,首先应该对电路中所有电子元器件的符号、特性以及在电路中的作用和功能等有比较深入的认识,能够根据这些元器件在电路中的作用,懂得哪些参数会对电路性能和功能产生什么样的影响;还有,必须掌握基本的电子线路知识。

识读电路原理图的基本方法可以归结为:从整体到局部、化整为零、聚零为整。首先是识读电路框图,如果无法找到电路框图,就要充分了解产品的功能,找出信号的流程,参考同类型产品其电路组成,自己得出电路框图;然后依据电路框图提供的指导性信息,对照电路原理图,逐步分解,了解每个部分的基本的单元电路组成;最后分析功能单元电路和集成电路的应用电路(从广义上讲,集成电路的应用电路也是单元电路)。读图时应以信号为主线,顺藤摸瓜,找到每个单元电路的输入和输出,分析各个单元电路的输入与输出之间的关系,再通过电源、地、控制电路等,对整个电路进行分析,以求完整理解整机电路。

在对整机电路的分析中,单元电路的识读是关键。因为不管多么复杂的电路,往往都是由一些基本的单元电路组成的。因此,掌握单元电路是分析电路工作原理的关键,只有掌握了单元电路的工作原理,才能去分析整机电路。掌握了单元电路的识读,整机电路图的识读也就迎刃而解了。

提醒：上面说的单元电路其实是单元电路的实用电路，是单元电路的扩展。而真正的单元电路是指能完成某一电路功能的最简、最小电路单位，如某一级控制电路、某级放大电路或某一振荡电路等，它们只在讲解电路工作原理的模拟电路、数字电路等书刊中出现。在这些单元电路基础之上，增加一些完善性能、增强功能的元器件，就形成了单元电路的实用电路。

1. 单元电路的识读

识读单元电路的任务是了解本单元电路的结构、类型、原理、功能、变换过程、信号波形和数值；重点是分析本单元电路在整机(或系统)电路中的地位和作用、单元电路的结构和具体功能、本电路的输入和输出信号的内容与特点、信号经过本电路后(波形、频率、幅度等方面)的变化、各元器件在本单元电路中的作用等。

单元电路的种类繁多，各种单元电路的具体识读方法也有所不同，通常用以下两种方法：一种是由大到小、由繁到简的分析过程，即"由繁到简，保留重点"；另一种是由小到大、由简到繁的分析过程，即"由管扩展，抓住关键"。"由繁到简，保留重点"，就是通过逐步删除一些次要(其实是一些改善性能、增强功能)的元器件和电路网络，直到最后保留最基本、最重要的骨干电路——真正的单元电路。"由管扩展，抓住关键"，就是以晶体管为核心，首先向外扩大，根据电路功能的基本要求，由点到面查找影响工作原理的关键性元器件。再进一步扩展，逐步加入其他重要元器件，发展为基本电路；加入附属元器件，形成实用电路。

2. 集成电路的应用电路识读

在集成电路的应用电路识读时，可以以集成电路为核心，向外扩展，建立集成电路内电路与外电路的联系。首先要搞清集成电路内电路的功能、信号的处理或流通过程，然后是了解集成电路各引脚的作用及与外围的联系。这些可以通过查阅相关资料(包括从集成电路应用手册和互联网上查找)来进行，也可以通过对集成电路的应用电路中各引脚外电路特征分析、集成电路的内电路框图分析来进行。了解了集成电路各引脚的作用，就可以依此来分析各引脚外电路元器件的作用和工作原理。在这个过程中，重点是对电源引脚、接地引脚和输入、输出引脚外电路元器件的作用和工作原理的分析。

一般情况下不要去分析集成电路内电路的工作原理，这是非常费力的，也是没有必要的。

三、电路原理图识读举例

(一) 超外差式收音机电路原理图的识读

超外差式收音机是通信、广播中最基本的接收机模式之一。它最重要的特点是将接收到的各种频率的高频信号，通过变频，变换成一个固定不变的、某一频率的中频信号(中波段超外差式调幅收音机的中频频率一般为465 kHz)，再经过中频放大器的选频放大后解调出原始信号，最后由低频放大电路放大输出。如图7-13所示为超外差式调幅收音机电路组成框图。

如图7-14所示为六管超外差式调幅收音机电路原理图。下面对照图7-13所示框图，按照识读电路原理图的方法对其工作原理进行分析。

1. 输入回路分析

输入回路由(一个可调电容器并联一个微调电容器的) C_{1a} 和T1的初级线圈组成。各种不同频率的电磁波被磁性天线接收，在天线线圈T1初级线圈中产生感应电动势和感应电

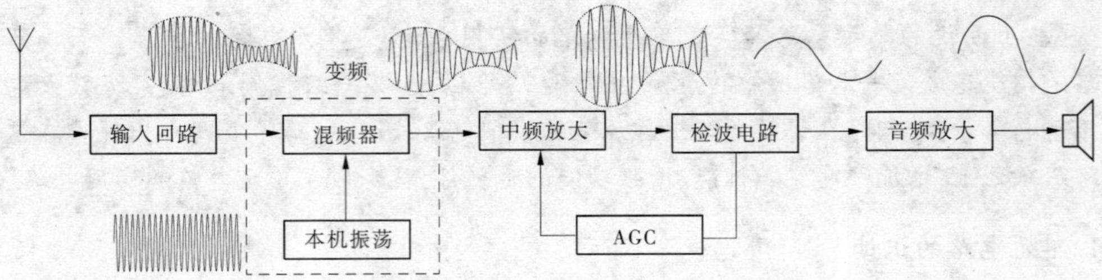

图 7-13　超外差式调幅收音机电路组成框图

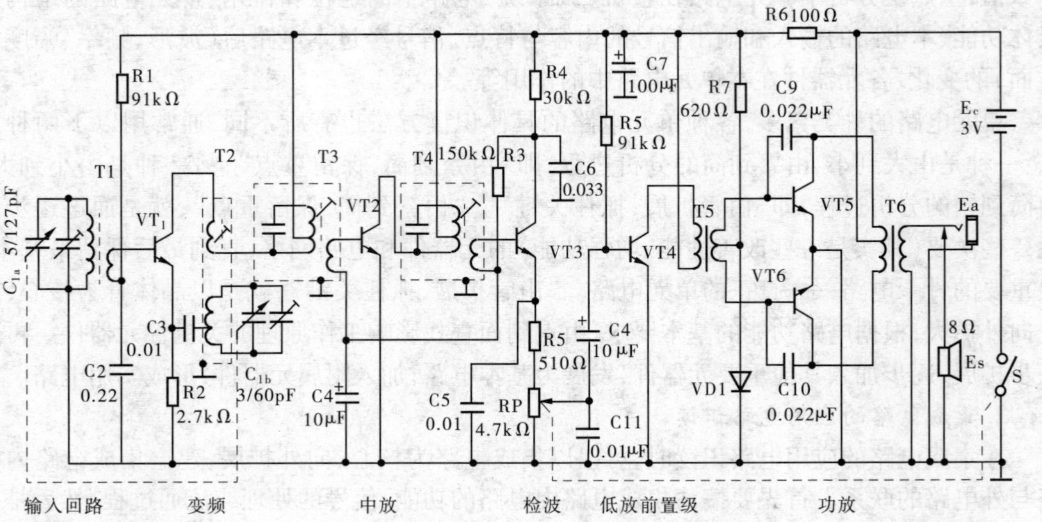

图 7-14　六管超外差式调幅收音机电路原理图

流。T1 初级线圈和 C_{1a} 构成的回路是 LC 串联谐振电路，因而只有与输入回路谐振频率相同的广播电台发射的电磁波，才能在回路中产生出最大的感应电流，并通过 T1 耦合到后级电路。对于偏离输入回路谐振频率的其他信号，因为失谐而很少或不能向后级电路传输，从而实现了有选择地接收。调节 C_{1a}，改变它的容量，就改变了输入回路的谐振频率，即改变了收音机的接收频率，调整了接收的电台。

2. 变频电路分析

变频电路由混频电路和本机振荡电路组成，其作用是将经过输入回路的选择而输出的高频调幅信号变换成中频调幅信号。

三极管 VT1 既是本机振荡回路的振荡管，又是实现变频的变频管。

本机振荡电路由 C_{1b}、C2、C3、VT1、R1、R2、T2 组成。其中，C2 对频率较高的本振信号呈现出很低的容抗，T2 中与 C_{1b} 并联的线圈为反馈线圈。该电路属于变压器耦合共基极振荡电路。它的作用是产生一个等幅正弦波（即本振信号），并且通过调节 C_{1b} 使本振频率始终比接收到的电台信号高一个中频频率（比如 465 kHz）。

本振信号经耦合电容 C3 注入变频管 VT1 的发射极，与从基极输入的电台信号在三极管中进行混合。由于三极管的非线性作用，在三极管的集电极会出现两个信号的和频、差频、倍频等很多频率成分的信号。但是，由于中周 T3 谐振于固定的中频频率（本振信号频率减去被选出电台信号频率，比如 465 kHz），因此在众多的频率成分中，只有那些与中频频率相同的成分(中频调幅信号),才能有效地通过 T3 中周内的 LC 并联谐振电路,送到中频放大电路,进行选频放大。

3. 中放电路分析

超外差式收音机的中放电路大多使用带有自动增益控制(AGC)功能的调谐放大器。为了提高增益,一般情况下均采用多级调谐放大,并且各调谐回路都严格地谐振于中频频率(如 465 kHz)。这样既能保证增益的需要,又可以有效地减少串台现象,使收音机的选择性更好。

对于如图 7-14 所示电路原理图的六管超外差式收音机,中放级电路主要由 VT2、T4 和 VT3 等元器件构成,其中 VT3 兼具中放和检波双重功能。

4. 检波电路分析

检波电路由 VT3(发射结)、C5、C 11、R8、RP 等元器件构成。中放级输出的中频调幅信号,经 VT3 发射结(相当于二极管)截去负半周之后,留下的中频调幅波正半周信号中,包含有直流分量、音频分量、残余的中频分量等成分。C5、C11 对残余的中频成分具有滤波(旁路)作用,这样在电位器 RP 上就得到了所需要的低频率的音频信号。调节 RP 的滑动端,可以调节送往低放电路的音频信号的大小,从而达到改变音量的目的。

5. 自动增益控制(AGC)电路分析

由 R3、C4、C6 等元器件构成的电路,具有自动增益控制(AGC)功能。当被接收到的电台信号的强弱发生变化时,检波后恢复出的电台信号的直流分量大小也会随之变化,经 R3 加到中放管 VT2 的偏置电压相应改变。VT2 静态工作点的改变,使其增益反向自动调整。这样,收音机检波输出的声音信号便趋于稳定、均衡。电路中 C4 起低频滤波作用,C6 起高频滤波作用。

6. 音频放大电路分析

音频放大电路又称低频放大电路,它由低放前置级和功放级两级电路组成。图 7-14 所示的六管超外差式收音机电路原理图中,前置级由 C8、VT4、R5、T5 的初级等元器件构成。功放级由 T5 的次级、T6、VT5、VT6、C9、C10 和 R7、VD1 等构成,为典型的变压器耦合推挽功放电路。C9、C10 为推挽管的负反馈电容,用来防止高频自激。低频放大电路在模拟电子技术课程中已有详细讲解,这里不再赘述。

7. 供电电路分析

本机除功放电路直接由电池经开关控制供电外,其他各级电路都是经由 R6 的降压限流和 C7 的退耦后再供电。退耦即防止耦合干扰,也就是滤波。在这里 C7 起旁路低频、防止在中放电路引起低频干扰的作用。

上面的电路分析过程,是对照电路框图,自左向右、自上而下,按照信号的处理流程自输入到输出一步步地开展,这是电路原理图识读的一般方法。

(二)声光控延时照明灯电路原理图的识读

声光控延时照明灯是一种广泛应用在楼梯、走廊等需要自动开关灯场所的节能照明灯具。它具有声光两控、延时关灯的功能:白天或有光照的情况下控制电灯不亮;夜晚无光照时,只要有了声响,灯会自动点亮;灯点亮一段时间(几十秒钟)后自动熄灭。

如图 7-15 所示为一集成电路声光控延时照明灯电路原理图。电路中应用的集成电路型号是 CD4011,它的内部集成有 4 个 2 输入端与非门(D1 ~ D4),其中有 3 个(D2、D3、D4)

把2个输入端并接在了一起，作为非门使用。

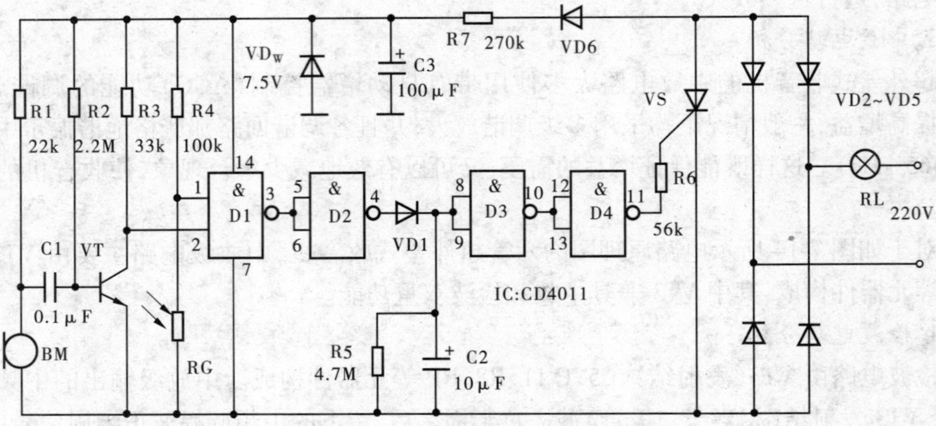

图 7-15　集成电路声光控延时照明灯电路原理图

根据声光控延时照明灯的功能，及对电路的大概分析，把该电路分成主控交流开关电路、直流供电电路、光照检测电路、声音接收与放大电路、声光控制触发电路、延时关灯控制电路、驱动电路等几部分，绘制出如图 7-16 所示的电路框图。

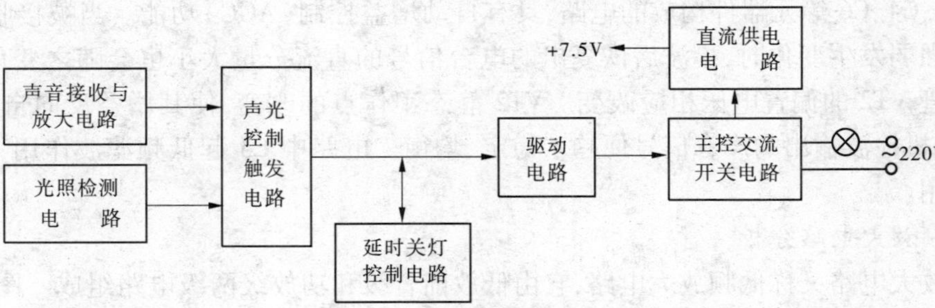

图 7-16　声光控延时照明灯电路框图

下面依据“化整为零、聚零为整”的电路原理图识读方法，按照电路的功能，详细分析工作原理。

1. 主控交流开关电路的控灯原理

VD2 ~ VD5 组成桥式整流(转换)电路，它们和单向晶闸管 VS 一起构成一个无触点交流开关。当 VS 被触发导通时，220 V 交流电压加于照明灯上，有交流电流流通，灯亮。当 VS 栅极上的触发撤除后，交流电瞬时电压过零时 VS 截止，相当于开关断开，灯灭。在这里，如果电路中只使用单向晶闸管，则照明灯中只能流过直流电流，单向晶闸管相当于一个直流开关；如果 VS 采用双向晶闸管，则可省去 VD2 ~ VD5。

2. 直流供电电路

晶闸管 VS 未导通时，照明灯不亮，220 V 交流电经照明灯的降压、VD2 ~ VD5 的桥式整流，在未导通的 VS 两端得到脉动的直流电压，此直流电压再经 R7 的降压加于滤波电容 C3 和稳压二极管 VD_W 两端，结果在 C3 上得到稳定的 7.5 V 直流电压，作为触发、控制电路的直流工作电源。VS 导通时，220 V 交流电压降落在照明灯上，照明灯亮，VS 上的电压几乎为零，VD6 截止。这段时间内，C3 充当触发、控制电路的工作电源。由于 VD6 截止，C3 上充得的电荷无法经 R7、VS 泄放，这样，在 VS 导通期间，就可以使触发、控制电路的工作电压不至于下降过快。

3. 光控原理

光敏电阻 RG 与 R4 的分压，决定了与非门 D1①脚电平的高低。白天或夜间有光线照射时，RG 的阻值小于 10 kΩ，D1 被低电平锁定，接 D1②脚的声音接收放大输出失去作用，D1 的③脚输出高电平，D2 的④脚输出低电平，D4 输出低电平，晶闸管 VS 得不到触发而截止，照明灯不亮；夜间无光线照射，RG 的阻值可达 10 MΩ 以上，RG 与 R4 的分压使得 D1①脚为高电平，与非门 D1 的输出由 D1②脚电平的高低决定，即灯在夜间是否点亮，取决于声音接收放大电路的输出，也可以说取决于是否接收到了声音。

4. 声控原理

夜间，没有声响时 VT 导通，与非门 D1 的输入端②脚为低电平，导致其输出为高电平，进而使 D4 输出低电平，晶闸管 VS 截止，照明灯不亮；当有声音被话筒 BM 接收后，转化为电信号，经 C1 耦合，声音电信号的负半周使 VT 出现瞬间的截止，D1 的输入端②脚立即出现高电平，而在夜间因无光照时，D1 的另一输入端①脚也是高电平，所以 D1 输出低电平，D2④脚输出高电平，VD1 导通，C2 被迅速充电，使 D3 的输入变为高电平、输出低电平，D4 输出的高电平，经限流电阻 R6 触发晶闸管导通，照明灯被点亮。

5. 延时关灯原理

灯被点亮而声音消失或有光照射到光敏电阻后，VD1 截止，C2 上充得的电荷经 R5 放电，放电的时间常数为 R5C2（约 47 s）。这段时间，C2 上的电压（即 D3 门的输入）为高电平，经由门电路组成的驱动电路的电平处理，使晶闸管 VS 依然能得到触发而导通，照明灯仍维持点亮状态。待 C2 放电到使 D3 门的输入（⑧、⑨两脚）为低电平，D4 的输出变为低电平，晶闸管 VS 的门极失去触发信号，在阳极电压瞬时过零后关断，灯熄灭，等待下次的触发导通。

声光控延时照明灯的电路有很多种，其中应用 IC 的电路就还有或非门、施密特触发器、555 时基电路等类型，应用分立元件的电路就更多了。它们的电路虽不相同，但功能相同。分析这种电子产品的工作原理，主要应从分析对晶闸管状态的影响来展开，不一定都要按照从输入到输出、自左向右地开展电路分析，也可以按照功能进行工作原理分析。

提醒：不能很好地看懂电路图，往往反映了电子电路基础知识掌握不够。只知道电路图的种类和学习读图的方法是不够的。只有基础牢固，特别是熟知电子技术中一些基本的单元电路的组成与功能，勤于练习，才能读懂电路图。

一般来说，电路原理图采用习惯画法，容易使人看明白，例如元器件采用习惯画法，各元器件之间采用最短的连线。而在实际的整机电路中，尤其是在比较大的、复杂的电子产品电路中，由于受电路中其他单元电路中元器件的制约，有些单元电路中的一些元器件往往画得比较乱，有的不是常见的画法，有的元器件画得与该单元电路相距较远。这样，电路中的部分连线很长且弯弯曲曲，造成识图和对电路工作原理理解的困难。这就要求多看、多读、多分析、多理解、多请教，从而寻找和掌握整机电路画法的内在的规律与识读的技巧。只要坚持不懈地追求、努力，快速读懂、读通电路图并非难事。

提醒：在整机电路图中，各单元电路的画法是有一定规律的，一般情况下电源电路画在整机电路图中的右（或左）下方，信号源电路常画在电路图的左侧，负载电路画在整机电路的右侧，各级放大器电路是从左向右排列，信号的处理电路依流程自左向右、自上而下展开；各单元电路中的元器件相对集中在一起。

第三节　电路装配图与印制电路图的识读

电路原理图的识读是电子产品设计、生产、调试和维修的基础，电路装配图和印制电路图的识读则是由图纸到实物、由理论（电路原理）到实践（组装、调试、检测和维修）的必经之路。

在印制线路板的设计中，必须实现原理图中所有元器件连接之时，综合考虑到元器件体积、散热、抗干扰、抗耦合等诸多因素，设计出来的印制线路，虽能够更好地实现电路的功能，但从外观看却和原理图大不一样：元器件的排布不像原理图那么有规律，印制线路排布、走向比较乱，有的还用跳线实现跨导通连接，有的几条印制铜箔线路并行排列，影响观察线路的走向。这些都给后面的工作造成了不便，需要加以识读，才能有后续工作的开展。

一、电路装配图的识读

识读电路装配图，就是要对图上的以及相应 PCB 板上的各种符号加以识读，以确定各元器件和部件所处的位置。

识读电路装配图，首先是通过图形符号旁标注的代号来识读，而后根据这些电气图形符号或图中、PCB 板上元件封装图等，进一步确认这些元器件，并确定有关的引脚排列、极性或方向性等。

对于如图 7-17 所示的单面电路板的装配图，必须清楚每一个符号的含义。只有识读了装配图、认识了元器件，才能去识读印制线路图和电路板实物，进而完成后续的工作。

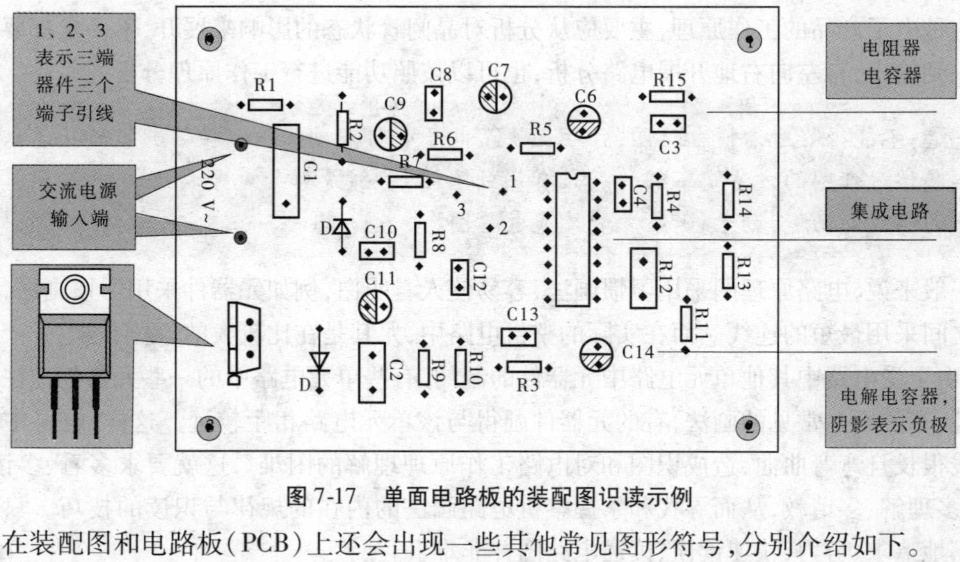

图 7-17　单面电路板的装配图识读示例

在装配图和电路板（PCB）上还会出现一些其他常见图形符号，分别介绍如下。

（一）跳线

跳线又叫跨线，代号是“J”（也有用“X”表示的），电路板上用“——”表示，有些电路板上也会用双箭头线表示，它的外形如图 7-18 所示。

图 7-18　跳线的外形

（二）电阻

在电路板或装配图上，固定电阻器有时也用表示跳线的符号外加阻值来表示。电位器的种类比较多，电路板或装配图上多以封装外形图表示，图 7-19 给出了两例。

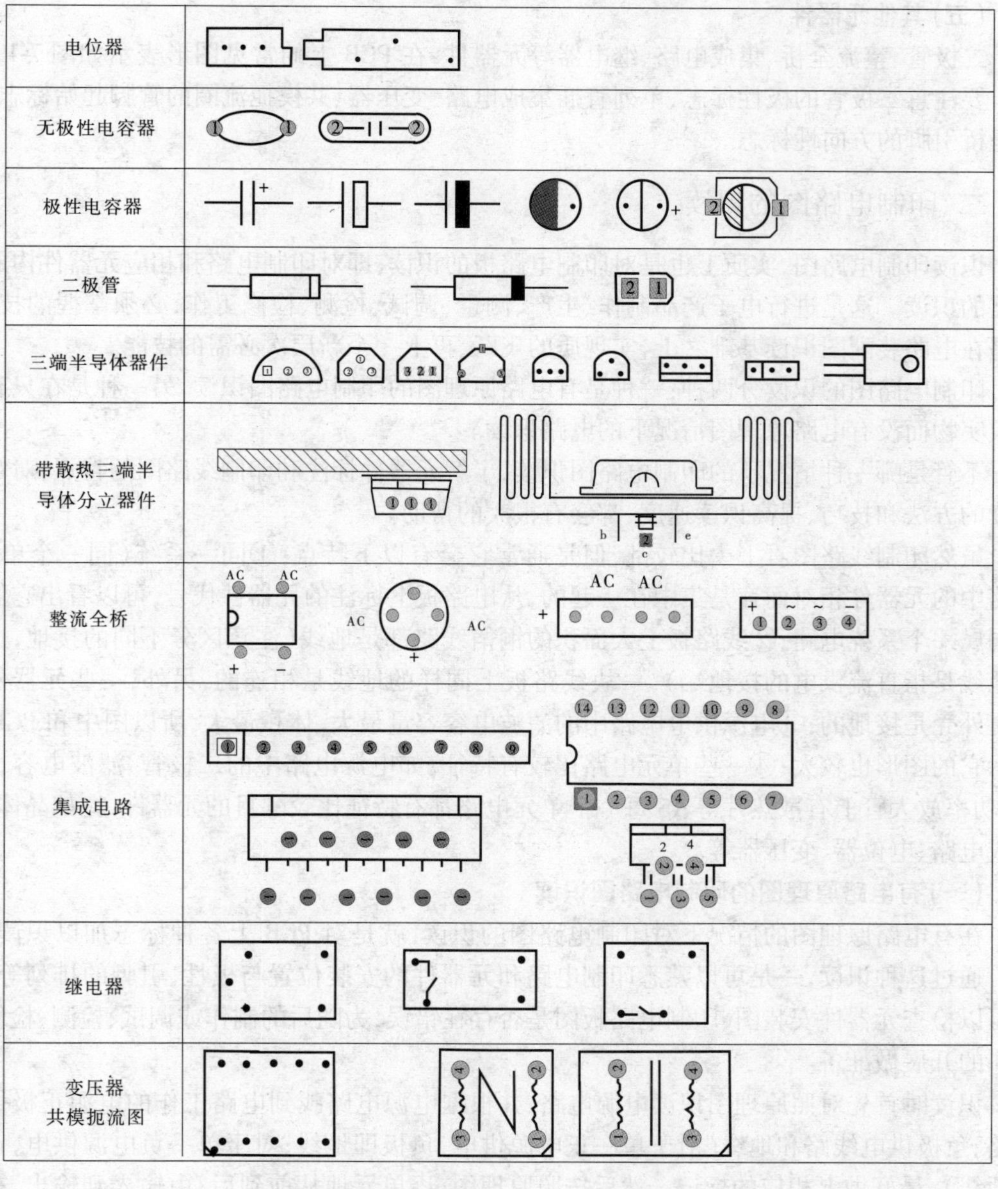

图 7-19　常见装配图、PCB 上元器件外形与封装图形

（三）电容

电容器的图形表示有多种，如图 7-19 所示。有时也用直线旁边标注容量值来表示。对

于极性电容，还有其极性标识。

提示：注意图中的极性电容和二极管的极性表示，极性电容器右边一侧为“+”，二极管则是右边一侧为“-”。

（四）半导体器件及三端稳压电源

晶体管、晶闸管、场效应管、三端稳压 IC 等都是三端器件，它们在电路板或装配图上的图形表示如图 7-19 所示。二极管整流半桥也是三个引脚，类似于大功率晶体管，图形表示也相同，有时也会使用“·▶|·|◀·”表示。

（五）其他元器件

二极管、整流全桥、集成电路、继电器等元器件，在 PCB 上的常见图形表示如图 7-19 所示。要注意二极管的极性标志、单列直插集成电路、变压器、共模扼流圈的管脚起始标志、整流全桥引脚的方向性标志。

二、印制电路图的识读

识读印制电路图，实质上也是对印制电路板的识读，即对印制电路和相应元器件构成的电路的识读。这是进行电子产品制作、生产、测量、调试、检测、检修工作，必须掌握的技能，也是在电路装配图识读基础之上，实现质的飞跃、再上一个新层次必需的技能。

印制电路图的识读分两种：一种是有电路原理图的印制电路图识读，另一种是在只有电路板实物而没有电路原理图情况下的电路识读。

不管是哪一种情况下的印制电路图识读，了解元器件标注和印制线路图的特点，对掌握识读的方法和技巧、提高识读速度，都会有很大的帮助。

虽然印制线路图看上去比较乱，但是通常它会有以下特点：①同一系统（同一个单元）电路中的元器件相对而言是集中在一起的，从电路板上标注的元器件代号，可以看出它们是否同属一个系统电路；②线路板上大面积的铜箔线路都是地线（注意区分不同的接地，这里的地线是指直流供电的接地端），一块线路板上同样的地线是相连的，另外，一些元器件的金属外壳是接地的；③电源供电电路中的滤波电容容量最大、体积最大，所以图中和 PCB 上表示它的图形也较大；④一些单元电路比较有特征，如电源电路中的二极管、滤波电容比较多，功率放大管上有散热片等；⑤每一个单元电路都有特征比较醒目的元器件，比如晶体管、集成电路、电位器、变压器等。

（一）有电路原理图的印制电路图识读

在有电路原理图的情况下对印制电路图的识读，就是对 PCB 上各种标志加以识读、理解。通过这种识读，一是可以熟悉印制电路和元器件的安装位置与极性、引脚的排列等，二是可以检查元器件安装图、印制电路板图是否存在错误，为随后的制作或调试、检测、检修等工作的开展做准备。

识读时首先对照原理图识读电源电路，并根据电源电路找到电路工作的电源正极供电线路、负极供电线路和地线（对于单一正电源供电，负极即地线；对于单一负电源供电，正极即地线），最好做上相应的标记。然后按照原理图，逐单元地从前到后、由输入到输出，在图或板上沿印制线路“走”一遍，要争取做到一个元件不落、电路板两面或装配图和印制线路图两图兼顾，即元器件和印制线路一起看。

图 7-15 所示电路的集成电路声光控延时照明灯，它的印制电路图如图 7-6 所示（做了

镜像处理),相应的元器件安装图如图 7-5 所示。下面介绍它的印制电路图识读。如图 7-20 所示。

读图时对照原理图,可以从前向后进行。当然也可以从整流全桥电路开始,先找到开关和直流供电电路,验证大面的印制导线是地线的“猜想”,通过稳压二极管或 CD4011 的供电脚可以找到直流供电电路,而后再从声音接收电路开始,自前向后进行识读。

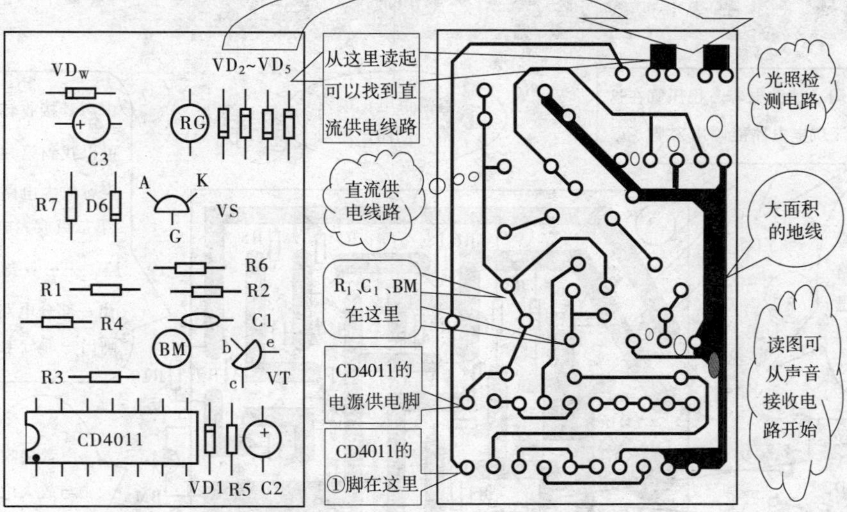

图 7-20　集成电路声光控延时照明灯印制线路图识读

在有电路图的情况下,如果只是为了找到某一单元电路或某一元器件,进行测量、测试等工作,可以先在原理图中找到相应元器件的编号,然后根据此编号的元器件周围有何醒目的元器件,再在印制电路板(或图)中去查找,就比较容易找到所需测量的元器件。对于集成电路而言,根据集成电路上的型号可以找到具体的集成电路。这些特征比较醒目的元器件,就是寻找其他元器件的参考点。

(二)无电路原理图情况下的印制电路图识读

无电路原理图情况下印制电路图的识读,就是根据印制电路板分析、理解电路的原理,如有可能,最好能够绘制出相应的电路原理图。这是在无图纸情况下开展电子电路检修必须要做的工作。在电子电路图的识读中,这是难度最大的一种。

开展无电路图情况下印制电路图的识读,首先也是很重要的一步,是分析待读部分电路的具体功能,了解相同功能产品的电路与功能的实现原理。有了参考就可以开始识读印制电路了。识读时,通过元器件的代号将电路划分为一个一个的系统;从电源供电开始,找到电路工作的供电线路和地线,做好标记;随后可以逐单元地具体识读、理解和分析。

具体识读起来不能胡子眉毛一把抓,首先要找出关键元器件。所谓关键元器件就是在功能单元电路中起关键作用的核心或重点元器件,比如晶体管、集成电路等。在电路板上,一般是以关键元器件为中心,安排其他元器件的。

识读时,从印制电路板上的标注或根据型号通过资料,一个一个地查清关键元器件的引脚名称或所起的作用。围绕每一个核心元件,仔细观察与它相连接的元器件,分析、理解它们之间的连接关系,一点一点地画出以每一个核心元件为主体的小电路。这既是对分析结果的记录，同时也能帮助分析和理解。然后把这些小电路连接、整理成一个稍大的电路，直至最终完成识读任务。在这个过程中，一定要注意多参考同类功能电器的电路。

下面介绍图 7-7 所示分立元件声光控延时照明灯印制电路板图的识读，如图 7-21 所示。

提醒：结合上述印制电路图识读的方法，自己先尝试着识读一下图 7-7 所示印制电路板图，带着问题，再来学习下面的内容，会有更大的收获。

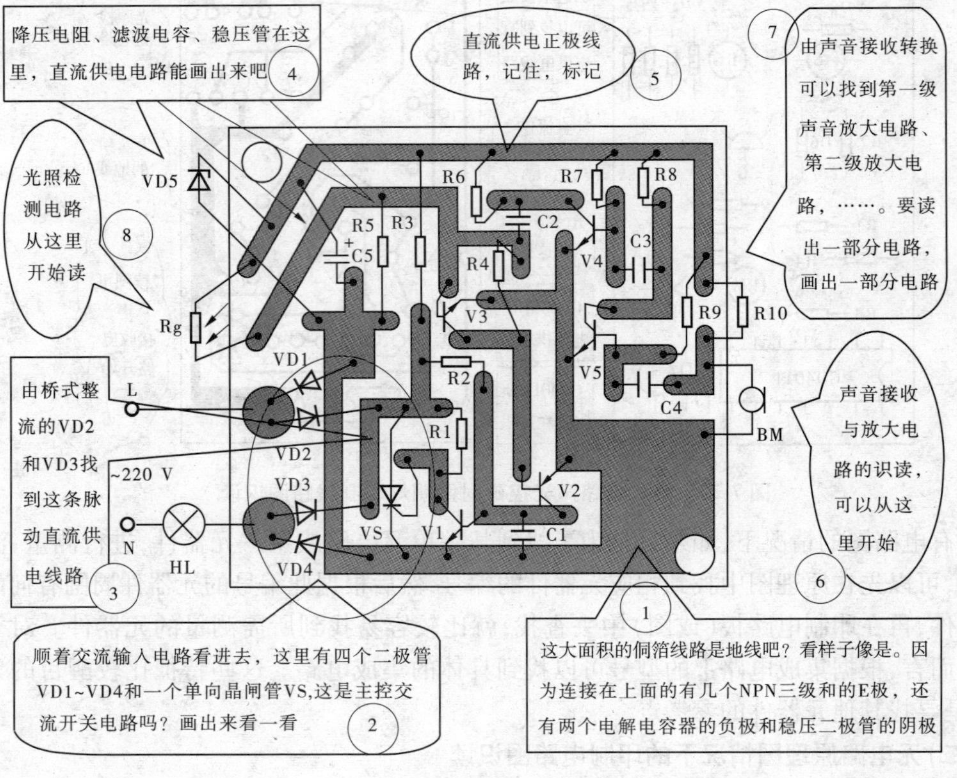

图 7-21　分立元件声光控延时照明灯印制电路板图的识读

图 7-21 印制电路板图的识读过程如下：

(1)既然同样是声光控延时照明灯装置，可以推测，虽然具体电路构成形式可能会有所不同，但是它也应该由主控交流开关、直流供电、光照检测、声音接收与放大、声光控制触发、延时关灯控制、驱动等几部分电路组成，与图 7-15 所示电路的集成电路声光控延时照明灯相同或相近。

(2)观察印制线路板，可见大面积的铜箔线路，猜测应该是地线，但须通过识读出直流供电电路来验证。

(3)只有沿着交流输入线路看下去，才能找到直流供电电路。这样做了，首先就能识读出有四个二极管组成的整流全桥，以及它与 VS 一起构成的主控交流开关电路。画出它们的电路不困难，和图 7-15 所示电路的相应部分完全一样。

(4)沿着整流电路提供的高电压脉动直流线路，应该能找到直流供电电路——R3 降压、C5 滤波、VD5 稳压，供给电路稳定的低压直流。注意给直流供电电路做好标记。滤波电容 C5 负极接地,猜测的地线确实是真正的地线。

(5)接下来可以识读声音接收与放大、光照检测、声光控制触发、延时关灯控制等几部分电路了。注意声电转换器件 BM、光敏电阻 Rg、晶体管等,它们可是电路中的核心元器件。

(6)识读声音接收与放大、光照检测、声光控制等电路时,要从声音接收电路开始,围绕核心元器件找出与它相连的其他元件,并画出电路。而后,再找出和画出的电路相连接的另一核心元件,逐步进行下去,直至识读出驱动电路,与已经画出的主控交流开关电路、直流供电电路整理、组合到一起,印制电路板图的识读到此结束,可以转到电路原理分析、电路的测试与检修环节。

上面介绍的印制电路图识读示例,虽然只是简单电路印制电路的识读,却具有普遍意义。比如,它同样适用于在没有电路图的情况下对开关电源电路板的识读。开关电源的类型比较多,通过对电路板的初步观察,不难看出它的电路结构到底属哪一种类型:是单端的还是双端的,是单端反激式的还是单端正激式的,或者是双端半桥型的还是全桥型的,等等。因为开关电源的电路结构类型不同,使用的醒目元器件(开关功率管等)多少也就不同。只要确定出电路结构类型,参考同类电路结构的电路,进行识读、理解和分析的难度就会大大下降。如果是集成电路型开关电源,IC 的资料相对好找,这样,工作的开展就更容易一些,毕竟集成电路的外电路都是大同小异的。

总之,虽然无电路原理图情况下的印制电路图识读有难度,但是只要能弄清楚待读电路的具体功能,参考相同功能产品的电路,再结合一些方法多加练习,这也并不是一件难以解决的事情。

提醒:刚开始的时候,看到密密麻麻的元器件和杂乱无章的线路,会感觉头皮发麻、无从下手。但是,只要能够坚持看下去,逐渐就能掌握印制电路图的识读方法,进而能熟练识读及应用。

训练、思考与问答

1. 有人根据图 7-21 所示声光控延时灯印制线路的识读所讲,画出如图 7-22 所示的电路原理图,后经仔细检查发现有两处错误,请指出错误并改正之。

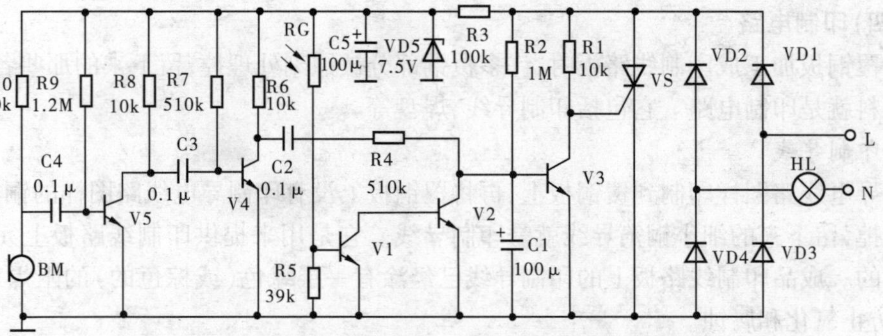

图 7-22 错误的分立元件声光控延时照明灯电路原理图

2. 分析上题声光控延时照明灯的工作原理。

3. 在电路原理图中可以有哪些省略画法?

第八章 印制线路板的设计与制作

印制线路板(PCB)即采用"印制"方法制作导线(称为印制导线,实为铜箔导线)的电路板,通常称为PCB板或简称为印制板,是电子产品的重要部件之一。现代电子电器中,电子元器件之间的相互连接,一般都要使用印制线路板。不断发展的印制线路板技术使电子产品设计、装配走向标准化、规模化、机械化和自动化,并且体积减小,成本降低,可靠性、稳定性提高,装配、调试、维护、维修更加简单。可以这样说,没有印制线路板,就没有现代电子信息产业的高速发展。熟悉印制线路板的基本知识,掌握PCB基本设计方法和制作工艺,了解生产过程,是学习电子工艺技术的基本要求。

第一节 印制线路板的基础知识

一、印制线路板的组成

印制线路板(PCB)主要由绝缘基板和印制电路组成。印制线路板的主要材料是覆铜板,而覆铜板是由基板、铜箔和黏合剂构成的。覆铜板加工成印制线路板时,许多覆铜部分被蚀刻处理掉,留下来各种形状的铜膜(铜箔)材料。一块合格的印制线路板由焊盘、元件孔、过孔、安装孔、定位孔、印制导线、元件面、焊接面、阻焊层和丝印层等组成,如图8-1所示。

(一)基板

基板是由高分子合成树脂和增强材料制成的绝缘板,具有绝缘隔热、不易弯曲的特点。

(二)焊接面

在印制线路板上用来焊接元器件引脚的一面称为焊接面。

(三)元件面

在印制线路板上用来安装元器件的一面称为元件面。单面印制线路板上无印制导线的一面就是元件面。单面印制线路板上的元件面一般印有元器件图形、字符等标记。

(四)印制电路

把覆铜板加工成印制线路板时,许多覆铜部分被蚀刻处理掉,留下来的那些各种形状的铜膜材料就是印制电路。它包括印制导线、焊盘等。

1.印制导线

将导电线路图样印制到覆铜板上,再将覆铜板上没有印制导电线路图样的铜箔,经过蚀刻处理掉,留下来的细小铜箔导线就是印制导线。它是用来提供印制线路板上元器件的电路连接的。成品印制线路板上的印制导线已经涂有一层绿色(或棕色的)的阻焊剂,以阻止焊接、防止氧化和腐蚀。

2.焊盘

焊盘是通过对覆铜箔进行处理而得到的用来焊接元器件或导线的铜箔。有的印制线路板上的焊盘就是铜箔本身再喷涂一层助焊剂而形成的;有的印制线路板上的焊盘则又经过

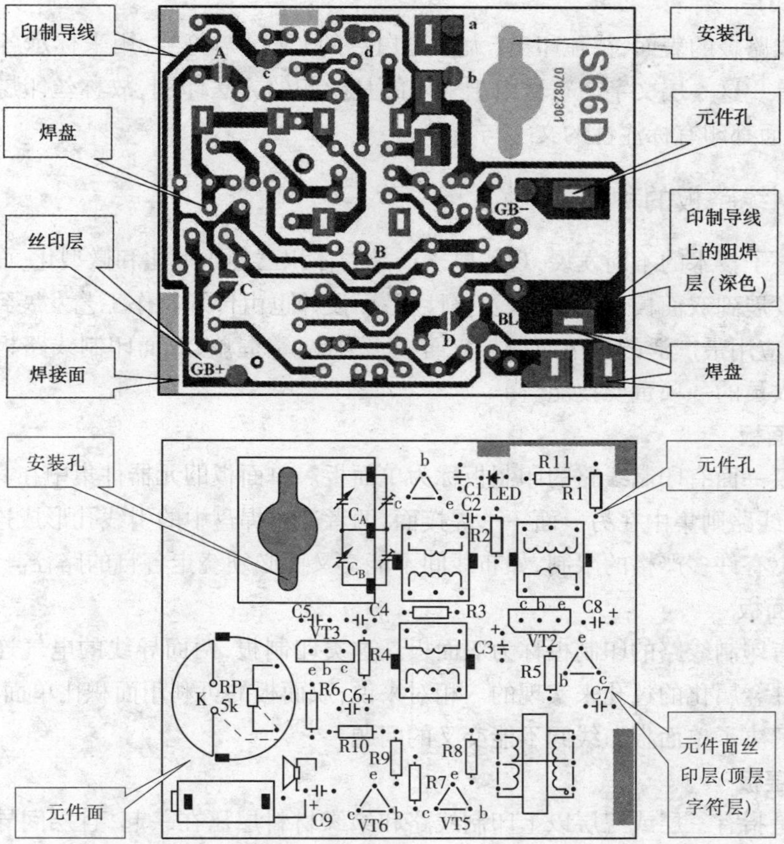

图 8-1　印制线路板的组成

了浸渍或浸锡或浸铅锡合金等处理。焊盘的大小和形状直接影响焊点的质量和印制线路板的美观。

3. 引线孔

所谓元件引线孔,即通孔元器件的管脚引线从元件面穿过印制板到达焊接面焊盘中间的小孔,也叫焊盘通孔、元件孔。在 Protel 中,有时将它和过孔都叫通孔。有的地方则将它与其周围的铜箔一起称为焊盘。

4. 安装孔

安装孔是用于固定大型元器件的印制线路板上的小孔,大小根据实际情况而定。

5. 定位孔

定位孔是用于印制线路板加工和检测定位的小孔,可用安装孔代替。

6. 过孔

在双面印制线路板上,将上下两层印制导线连接起来且内部充满或涂有金属的小孔叫过孔。有的过孔可作焊盘使用,有的仅起连接作用。使过孔内涂金属的过程叫过孔金属化。

(五)阻焊层

印制线路板上的绿色或棕色层面称为阻焊层。由于这一层阻焊层的存在,焊接时,焊盘上的焊料不会流到与焊盘连通的印制导线上,从而能够在焊盘上形成一个焊点,而不是大面积的"焊面"。阻焊层是绝缘层,可以保护铜线不被氧化和腐蚀。

(六)丝印层

在印制线路板的表面,往往印出(大多是白色的)文字与符号,用来标示各元器件在板子上的位置等。这一层文字与符号由于采用的是丝印的方法印制,故称丝印层。现在的印制板,大多两面都印有标注性的文字与符号。

二、印制线路板的种类

随着微电子技术的不断发展,现代电子产品的体积已趋小型化和微型化,而印制线路板也由单面板发展到双面板、多层板以及挠性板;而设计也由传统制作工艺发展到计算机辅助设计。目前,应用最广泛的是单面板与双面板。为此,掌握单、双面印制线路板的设计便成了电子技术人员的一项重要技能。

(一)单面板

PCB 上仅一面有印制线路的印制板称为单面板。单面板的元器件集中在其中一面——元件面,印制线路则集中在另一面——焊接面,两者通过焊盘中的引线孔形成连接。单面板在设计线路上有许多严格的限制,如布线间不能交叉而必须绕走各自的路径。

(二)双面板

两面都有印制线路的印制板称为双面板。这类印制板,两面导线的电气连接是靠穿透整个印制板并金属化的过孔来实现的。相对来说,双面板的可利用面积比单面板大了一倍,并且有效地解决了单面板布线间不能交叉的问题。

(三)多层板

多层板是指有三层或三层以上印制线路和绝缘材料层压在一起,且层间导电图形互连的印制板。如用一块双面板做内层,两块单面板做外层,每层板间放进一层绝缘层后粘牢,便有了四层的多层印制板,板子的层是指有几层独立的布线层,通常层数都是偶数,并且包含最外层的两层。比如计算机的主板都是 4 ~ 8 层的结构。以目前的技术,印制板上已经可以做到近 100 层。

在多层板中,各面导线的电气连接采用埋孔和盲孔技术解决。

三、印制线路板的安装技术

印制线路板的安装技术可以说是现代发展最快的制造技术,目前常见的有通孔安装技术和表面安装技术。

(一)通孔安装技术(THT)

通孔安装技术是传统的安装技术,适用于长引脚的插入式封装元件,安装时将元件安装在元件面,而将元件的管脚焊接在焊接面。这种安装方式要为每只引脚钻一个引线孔,要占掉两个面的空间,并且焊点也比较大,难以满足电子产品高密度、微型化的要求。

(二)表面安装技术(SMT)

表面安装适用于无引线或短小、扁平引线的表面粘贴式封装的元件。安装时管脚与元件是焊接在印制线路板的同一面,这种安装方式大大节省了印制板的面积,同时表面粘贴式封装的元件比插入式封装的元件小得多,因此表面安装技术的组装密度和可靠性都很高。

印制线路板的安装技术将在第十章详细介绍。

第二节　印制线路板的设计

印制板的设计，是根据设计人员的意图，将电路原理图转换成印制板图、选择材料和确定加工技术要求的过程。它包括选择板材、确定整机结构；考虑电气、机械、元器件的安装方式、位置和尺寸；决定印制导线的宽度、间距和焊盘的直径、孔径；设计插头或连接器的结构；准备印制板生产所必需的全部资料和数据。

印制板不仅应该保证元器件之间准确无误的连接，工作中无自身干扰，还要尽量做到元器件布局合理、装焊可靠、调试维修方便、整齐美观。

一、印制线路板的设计准备

在开始设计印制线路板之前，有很多准备工作要做。设计者应通过这些工作，尽可能掌握更多的技术资料和产品决策信息，创造成功设计的必要前提。

（一）印制线路板的设计准备

进入印制线路板设计阶段时，产品的整机结构、电路原理、印制线路板的外形、印制线路板的对外连接方式等就应基本确定。准备阶段要确认以下具体要求。

1. 确定电路试验方案并进行试验

对于元器件比较少的简单电路，通常可以把整个电路一次搭接出来，甚至可以跳过试验，根据电路原理直接设计印制线路板，制作出具有实用价值的样机。而对于元器件很多的复杂电路，一般是把整个电路分割成若干个功能块，分别进行电路方案试验，待每块电路都得到验证以后，再把它们连接起来，试验整机的效果。对电路工作时可能发热、可能产生干扰等情况要做到心中有数。

2. 电路方案试验时电子元器件的选用

仔细查阅所用元器件的技术资料，使之工作在合理的工作状态下。在试验中，要计算并测量元器件所处的工作条件，并使它们承受的工作电压、工作电流及消耗功率处于额定限制之下，要注意留有一定的裕量。

要审定电路中是否存在冗余的元器件，每个元器件是否存在多余的功能部分。尽量选用集成电路，去除冗余的元器件，使设计最经济、最小型化。

3. 对电路试验的结果进行分析

结合对试验结果的分析和市场调查，应该达到如下目的：

（1）熟悉原理图中出现的每个元器件，确定它们的电气参数和机械参数。

（2）找出线路中可能产生的干扰源和容易受外界干扰的敏感元器件。

（3）了解这些元器件是否容易买到，是否能够保证批量供应。

（4）根据产品的原理分析和电路方案试验，电路使用的元器件必须全部选定。掌握每个元器件的外形尺寸、封装形式、引线方式、引脚排列顺序、各引脚的功能及其形状；确定哪些元器件因发热而需要安装散热片，并计算散热片面积；考虑哪些元器件应该安装在印制板上，哪些必须安装在板外，以便于决定印制线路板的结构、形状、尺寸和厚度。

4. 了解印制线路板的工作环境及工作机制

设计印制电路板前，应对印制电路板的工作环境进行了解，考虑工作环境的温度变化，是否有腐蚀性气体，是否密封等，另外还要考虑印制电路板是连续工作还是断续工作，以便于在设计印制电路板时采取必要的保护措施。

（二）印制线路板的设计目标

对于印制线路板的设计目标，通常要从正确性、可靠性、合理性和经济性四个方面的因素进行考虑。

1. 正确性

正确性是印制板设计最基本、最重要的要求，准确实现电路原理图的连接关系，避免出现“短路”和“断路”这两个简单而致命的错误。

2. 可靠性

连接正确的电路板可靠性不一定好，如果板材选择不合理、板厚及安装固定不正确、元器件布局和电路布线不当等，都可能导致印制线路板不能可靠地工作、早期失效甚至根本不能正确工作。从可靠性的角度讲，结构越简单、使用元器件越小、板子层数越少，可靠性越高。

3. 合理性

一个印制板组件，从印制板的制造、检验、装配、调试到整机装配、调试，直到使用维修，无不与印制板设计的合理与否息息相关，例如板子形状选得不好会造成加工困难，引线孔太小会造成装配困难，没留测试点会造成调试困难，板外连接选择不当会造成维修困难等。每一个困难都可能导致成本增加，工时延长。而每一个造成困难的原因都源于设计者的失误。没有绝对合理的设计，只有不断合理化的过程。合理性的设计需要设计者的责任心和严谨的作风，以及实践中不断总结、提高的经验。

4. 经济性

经济性是一个不难达到、又不易达到，但必须达到的目标。说不难是指，板材选低价，板子尺寸尽量小，连接用直焊导线，表面涂覆用最便宜的，选择价格最低的加工厂等，印制板制造价格就会下降。但是，这些廉价的选择可能造成工艺性、可靠性变差，使制造费用、维修费用上升，总体经济性不一定好，因此说不易。所谓必须，则是指必须考虑总体的经济性，这是市场竞争的原则。

（三）板材、形状、尺寸和厚度的确定

1. 确定板材

确定板材是指对于印制线路板的基板材料的选择。不同板材的力学性能与电气性能有很大差别。

确定板材的主要依据是整机的性能要求、使用条件以及销售价格。例如袖珍晶体管收音机，由于机内电路板本身尺寸小、印制线条宽度较大、使用环境良好、整机售价低廉，所以在选材时应主要考虑价格因素，选用酚醛纸质基板即可，没有必要选用高性能的环氧玻璃布基板。否则，既没有明显提高整机的性能，又大幅度提高了生产成本。又如，在微型计算机等高档电子设备中，由于元器件的装配密度高、印制线条窄、板面尺寸大，电路板的制造费用只在整机的成本中占有很小的比例，所以在设计选材时，应以覆铜板的各项技术性能作为考虑的主要因素，不能片面地要求成本低廉。否则，必然造成整机质量下降，而成本并无明显的降低。对于印制板的种类，一般应选用单面板或双面板。分立元器件的电路常用单面板，因为分立元器件的引脚少，排列位置便于灵活变换。双面板多用于集成电路较多的电路，特别是双列直插式封装的元器件，因为元器件引线的间距小而数目多。

2. 印制板的形状

印制线路板的形状由整机结构和内部空间位置的大小决定。外形应尽量简单，一般为矩形。但是在收录机、电视机等大批量生产的产品中，整机的不同部位上往往需要几块大小不一的印制线路板。为了降低电路板的制作成本，提高自动装配焊接的比例，通常把两三块面积较小的印制板与主电路板拼组成一个大的矩形，制作成一块整板，待装配、焊接以后，再沿着工艺孔或工艺槽分开，如图 8-2(a)所示。

还有一种电路板被称为“邮票”板，如图 8-2(b)、(c)所示。为了适合自动装配焊接设备的需要，把若干块面积较小的印制线路板拼在一起，制成一块加工了工艺孔或工艺槽的大板，整块印制板看起来就像一整板邮票。待装配、焊接以后，再把整板分开成多块小板，分别安装到每台设备中去。

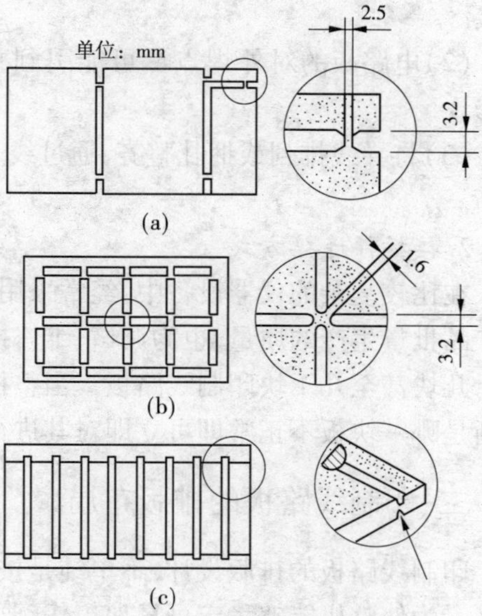

图 8-2　几块印制板的拼接

3. 印制板尺寸

印制板的尺寸应接近标准系列值，要从整机的内部结构和板上元器件的数量、尺寸及安装、排列方式来确定。元器件之间要留有一定间隔，特别是在高压电路中，更应该留有足够的间距；在考虑元器件所占用的面积时，要注意发热元器件安装散热片的尺寸；在确定了板的净面积以后，还应当向外扩出 5 ~ 10 mm，便于印制板在整机中的安装固定；如果印制板的面积较大、元器件较重或在振动环境下工作，应采用边框、加强筋或多点支撑等形式加固；当整机内有多块印制板，特别当这些印制板是通过导轨和插座固定时，应使每块板的尺寸整齐一致，有利于它们的固定与加工。

4. 板的厚度

在确定板的厚度时，主要考虑对元器件的承重和振动冲击等因素。如果板的尺寸过大或板上的元器件过重(如大容量的电解电容器或大功率器件较多等)，都应适当增加板的厚度或对电路板采取加固措施，否则电路板容易产生翘曲。

(四)印制板对外连接方式的选择

印制板只是整机的一个组成部分，必然存在对外连接的问题。如印制板之间、印制板与板外元器件之间、印制板与设备面板之间，都需要电气连接。当然，这些连接引线的总数要尽量少，并根据整机结构选择连接方式。总的原则应使连接可靠，安装、调试、维修方便，成本低廉。对外连接方式可以有很多种，要根据不同特点灵活选择。

1. 导线焊接方式

导线焊接方式是一种最简单、廉价而可靠的连接方式，不需要任何接插件，只要用导线将印制板上的对外连接点与板外的元器件或其他部件直接焊牢即可。采用导线焊接方式应注意以下几点：

(1)为提高导线连接的机械强度，避免因导线受到拉扯将焊盘或印制线条拽掉，应在印制板上焊点的附近钻孔，让导线从电路板的焊接面穿绕过通孔，再从元件面插入焊盘孔进行焊接。

(2)电路板的对外焊点尽可能引到整板的边缘，并按照统一尺寸排列，以利于焊接与维修。

(3)将导线排列或捆扎整齐，通过线卡或其他紧固件将线与板固定，避免导线因移动而折断。

2. 接插件连接方式

在比较复杂的仪器设备中，经常采用接插件连接方式。这种"积木式"的结构不仅保证了产品批量生产的质量，也为调试、维修提供了极为方便的条件。在一台大型设备中，常常有十几块甚至几十块印制线路板。当整机发生故障时，维修人员不必检查到元器件级，只要判断是哪一块板不正常即可立即对其进行更换，以便在最短的时间内排除故障。

二、印制线路板的排版布局

印制线路板的排版设计，不单纯是按照电路原理图把元器件通过印制导线简单地连接起来。为使整机能够稳定可靠地工作，要对元器件及其连接件在印制板上进行合理的排版布局。如果排版布局不合理，就有可能出现各种干扰，以致合理的原理方案不能实现，或使整机技术指标下降。

印制线路板排版布局的基本要求是：

(1)保证电路的电气性能。

(2)便于产品的生产、使用和维修。

(3)印制导线尽可能短。

(一)整机电路的布局原则

1. 就近原则

当板上对外连接确定后，相关电路部分应就近安排，避免绕远路，尤其忌交叉。

2. 按照信号流走向的布局原则

把整个电路按照功能划分成若干个电路单元，按照电信号的流向，逐个依次安排各个功能电路单元在板上的位置，使布局便于信号流通，并使信号流尽可能保持一致的方向。在多数情况下，信号流向安排成从左到右(左输入、右输出)或从上到下(上输入、下输出)。

3. 优先确定特殊元器件的位置

电子整机产品的干扰问题比较复杂，它可能由电、磁、热、机械等多种因素引起。所以，在着手设计印制板的版面、决定整机电路布局的时候，应分析电路原理，首先确定特殊元器件的位置，然后再安排其他元器件，尽量避免可能产生干扰的因素，并采取措施，使印制板上可能产生的干扰得到最大限度的抑制。所谓特殊元器件，是指那些从电、磁、热、机械强度等几方面对整机性能产生影响或根据操作要求而固定位置的元器件。

4. 操作性能对元器件位置的要求

操作性能对元器件位置的要求有以下两点：

(1)对于电位器、可调电容器或可调电感线圈等调节元件的布局，要考虑整机结构的安排。如果是机外调节，其位置要与调节旋钮在机箱面板上的位置相适应；如果是机内调节，则应放在印制板上能够方便调节的地方。

(2)为了保证调试、维修的安全,特别要注意带高电压的元器件(例如显示器的阳极高压),尽量布置在操作时人手不易触及的地方。

(二)一般元器件的安装与排列

1. 元器件的安置布局

在印制板的排版设计中,布设元器件应遵循的几条原则是:

(1)元器件在整个版面上分布均匀、疏密一致。

(2)元器件不要占满板面,注意板边四周要留有一定空间。留空的大小要根据印制板的面积和固定方式来确定,位于印制线路板边上的元器件,距离印制板的边缘应大于 2 mm。电子仪器内的印制板四周,一般每边都留有 5 ~ 10 mm 空间。

(3)一般元器件应该布设在印制板的一面,并且每个元器件的引脚要单独占用一个焊盘。

(4)元器件的布设不能上下交叉(见图 8-3)。相邻的两个元器件之间,要保持一定间距。间距不得过小,避免相互碰接。相邻元器件的电位差较高,则应使其保持安全距离。一般环境中的间隙安全电压是 200 V/mm。

(5)元器件的安装高度要尽量低,一般元器件体和引线离开板面不要超过 5 mm。安装过高则承受振动和冲击的稳定性变差,容易倒伏或与相邻元器件碰接。

(6)根据印制板在整机中的安装位置及状态,确定元器件的轴线方向。规则排列的元器件,应使体积较大的元器件的轴线方向在整机中处于竖立状态,可以提高元器件在板上固定的稳定性,如图 8-4 所示。

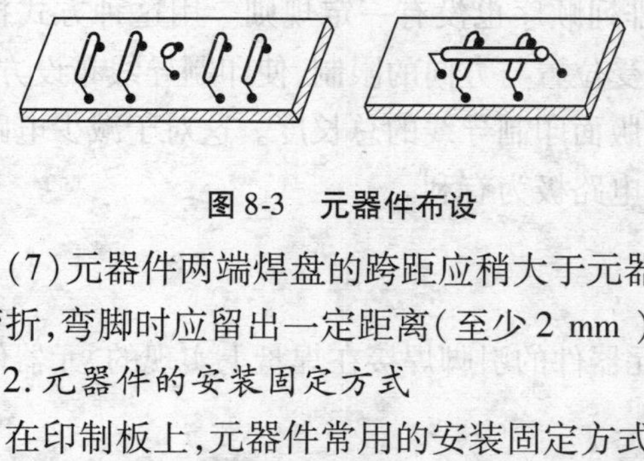

图 8-3　元器件布设

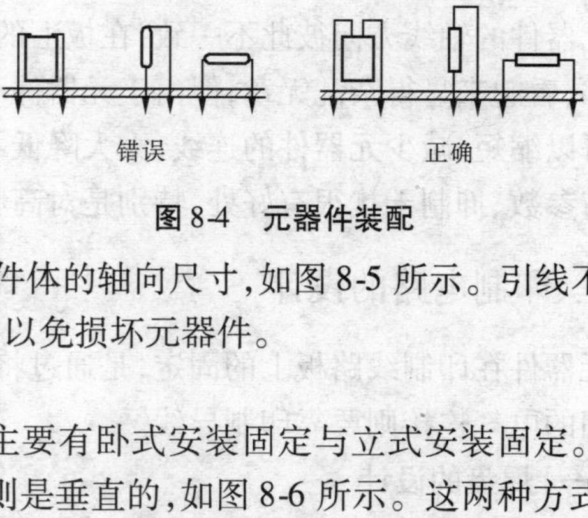

图 8-4　元器件装配

(7)元器件两端焊盘的跨距应稍大于元器件体的轴向尺寸,如图 8-5 所示。引线不要齐根弯折,弯脚时应留出一定距离(至少 2 mm),以免损坏元器件。

2. 元器件的安装固定方式

在印制板上,元器件常用的安装固定方式主要有卧式安装固定与立式安装固定。卧式是指元器件的轴线方向与印制板面平行,立式则是垂直的,如图 8-6 所示。这两种方式各有特点,在设计印制板时,可以采用其中一种方式,也可以同时使用两种方式。但要确保电路的抗振性能好,安装维修方便,元器件排列疏密均匀,有利于印制导线的布设。

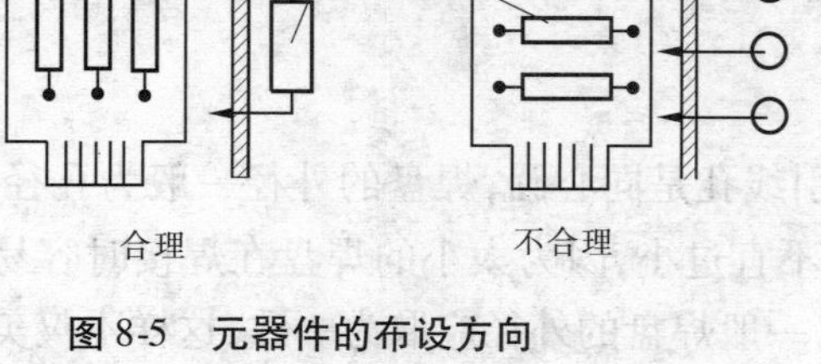

图 8-5　元器件的布设方向

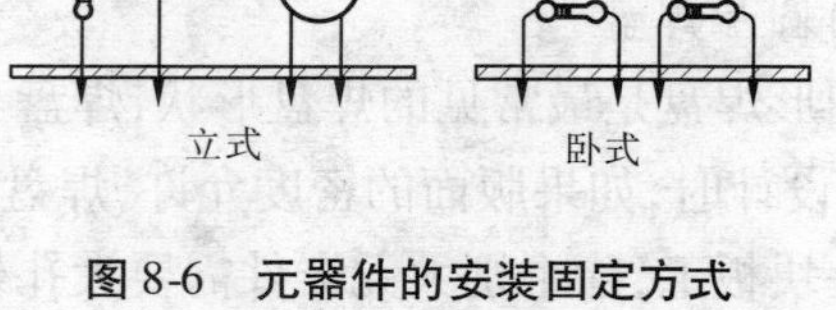

图 8-6　元器件的安装固定方式

3. 元器件的排列方式

元器件应当均匀、整齐、紧凑地排列在印制线路板上，尽量减少和缩短各个单元电路之间和每个元器件之间的引线和连接。元器件在印制板上的排列格式，有规则与不规则两种方式，如图 8-7 所示。这两种方式在印制板上可以单独采用，也可以同时出现。

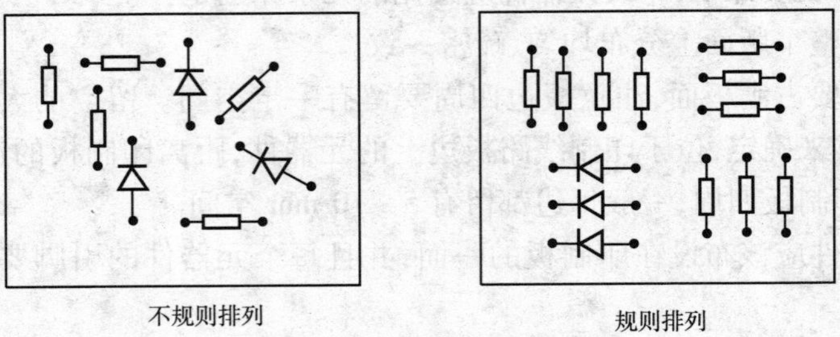

图 8-7　元器件的排列方式

1）规则排列

元器件的轴线方向排列一致，并与板的四边垂直、平行。除高频电路外，一般电子产品中的元器件都应当尽可能平行或垂直地排列，卧式安装固定元器件的时候，更要以规则排列为主。这不仅是为了版面美观整齐，还可以方便装配、焊接、调试，易于生产和维护。但由于元器件的规则排列要受到方向或位置的一定限制，所以印制板上导线的布设可能要复杂一些，导线的总长度也会相应增加。

2）不规则排列

元器件的轴线方向彼此不一致，在板上的排列顺序也没有一定规则。用这种方式排列元器件，看起来显得杂乱无章，但由于元器件不受位置与方向的限制，使印制导线布设方便，并且可以缩短、减少元器件的连线，大大降低了版面印制导线的总长度。这对于减少电路板的分布参数、抑制干扰很有好处，特别是对高频电路极为有利。

三、印制电路的设计

元器件在印制线路板上的固定，是通过将元器件的引脚焊接在焊盘上实现的，元器件彼此之间的电气连接则要靠印制导线。

（一）焊盘的设计

元器件通过板上的引线孔，用焊锡焊接固定在印制板上，印制导线把焊盘连接起来，实现元器件在电路中的电气连接。

1. 焊盘的形状

常用焊盘的形状有圆形、岛形、椭圆形和方形，如图 8-8 所示。制作印制线路板时应根据不同的要求选择不同形状的焊盘。

1）圆形焊盘

圆形焊盘是最常见的焊盘形状，焊盘与引线孔是同心圆，焊盘的外径一般为孔径的 2 ~ 3 倍。设计时，如果版面的密度允许，焊盘就不宜过小，因为太小的焊盘在焊接时容易剥落。在同一块板上，除个别大元器件需要大孔外，一般焊盘的外径应取为一致，这样不仅美观，而且容易绘制。圆形焊盘多在元器件规则排列方式中使用，双面印制板也多采用圆形焊盘。

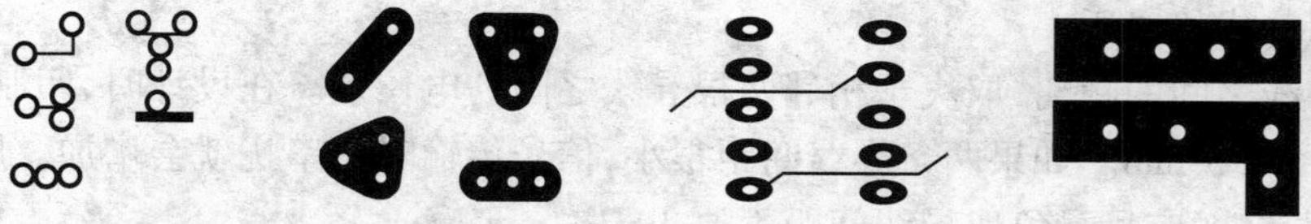

图 8-8　焊盘的几种形状

2）岛形焊盘

岛形焊盘常用于元器件的不规则排列，特别是当元器件采用立式不规则固定时更为普遍。电视机、收录机等家用电器产品中几乎均采用这种焊盘形式。岛形焊盘适合于元器件密集固定，并可大量减少印制导线的长度与数量，能在一定程度上抑制分布参数对电路造成的影响。此外，焊盘与印制导线合为一体以后，铜箔的面积加大，使焊盘和印制导线的抗剥强度增加。

3）椭圆形焊盘

椭圆形焊盘既有足够的面积增强抗剥强度，又在一个方向上尺寸较小，有利于中间走线。常用于双列直插式集成电路器件或插座类元件。

4）方形焊盘

印制板上元器件体积大、数量少且线路简单时，多采用方形焊盘。这种形式的焊盘设计制作简单，精度要求低，容易实现。

焊盘的形状还有泪滴形、矩形、多边形以及异形孔等多种。在印制电路设计中，不必拘泥于一种形式的焊盘，要根据实际情况灵活变换。

2. 焊盘的大小

1）引线孔的直径

引线孔钻在焊盘中心，孔径应比所焊接的元器件引线的直径大 0.2 ~0.3 mm，才能方便地插装元器件；孔径也不能太大，否则在焊接时不仅用锡量多，而且容易因为元器件的活动造成虚焊，使焊接的机械强度变差。在同一块电路板上，孔径的尺寸规格应当少一些。要尽可能避免异形孔。为了保证双面板或多层板上金属化孔的生产质量，孔径一般要大于板厚的 1/3。

2）焊盘的外径

在设计焊盘的外径时，应考虑焊盘的抗剥强度和印制导线的布线密度。单面板焊盘的外径一般应比引线孔的直径大 1.5 mm 以上，即如果焊盘的外径为 D，引线孔的孔径为 d，应有 $D \geqslant (d+1.5)$ mm。对于双面板，焊盘的最小直径可以是 $D_{min}=(d+1)$ mm。如果外径太小，焊盘就容易在焊接时剥落；也不能太大，否则不容易焊接，并且影响印制板的布线密度。

（二）印制导线的设计

焊盘之间的连接铜箔即是印制导线。设计印制导线时，更多要考虑的是其允许载流量和对整个电气性能的影响。

1. 印制导线的宽度

电路板上连接焊盘的印制导线的宽度，主要由铜箔与绝缘基板之间的黏附强度和流过导线的电流来决定，而且应宽窄适度，与整个版面及焊盘的大小相协调。通常印制导线的宽度多选在 1 ~2 mm，最窄处不应小于 0.5 mm，对流过大电流的印制导线可放宽到2 ~3 mm。

2. 印制导线的间距

印制导线之间的距离,取决于相邻两根导线之间的电位差。在设计时,印制导线的间距通常采用 1 ~ 1.5 mm。如果两条导线间距很小,信号传输时的串扰就会增加。所以,为了保证产品的可靠性,应尽量争取导线间距不要小于 1 mm 。

3. 避免导线的交叉

在设计版面时,应避免导线的交叉。这一点,对于双面电路板比较容易实现,对单面板就要困难得多。在设计单面板时,有时可能会遇到导线绕不过去而不得不交叉的情况,可改用绝缘导线或跳线、零欧姆电阻跨接交叉点,不过这种跨接线应尽量少。

4. 印制导线的走向与形状

印制线路板布线,是按照原理图的要求,将元器件和部件通过印制导线连接成电路,使印制导线“走通”是最基本的要求。

关于印制导线的走向与形状,如表 8-1 所示。在设计时应注意以下几点:

表 8-1　印制导线的走向与形状

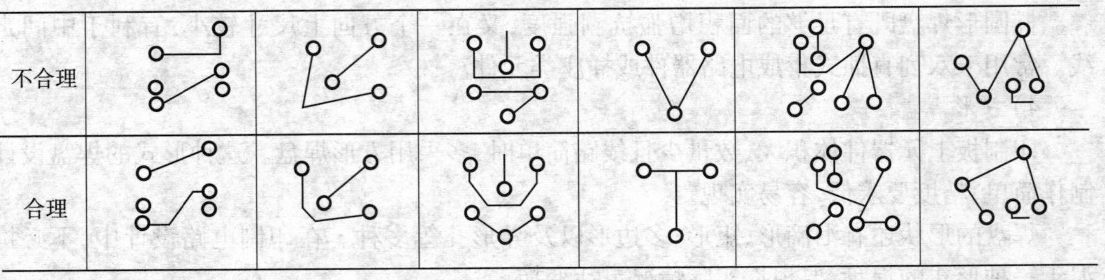

(1)印制导线的走向不能有急剧的拐弯和尖角,拐角不得小于 90°。这是因为很小的内角在制版时难以腐蚀,而在过尖的外角处,铜箔容易剥离或翘起。最佳的拐弯形式是平缓的过渡,即拐角的内角和外角最好都是圆弧。

(2)导线通过两个焊盘之间而不与它们连通的时候,应与它们保持最大而且相等的间距,同样,导线与导线之间的距离也应均匀地相等并且保持最大。

(3)导线与焊盘的连接处的过渡也要圆滑,避免出现小尖角。

(4)焊盘之间导线的连接:当焊盘之间的中心距小于一个焊盘的外径 D 时,导线的宽度可以和焊盘的直径相同;如果焊盘之间的中心距比 D 大,则应减小导线的宽度;如果一条导线上有 3 个以上焊盘,它们之间的距离应大于 $2D$。

(5)在印制导线布局的时候,应先考虑电源线,后考虑电源线和地线。因为信号线一般比较集中,布置的密度也较高,而电源线和地线比信号线宽得多,对长度的限制要小一些。

(三)过孔、引线孔的设计

过孔、引线孔也是印制电路的重要组成部分,前者用做各层间电气连接,后者用做元器件固定或定位。

1. 过孔

过孔一般分为三类:盲孔、埋孔和通孔。盲孔位于印制板的顶层和底层表面,是将几层内部印制电路连接并延伸到印制板一个表面的导通孔;埋孔位于印刷线路板内层,是连接内部的印制电路而不延伸到印制板表面的导通孔;通孔则穿过整个线路板。其中通孔在工艺上易于实现,成本较低,因此使用也最多,但要注意,通孔一般只用于电气连接,不用于焊接元件。

一般而言,设计过孔时有以下原则:

(1)尽量少用过孔。对于两点之间的连线而言,经过的过孔太多会导致可靠性下降。

(2)过孔越小则布线密度越高,但过孔的最小极限往往受到技术设备条件的制约。一般过孔的孔径可取 0.6 ~0.8 mm。

(3)需要的载流量越大,所需的过孔尺寸越大,如电源层和地层与其他层连接所用的过孔就要大一些。

2. 引线孔

引线孔兼有机械固定和电气连接的双重作用。

引线孔的孔径取决于元器件引线的直径大小。若元器件引线的直径为 d_i,引线孔的孔径为 d,通常则取 $d=(d_i+0.3)$ mm。

另外,印制线路板上还有一些不属于印制电路范畴的安装孔和定位孔,设计时同样要认真对待。安装孔孔径按照安装需要选取,定位孔一般采用三孔定位方式,孔径根据装配工艺选取。

(四)印制线路板的抗干扰设计

印制线路板的设计质量不仅直接影响到电子产品的可靠性,还关系到产品的稳定性,甚至是设计成败的关键。因此,在设计印制线路板时,除要为电路中的元器件提供正确无误的电气连接外,还应充分考虑印制板的抗干扰性。

1. 防止电磁干扰

电磁干扰是在整机工作和调试中经常发生的现象,其原因也是多方面的,除外界因素(如空间电磁波)造成干扰外,印制板布线不合理,元器件安装位置不恰当等,都会引起干扰。

(1)相互间可能产生影响或干扰的元器件,应尽量分开或采取屏蔽措施。要设法缩短高频部分元器件之间的连线,减小它们的分布参数和相互间的电磁干扰。强电部分(220 V)和弱电部分(直流电源供电)、输入级和输出级的元器件应当尽量分开。

扬声器、电磁铁、永磁式仪表等器件会产生恒定磁场,高频变压器、继电器等会产生交变磁场。这些磁场不仅对周围元器件产生干扰,同时对周围的印制导线也会产生影响。这类干扰要根据情况区别对待,一般应注意如下几点:

①减少磁感应线对印制导线的切割。

②确定两个电感类元件的位置时,应使它们的磁场方向相互垂直,减少彼此间的耦合。

③对干扰源进行磁屏蔽,屏蔽罩应良好接地。

④使用高频电缆直接传输信号时,电缆的屏蔽层应一端接地。

(2)由于某些元器件或导线之间可能有较高的电位差,应加大它们的距离,以免因放电击穿引起意外短路。金属壳的元器件要避免相互触碰。

2. 抑制热干扰的设计

温度升高造成的干扰,在印制板设计中也应引起注意。在印制板排版设计的时候,应该首先分析、区别哪些是发热元器件,哪些是温度敏感元器件。

(1)装在板上的发热元器件(如功耗大的电阻)应布置在靠近外壳或通风较好的地方,尽量不要把几个发热元器件放在一起,并且要考虑使用散热器或小风扇等装置,使元器件的温升不超过允许值。大功率器件可以直接固定在机壳上,利用金属外壳传导散热;如果必须安装在印制线路板上,则要特别注意不能将它们紧贴在板上安装,而要配置足够大的散热片,还应同其他元器件保持一定距离,避免发热元器件对周围元器件产生热传导或热辐射。

(2)对于温度敏感的元器件,如晶体管、集成电路和其他热敏元件、大容量的电解电容器等,不宜放在热源附近或设备内的上部。电路长期工作引起温度升高,会影响这些元器件的工作状态及性能。

3. 地线布置引起的干扰

几乎任何电路都存在一个自身的接地点,电路中接地点的概念表示零电位。但在实际的印制线路板上,地线并不能保证是绝对零电位,往往存在一个很小的非零电位值。由于电路中的放大作用,这小小的电位便可能产生影响电路性能的干扰。

为克服这种由于地线布设不合理而造成的干扰,在设计印制电路时,应尽量避免不同电路的电流同时流经某一段共用地线。特别是在高频电路和大电流回路中,更要讲究地线的接法。把"交流地"和"直流地"分开,是减少噪声通过地线串扰的有效方法。

在布设印制电路地线的时候,首先要处理好各级电路的内部接地,同级电路的几个接地点要尽量集中。集中于一点的接地称为一点接地,它可避免其他回路中的交流信号串入本级或本级中的交流信号串到其他回路中去。然后,再布设整个印制板上的地线,防止各级之间的互相干扰。下面介绍几种接地方式。

如图 8-9 所示为几种常见的接地方式。

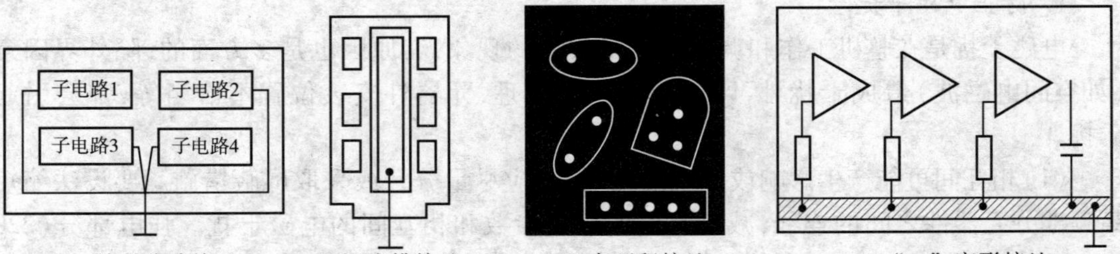

(a)并联分路接地　(b)汇流排接地　(c)大面积接地　(d)"一"字形接地

图 8-9　板内地线布局方式

第三节　印制线路板的制作

合理的印制线路板设计为印制线路板的制作打下了坚实的基础,但任何事情都是相辅相成的,学习和理解印制线路板的制作工艺,对更好地设计出符合要求的印制线路板也是十分有益的。

一、印制线路板的形成

印制线路板的形成,也就是在基板上实现所需的导电图形。在基板上再现导电图形有减成法和加成法两种。

(一)减成法

减成法是先将基板上覆满铜箔,然后用化学或机械方式除去不需要的部分。减成法可通过以下两步实现。

(1)将设计好的印制板图形转移到覆铜板上,并将图形部分有效地保护起来。图形转移的方式主要有丝网漏印法、照相感光法、胶印法、图形电镀蚀刻法等。

(2)去掉覆铜板上未被保护的其他部分,其方式有蚀刻法和雕刻法两种。

蚀刻法是采用化学腐蚀办法除去不需要的铜箔,这是目前最主要的制造方法,后面将专门介绍。

雕刻法是用机械加工方法除去不需要的铜箔,这在单件试制或业余条件下可快速制出印制板。

(二)加成法

加成法是一种在绝缘基板上用某种方式敷设所需的印制电路图形的印制板制作方法,敷设印制电路方法有丝印电镀法、粘贴法等。

二、印制线路板生产制作过程

印制线路板的制作可分为工业制作和手工制作。印制线路板的制造工艺发展很快,不同类型和不同要求的印制线路板采用不同的工艺,但其基本工艺流程是一样的。一般都要经过底图胶片制版、图形转移、化学腐蚀、过孔和铜箔处理、助焊和阻焊处理等过程。

(一)底图胶片制版

在印制板的生产过程中,无论采用什么方法都需要使用符合质量要求的1:1 的底图胶片(也称原版底片,在生产时还要把它翻拍成生产底片)。获得底图胶片通常有两种基本途径:一种是利用计算机辅助设计系统和光学绘图机直接绘制出来;另一种是先绘制黑白底图,再经过照相制版得到。

照相制版的流程:软件剪裁→曝光→显影→定影→水洗→干燥→制版。

制作双面板的相版,应使正、反面两次照相的焦距保持一致,保证两面图形尺寸的完全吻合。

(二)图形转移

把相版上的印制电路图形转移到覆铜板上,称 PCB 图形转移。PCB 图形转移的方法很多,常用的有丝网漏印法和光化学法等。

1. 丝网漏印法

丝网漏印法与油印机类似,就是在丝网上附一层漆膜或胶膜,然后按技术要求将印制电路图制成镂空图形。丝网漏印是一种古老的印制工艺,操作简单,成本低,可以通过手动、半自动或自动丝印机实现。手动丝网漏印的步骤如下:

(1)将覆铜板在底板上定位,印制材料放到固定丝网的槽内。

(2)用橡皮板刮压印料,使丝网与覆铜板直接接触,在覆铜板上就形成了需要的图形。

(3)烘干、修版。

简单的丝网漏印装置如图 8-10 所示。

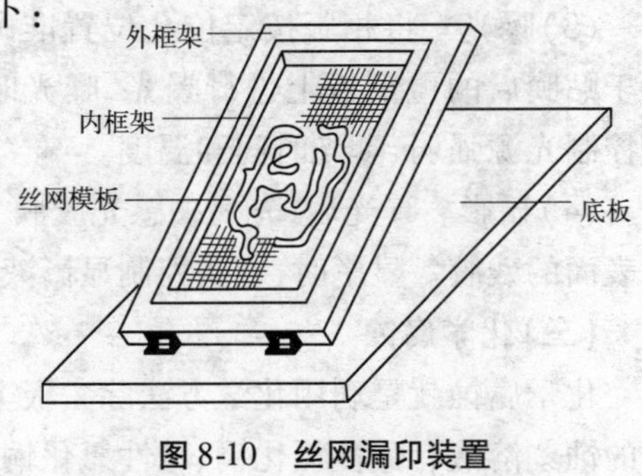

图 8-10　丝网漏印装置

2. 光化学法

光化学法又分为直接感光法与光敏干膜法。

1）直接感光法

直接感光法的主要工艺流程为：覆铜板表面处理→涂感光胶→曝光→显影→固膜→修版。

（1）表面处理：用有机溶剂去除覆铜板表面上的油脂等有机污物，用酸去除氧化层。通过表面处理，可使感光胶在铜箔表面牢固地黏附。

（2）涂感光胶：在覆铜板表面涂覆一层可以感光的液体材料（感光胶）。涂感光胶的方法有离心式甩胶、手工涂覆、滚涂、浸蘸、喷涂等。无论采用哪种方法，都应使胶膜厚度均匀，否则会影响曝光效果。胶膜还必须在一定温度下烘干。

（3）曝光（晒版）：将照相底版置于上胶烘干后的覆铜板上，置于光源下曝光。光线通过相版，使感光胶发生化学反应，引起胶膜理化性能的变化。曝光时，应注意相版与覆铜板的定位，特别是双面印制板，定位更要严格，否则两面图形将不能吻合。

（4）显影：曝光后的板在显影液中显影后，再浸入染色溶液中，将感光部分的胶膜染色硬化，显示出印制板图形，便于检查线路是否完整，为下一步修版提供方便。未感光部分的胶膜可以在温水中溶解、脱落。

（5）固膜：显影后的感光胶并不牢固，容易脱落，应使之固化，即将染色后的板浸入固膜液中停留一定时间。然后用水清洗，再置于 100 ~ 120 ℃ 的恒温烘箱内烘干 30 ~ 60 min，使感光膜进一步得到强化。

（6）修版：固膜后的板应在化学蚀刻前进行修版，以便修正图形上的粘连、毛刺、断线、砂眼等缺陷。修补所用材料必须耐腐蚀。

2）光敏干膜法

光敏干膜法的工艺过程与直接感光法相同，只是不使用感光胶，而是用一种薄膜作为感光材料。这种薄膜由聚酯薄膜、感光胶膜和聚乙烯薄膜三层材料组成，感光胶膜夹在中间，使用时揭掉外层的保护膜，使用贴膜机把感光胶膜贴在铜板上，如图 8-11 所示。干膜的使用方法如下：

（1）覆铜板表面处理。清除表面油污，以便干膜可以牢固地粘贴在板上。

（2）贴膜。揭掉聚乙烯保护膜，把感光胶膜贴在覆铜板上，一般使用滚筒式贴膜机。

（3）曝光。将相版按定位孔位置准确置于贴膜后的覆铜板上进行曝光，曝光时应控制光源强弱、曝光时间和温度。

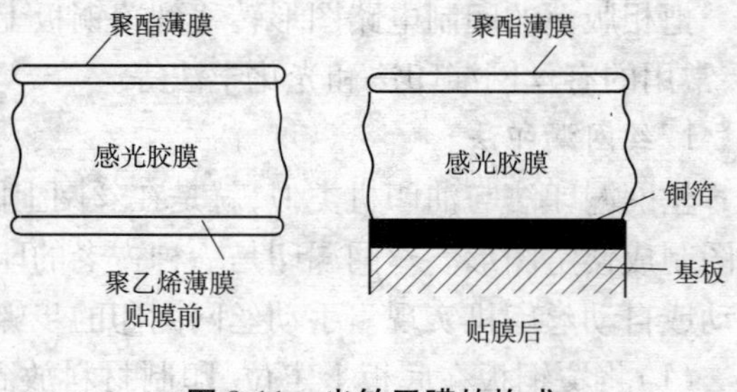

图 8-11　光敏干膜的构成

（4）显影。曝光后，先揭去感光胶膜上的聚酯薄膜，再把板浸入显影液中，显影后去除板表面的残胶。显影时，也要控制显影液的浓度、温度及显影时间。

（三）化学腐蚀

化学腐蚀就是利用化学方法除去板上不需要的铜箔，留下焊盘、印制导线及符号等。常用的蚀刻溶液有酸性氯化铜、碱性氯化铜、三氯化铁等。

（四）过孔与铜箔处理

1. 金属化孔

金属化孔就是把铜沉积在贯通两面导线或焊盘的孔壁上，使原来非金属的孔壁金属化，也称沉铜。在双面和多层 PCB 中，这是一道必不可少的工序。

金属化孔的质量对双面 PCB 是至关重要的，因此必须对其进行检查，要求金属层均匀、完整，与铜箔连接可靠。在表面安装高密度板中这种金属化孔采用盲孔方法（沉铜充满整个孔）来减小过孔所占面积，提高密度。

2. 金属涂覆

为了提高 PCB 印制电路的导电性、可焊性、耐磨性、装饰性及延长 PCB 的使用寿命，提高电气可靠性，往往在 PCB 的铜箔上进行金属涂覆。常用的涂覆层材料有金、银和铅锡合金等。

（五）助焊与阻焊处理

PCB 经表面金属涂覆后，根据不同需要可进行助焊或阻焊处理。焊盘上涂有助焊剂，涂助焊剂是为了提高可焊性；而在高密度铅锡合金板上，为使板面得到保护，确保焊接的准确性，可在板面上加阻焊剂，使焊盘裸露，其他部位均在阻焊层下。阻焊涂料分热固化型和光固化型两种，色泽一般为深绿色或浅绿色。

三、印制线路板的工业制作

在印制板的生产过程中，虽然都需要前面所提到的各个环节，但不同的印制板有不同的工艺流程。当前主流仍然是利用减成法（铜箔蚀刻法）制作印制板，专业工厂一般采用机械化和自动化制作印制板。

（一）单面板生产流程

单面 PCB 一般采用酚醛纸基覆铜箔板制作，也常采用环氧纸基或环氧玻璃布覆铜箔板。

单面板的印制图形比较简单，一般采用丝网漏印的方法转移图形，然后蚀刻出印制板，也有采用光化学法生产的，其生产工艺流程是：选材下料→表面清洁处理→上胶→曝光→显影→固膜→修版→蚀刻→去保护膜→钻孔→成型→表面涂覆→涂助焊剂→检验。

（二）双面板生产流程

双面印制板通常采用环氧玻璃布覆铜箔板制造，适用于比单面板更复杂的电路。

双面板与单面板的生产工艺流程的主要区别仅在于双面板增加了孔金属化工艺。

普通双面印制板的主要生产工艺流程是：生产底片→选材下料→钻孔→孔金属化→粘膜→图形转移→电镀→蚀刻→表面涂覆→检验。

高精度和高密度的双面印制线路板采用的是图形电镀法。目前使用的集成电路印制板大都采用了这种工艺。图形电镀法的工艺流程是：下料→钻孔→化学沉铜→电镀铜加厚→贴干膜→图形转移（曝光、显影）→二次电镀铜加厚→镀铅锡合金→去保护膜→腐蚀→（插头部分）镀金→成型→热熔→检验。

（三）多层 PCB 板生产流程

多层印制板一般采用环氧玻璃布覆铜箔层压板。

制作多层印制板，先用铜箔蚀刻法做出内层导线图形，然后根据设计要求，把几张内层导线图形重叠，放在专用的多层压机内，经过热压黏合工序，就制成了具有内层导电图形的覆铜箔的层压板，以后加工工序与双面孔金属化印制板的制造工序基本相同，其工艺流程是：下料→内层线路印刷（水膜）/干膜→曝光显影→蚀刻→钻孔→沉铜→线路印刷（水膜）/干膜→曝光显影→图形电镀→蚀刻→中检→阻焊印刷→字符印刷→切割→开短路电测试→抗氧化→终检。

四、印制线路板的手工制作

在产品的研制和试验阶段或在课程设计中，需要很快得到 PCB，如果采用正常的步骤，制作周期太长，不经济，这时可以采用简易的方法手工自制。

根据所采用的图形转移的方法不同，手工制版可用涂漆法、贴图法、雕刻法、感光法、热转印法等多种方法实现。目前，感光法和热转印法由于制版质量高、无毛刺而被广泛采用。

（一）涂漆法制作印制线路板

涂漆法是将先画好的印制线路板布线草图复印到覆铜板上，然后用漆将需要的导线及焊盘覆盖起来的一种方法。下面介绍其具体步骤。

1. 下料

按照设计图的尺寸下料，把覆铜板裁成所需要的大小和形状，然后用锉刀或砂纸将覆铜电路板边沿毛刺打光，并用砂纸将铜箔表面擦光亮（此法仅适用于铜箔较厚的基板），用清水洗净后，将板晾干备用。

2. 拓图

将复写纸放到覆铜板上，把已设计好的版图布线草图放在复写纸上，有图的一面朝上，用胶纸把电路图和覆铜板粘牢，用硬笔根据布线图进行复写，印制导线用单线表示，焊盘用小圆点表示。复印双面板时，为了保证两个面准确定位，基板与草图均应有 3 个以上孔距尽可能大的定位孔。仔细检查无误后再揭开版图布线草图和复写纸。复写图形可用单线描绘法——印制导线用单线，焊盘用小圆点表示。也可采用能反映印制导线和焊盘实际宽度和大小的双线描绘法，如图 8-12 所示。

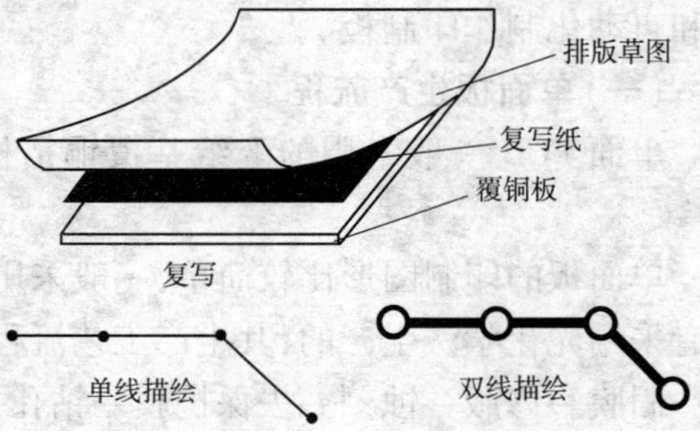

图 8-12　复写草图

3. 钻孔

基板上复印好版图以后，对照草图检查基板上的导线和焊盘有无遗漏之处，确认无误后，在每个焊盘需安装元器件引脚的孔的中心位置上，用冲头打一个冲眼，由冲眼定位即可钻出合适的孔。钻孔时需注意：

（1）如果制作单面板，可在腐蚀完后再钻孔。

（2）如果制作双面板，覆铜板和印制布线图要有 3 个以上的定位孔，先用合适的钻头把它钻透，以利于描反面连线时定位。

（3）选择合适的钻头，一般采用 1 mm 的钻头较适中，对少数元器件端子较粗的引线孔，例如电位器端子孔，需用直径 1.2 mm 以上的钻头钻孔。

（4）用微型电钻进行钻孔，进刀不要过快，以免将铜箔挤出毛刺。

4. 调漆

在描图之前应先把所用的漆调配好。要注意漆的稀稠合适,以免描不上或流淌,描焊盘的漆应比描导线的漆稍稠一些。

5. 描漆

这个步骤需要准备的器材有调和漆、直尺、鸭嘴笔、垫块等。

按照拓好的图形,用漆描需要保留的导线和焊盘。但应先描焊盘,所有焊盘均描好以后,再进一步描导线。可以用比焊盘外径稍细的硬导线或小竹块来描焊盘,焊盘的中心应尽量与钻孔的孔同心,各个焊盘的大小也应尽量均匀。

所有焊盘均描好以后,就可用描图用的鸭嘴笔与直尺配合描绘导线了,为防止描图过程中直尺拉动会碰坏未干的图形,应将直尺的两端适当垫高。如果是双面板,则先将一面描好,待漆干后再描另一面。如图 8-13 所示。

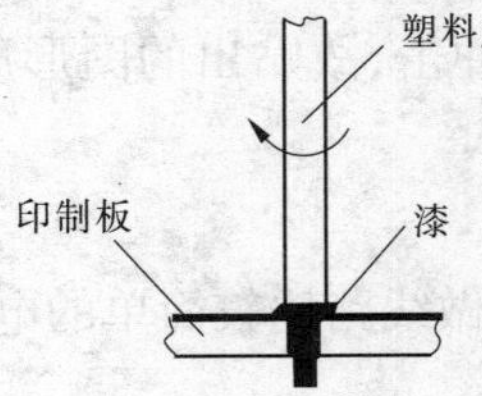

(a)画焊盘

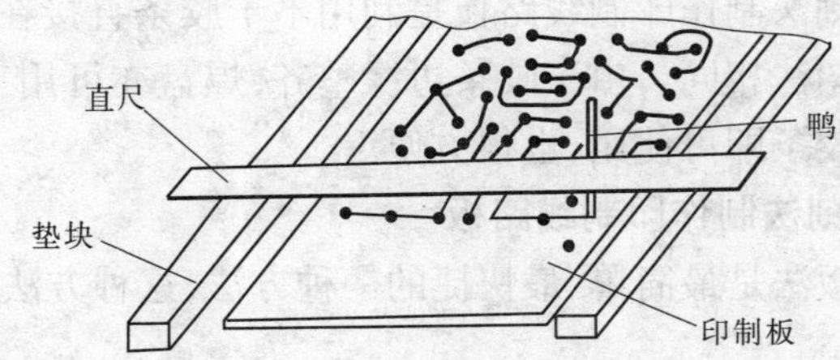

(b)画图形

图 8-13　描漆

在制作线条很细的集成电路印制线路板时,一般的鸭嘴笔画线就很难胜任了,此时可用一支医用注射器,套上适当粗细的针头,剪去针尖部分,吸入油漆,将注射器对准覆铜板上所需要的线条,缓慢地注射出油漆,油漆的宽度可由推力来控制。

用针头注射描漆的方法特别适用于描制线条特别细的扁平型集成电路的印制线路板。但注射使用的油漆最好使用硝基漆,并注意其稀稠程度要合适。

6. 腐蚀

三氯化铁($FeCl_3$)是腐蚀印制板最常用的化学药品。使用时用一份三氯化铁和两份水的比例配制成三氯化铁溶液。配制时在容器里先放入三氯化铁,然后放入水,同时不断搅拌。盛放腐蚀液的容器应是塑料或搪瓷盆,不能使用铜、铁、铝等金属制品。

将修好的板子浸没在溶液中,控制好腐蚀液的量,以使铜箔面正好完全被浸没为宜,太少不能很好地腐蚀线路板,太多容易造成浪费。

腐蚀过程中,为了加快腐蚀速度,要不断轻轻晃动容器和搅动溶液,或用毛笔在印制板上来回刷洗,但不可用力过猛,以防止漆膜脱落。如还觉得速度太慢,也可适当加大三氯化铁的浓度,但浓度不宜超过 50%,否则会使板上需要保存的铜箔从侧面被腐蚀。另外也可以通过给溶液加温来提高腐蚀速度,但温度不宜超过 50 ℃,太高的温度会使漆层隆起脱落,以致损坏漆膜。

蚀刻完成后应立即将板子取出,用清水冲洗干净残存的腐蚀液,否则这些残液会使铜箔导线的边缘出现黄色的痕迹。

7. 去膜

用热水浸泡或用酒精、丙酮擦除漆膜。未擦净处可用稀料清洗,也可以用水砂纸轻轻打磨去膜。漆膜去干净后，用湿布沾去污粉在板面上擦拭，去掉铜箔氧化膜，露出铜的光亮本色。为使板面美观，擦拭时应朝一个方向，这样可使反光方向一致，看起来更加美观。擦后用水清洗晾干。

8. 修板

将腐蚀好的电路板再一次与原图对照，用刀子修整导线的边缘和焊盘的内外沿，使线条光亮、焊盘圆润。

9. 涂助焊剂

将修整好的电路板涂上松香等助焊剂，方法是用毛刷、排笔或棉球沾上助焊剂均匀地涂刷在印制板上，然后将印制板放在通风处，待溶液中的酒精自然挥发后，印制板上就会留下一层透明的松香保护层。

(二)贴图蚀刻法制作印制线路板

贴图蚀刻法制作印制线路板是利用不干胶条直接在铜箔上贴出导电图形代替描图，其余步骤与描图法相同。由于胶条边缘整齐，焊盘亦可用工具冲击，故贴出的图形质量较高，蚀刻后揭去胶条即可使用，也很方便。

(三)刀刻法制作印制线路板

刀刻制版法是最简单、最快捷的一种方法，这种方法适合做线路比较简单的电路板。如图 8-14 所示。

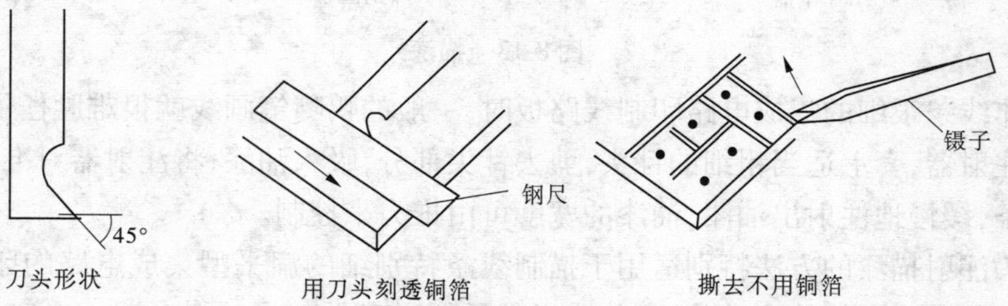

图 8-14　刀刻法制作线路板

用刀刻法制作印制线路板，在进行布局排版设计时，要求导线形状尽量简单，一般把焊盘与导线合为一体，形成多块矩形。由于平行的矩形图形具有较大的分布电容，所以刀刻法制板不适合高频电路。刀刻法制作印制线路板的步骤如下：

(1)先将电路原理图变成电路板图，裁出一块相应大小的覆铜板，把覆铜板面朝上，再在上面盖一张复写纸，然后将画好的电路板图盖在复写纸上，再用圆珠笔在纸上重描一次，让线路显示在覆铜板上。

(2)用刻刀按照线路图一点一点划开，并保证线路与线路之间确实断开，而后撕去不用铜箔。

(3)线路板的雏形基本构成后，在相应的地方打孔，然后用砂纸将铜箔抛光，再在铜箔上涂一层松香酒精水。

(四)热转印法制作印制线路板

热转印法制作印制线路板主要采用了热转移的原理，借助于热转印纸"转印"图形来代替描图，主要设备及材料有激光打印机、转印机、热转印纸等。

热转印纸的表面通过高分子技术进行了特殊处理，覆盖了数层特殊材料的涂层，具有耐高温不粘连的特性。

激光打印机的“碳粉”(含磁性物质的黑色塑料微粒)受硒鼓上静电的吸引,可以在硒鼓上排列出精度极高的图形及文字。打印后,静电消除,图形及文字经高温熔化热压固定,转移到热转印纸上形成热转印纸版。

转印机有“复印”的功效,可提供近 200 ℃ 的高温。将热转印纸版覆盖在覆铜板上,送入制板机,当温度达到 180.5 ℃ 时,在高温和压力的作用下,热转印纸对融化的墨粉吸附力急剧下降,使融化的墨粉完全贴附在覆铜板上。这样,覆铜板冷却后板面上就会形成紧固的有图形的保护层。

热转印法制作印制线路板的工艺流程如图 8-15 所示。步骤如下:

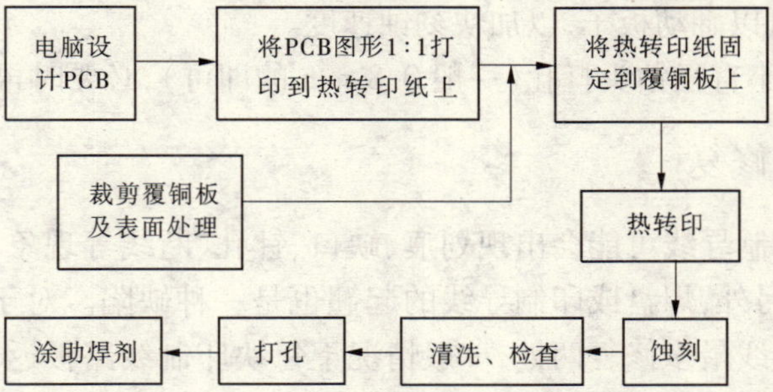

图 8-15　热转印制板工艺流程

(1)用电路图绘制软件绘制印制线路板图。

(2)绘制好 PCB 图后,用激光打印机把电路图按 1:1的比例打印在热转印纸上。

(3)用细砂纸擦干净覆铜板,磨平四周,将打印好的热转印纸覆盖在覆铜板上,送入转印机中转印图形。转印后掀开转印纸一角,检查转印图形的完整性,如果转印不完全,则重复热转印;若只有少量缺陷,可用专用的修整笔进行局部修补。

(4)覆铜板冷却后揭去热转印纸,送入蚀刻机,蚀刻出所需的 PCB 图形。

(5)将蚀刻后的板子清洗干净,上台钻打孔。

(6)检查整个线路板,注意是否存在短路或断路缺陷,并修正错误,所有的焊盘均应除去保护层。检查无误后涂上助焊剂。

(五)感光法制作印制线路板

感光法是一种高精度、低成本、快速制板的方法,感光法分为干膜法和湿膜法,干膜法是利用成品感光干膜贴在覆铜板上,热压后,再进行感光。湿膜法是将感光油膜涂抹在覆铜板上,待干透后进行感光。

湿膜感光法制作印制线路板需要的材料和用具有电钻、覆铜板、感光蓝油、显影剂(2%的碳酸钠溶液)、脱膜剂(20% ~30% 的氢氧化钠溶液)、紫外灯、透明菲林纸等。

湿膜感光法 PCB 板的制作步骤如下:

(1)打印:将电路图打印在透明菲林纸上。

(2)切板:将覆铜板裁剪为设计的大小。

(3)涂胶:将感光蓝油均匀地涂抹在覆铜板上,涂完后静置一段时间将其晾干,在此期间用纸挡住光。

(4)感光:将 8 W 的紫外灯管置于涂完膜的 PCB 板上方约 80 mm 处,照射 100 s 左右。

(5)显影:将感光好的 PCB 板放入显影剂中,用刷子一刷,线条图形即可显现出来。

(6)刻蚀:将 PCB 板放入刻蚀机进行蚀刻,蚀刻剂可以用 $FeCl_3$,也可以用双氧水 + 硫酸。

(7)脱膜:将刻蚀好的 PCB 板放入 20% ~30% 的氢氧化钠溶液中,一段时间后感光膜就自动脱落。冲洗晾干后就可以打孔和涂助焊剂了。

用感光法制作印制线路板需要注意以下问题:

(1)刷感光胶的时候注意要往一个方向刷。

(2)感光胶干燥时间较长,一般只要放在没有日光灯和太阳光直射的地方就可以了。

(3)感光时间和灯管离胶片的距离要控制好。

(4)刻蚀的时候可以翻动板子,以加快刻蚀速度。

(5)钻孔时,先用小直径钻头打孔(一般 0.8 mm 的即可),必要时再用粗钻头扩孔。

五、印制导线的修复

由于各种原因,印制导线可能会出现划痕、缺口、针孔、断线等现象,这些现象会造成导线截面面积的减小。另外,焊盘或印制导线的起翘也是一种缺陷。对于印制导线出现以上的缺陷,只允许每根导线最多修复两处,一般情况下每块印制线路板返修不得超过六处,修复后的导线宽度和导线间距应在允许的公差之内。

(一)印制导线断路的修复

1.跨接法

跨接点应尽量选用元器件的引线、金属化孔或接线柱。清除跨接点处表面的涂覆层,并用异丙醇清洗干净,再用烙铁头除去跨接点处的多余焊料。截取一段镀锡导线,导线每一端都绕接在元件的引线上或连接在金属化孔中。将跨接点涂上焊剂,进行锡焊,并用异丙醇清洗跨接处的残渣,当跨接导线较长时,应套上聚四氟乙烯套管。

跨接法操作简单,印制线路板的正反两面都可以进行跨接。如图 8-16 所示。

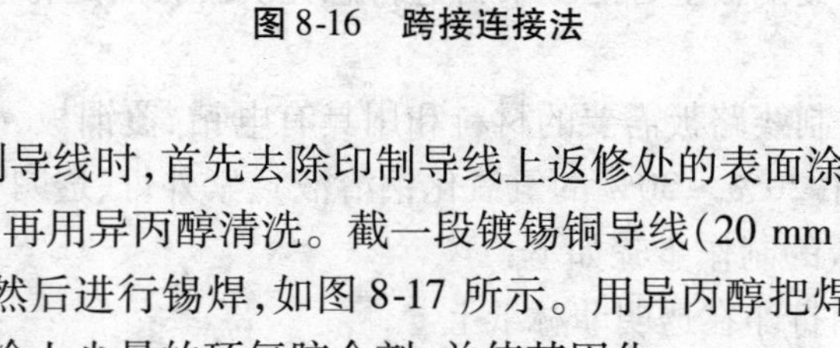

图 8-16　跨接连接法

2.搭接法

用搭接法修复印制导线时,首先去除印制导线上返修处的表面涂覆层:用橡皮擦把断路处(至少 8 cm)擦干净,再用异丙醇清洗。截一段镀锡铜导线(20 mm 左右),放在断路处,在印制导线上涂上焊剂,然后进行锡焊,如图 8-17 所示。用异丙醇把焊接处的焊剂残渣清洗干净后晾干,在返修处涂上少量的环氧胶合剂,并使其固化。

3.补铜箔法

用刀把印制导线损坏的部分剥除,并把已剥除印制导线的基板部位打毛,然后用洁净的布蘸异丙醇进行清洗、晾干。按被剥除印制导线的形状剪一片带有环氧树脂黏结剂的薄膜,

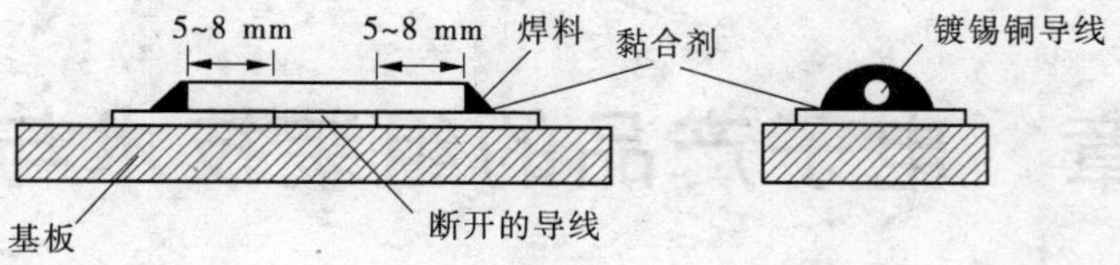

图 8-17　搭接导线法

再按薄膜的形状或稍长于薄膜剪一条铜箔,把铜箔放在已打毛的原印制导线的位置上,再放上已打光的,并用异丙醇清洗过的铜箔,用烙铁压住铜箔的中心,从两端拉紧铜箔,加上焊剂、焊料,把铜箔的端部与原有的印制导线焊接好,用异丙醇清洗掉连接部位的焊接残渣,再涂上表面涂料。

(二)印制导线起翘的修复

当印制导线的一部分与基板脱开,但又保持不断时,叫做导线起翘。起翘的导线长度超过本根导线总长度的二分之一时,则无返修价值。常用修复起翘导线的方法有两种。

1. 印制导线底面涂环氧树脂修复法

(1)把印制导线起翘部位的表面及其基板清除干净,把基板打毛,再用异丙醇清洗干净这些部分。

(2)在起翘导线的底面和基板上均匀地涂上环氧树脂,在起翘的导线部位加压,并使之粘牢固化。需要时应涂上表面涂料。操作时一定要注意不要把起翘的导线弄断。

2. 印制导线表面涂环氧树脂修复法

当印制线路板上元器件的密度很高,又不能在印制导线的底面挤入环氧树脂时,可使用此法。

(1)把起翘的印制导线表面及其周围的基板表面打磨干净,并用异丙醇清洗干净。

(2)在起翘的导线表面及其周围的基板上,均匀地涂上环氧树脂,环氧树脂涂层应稍微厚些,并使之粘牢固化。

应该注意的是,以上两种方法黏结的印制导线,在固化之前不得进行其他加工。

训练、思考与问答

1. 何为印制导线、焊盘和引线孔?它们的作用是什么?PCB 板上颜色最深的部分(一般为深绿色或暗红色)和白色的部分(字迹、符号)各起什么作用?

2. 拿一块工厂生产的 PCB 板,用热风枪或电吹风给它的焊接面略微加热后,手摸上去会有一种黏黏的感觉,尤其是在焊盘部位,这是为什么?

3. 印制线路板的制作过程分为几个步骤?

4. 绘制印制线路板图时应注意哪些问题?

5. 在覆铜板上复印电路图时应注意哪些问题?

6. 手工制作印制线路板最常用哪些方法?

7. 设计印制线路板时,布线的一般原则是什么?

8. 用热转印法制作印制线路板需要经过哪些步骤?

9. 感光法制作印制线路板需要经过哪些步骤?

第九章　电子产品的组装技术与工艺

印制线路板由于具有许多独特的优点而被大量使用。因此,现代电子设备的组装是以印制线路板为中心展开的,印制板的组装是整机组装的关键环节。现在印制电路板的组装,采用通孔插装技术、表面安装技术或者通孔插装技术与表面安装技术的混合联装方式。

第一节　组装基础

一、组装特点

电子产品的组装是以印制电路板为支撑主体的电子元器件的电路连接。电子产品属于技术密集型产品,电子产品的组装工作有以下三个特点。

(一)组装工作由多种基本技术构成

电子产品的组装包含多种基本技术,如元器件的筛选及引线成型技术、线材加工处理技术、焊接技术、安装技术等。

(二)操作质量难以分析

电子产品装配操作质量,在很多情况下都难以进行定量分析,如焊接质量的好坏通常以目测判断,刻度盘、旋钮等的装配质量多以手感鉴定。

(三)对装配操作人员的要求高

由于电子产品的装配质量在很多情况下都需要经验判断,难以定量分析,因此进行电子产品装配工作的人员必须进行训练和挑选,不可随便上岗。

二、组装的基本要求

组装是将电子零部件按要求装接到规定的位置上,既要实现电气性能安全可靠,又要保证经久耐用。安装质量不仅取决于工艺设计,很大程度上也依赖于操作人员的技术水平和装配技能。不同的产品及不同的生产规模对组装的技术要求是不同的,但基本要求都相同。组装的基本要求有以下五点。

(一)安全

电子产品组装,安全是首要大事。不良的装配不仅影响产品性能,而且造成安全隐患。

(二)不损伤产品零部件

组装时由于操作不当,不仅可能损坏所安装的零部件,而且还会损坏相邻零部件。例如装波段开关时,紧固力过大造成开关变形失效;面板上装螺钉时,螺丝刀滑出擦伤面板;插装集成电路时折弯引脚等。

(三)保证电气性能

电气连接的导通与绝缘、接触电阻和绝缘电阻都与产品性能、质量紧密相关。假如设备电源输入线安装者未按规定将导线绞合镀锡而直接装上,从而导致一部分芯线散出,通电检验和初期工作都正常，但由于局部电阻大而发热，工作一段时间后，导线及螺钉氧化，进而接触电阻增大，结果会造成设备不能正常工作。

（四）保证机械强度

产品组装中要考虑到有些零部件在运输、搬动中受机械振动作用而受损的情况。例如一只安装在印制板上的带散热片的三极管，仅靠印制板上的焊点难以支持较重散热片的作用力。又如，变压器靠自攻螺钉固定在塑料壳上也很难保证机械强度。

（五）保证传热、电磁屏蔽要求

某些零部件安装时必须考虑传热或电磁屏蔽等问题。如图 9-1 所示，在功率管上装散热片，由于紧固螺钉不当，造成功率管与散热片贴合不良，影响散热。又如图 9-2 所示金属屏蔽盒，由于有接缝，降低了屏蔽效果。如果安装时在接缝中衬上导电衬垫，就可保证屏蔽性能。

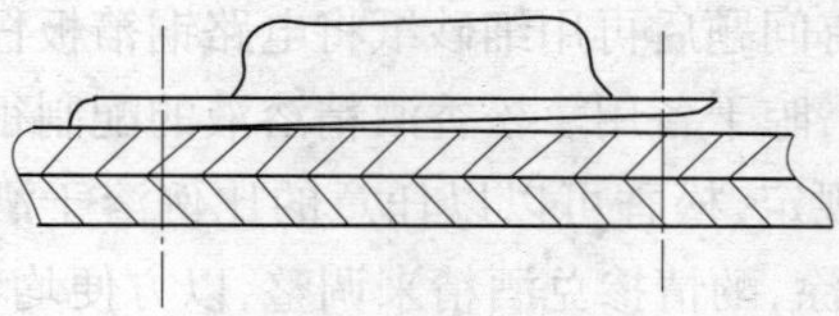

图 9-1　贴合不良

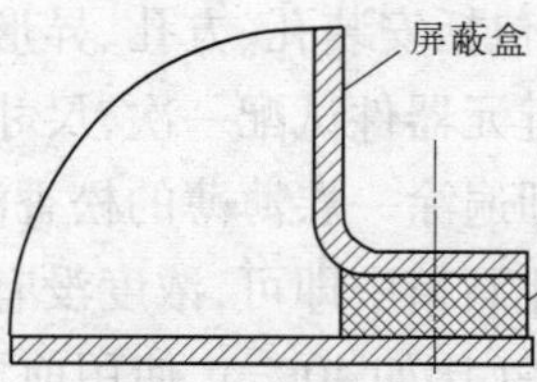

图 9-2　屏蔽盒示意图

第二节　通孔插入安装技术（THT）

通孔插入安装技术（THT），是使用传统的通孔元器件所采用的组装技术。它是将元器件引出脚插入印制线路板相应的引线孔，然后与焊接面的焊盘焊接固定的联装技术。

随着表面安装方式的广泛应用，有人认为，通孔插装技术这种传统的联装方式是夕阳技术，实际上这种看法是片面的。通孔插入安装技术（THT）的优越性在于投资少、工艺相对简单、基板材料及印制线路板工艺成本低，适用于不苛求体积小型化的产品，并且在目前的技术、工艺条件下，一些电路（比如电源电路、大功率电路）还必须使用这种技术进行组装。当前的表面安装组件，大多采用通孔插装技术和表面安装技术混合联装方式。因此，学习并掌握通孔插装技术（THT）这种传统的联装方式是非常必要的。

一、元器件与印制线路板的预处理

安装过程中使用的元器件，对于其生产厂家来说是最终的产品。由于作为商品要考虑其通用性，或者由于包装、储藏的需要，采购来的元器件，其形态可能不会完全适合于安装的要求，因此在安装前，对有些元器件与印制线路板，必须进行预处理。

（一）印制线路板（PCB）的预处理

1. 批量印制线路板的预处理

印制线路板厂按设计图样成批生产出来的印制线路板，通常不需要处理即可直接投入使用。这时，最重要的是要做好来料的抽样检验工作，即应检查基板的材质和厚度，铜箔电路腐蚀的质量，焊盘孔是否打偏，孔的金属化质量等。

2. 少量印制线路板的预处理

对于手工腐蚀出来的少量试制用印制线路板,要进行打孔、砂光、涂松香酒精溶液等工作。

打孔最好用$\phi 0.8 \sim 6$ mm 的小型台式电钻。安装一般元器件打$\phi 0.8$ mm 的孔即可。特殊的元器件应根据其引脚的粗细作相应的变化,孔径应比元器件引脚大 0.2 ~ 0.5 mm,总之要让引脚周围与焊盘之间留有一个合适的间隙。间隙太小,装拆元器件不方便;间隙留得太大,焊接时元器件引脚与焊盘之间难以形成完整的焊点。

打孔时应注意,台钻的转速高一些为好;操作时不允许带手套;要用钻夹头钥匙来装卸钻头;钻头的两个刃口要对称;进刀时,要注意使用手指的力来给台钻的进刀压杆加压,这样进刀就会显得非常灵活,人不易疲劳,且不易弄断钻头;要及时清理钻孔时产生的碎屑,随时保持工作台面的清洁。

所有的孔,包括安装孔、方孔、异形孔以及印制线路板的边框轮廓都要一并加工好,并且要与外壳及关键元器件试配一次,尺寸配合没有问题后再用细砂纸将电路铜箔板仔细打光,吹擦干净后立即遍涂一层薄薄的松香酒精溶液,晾干备用。松香酒精溶液的配制很简单,将松香块溶入工业酒精中即可,浓度没有严格的规定,松香可以以任意的比例溶于酒精,配制时可以先浓一些(比如40%),使用前再通过试涂,酌情掺兑酒精来调整,以方便均匀涂刷而又具有很好的覆盖性为准。

(二)元器件的插装方式

元器件的插装方式分为立式插装、卧式插装、横向插装、倒立插装和嵌入插装。如图 9-3 所示。

1. 立式插装

立式插装是将元器件垂直插入印制线路板。立式插装节省空间、结构紧凑,适合于元器件排列密集紧凑的产品,立式固定的元器件要求体积小、质量轻,过大、过重的元器件不宜采用立式插装。有些元器件,如瓷片电容器、电解电容器、晶体管等,本来为直插型的应另当别论。

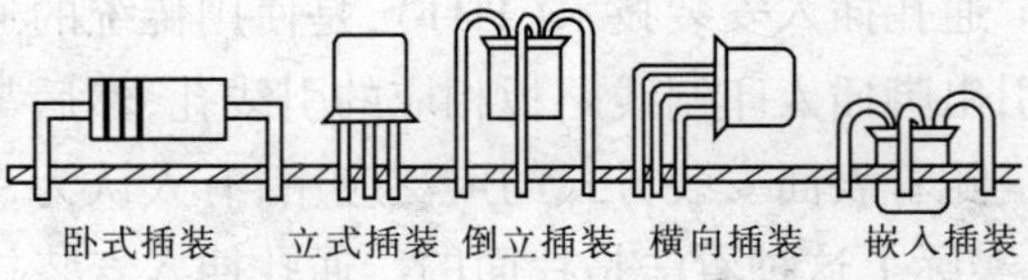

图 9-3　元器件的插装方式

2. 卧式插装

卧式插装是将元器件紧贴印制线路板的板面水平放置,元器件与印制线路板之间的距离可视具体要求而定。

与立式插装相比,元器件卧式插装具有机械稳定性好、版面排列整齐等优点。卧式插装使元器件的跨距加大,容易从两个焊点之间走线,这对于布设印制导线十分有利。

3. 横向插装

横向插装是将元器件先垂直插入印制线路板,然后将其向水平方向弯曲。该插装方式适用于具有一定高度且需要降低高度的元器件。

4. 倒立插装及嵌入插装

这两种插装方式一般情况下应用不多,是为了特殊的需要而采用的插装方法,如嵌入式插装方法除降低高度外,更主要的是提高元器件的抗振能力和加强牢固度。

（三）元器件的引脚成型

1. 元器件引脚成形的重要性

无论采取哪种安装方法，元器件的引脚在安装前，都要根据印制线路板上焊盘孔之间的距离，以及设计者要求元器件离开印制线路板的高度等尺寸，预先加工成一定的形状，即成形。未成形的元器件安装不便，这是因为：第一，引脚间距与印制线路板上的焊盘孔距很难匹配，影响插入，使工作效率降低，甚至无法进行；第二，未成形的元器件焊接时其主体离开底板的高度不好控制，容易造成元器件安装歪斜；第三，元器件在受到从顶部来的压力或因碰撞、摔打所产生的冲击力时，很可能往下把焊盘顶开，撕断印制线路板铜箔而造成故障。所以，成形过的元器件才能保证安装工作的质量和效率，批量生产时，尤其如此。元器件引脚成形后有如图 9-4 所示的几种形状。

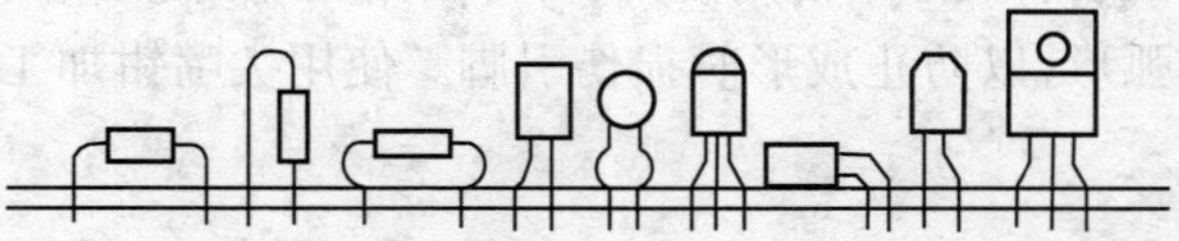

图 9-4　印制电路板上元器件引脚成形

2. 元器件引脚成形的要求

（1）元器件引脚成形的目的是使后续的插装工作能够顺利进行，因此成形尺寸要准，形状应符合要求。对于手工插装和手工焊接的元器件，只要把引脚加工成如图 9-5 所示的形状即可，即引脚成形不应在引脚根部弯曲，至少要离根部 1.5 mm 以上。如果是采用自动焊接，最好把引脚加工成如图 9-6 所示的形状。对于易于受热损坏的元器件，其引脚可加工成如图 9-7 所示的形状。

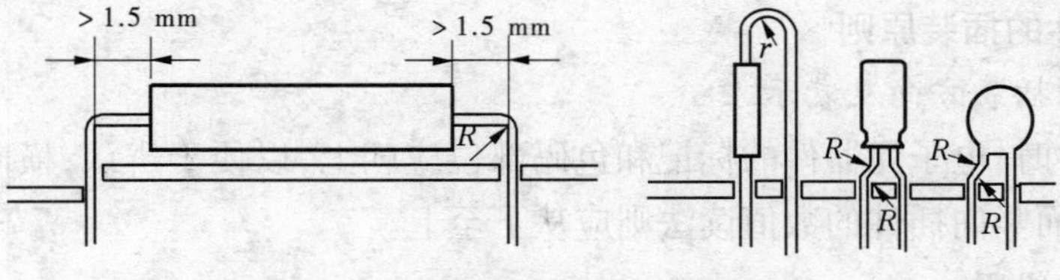

图 9-5　手工组装时引脚加工的形状

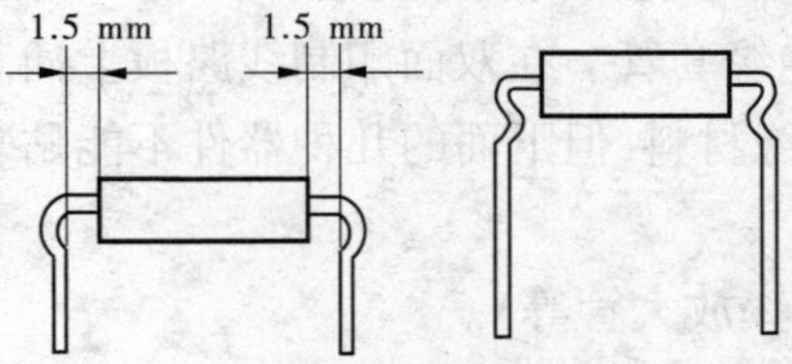

图 9-6　自动焊接时引脚的加工形状

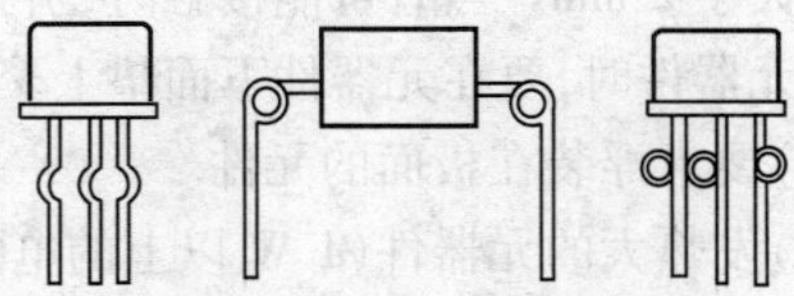

图 9-7　易受热损坏元器件引脚的加工形状

（2）成形后的元器件其标注面应向上、向外，使整机美观、便于检修。

（3）成形时不能损坏元器件，不能刮伤其引脚的表面镀层，不能让元器件的引脚受到轴向拉力和额外的扭力，弯折点离引脚根部要保持一定的距离，尤其是带磁芯的小型直插式固定电感器类元器件，引脚部位比较薄弱，要特别小心。

集成电路的引脚一般用专用设备进行成形。双列直插式集成电路引脚之间的距离也可利用平整桌面或抽屉边缘，手工操作来调整，如图 9-8 所示。

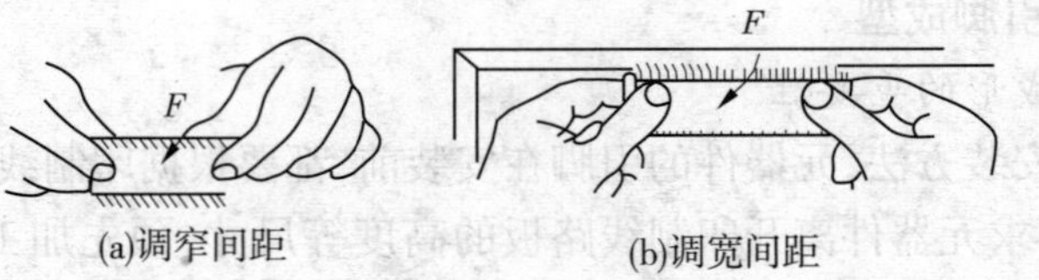

图 9-8　集成电路引脚的调整

3. 元器件引脚成形的方法

元器件的引脚成形可采用模具手工成形或专用设备成形。引脚成形的模具加工元器件的引脚一致性好。现在有些工厂已采用专用设备，这种专用设备比手工模具成形的生产效率高，但成本也高。

对于有些元器件的引脚成形不使用模具时，可以用尖嘴钳加工。这时最好把长尖嘴钳钳口的一侧加工成圆弧形，以防止成形时损伤引脚。使用尖嘴钳加工引脚的过程如图 9-9 所示。

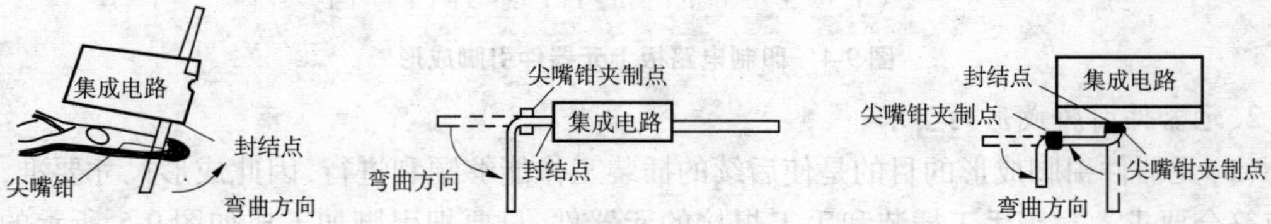

图 9-9　使用尖嘴钳加工引脚

二、元器件的安装

(一)元器件的插装原则

1. 元器件的插装方向及表示

插装元器件时，电子元器件的标记和色码部位应朝上，以便于辨认；横向插件的数值读法应从左至右，而竖向插件的数值读法则应从下至上。

2. 元器件的间距

印制线路板上元器件间的距离，在设计时已作了充分考虑，不能小于 1 mm，引脚间的间隔要大于 2 mm。当有可能接触时，引脚要套绝缘套管。在双面印制线路板上插装带金属外壳的元器件时，要在元器件下面垫上聚脂类绝缘材料，但下面的几种器件不能贴装。

(1)要求浮装在板面的元件。

(2)发热大的元器件(1 W 以上的电阻器、功率放大管等)。

(3)沿轴线方向具有相互反向引脚的电阻器、二极管进行立式插装时。

(4)印制线路板引线孔的跨距和零件引脚的间距不一致，贴装会使引脚根部承受过大的外力时(陶瓷电容器、半固定电阻器、可调电阻器)。

(5)因焊锡时受热，易使性能变坏的元器件(集成电路、晶体管)。

(6)结构上不适于贴装的元器件。

元器件不能贴装时，浮起的高度通常为 3 ~ 7 mm，如图 9-10 所示。

(二)元器件的安装次序

印制线路板上元器件的安装次序，应以前道工序不妨碍后道工序为原则，一般是先装低

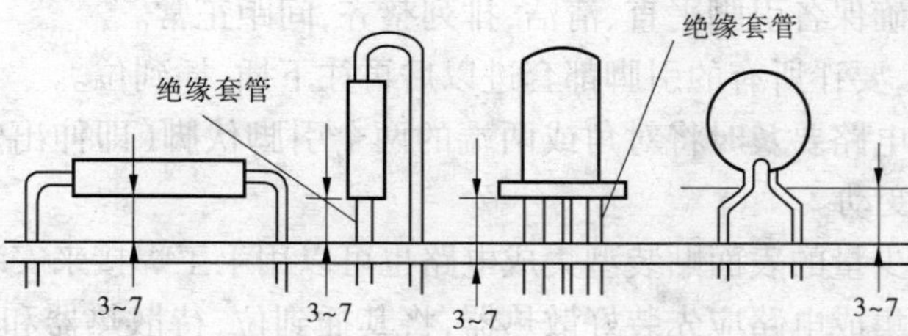

图 9-10　浮装　(单位:mm)

矮的小功率卧式元器件,然后装立式元器件和大功率卧式元器件,再装可变元器件、易损元器件,最后装带散热器的元器件和特殊元器件。

插件生产线上的插件次序也是先插跳线,再插卧式集成电路和其他小功率卧式元器件,最后插立式元器件和大功率卧式元器件。而开关、插座等有缝隙的元器件以及带散热器的元器件和特殊元器件一般都不插,留待上述已插元器件整体焊接以后再由手工分装来完成。

(三)元器件的安装方法

元器件的安装有手工安装和机械安装,手工安装简单易行,但效率低,误装率高;机械安装速度快,正确率高,对引脚成形要求高。

不管是机器自动安装还是手工安装,都必须了解每种元器件的特性。了解安装每种元器件的具体做法及注意事项,才可以做到确保每一个元器件在安装后能以其原有的性能在整机中正常工作。

1. 手工插装方法

手工插装多用于科研或小批量生产,有两种方法:一种是一块印制线路板所需的全部元器件,由一个人负责插装;另一种是采用传送带方式的多人插装。这种方法简便易行、设备少、应用广泛,但有误插率高、效率低等缺点。

2. 自动插装方法

自动插装采用自动插装机完成。自动插装又分手工定位、自动插装和自动定位、手工插装的半自动方法及全自动方法。

采用自动插装机插装元件的最大优点是生产率高、误插率低;缺点是设备的成本高,对元器件形状还有一定的要求,不是所有的元器件都能采用自动插装。

3. 各种元器件的安装方法

下面在手工安装的基础上介绍各种元器件的安装。

1)集成电路(IC)的安装

安装集成电路时应注意以下几点:

(1)拿取时必须确保人体不带静电,焊接时必须确保电烙铁不漏电。

现在人们的衣着和生活环境有时可使人体带有静电,这种静电对于 MOS 器件的集成电路来说可形成几万伏的高压,也许在一次不经意的触碰之下就对它们造成了永久性的损害。因此,要求操作时戴防静电接地腕带、穿防静电工作服等。

由于高温下所有绝缘物的绝缘性能都会降低,所以电烙铁的漏电也不容忽视。焊接时要预先接好电烙铁的安全地线,必要时可以采用临时拔掉电烙铁电源插头再来焊接的办法。

(2)注意方向不要装反。因为绝大多数集成电路的引脚都是对称排列的,稍不留意即会插反。在插装之前,要准确判断集成电路第 1 脚(pin1)。

(3)安装之前要确保各引脚平直、清洁,排列整齐,间距正常。

(4)穿孔插装时,要让所有的引脚都套进以后再往下插,插到位。

(5)插好的集成电路要及时将对角或两端的两个引脚伏脚(即伸出焊盘的部分)折弯、扣死,以免焊接之前变动。

(6)试制过程中少量的表面贴装型集成电路也可以用手工焊接来安装。

(7)带散热器的集成电路应先装好散热器,将其插到位,待散热器和底板固定好以后再来焊接集成电路的引脚。

(8)某些功率较大、发热比较多的集成电路,焊接前应将其引脚做成一段弧形,以作为热胀冷缩的缓冲,避免焊点热老化而引起虚焊故障。

2)集成电路插座的安装

在安装集成电路的插座时,同样要注意方向问题,要注意让有缺口标记的一端作为1脚所在的一端装入。尽管插座本身在电气上并无极性可言,但错误的安装方向将对以后集成电路的插入形成误导。另外特别要注意每个引脚的焊接质量,因为集成电路插座引脚的可焊性差,容易出现虚焊,焊接时可以适当采用活性较强的助焊剂,焊后应加以清洗。

3)晶体管的安装

晶体管的安装除二极管外,一般以立式安装最为普遍,在特殊情况下也可采用横向安装或倒立安装。在安装各种晶体管时要注意分辨它们的型号、引脚名称和极性,要注意防止在安装焊接的过程中对它们造成损伤。二极管的引脚有正负之分,不能插反。小功率的晶体三极管、场效应晶体管和晶闸管,封装外形有时完全相同。有些微型封装的器件,表面只能印一两个标注字,容易混淆,应尽量与它们的原包装一道拿取,一次用不完的要及时放回原包装中。有时即使是同一种型号的器件,由于生产厂家不同,其引脚的排列也有变化,一定要认准其排列,不要插错。

安装塑封大功率晶体管时,要考虑集电极与散热器之间的绝缘问题。紧固螺钉和晶体管之间用耐热的工程塑料做成的套筒子(又叫绝缘珠)绝缘,晶体管和散热器之间则垫以云母片、聚酯薄膜或散热布。

安装绝缘栅型场效应晶体管(MOS 管)、IGBT 等器件时与安装集成电路一样,应注意被静电击穿和电烙铁漏电击穿的危险。

4)电阻器的安装

安装电阻器时要注意区分同一电路中阻值相同而功率、类型不同的电阻器,不要插错。安装大功率电阻器时要注意使之与底板隔开一定的距离,最好使用专用的金属支架支撑,与其他零件也要保持一定的距离,以利于散热。小功率电阻器大多采用卧式安装,并且要紧贴底板安装,以减少引脚形成的分布电感。

安装热敏电阻器时要将其紧靠发热体,并用导热硅脂填充两者之间的空隙。

5)电容器的安装

瓷片电容器安装时要注意其耐压级别和温度系数。铝电解电容器、钽电解电容器的正极所接电位一定要高于负极,否则将会增大损耗,尤其是铝电解电容器,极性接反,工作时将会急剧发热,引起鼓泡、爆炸。可调电容器、微调电容器安装时也有极性问题,要注意让接触人体的动片那一极接高频地电位焊盘,不能颠倒,否则,调节时人体附加上去的分布电容将使调节无法进行。安装有机薄膜介质的可调电容器时,要先将动片全部旋入后再焊接,要尽量缩短焊接时间。穿心电容器、片状电容器安装时要注意保持表面清洁。

提醒：安装电容器时也要注意区分同一电路中容量相同而类型不同的电容器，不要插错。

6）电感器的安装

固定电感器外形犹如电阻器一般，其引脚与内部导线的接头部位比较脆弱，安装时要注意保护，不能强拉硬拽。安装没有屏蔽罩的电感时要注意其与周围元器件的关系，要避免漏感交连。安装高频空心线圈时要注意插到位，摆好位置，焊完后要保持调整前的密绕状态。选用和定制空心线圈时，除线径、匝数、线筒直径等参数外，还有左、右旋的绕向要注意区分，若绕向不对，插装后电感器的磁场指向会大不相同。多绕组电感器、耦合变压器，在分清一、二次绕组以后还要进一步分辨各绕组间的同名端，即定出各绕组对高频信号而言的冷端和热端。

可调整电感器安装的焊接时间不能太长，以免塑料骨架受热变形影响调节。

提醒：有些电感器的外形和电阻器、电容器等元器件相像，安装时也要注意区分。

7）继电器的安装

安装继电器时要注意区分继电器的规格、型号，注意核对驱动线圈的工作电压值、阻值和触点的载荷能力。驱动绕组和各被控触点一般分别工作在不同的回路，有时两者之间电压相差很大，要注意电路的绝缘。要注意分辨常开触点与常闭触点的引脚位置。小继电器驱动绕组的线径很细，其与引脚相接的部位易出问题，要注意保护。另外，焊接插装继电器的插座时，要把继电器插在上面再焊接，以免插座的插接点在焊完以后位置歪斜。这一类继电器一般都有两个固定用的卡簧，安装时不能遗忘。有的继电器安装时有方位要求，要注意满足。凡是继电器都不宜安装在有强磁场或强振动的地方。

8）电位器的安装

电位器从结构上分为旋轴式和直线推拉式两种。相同阻值的电位器，按阻值变化的特性又分为直线式、对数式和指数式。它们在外形上没有什么差别，完全通过标注来区分，安装时不要弄混，必要时可以通过仪表测试来分辨。

固定在印制板上的旋轴式电位器安装时要将定位销子套好后再锁紧螺母。

直线推拉式电位器的安装方向不要颠倒。

直接安装在印制线路板上的电位器则要注意装到位、装平整，焊接时要先焊支架的固定脚，再焊其他引脚。如果是在铜箔面安装，则要切实注意电位器外壳支架与在支架下面穿行的铜箔线路之间的绝缘，由于使用时电位器会经常受到调节操作力的摇晃，绝缘层太薄则可被磨穿。微调电位器用于对某些电路参数的调整，一般只有起子槽，没有调节钮，安装时要注意摆好位置，以便于调节，有的还要注意让其对准机器外壳的调节孔。

很多电位器碳膜片与引脚焊片的结合部位很薄弱，焊接引脚的时间稍长或者多弄几下就会造成断路或产生接触不良的现象。还要注意，焊接和安装的动作要轻巧、干净、利落。作为可调电阻器使用的电位器，多余的固定端应与滑动端短接，以免调节时造成电路的瞬时中断。电位器的金属外壳或支架都要尽可能接地。

9)中周变压器的安装

中周变压器实际上是一个小型的高频可调整电感器或称变压器,由外壳、塑料骨架、磁芯、绕组等组成,有的还内附谐振电容器。同一块板上往往要安装几只外观一样而参数不同的中周变压器,要注意分辨型号,安装时要插到位。由于外壳的可焊性较差,散热又快,其上两个固定脚较难上锡,焊接时间稍长就会使里面的塑料骨架变形而卡死磁芯,变得不能调节,所以可改用工作温度较高的电烙铁来焊接。因为中周变压器胶木座中的引脚大多形状简单,装好后不能受向上拉扯或横向撞击的力,否则很可能拉松引脚而造成内部引脚的断线。另外,其胶木座在整体浸焊或自动焊接时会吸收助焊剂,因此对助焊剂的电阻率指标有较高的要求。

10)开关的安装

开关的种类很多,大都要依靠手工来安装。安装时可以顺便开关几下,通过手感来检查其质量如何,然后,再进行安装焊接。

小型拨动开关要注意安装紧固后,手柄的指向要准确。按钮和船形开关连接线路时所选的一对触点的功能要与开关在产品面板上的标示相符合,不要使得开、关颠倒。旋轴式开关要注意定位销的套入。按钮要注意调节好伸出面板部分的长度。直接安装于印制线路板上的小型开关一般不能整体浸焊,以免助焊剂浸入内部造成故障;小型拨动式开关在手工焊接时一定要注意控制好传入开关内部的热量,电烙铁头的"吃锡"状态要好、功率要小,但温度要稍微偏高一点,焊接时间千万不能过长,要"速战速决",否则必定会使开关内部的塑料滑块受热变形而报废。大多数小型多挡位开关的外壳固定脚焊接时也有这个问题,由于外壳面积较大,引脚较粗而传热很快,使焊接时间拖延,外壳的温度变高以后同样会损坏里面的塑料件。焊接外壳引出脚时应选用功率为 40 ~ 60 W 的电烙铁进行。

11)特殊元器件的安装

所谓特殊元器件,是指那些只在某种特定的电路中才采用的元器件,例如红外线报警器的热释电传感器、收音机的拉线调谐机构等。安装这些元器件时一定要充分了解其结构,了解其物理、电气性能以及它在整机中的工作方式。弄清楚影响其工作性能的关键参数是什么,研究清楚安装工艺本身及安装后的工作环境会对其具有一些什么影响以后,才能找到一套正确的安装方法。操作者可以针对具体的器件,参照其产品说明书,结合整机设计和安装车间的实际条件,举一反三来拟定正确的安装工艺。

第三节　导线的加工

在电子产品的装配中既要用到各种元器件,也要用到各种导线,常用的导线有绝缘导线、屏蔽线和同轴电缆等。任何一种导线在接入电路前都要对其端头进行加工,以保证导线接入电路后,不至于因端头问题而产生故障。

一、绝缘导线的加工

绝缘导线的加工过程一般可分为裁剪、剥头、捻头、浸焊、清洁和标记等多道工序。

(一)剪裁

手工剪裁导线时要将导线拉直再截断,以保证导线的长度。剪裁时应保护好导线的绝缘层，使其不受损坏，如果导线的绝缘层已被损坏或芯线已经锈蚀则不应再采用。

（二）剥头

剥头是指把绝缘导线的端头绝缘层去掉一定的长度，露出芯线的过程。常用的剥头方法有刃截法和热截法两种。

1. 刃截法

刃截法是使用电工刀或剪刀或剥线钳等剥头设备对导线端头进行剥离的方法。其特点是简单，但容易损伤导线。

2. 热截法

热截法是用热剥皮器对导线端头进行剥离的方法。其优点是剥头好，不会损伤导线。但加热绝缘层时会放出有害气体，因此要求有通风装置。操作时应注意调节温控器的温度，温度过高易烧焦导线，温度过低则不易切断绝缘层。

（三）捻头

多股导线经剥头处理后，芯线很容易松散，应将导线按原来的扭转方向继续捻紧，以防止浸锡后线端直径太粗，一般螺旋角为30°～45°。注意捻头时用力要适中，不要将芯线捻断。

（四）浸焊

经剥头和捻头后的导线，为防止其芯线与空气接触时间过长而氧化，降低导线的可焊性，应及时进行浸锡处理。浸锡时需注意浸锡时间不能过长（一般为1～3 s），以避免导线绝缘层受热而损坏，并要注意浸锡处与绝缘层之间要有2 mm左右的距离。如果一次浸锡未达到要求，应待导线冷却后再进行第二次浸锡，避免连续浸锡时间过长而损坏绝缘层。

二、屏蔽导线的加工工艺

屏蔽导线是一种在绝缘导线外面套上一层铜编织网的特殊导线。在对屏蔽导线进行端头处理时应注意去除的屏蔽层不宜太多，否则会影响屏蔽效果。屏蔽线是两端接地还是一端接地要根据设计要求来定，一般短的屏蔽线均采用一端接地。

（一）屏蔽导线不接地端的加工方法

屏蔽导线不接地端的加工方法如图9-11所示，加工步骤如下：

（1）按设计要求截取一段屏蔽导线，导线长度只允许有5%～10%的正误差，不允许有负误差。

提问：为什么允许有正误差而不允许有负误差呢？

（2）用热截法或刃截法去掉一段屏蔽导线的外绝缘层。

（3）左手拿住屏蔽导线的外绝缘层，用右手推屏蔽编织线。

（4）剪断松散的编织线。

（5）将编织线翻过来，并按要求截去芯线外绝缘层。

（6）套上热收缩套管并加热，使套管套牢，然后给芯线浸锡。

对较粗、较硬屏蔽导线铜编织层的加工，可事先剪去适当长的屏蔽层，在屏蔽层下面缠黄蜡绸布2～3层（或用适当直径的玻璃纤维套管）；再用直径为0.5～0.8 mm的镀银铜裸线密绕在屏蔽层的端头，宽度为2～6 mm；然后用电烙铁将绕好的铜线焊在一起，再空绕一圈并留出一定的长度;最后套上收缩套管。注意:焊接时间不宜过长,否则,会将绝缘层烫坏。

(二)屏蔽导线接地端的加工方法

屏蔽导线接地端的加工方法如图 9-12 所示,加工步骤如下:

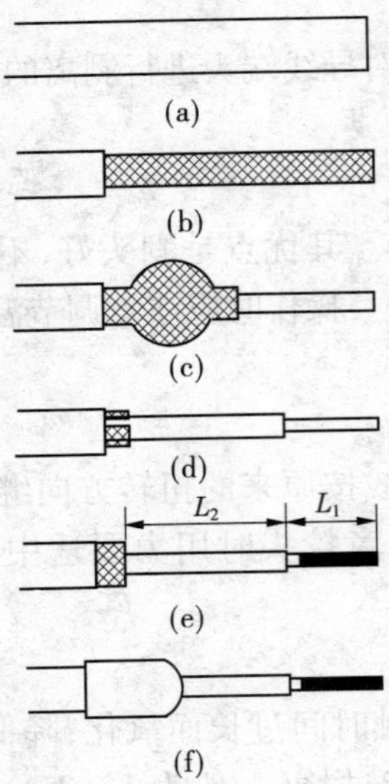

图 9-11　屏蔽导线不接地端的加工方法

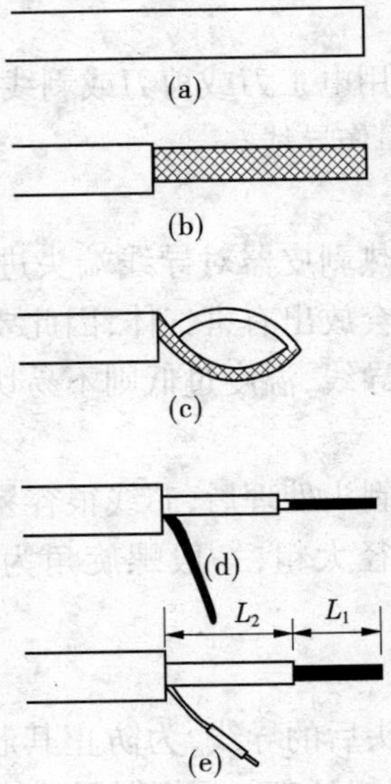

图 9-12　屏蔽导线接地端的加工方法

(1)按设计要求,截取一段屏蔽导线。

(2)用热截法或刃截法去掉一段外绝缘层。

(3)从铜编织网中抽出芯线,操作时可用镊子在铜编织线上拨开一个小孔,弯曲屏蔽层,从孔中取出芯线。

(4)将铜编织线去掉一部分并拧紧、浸锡,同时去掉一段芯线绝缘层并将芯线浸锡,也可以将铜编织线剪短并去掉一部分,然后焊上一段引出线,以作接地线使用。

对较粗、较硬屏蔽导线接地端的加工,采用镀银金属导线缠绕引出接地端的方法。

对经过线端加工的屏蔽导线,为保证绝缘和便于使用,需在线端套上绝缘套管。用热收缩套管时,可用电吹风或电烙铁烘烤。

三、同轴电缆的加工工艺

同轴电缆以硬铜线为芯,外包一层绝缘材料。这层绝缘材料用密织的网状导体环绕,网外又覆盖一层保护性材料。有两种广泛使用的同轴电缆,一种是 50 Ω 电缆,用于数字传输,由于多用于基带传输,也叫基带同轴电缆;另一种是 75 Ω 电缆,用于模拟传输,即宽带同轴电缆。

同轴电缆端头的加工方法如图 9-13 所示,加工步骤如下:

(1)按设计要求,截取一段屏蔽导线。

(2)剥去一段同轴电缆外表绝缘层。

(3)去掉一段金属编织线。

(4)根据同轴电缆端头的连接方式,剪去芯线的部分绝缘层。

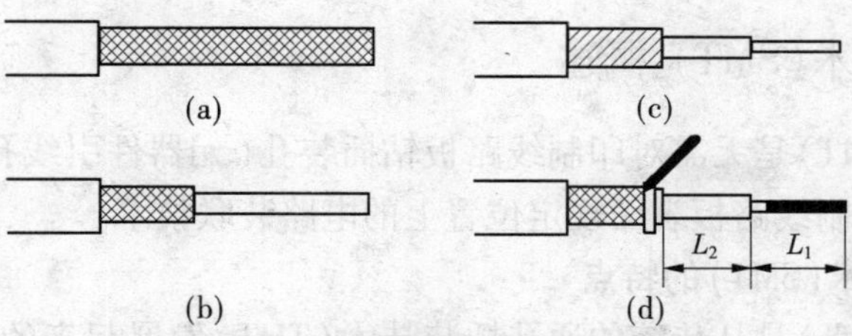

图 9-13　同轴电缆端头的加工方法

(5)对芯线进行浸锡处理。

第四节　线束的扎制

在电子产品整机中,用于连接的导线较多,要使其有序地放置,并保持整洁美观和少占用空间,常用线绳、线扎搭扣、黏合剂等将导线扎制成不同形状的线束。

线束的扎制要求是:首先要确定扎制的根数,以防止漏扎;扎制时不能使力量都集中在一根导线上,以防止受力导线被拉断;扎制导线时不要把线拉得过紧,以免受振动时将导线拉断;走线时应避开磁场的影响,并把输入、输出分开扎制。

一、线扎搭扣扎制

线扎搭扣一般用尼龙或塑料制成,常用的线扎搭扣如图 9-14 所示。用线扎搭扣进行扎线的最大优点是非常方便,但要注意不能将线扎搭扣拉得过紧,以免搭扣锁损坏。

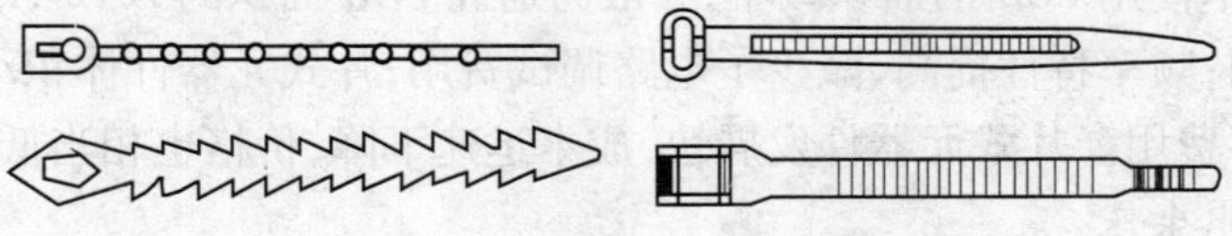

图 9-14　常用的线扎搭扣

二、黏合剂扎制

黏合剂扎制是用四氢呋喃黏合剂将众多塑料导线黏结成一束平行线的方法。这种方法多用于导线较少的情况下。

三、线绳绑扎

线绳绑扎就是用棉线、亚麻线、尼龙丝等线绳之一对众多导线进行绑扎的方法。线绳绑扎示意图如图 9-15 所示。

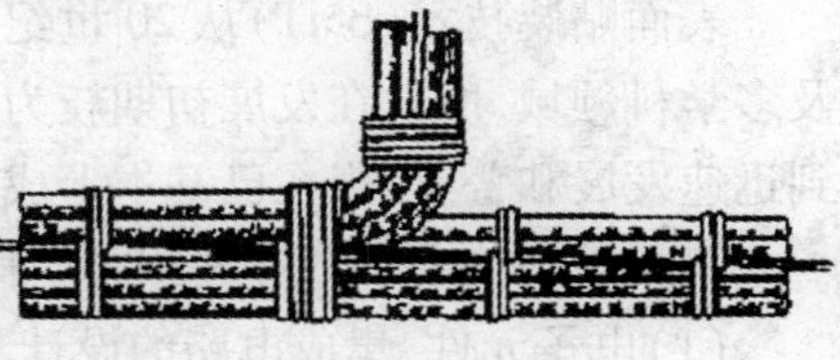

图 9-15　线绳绑扎

第五节　表面贴装技术

印制线路板的组装技术除上节介绍的传统的通孔插装技术(THT)外,还有新兴的表面贴装技术(SMT)。

一、表面贴装技术(SMT) 概述

表面贴装技术(SMT)是无需对印制线路板钻插装孔(元器件引线孔),而是直接将表面贴装元器件贴、焊到印制线路板表面规定位置上的电路装联技术。

(一)表面贴装技术(SMT)的特点

表面贴装技术(SMT)是从传统的通孔插装技术(THT)发展起来的,但又区别于传统的THT。表面贴装技术与通孔插装技术比较有以下最为突出的特点。

1. 组装密度高

由于表面贴装元器件(SMC/SMD)在体积和质量上都大大减小,只有传统插装元件的1/10左右。因此,印制线路板的单位面积上元器件数目自然也就增多了,并且电子产品体积缩小40% ~60%,质量减轻60% ~80%。

2. 可靠性高

由于片式元器件小而轻,抗振动能力强,自动化生产程度高,故贴装可靠性高。目前几乎所有中、高端电子产品都采用SMT工艺。

3. 高频特性好

由于片式元器件通常为无引线或短引线器件,因此在PCB设计方面,可降低寄生电容的影响、提高电路的高频特性。采用片式元器件设计的电路最高频率可达3 GHz,而采用通孔元件仅为500 MHz。

4. 降低成本

表面贴装技术使用PCB的面积减小,一般为通孔PCB面积的1/12;PCB上钻孔数量减少,节约返修费用;频率特性提高,减少了电路调试费用;片式元器件体积小、质量轻,减少了包装、运输和储存费用。片式元器件发展快,成本迅速下降,价格也相当低。

5. 便于自动化生产

SMT采用自动贴片机的真空吸嘴吸放元件,真空吸嘴小于元件外形,为此可完全自动化生产;而穿孔安装印制板要实现完全自动化,则需扩大PCB面积,这样才能使自动插件的插装头将元件插入,若没有足够的空间间隙,将碰坏零件。

(二)SMT有关的技术组成

表面贴装技术(SMT)从20世纪70年代发展起来,到90年代得到广泛应用。由于其涉及多学科领域,所以在发展初期较为缓慢。随着各学科领域的协调发展,SMT在90年代得到迅速发展和普及,现在已基本上成为电子装联技术的主流。

表面贴装技术(SMT)的相关学科技术有:

(1)电子元件、集成电路的设计制造技术。

(2)电子产品的电路设计技术。

(3)电路板的制造技术。

(4)自动贴装设备的设计制造技术。

(5)电路装配制造工艺技术。

(6)装配制造中使用的辅助材料的开发生产技术。

表面贴装技术(SMT)的具体内容通常包括表面贴装元器件、表面贴装电路板及图形设计、表面贴装专用辅料(焊膏及贴片胶)、表面贴装设备、表面贴装焊接技术(包括双波峰焊、再流焊、气相焊、激光焊)、表面贴装测试技术、清洗技术以及表面组装生产管理等多方面内容。

(三)SMT 基本工艺构成要素

SMT 基本工艺构成要素及工艺流程为:丝印→印刷(或点胶)→贴装 SMT 元器件→固化→焊接→清洗→检测→返修。

1. 丝印

丝印的作用是将焊膏或贴片胶漏印到 PCB 的焊盘上,为元器件的焊接做准备。所用设备为丝印机(丝网印刷机),位于 SMT 生产线的最前端。

2. 点胶

点胶是将胶水滴到 PCB 的固定位置上,其主要作用是将元器件固定到 PCB 板上。所用设备为点胶机,位于 SMT 生产线的最前端。

3. 贴装

贴装的作用是将表面组装元器件准确安装到 PCB 的固定位置上。所用设备为贴片机,位于 SMT 生产线中丝印机的后面。

4. 固化

固化的作用是将贴片胶融化,从而使表面组装元器件与 PCB 板牢固黏结在一起。所用设备为固化炉,位于 SMT 中贴片机的后表面。

5. 焊接

焊接是指用焊接设备或工具,使元器件与电路板建立良好的机械和电气连接。

6. 清洗

清洗的作用是将组装好的 PCB 板上面对人体有害的焊接残留物(如助焊剂等)除去。所用设备为清洗机,位置可以不固定,可以在线,也可不在线。

7. 检测

检测的作用是对组装好的 PCB 板进行焊接质量和装配质量的检测。所用设备有放大镜、显微镜、在线测试仪(ICT)、飞针测试仪、自动光学检测(AOI)、X - RAY 检测系统、功能测试仪等。位置根据检测的需要,可以配置在生产线合适的地方。

二、表面安装工艺

(一)表面安装方式

表面安装一般可分为单面混合安装、双面混合安装和全表面安装三种方式,每种安装方式都有自己的特点。

1. 单面混合安装

单面混合安装就是将表面安装元件与通孔插装元件分布在印制线路板不同的面上混装,如图 9-16所示。采用单面混合安装时,焊接面仅为单面,这一类组装方式均采用单面印制线路板和波峰焊接工艺,具体可分为先贴法和后贴法两种组装方式。

1)先贴法

先贴法是先将表面安装元件贴装在印制线路板的焊接面,然后将通孔插装元件插装在元件表面。

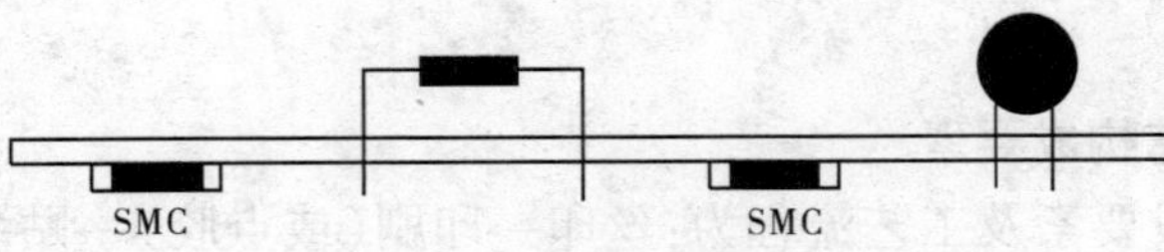

图 9-16　单面混合安装

2)后贴法

后贴法是先将通孔插装元件装在元件面,再在焊接面贴装表面安装元件。

2. 双面混合安装

双面混合安装即把表面安装元件和通孔插装元件混合分布在印制线路板的两面,如图 9-17所示。双面混合安装采用的是双面印制线路板,采用双波峰焊接或再流焊接。元件安装时可采用以下两种方式:

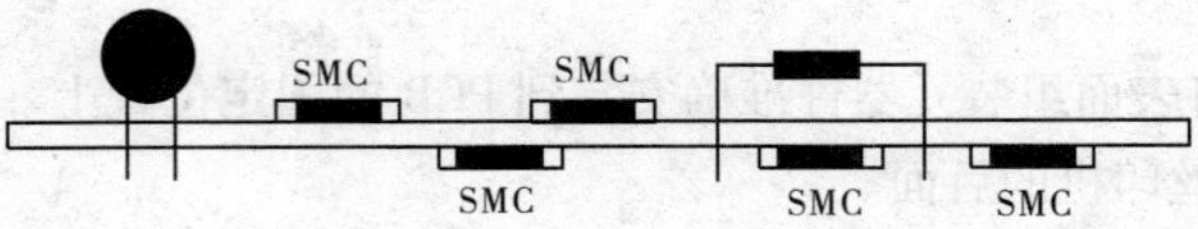

图 9-17　双面混合安装

(1)将表面安装元件贴装在印制线路板的两侧,然后把通孔安装元件都安装在印制线路板的一面,这种安装方式组装密度高,但工艺复杂。

(2)将表面安装元件贴装在印制线路板的两侧,将通孔插装元件也插装在印制线路板的两侧。这种安装方式工艺较为复杂,因此较少采用。

3. 全表面安装

全表面安装方式就是只采用表面安装元件,而不用通孔插装元件,如图 9-18 所示。它也有两种组装方式。

(a)单面全表面安装　(b)双面全表面安装

图 9-18　全表面安装

1)单面全表面安装

单面全表面安装方式中,印制线路板采用的是单面陶瓷基板,将表面安装元件贴装在电路板的一侧。这种组装方式工艺简单,适用于小型化、薄型化的电路组装。

2)双面全表面安装

双面全表面安装方式中,印制线路板采用的是双面陶瓷基板,将表面安装元件贴装在电路板的两侧。这种方式安装密度很高,可实现产品的薄型化。

(二)表面安装焊接工艺

表面安装的焊接一般采用波峰焊和再流焊两种方式,具体见第十章介绍。

三、表面安装印制线路板

(一)对表面安装印制线路板的要求

由于表面安装的特点,表面安装对印制线路板的要求比通孔安装要高,要求其使用的基板尺寸的稳定性高、高温特性要好，而且要求基板的机械特性和绝缘特性必须能满足安装质量和电气性能的要求。

用于表面安装的自动化生产过程是通过贴片设备来完成的，为了能定位准确，要求印制线路板一定要平整，不能有微小的翘曲现象，表面也不能出现凸凹不平的情况，而且印制线路板本身的膨胀系数一定要小，否则就会使元器件及焊点受热应力作用而损坏。

(二)表面安装印制线路板的种类

表面安装印制线路板按材料可分为有机材料和无机材料两大类。无机材料的表面光洁度高、化学稳定性好、耐腐蚀、耐高温，热膨胀系数小，能与无引线陶瓷芯片的载体外壳的热膨胀系数相匹配，这样可以获得良好的焊点可靠性，整体性能优于有机材料印制线路板。

训练、思考与问答

1. 绝缘导线、屏蔽导线、同轴电缆的端头该如何加工？

2. 为什么要对元器件引线进行浸锡处理？如何对元器件引线进行浸锡？所有的元器件引线都需要进行浸锡处理吗？

3. 为什么要对元器件引线进行成形处理？对元器件引线成形有哪些要求？

4. 一般来说，对导线的加工有几道工序？

5. 在组装电子产品时，为什么要把导线做成线束？

6. 采用表面安装技术的优点是什么？

7. 对表面安装电路板的要求有哪些？

8. 通孔插入安装技术与表面安装技术的工艺过程分别有哪些？它们的根本区别是什么？

第十章　焊接技术与焊接工艺

在电子产品的装配过程中,电气连接是通过对元器件、零部件的装配与焊接来实现的。焊接在电子产品装配中是一项重要的基础工艺技术,也是一项基本的操作技能。了解焊接的机理,熟悉焊接工艺、材料和基本原则,掌握最起码的操作技能,对电子技术从业人员是必不可少的。本章主要介绍焊接的基本知识及铅锡焊接的方法、操作步骤、手工焊接技巧与要求等。

第一节　焊接的分类与锡钎焊

一、焊接的分类

焊接是金属加工的基本方法之一,金属焊接方法有 40 种以上,主要分为熔化焊、压力焊和钎焊三大类,如图 10-1 所示。

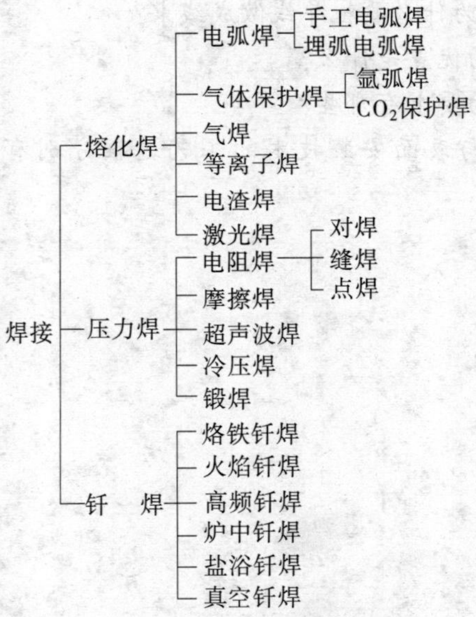

图 10-1　焊接分类

(一)熔化焊

熔化焊是一种利用加热被焊件,使其熔化产生合金而焊接在一起的焊接技术。如气焊、电弧焊等。

(二)压力焊

压力焊是一种不用焊料与焊剂就可获得可靠连接的焊接技术。如定位焊、碰焊等。

(三)钎焊

用加热熔化成液态的金属把固体金属连接在一起的方法称为钎焊。在钎焊中,起连接作用的金属材料称为钎料。钎料的熔点必须低于被焊接金属的熔点。钎焊按钎料熔点的不同分为硬钎焊和软钎焊。钎料的熔点高于 450 ℃ 的称为硬钎焊，钎料的熔点低于 450 ℃的称为软钎焊。电子元器件的焊接为锡钎焊，属于软钎焊，它的钎料是铅锡合金，熔点比较低，如在电子元器件的焊接工艺中得到广泛应用的共晶焊锡钎料，其熔点只有 183 ℃。

锡钎焊就是将铅锡钎料熔入焊件的间隙或结合部，使其连接的一种焊接方法，其特点是：①钎料熔点低于焊件；②焊接时将焊件与钎料共同加热到焊接温度，钎料熔化而焊件不熔化；③焊件的连接是由熔化的钎料润湿焊件的焊接面形成结合层而实现的。

铅锡钎料熔点低于 200 ℃，适合半导体等电子元器件的连接。焊点有足够强度和电气性能，锡钎焊过程可逆，易于拆焊，并且锡钎焊操作简单、方便，只需简单的加热工具和材料即可加工，投资少，因此锡钎焊在电子装配中得到了广泛应用。现在，虽然出现了使用无铅焊料的无铅焊接技术和不使用锡钎料的超声波焊、激光焊及电子束焊等先进的焊接技术，但是，可以预计，在一个相当长的时期内，锡钎焊依然将是电子产品组装中的主流焊接技术。

二、锡钎焊机理

锡钎焊是软钎焊（钎料熔点低于 450 ℃）。为了理解锡钎焊过程，指导正确的焊接操作，可以从以下三方面来理解锡钎焊机理。

（一）扩散

当两块全属接近到足够小的距离时，金属接触界面上晶格的紊乱导致部分原子从一个晶格点阵移动到另一个晶格点阵，从而引起金属之间的扩散。这种发生在金属界面上的扩散结果，使两块金属结合成一体，实现了金属之间的焊接。扩散的发生需要符合距离与温度两个条件。第一个条件是两块金属必须接近到足够小的距离，金属表面的氧化层或其他杂质都会使两块金属达不到这个距离；第二个条件是金属分子只有在一定的温度下才能获得足够的动能，使扩散得以进行。锡钎焊是焊料在焊件面上的扩散，焊件表面的清洁和加热是焊料扩散进行的基本条件。

提示：注意焊料扩散进行的两个条件，要想实现良好的锡钎焊、保证锡钎焊的质量，必须明白这个道理。

（二）浸润

浸润是发生在固体表面和液体之间的一种物理现象。浸润是用浸润角来描述的。当力的作用平衡时，流动也停止了，液体和固体交界处形成一定的角度，称为浸润角，也叫接触角。如图 10-2 所示，浸润角越小浸润越充分，即液体能在固体表面漫流开，能够湿润固体表面。锡钎焊过程中，熔化的铅锡焊料和焊件之间的作用正是这种浸润现象。如果焊料能润湿焊件，则它们之间可以焊接。观测浸润角是锡钎焊检测方法之一，浸润角越小，焊接质量越好。一般质量合格的铅锡焊料和铜（覆铜板上导体材料）之间浸润角可到 20°，实际应用中一般以 45°为焊接浸润是否良好的检验标准。

（三）结合层

焊料浸润过程中，焊料和焊件的界面有扩散现象发生，其结果是在二者界面上形成一种新的金属合金层，称为结合层。铅锡焊料和铜在锡钎焊过程中生成的结合层厚度达 1.2 ~ 10 μm。由于浸润扩散过程是一种复杂的金属组织和物理冶金过程，结合层的厚度过薄或过厚都达不到最好的性能，结合层小于 1.2 μm，实际上是一种半附着的结合，强度很低；而大于 6 μm 则使组织粗化，产生脆性，降低强度。理想的结合层厚度是 1.2 ~ 3.5 μm，此时强度最高，导电性能好。如图 10-3 所示。

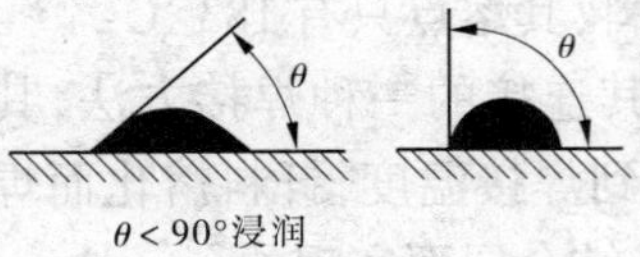

图 10-2　浸润角

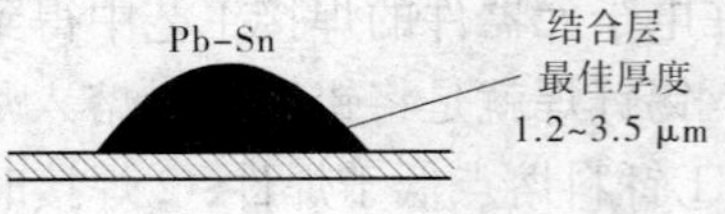

图 10-3　锡钎焊结合层示意图

三、焊接材料

(一) 焊料

焊料是指易熔的金属及其合金，它的熔点应低于被焊金属。钎料熔化时在被焊金属表面形成合金而与被焊金属连接到一起。

钎料按成分可分为锡铅钎料、铜钎料、银钎料等。

在一般电子产品装配中，主要使用锡铅钎料，俗称焊锡。锡铅焊料中，熔点在 450 ℃以上的称为硬焊料，熔点在 450 ℃以下的称为软焊料。

1. 锡铅合金与锡铅合金状态图

锡(Sn)是一种软质的低熔点金属，熔点为 232 ℃。金属锡在高于 13.2 ℃ 时呈银白色，低于 13.2 ℃时呈灰色，低于 -40 ℃时变成粉末。常温下锡的抗氧化性强，并且容易同多数金属形成化合物。纯锡质脆，机械性能差。

铅(Pb)是一种浅青白色的软金属，熔点为 327 ℃，塑性好，有较高的抗氧化性和抗腐蚀性。铅属于对人体有害的重金属，在人体中积蓄能引起铅中毒。纯铅的机械性能也很差。

提醒与提问：电子产品装配中，焊接时使用的钎料含有一定量的铅。这种焊料能吃吗？焊接操作完成，最后应该干些什么？

1) 锡铅合金

锡与铅以不同比例熔合成合金后具有一系列锡和铅不具备的优点：

(1) 熔点低，各种不同成分的锡铅合金熔点均低于锡和铅各自的熔点。

(2) 机械强度高，合金的各种机械强度均优于纯锡和纯铅。

(3) 表面张力小，黏度下降，增大了液态流动性，有利于焊接时形成可靠接头。

(4) 抗氧化性好，铅具有的抗氧化性优点在合金中继续保持，使钎料在熔化时减少氧化量。

2) 锡铅合金状态图

图 10-4 表示了不同成分的锡和铅的合金状态，不同比例的锡和铅组成的合金熔点与凝固点各不相同。除纯铅、纯锡和共晶合金是在单一温度下熔化外，其余合金都是在一个区域内融化。

图 10-4 中 *CTD* 线称液相线，温度高于此线时合金为液相；*CETFD* 线称固相线，温度低于此线时合金为固相，在两线之间的两个三角形区城内，合金是半熔半凝固状态；*AB* 线称最佳焊接温度线，它高于液相线约 50 ℃。

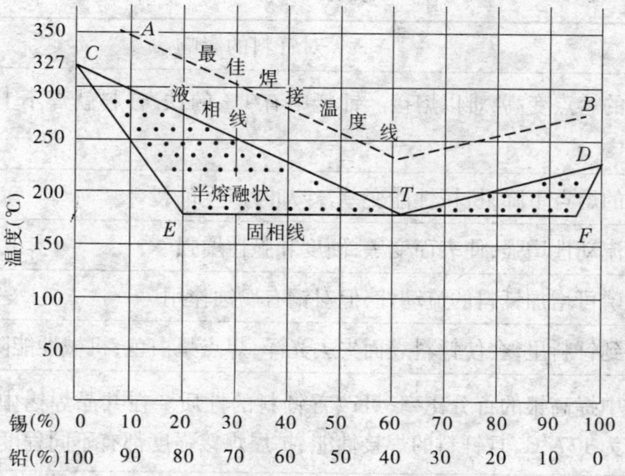

图 10-4 铅锡合金状态图

2. 共晶焊锡

图 10-4 的 *T* 点称共晶点，对应的合金成分是铅 38.1%、锡 61.9%，此合金称为共晶合金，也称共晶焊锡。它的熔点与凝固点都是 183 ℃，是铅锡钎料中性能最好的一种。它具有以下优点：

(1)熔点低，使焊接时加热温度降低，可防止元器件损坏。

(2)熔点与凝固点温度相同，可使焊点快速凝固，不会因半熔状态时间间隔长而造成焊点结晶疏松，强度降低。这一点对自动焊接具有重要意义，因为自动焊接传输中不可避免地存在振动。

(3)流动性好，表面张力小，有利于提高焊点质量。

(4)机械强度高，导电性好。

3. 焊锡物理性能及杂质影响

铅锡钎料中锡含量为 60%，铅含量为 40% 时，其抗张强度和剪切强度都较优，而铅量过高或过低性能都不理想。

通常将焊锡中除锡、铅外所含的其他微量金属成分称为杂质金属，杂质金属对焊料性能的影响很大，表 10-1 列举了各种杂质金属对焊锡性能的影响。

表 10-1 杂质金属对焊锡性能的影响

杂质金属	对钎料的影响
铜	会使钎料的熔点变高，流动性变差，焊印制板组件容易产生桥接和拉尖缺陷，一般焊锡中铜的允许含量为 0.3% ~0.5%
锌	钎料中融入 0.001% 的锌就会对焊接质量产生影响，融入 0.005% 时，会使焊点表面失去光泽，钎料的润湿性变差，焊印制板组件容易产生桥接和拉尖缺陷
铝	钎料中融入 0.001% 的铝，就开始出现不良影响；融入 0.005% 时，就会使焊接能力变差，钎料流动性变差，并产生氧化和腐蚀，使焊点出现麻点
镉	使钎料的熔点下降，流动性变差，钎料晶粒变大且失去光泽

续表 10-1

杂质金属	对钎料的影响
铁	使钎料的熔点变高,难以熔接。钎料中有 1% 的铁,钎料就焊不上,并且会使钎料带有磁性
铋	使钎料的熔点下降,机械性能变差,冷却时产生龟裂
砷	使钎料流动性增强,使表面变黑,硬度和脆性增强
磷	含少量磷可增加钎料的流动性,但对铜有腐蚀作用
金	金熔解到钎料里,会使钎料表面失去光泽,焊点呈白色,机械性能降低,质变脆
银	在钎料中提高银的百分比率,可改善钎料的性质。在共晶焊锡中,增加 3% 的银,就可使熔点降为 177 ℃,且钎料的焊接性能、扩展焊接强度都有不同程度的提高
锑	加入少量锑(5%),会使焊锡的机械强度增强,光泽变好,但润滑性变差

不同标准的焊锡规定了杂质的含量标准。不合格的焊锡可能是成分不准确,也可能是杂质含量超标。

为了使焊锡获得某种性能,也可掺入某些金属。如掺入 0.5% ~2% 的银,可使焊锡熔点低、强度高。掺入铜,可使焊锡变为高温焊锡。

4. 常用锡铅合金焊料

1) 手工焊接用焊锡丝

手工焊接常用的焊锡,是将锡铅合金焊锡制成丝管状,内部充注由特级松香和活性剂组成的助焊剂而成的,故称焊锡丝。焊锡丝直径有 0.5 mm、0.8 mm、0.9 mm、1.0 mm、1.2 mm、1.5 mm、2.0 mm、2.5 mm、3.0 mm、4.0 mm、5.0 mm 等规格。

2) 抗氧化焊锡

抗氧化焊锡是在锡铅合金中掺入少量活性金属制成的焊料,主要应用在批量化组装的浸焊和波峰焊焊接中。掺入的活性金属能使氧化铅、氧化锡还原。这样,即使是浸焊和波峰焊使用的锡槽有大面积的高温表面,焊料液体暴露在空气中容易氧化,但由于活性金属的作用,形成致密的保护覆盖层,从而使焊锡不被继续氧化。

3) 焊膏

焊膏又称银浆,是由高纯度的锡铅焊料合金粉末、焊剂和少量印刷添加剂混合而成的糊状浆料,可以用钢模、丝网印刷的方式或点膏机涂印于电路板上,是现代表面贴装技术(SMT)的关键材料。

(二) 助焊剂

助焊剂是一种在焊接工艺中能帮助和促进焊接过程,同时阻止氧化反应的化学物质。一般由活化剂、树脂、扩散剂、溶剂四种成分组成。

1. 助焊剂的作用

(1) 除去氧化膜。焊接时,焊件表面的氧化膜会阻止焊料对母材的润湿,使焊接不能正常进行。使用助焊剂,助焊剂中的酸性成分同氧化物发生反应,从而清除氧化膜,使得焊件表面达到必要的清洁度。

(2)阻止氧化。在焊接过程中,液态的焊锡及加热的焊件金属都容易与空气中的氧接触而氧化。使用助焊剂,助焊剂熔化后漂浮在钎料表面,形成隔离层,可以阻止焊接面的再氧化。

(3)减小表面张力,增加焊锡的流动性。助焊剂熔化覆盖在熔融焊料的表面时,可降低液态焊料的表面张力,使焊锡的润湿性能得到明显提高。

(4)使焊点美观。合适的助焊剂能够整理焊点形状,保持焊点表面的光泽。

(5)加快热量从烙铁头向焊料和被焊物表面传递。

2. 对助焊剂的要求

(1)熔点应低于钎料,只有这样才能发挥助焊剂的作用。

(2)表面张力、密度、黏度应小于钎料。

(3)残渣应容易清除。助焊剂都带有酸性,会腐蚀金属,而且残渣影响美观。

(4)不能腐蚀母材。助焊剂酸性太强,在除去氧化膜的同时,也会腐蚀金属,从而造成危害。

(5)不产生有害气体和臭味。

3. 助焊剂的分类与选用

助焊剂大致可分为无机焊剂、有机焊剂和树脂焊剂三大类。其中以松香为主要成分的树脂焊剂在电子产品生产中占有重要地位,成为专用型的助焊剂。

1)无机焊剂

无机焊剂的活性最强,常温下就能除去金属表面的氧化膜,但这种强腐蚀作用很容易损伤金属及焊点,电子焊接中是不用的。

2)有机焊剂

有机焊剂具有较好的助焊作用,但也有一定的腐蚀性,残渣不易清除,且挥发物污染空气,一般不单独使用,而是作为活化剂与松香一起使用。

3)树脂焊剂

树脂焊剂的主要成分是松香。松香的主要成分是松香酸和松香酯酸酐,在常温下几乎没有任何化学活力,呈中性,当加热到熔化时呈弱酸性,可与金属氧化膜发生还原反应,生成的化合物悬浮在液态焊锡表面,也能起到焊锡表面不再被氧化的作用。焊接完毕恢复常温后,松香又变成固体,无腐蚀,无污染,绝缘性能好。

为提高松香的活性,常将其溶于酒精中,再加入一定的活化剂。

松香反复加热后会被碳化(发黑)而失效,发黑的松香不起助焊作用,现在普遍使用氢化松香,它是从松脂中提炼而成的、专为锡钎焊生产的一种高活性松香,常温下性能比普通松香稳定,助焊作用也更强。

助焊剂的选用应优先考虑被焊金属的焊接性能及氧化、污染等情况。铂、金、银、铜、锡等金属的焊接性能较强,为减少助焊剂对金属的腐蚀,多采用松香作为助焊剂。

(三)阻焊剂

阻焊剂是一种耐高温涂料,焊接时,使钎料只在需要的焊点上进行焊接,而把不需要焊接的部分保护起来,起到一种阻焊作用。

1. 阻焊剂的分类

阻焊剂按成膜方法,分为热固性和光固性两大类,即所用的成膜材料是加热固化还是光照固化。

热固化阻焊剂具有价格便宜、黏结强度高的优点,但也具有加热温度高、时间长,印制板容易变形,能源消耗大,不能实现连续化生产等缺点。

光固化阻焊剂在高压汞灯下照射 2 ~ 3 min 即可固化,因而可节约大量能源,提高生产效率,便于自动化生产。

目前热固化阻焊剂被逐步淘汰,光固化阻焊剂已被大量采用。

2. 阻焊剂的作用

(1)防止桥接、短路及虚焊等情况的发生,减少印制板的返修率,提高焊点的质量。

(2)因印制板板面部分被阻焊剂覆盖,焊接时受到的热冲击小,降低了印制板的温度,使板面不易起泡、分层,同时也起到保护元器件和集成电路的作用。

(3)除焊盘外,其他部位均不上锡,这样可以节约大量的钎料。

(4)使用带有色彩的阻焊剂,可使印制板的板面显得整洁美观。

四、锡钎焊的条件

(一)必须具有充分的可焊性

被焊金属材料在适当的温度及助焊剂的作用下,其表面被熔融的焊料浸润、扩散,形成结合良好的合金层,金属的这种能力特性即称为金属的可焊性。并非所有的金属都具有良好的可焊性,只有那些能被焊锡浸湿的金属才具有可焊性。如铝、不锈钢、铸铁等可焊性就很差,而铜及其合金、金、银、铁、锌、镍等都具有良好的可焊性。即使是可焊性好的金属,也会因为表面容易产生氧化膜而影响可焊性,为了提高其可焊性,一般将其表面镀锡、镀银等。铜是导电性能良好和易于焊接的金属材料,所以应用最为广泛,常用的元器件引线、导线及焊盘等大多采用铜材料制成。

(二)可焊件表面必须保持清洁

为了使熔融焊锡能良好地润湿固体金属表面,并使焊锡和焊件达到原子间相互作用的距离,要求被焊金属表面一定要清洁,从而使焊锡与被焊金属表面原子间的距离最小,彼此间充分吸引扩散,形成合金层。即使是可焊性好的焊件,由于长期存储和污染等原因,焊件的表面产生氧化膜或存在污垢,也会使焊件的可焊性大大下降甚至消失。所以,实施焊接前必须清洁表面,否则容易造成虚焊、假焊,难以保证焊接质量。轻微的氧化或脏污可通过焊接时使用助焊剂清除,较严重的则要通过机械的或化学的方法来清除。

(三)使用合适的助焊剂

助焊剂的作用是清除焊件表面氧化膜并减小钎料熔化后的表面张力,以利于浸润。助焊剂的性能一定要适合于被焊金属材料的焊接性能,不同的焊件、不同的焊接工艺,应选择不同的助焊剂。在电子产品的电路板焊接中,通常采用松香助焊剂。市面上有一种称为焊锡膏的化学助焊剂,其助焊能力较强,但酸性也较强,在 PCB 上进行焊接时不宜使用这种助焊剂。

(四)加热到适当的温度

焊接时将钎料和被焊金属加热到焊接温度,使熔化的钎料在被焊金属表面浸润、扩散并形成合金层。因此,要保证焊点牢固,一定要有足够且适当的焊接温度。温度过高可能会损坏元器件,也可能使焊盘脱落。手工焊接时,可使用焊锡丝搭锡桥的方式,来保证焊接处有足够的焊接温度。

(五)钎料要适应焊接要求

钎料的成分和性能应与被焊金属材料的可焊性、焊接温度、焊接时间、焊点的机械强度相适应,以达到易焊和牢固的目的。此外,还要注意钎料中的杂质对焊接的不良影响。

(六)要有适当的焊接时间

焊接时间是指在焊接过程中,进行物理和化学变化所需要的时间,它包括被焊金属材料达到焊接温度的时间、焊锡融化的时间、助焊剂发生作用并生成金属化合物的时间等。焊接时间的长短应适当,时间过短钎料不能充分浸润被焊金属,从而达不到焊接要求;时间过长会使焊点的外观变差、损坏元器件或者使 PCB 的焊盘翘皮。

第二节 手工焊接技术

手工焊接是焊接技术的基础,也是电子产品装配中的一项基本操作技能。手工焊接适用于产品研发、小批量生产的小型产品、一般结构的电子整机产品、具有特殊要求的高可靠产品、某些不便于机器焊接的场合、调试和维护中修复焊点和更换元器件等。

一、焊接准备

(一)电烙铁的使用方法

使用电烙铁的目的是加热被焊件而进行焊接,不能烫伤、损坏导线和元器件,为此必须正确掌握手持电烙铁的方法。

手工焊接时,电烙铁要拿稳对准,可根据电烙铁的大小和被焊件的要求不同,决定手持电烙铁的手法,通常有三种手持方法,如图 10-5 所示。

(a)反握法　　(b)正握法　　(c)握笔法

图 10-5　电烙铁的握法

1. 反握法

反握法如图 10-5(a)所示。这种方法焊接时动作稳定,长时间操作不易疲劳,适于大功率烙铁的操作和热容量大的被焊件。

2. 正握法

正握法如图 10-5(b)所示。它适于中等功率烙铁或带弯头铬铁的操作。一般在操作台上焊接印制板等焊件时,多采用正握法。

3. 握笔法

握笔法如图 10-5(c)所示。这种握法类似于写字时手拿笔的姿势,易于掌握,但长时间操作易疲劳,烙铁头会出现抖动现象,适于小功率的电烙铁和热容量小的被焊件。

(二)焊锡丝的拿法

手工焊接中右手握电烙铁,左手拿焊锡丝,帮助电烙铁吸取钎料。拿焊锡丝的方法一般有两种，如图 10-6 所示。

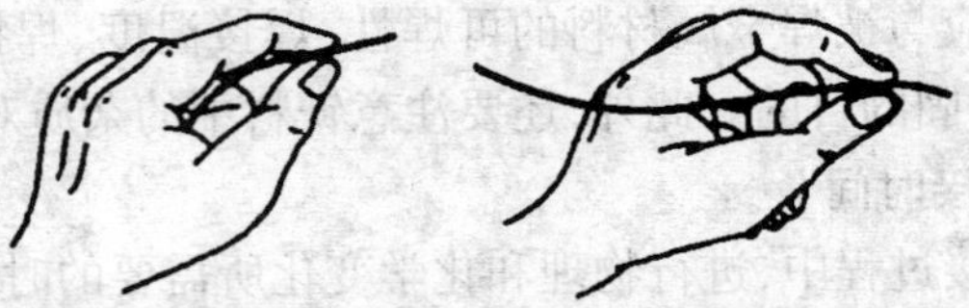

(a)连续焊锡丝拿法　　(b)断续焊锡丝拿法

图 10-6　焊锡丝的拿法

1. 连续焊锡丝拿法

连续焊锡丝拿法即用拇指和四指握住焊锡丝，其余三指配合拇指和食指把焊锡丝连续向前送进，如图 10-6(a)所示。它适于成卷焊锡丝的手工焊接。

2. 断续焊锡丝拿法

断续焊锡丝拿法即用拇指、食指和中指夹住焊锡丝。这种拿法焊锡丝不能连续向前送进，适用于小段焊锡丝的手工焊接，如图 10-6(b)所示。

提示：再次提醒，焊锡丝成分中铅占有一定的比例，不可入口。操作时应带手套或操作后洗手；电烙铁使用后一定要放在烙铁架上，并注意不要让烙铁线碰到烙铁，以免烫坏烙铁线的绝缘层。

(三)可焊性处理

可焊性处理就是要使焊接部位具有良好的可焊性，这可通过去除焊接部位的表面氧化层和油污及给焊接部位镀锡来实现。

1. 去除焊接部位表面氧化层和油污

一般来说，焊接部位表面的氧化层和油污，只需用砂纸对其打磨或用利刃(如钢锯条的断面)刮除即可。如若氧化、锈蚀过于严重，则需使用机械与化学的方法去除。

2. 焊接部位镀锡

镀锡又称吃锡、浸锡，是指用液态焊锡将被焊金属表面浸润，形成一层合金层，从而提高焊件的连接性能。

1) 单股导线与元器件引脚的镀锡

对于单股导线与元器件引脚，可以手工操作进行镀锡，也可以使用锡锅进行镀锡。但要注意掌握好时间和镀锡的长度，尤其是对晶体管、变压器、继电器等器件，否则极易使其引脚或元器件损坏。

2) 多股导线镀锡

在电子产品中，多股导线进行连接很多，连接导线的焊点发生故障也比较常见，这与导线的接头处理不当有很大关系，在对多芯线镀锡时要注意以下几点：

(1)剥去绝缘皮时不要伤及芯线。

(2)剥好多股导线的线头后，要将端头很好地绞合在一起，否则在镀锡时会散乱。即使是一两根散乱也会造成电气故障。

(3)涂助焊剂、镀锡要留有余地，镀锡时不要让焊锡浸到导线的绝缘皮中，最好在绝缘皮前留出 1 ~ 3 mm 的间隔，使这段没有镀锡，这样镀锡的导线不但对穿管有利，也便于检查导线有无断股。

二、焊接操作的基本步骤

为了保证焊接的质量,掌握正确的操作步骤是很重要的。

有些人在焊接时,先用烙铁头沾上一些焊锡,然后将烙铁放到焊点上停留,等待焊件加热后被焊锡润湿,这是不正确的操作方法,这样虽然也可以使焊件连接,但却不能保证质量。由焊接机理不难理解这一点,当焊锡在烙铁上熔化时,焊锡丝中的助焊剂附着在钎料的表面,由于烙铁头的温度在 250 ~ 350 ℃或以上,在烙铁放到焊点上之前,松香助焊剂很可能已经挥发大半或完全挥发。因而,由于缺少助焊剂的助焊,而造成润湿不良,结合层不容易形成,容易虚焊。

提醒:焊接时,电烙铁只是加热工具,不是搬运焊锡的工具。

正确的操作步骤应该是五步,图 10-7 为五步焊接法示意图。

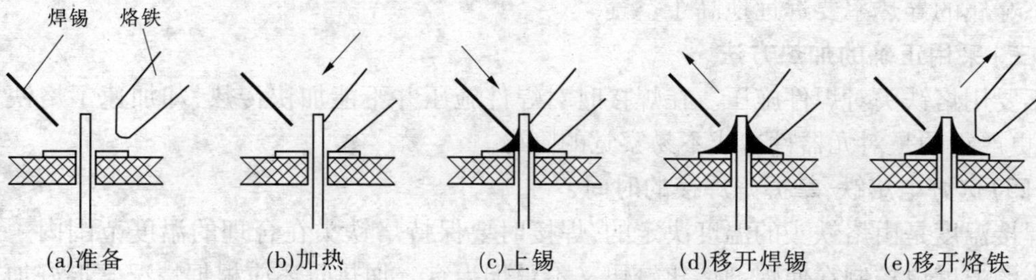

图 10-7　手工焊接五步操作法

(1)准备施焊:左手拿焊锡丝,右手握烙铁,随时处于焊接状态。要求烙铁头保持干净,表面镀有一层焊锡,如图 10-7(a)所示。

(2)加热焊件:应注意加热整个焊件全体,使焊件均匀受热,烙铁头放在两个焊件的连接处,时间为 1 ~ 2 s,如图 10-7(b) 所示。对于在印制板上焊接元器件,要注意使烙铁头同时接触焊盘和元器件的引线。

(3)送入焊锡丝:焊件加热到一定温度后,使焊锡丝从烙铁对面接触两焊件的交接处,如图 10-7(c)所示。注意:不要把焊锡丝送到烙铁头上。

(4)移开焊锡丝:当焊锡丝熔化一定量后,立即将焊锡丝向左上 45°方向移开,如图 10-7(d)所示。

(5)移开烙铁:焊锡浸润焊盘或焊件的施焊部位后,向右上 45°方向移开烙铁,完成焊接,如图 10-7(e)所示。

对于热容量小的焊件,如印制板与较细小导线的连接,可简化为三步操作,即准备施焊、加热与送丝、去丝移烙铁。烙铁头放在焊件上后即放入焊锡丝。焊锡在焊接面上扩散达到预期范围后立即移开焊锡丝并移开烙铁。注意,去丝不得滞后于移开烙铁的时间。上述整个过程只有 2 ~4 s, 各步骤时间的控制、时序的准确掌握、动作的熟练协调,都要通过大量的训练和用心体会。有人总结出了五步骤操作法,用数数的方法控制时间,即烙铁接触焊点后数一、二(约 2 s),送入焊锡后数三、四即移开烙铁。焊锡丝熔化量靠观察确定。但由于烙铁功率、焊点热容量的差别等因素,应在实际操作中具体条件具体对待。

提示：手工焊接的方法，必须通过多次地实践，才能够真正地掌握；而焊接技能的提高，不但需要不断地实践，更需要用心地思考。

三、焊接操作手法

(一)保持烙铁头清洁

焊接时，烙铁头长期处于高温状态又接触助焊剂、钎料等，烙铁头的表面很容易氧化并沾上一层黑色的杂质，这些杂质容易形成隔热层，使烙铁头失去加热作用。因此，要随时将烙铁头上的杂质除去，使其随时保持洁净状态。有关方法参见第一章第一节。

(二)加热要靠焊锡桥

所谓焊锡桥，就是靠烙铁上保持少量的焊锡作为加热时烙铁头与焊件之间传热的桥梁。在手工焊接中，焊件大小、形状是多种多样的，需要使用不同功率的电烙铁及不同形状的烙铁头。而在焊接时不可能经常更换烙铁头，为增加传热面积需要形成热量传递的焊锡桥，因为液态金属的导热率要远远地高于空气。

(三)采用正确的加热方法

不要用烙铁头对焊件施压。在焊接时对焊件施压并不能加快传热，却加速了烙铁头的损耗，更严重的是对元器件造成不易察觉的隐患。

(四)选好电烙铁，掌握好焊接的时间

焊接温度是由烙铁头的温度决定的，焊接时要保持烙铁头在合理的温度范围内。一般烙铁头的温度以控制在使焊剂熔化较快又不冒烟为宜。加热时还应根据情况掌握好加热时间，整个过程以 2 ~ 3 s 为宜。如果使用的电烙铁功率较小或加热时间短，则焊接温度过低，焊锡流动性差，使焊点成“豆腐渣”状而不光滑、不牢固，甚至焊料不能熔化，使焊接无法进行。如果电烙铁的功率太大或加热时间太长，从而使温度太高，造成元器件的焊点过热、发白，或者使焊盘脱落，甚至还会造成元器件的损坏。

(五)在焊锡凝固前保持焊件为静止状态

用镊子夹住焊件施焊时，一定要等焊锡凝固后再移去镊子，因为焊锡凝固的过程就是结晶的过程，在结晶期间受到外力会改变结晶条件形成大粒结晶，造成所谓的“冷焊”，使焊点内部结构疏松造成焊点强度降低，导电性能差。

(六)采用正确的方法撤离烙铁

焊点形成后烙铁要及时向后 45°方向撤离。烙铁撤离时轻轻旋转一下，可使焊点保持合适的钎料，这是实际操作中总结出的经验。图 10-8 所示为不同撤离方向对钎料的影响。

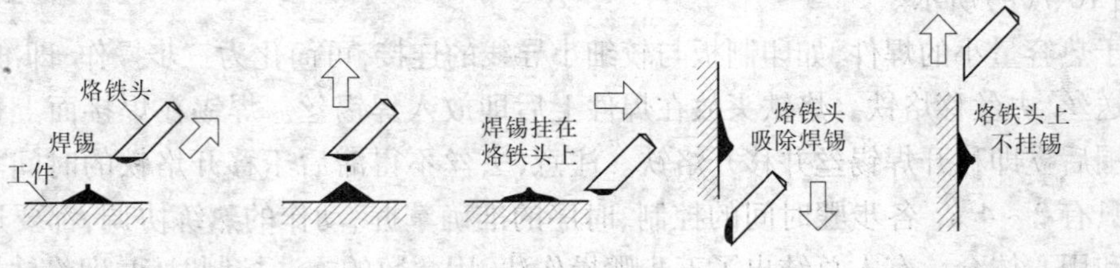

(a)沿烙铁轴向45° 撤离 (b)向上方撤离 (c)水平方向撤离 (d)垂直向下撤离 (e)垂直向上撤离

图 10-8 烙铁撤离方向与钎料的关系

（七）焊锡量要合适

过量的焊锡不但造成浪费，而且增加了焊接时间，降低了工作速度，还容易在高密度的印制板线路中造成不易察觉的短路；焊锡过少不能牢固地结合，降低了焊点的强度，特别是在印制板上焊导线时，焊锡不足容易造成导线脱落。

（八）不要过量使用助焊剂

适量的助焊剂会提高焊点的质量，如过量使用松香助焊剂后，当加热时间不足时，容易形成"夹渣"的缺陷。焊接开关、接插件时，过量的助焊剂容易流到触点处，造成接触不良。适量的助焊剂应该是仅能浸润将要形成的焊点，不会透过印制板流到元器件面或插孔里。对使用松香芯焊锡丝的焊接来说，正常焊接时基本上不需要再使用助焊剂，而印制板在出厂前大多都进行过松香浸润处理。

提醒：由于助焊剂加热挥发出的气体对人体是有害的，在焊接时应保持烙铁距口鼻的距离不少于 20 cm，通常以 30 cm 为宜。

（九）不要使用烙铁头作为运载钎料的工具

有人习惯用烙铁头沾上焊锡去焊接，这样容易造成钎料氧化、助焊剂的挥发。

提醒：再次提醒，焊接时，电烙铁只是加热工具，不是搬运焊锡的工具。

第三节 焊接质量

焊接质量直接影响着产品的使用性能和寿命。焊接质量通常由产品的设计质量、加工质量、质量检验和焊后处理等环节来保证。一台电子产品，其焊点数量可能大大超过元器件数量本身，焊点有问题，检查起来十分困难。所以，必须明确对合格焊点的要求，认真分析影响焊点质量的各种因素，以减少出现不合格焊点的机会，尽可能在焊接过程中提高焊点的质量。

一、焊点质量检查

对焊点的质量要求，应包括电气接触良好、机械结合牢固和美观三方面。一个焊点的焊接质量最主要的是必须避免虚焊和短路，其次才是外观。

（一）虚焊产生的原因及其危害

虚焊主要是由待焊金属表面的氧化物和污垢造成的，它使焊点成为有接触电阻的连接状态，导致电路工作不正常，出现连接时好时坏的不稳定现象，噪声增加而没有规律性，给电路的调试、使用和维护带来重大隐患。此外，也有一部分虚焊点在电路开始工作的一段较长时间内，保持接触尚好，因此不容易发现。但在温度、湿度和振动等环境条件的作用下，接触表面逐步被氧化，接触慢慢地变得不完全起来。虚焊点的接触电阻会引起局部发热，局部温度升高又促使不完全接触的情况进一步恶化，最终甚至使焊点脱落，电路不能正常工作。虚焊是电路可靠性的重大隐患，必须严格避免。进行手工焊接操作的时候，尤其要加以注意。

一般来说，造成虚焊的主要原因是：①被焊接处表面未预先清洁好，表面有氧化层，镀锡不牢；②焊锡质量差；③助焊剂的还原性不良或用量不够；④烙铁头的温度过高或过低，焊接时间掌握不好,太长或太短;⑤焊接中焊锡尚未凝固时,焊接元件松动。

提示:要保证焊接的质量,首先要在焊接前清理好待焊元器件的引脚待焊处,而后是运用好焊接的手法和技术。

(二)焊点短路产生的原因及其危害

焊点短路又称搭焊、桥接,是指不该具有电气连接的相邻焊点之间却具有了实质性的电气连接。这种现象不管是在手工焊接中还是其他方式的焊接中,都会出现。其危害是很大的,轻者导致电路不工作或工作不正常,重者还会引起其他元器件的损坏。

对于手工焊接,焊点短路的主要原因是:①使用焊料过多,使得焊点过大;②烙铁撤离方向不合适,出现的拉尖与其他焊点接触;③烙铁头上焊锡过多,滴落或甩落到了 PCB 的焊接面上;④元器件的焊点上多出引脚留下太长,弯折后与其他焊点接触;等等。所有这些都是由于焊接技术不过关或者操作不细心、不小心导致的,是完全可以避免的。

(三)对焊点的要求

1. 可靠的电气连接

电子产品工作的可靠性与电子元器件的焊接紧密相连。一个焊点要能稳定、可靠地通过一定的电流,没有足够的连接面积是不行的,如果焊锡仅仅是将钎料堆在焊件的表面或只有少部分形成合金层,那么在最初的测试和工作中也许不能发现焊点出现问题,但随着时间的推移和条件的改变,接触层被氧化,脱焊现象出现了,电路会时通时断或者干脆不工作。而这时观察焊点的外表依然连接如初,这是电子仪器检修中最头痛的问题,也是产品制造中要十分注意的问题。

2. 足够的机械强度

焊接不仅起电气连接的作用,也是固定元器件、保证机械连接的手段,因而就有机械强度的问题。作为铅锡钎料的铅锡合金本身强度是比较低的,要想增加强度就要有足够的连接面积。如果是虚焊点,钎料仅仅堆在焊盘上,没有相互之间的扩散形成合金,自然也就谈不上强度。另外,焊接时焊锡未流满焊盘或焊锡量过少,也降低了焊点的强度。还有,焊接时钎料尚未凝固时就使焊剂振动、抖动而引起焊点结晶粗大或有裂纹,也会影响焊点的机械强度。

3. 光洁整齐的外观

良好的焊点要求钎料用量恰到好处,外表有金属光泽,没有桥接、拉尖等现象,导线焊接时不伤及绝缘皮。良好的外表是焊接高质量的反映。表面有金属光泽是焊接温度合适、生成合金层的标志,而不仅仅是外表美观的要求。

(四)典型焊点的外观要求

在单面和双面(多层)印制线路板上,焊点的形成是有区别的:在单面板上,焊点仅形成在焊接面的焊盘上方;在双面板或多层板上,熔融的焊料不仅浸润焊盘上方,还由于毛细作用,渗透到金属化孔内,焊点形成的区域包括焊接面的焊盘上方、金属化孔内和元件面上的部分焊盘,如图 10-9 所示。

图 10-10 所示为两种典型焊点的外观,其共同要求是:

(1)形状为近似圆锥而表面微凹呈慢坡状,以焊接导线为中心,对称呈裙状拉开。虚焊点表面往往呈凸形,可以鉴别出来。

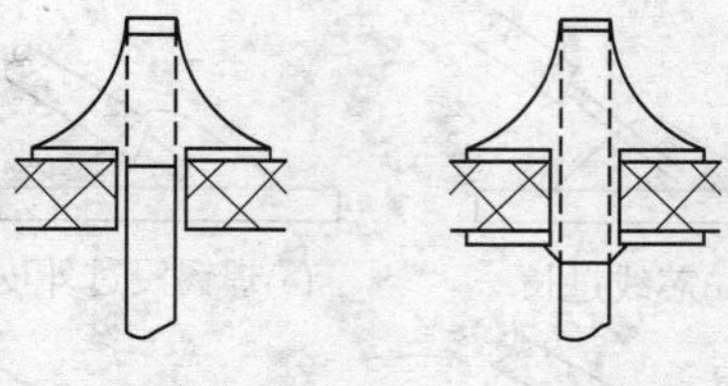

图 10-9　单、双面板焊点形成的区别

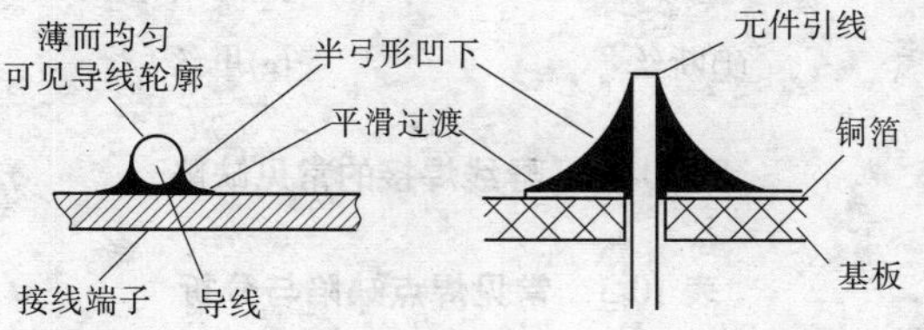

图 10-10　典型焊点的外观特征

(2)钎料的表面呈半弓形凹面,钎料与焊件交界处平滑,接触角尽可能小。

(3)焊点表面有光泽且平滑。

(4)无裂纹、针孔、夹渣。

(五)对焊接结束后的要求

为保证产品质量,要对焊点进行检查。由于焊接检查与其他生产工序不同,没有一种机械化、自动化的检查测量方法,因此主要通过目视检查、手触检查和通电检查来发现问题。

目视检查是从外观上检查焊接质量是否合格,也就是从外观上评价焊点有什么缺陷。

手触检查主要是指用手触摸、摇动元器件时,焊点有无松动、不牢、脱落的现象,或用镊子夹住元器件引线轻轻拉动时有无松动现象。

通电检查必须是在外观及连线检查无误后才可进行的工作,也是检查电路性能的关键步骤。通电检查可以发现许多微小的缺陷,如用目测观察不到的电路桥接、虚焊等。表 10-2 所示为通电检查时可能出现的故障与焊接缺陷的关系。

表 10-2　通电检查结果与原因分析

通电检查结果		原因分析
元器件损坏	失效	过热损坏,烙铁漏电
	性能降低	烙铁漏电
导通不良	短路	桥接、钎料飞溅
	断路	焊锡开裂、松香夹渣、虚焊、插座接触不良
	时通时断	导线断丝、焊盘剥落等

二、常见焊点的缺陷与分析

除虚焊外,还有一些焊接缺陷也要注意避免。图 10-11 和表 10-3 分析了导线和元器件的焊接常见缺陷。

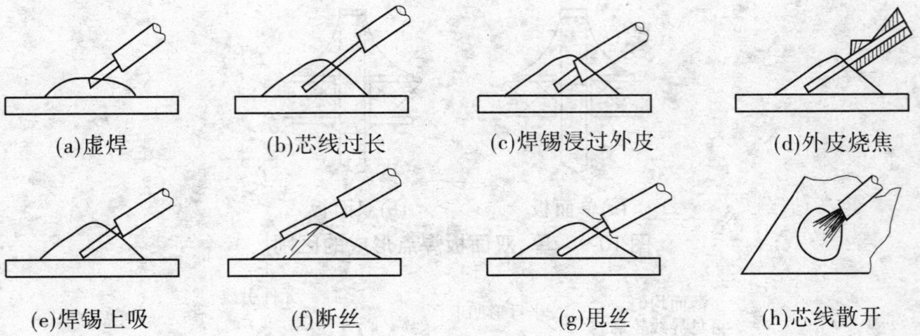

图 10-11　导线焊接的常见缺陷

表 10-3　常见焊点缺陷与分析

焊点缺陷	外观特征	危害	原因分析
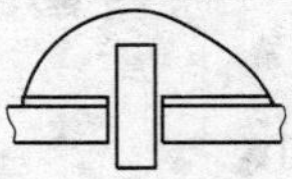 钎料过多	钎料面呈凸形	浪费钎料,且可能包藏缺陷	焊锡丝撤离过迟
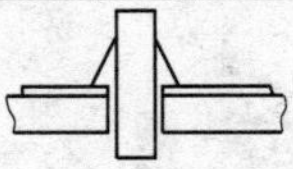 钎料过少	钎料未形成平滑面	机械强度不足	焊锡丝撤离过早或钎料流动性差而焊接时间又短
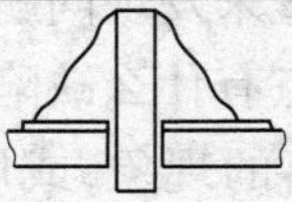 过热	焊点发白,无金属光泽,表面粗糙	焊盘容易剥落,强度降低	烙铁功率过大,加热时间过长
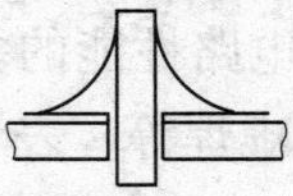 冷焊	表面呈豆腐渣状颗粒,有时可能有裂纹	强度低,导电性不好	钎料未凝固前焊件抖动或烙铁功率不够
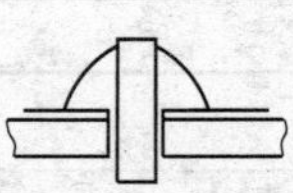 浸润不良	钎料与焊件交界面接触角过大,不平滑	强度低,不通或时通时断	焊件清理不干净,助焊剂不足或质量差,焊件未充分加热
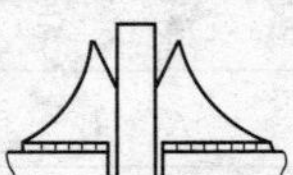 虚焊	焊件与元器件引线或与铜箔之间有明显黑色界限,焊锡向界限凹陷	电连接不可靠	元器件引线未清洁好,有氧化层或油污、灰尘;印制板未清洁好,喷涂的助焊剂质量不好
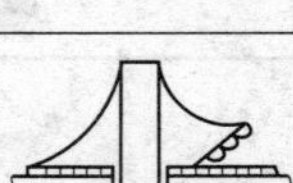 铜箔剥离	铜箔从印制板上剥落	印制板被损坏	焊接时间长,温度高

续表 10-3

焊点缺陷	外观特征	危害	原因分析
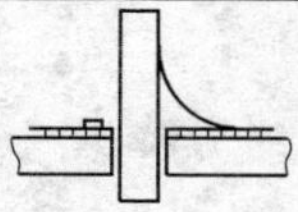 不对称	焊锡未流满焊盘	强度不够	钎料流动性不好
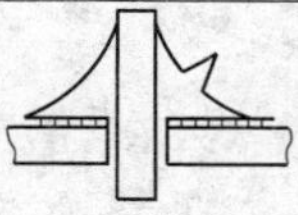 拉尖	出现尖端	外观不佳，容易造成桥接现象	助焊剂过少，而加热时间又长，烙铁撤离角度不当
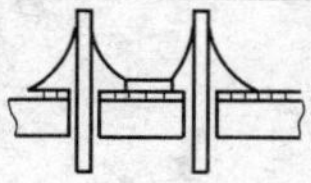 桥接	相邻导线连接	电气短路	焊锡过多，烙铁撤离方向不当
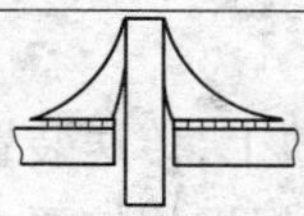 松动	导线或元器件引线可移动	导通不良或不导通	焊锡未凝固前引线移动造成空隙，引线未处理好(浸润差或不浸润)
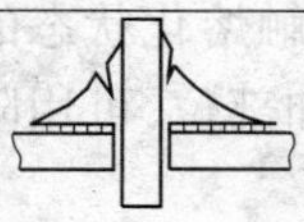 针孔	目测或低倍放大镜可见有孔	强度不足，焊点容易腐蚀	焊盘孔与引线间隙太大
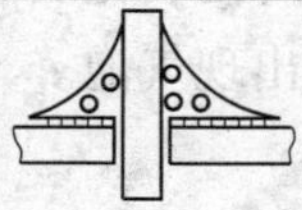 气泡	引线根部有喷火式钎料隆起，内部藏有空洞	暂时导通，但长时间后容易引起导通不良	引线与焊盘孔间隙过大或引线浸润不良
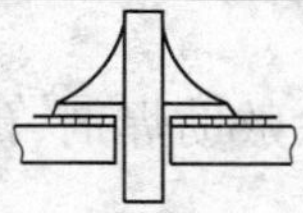 剥离	焊点剥落(不是铜箔剥落)	断路	焊盘上金属镀层不良

第四节　工业生产锡钎焊技术

手工焊接是逐点地焊接，效率低，焊点一致性差，不够美观，焊点多时焊接的可靠性难以保证。现在，电子产品的工业化生产中，大批量的焊接，对通孔式元器件均采用浸焊、波峰焊或回流焊等锡钎焊接技术，对表面安装元器件则采用波峰焊或再流焊锡钎焊接技术。

一、波峰焊接技术

波峰焊是在电子焊接中使用较广泛的一种焊接方法，其原理是让电路板焊接面与熔化的钎料波峰接触，形成连接焊点。这种方法适于一面装有元器件的印制板，并可大批量生产。凡与焊接质量有关的主要因素，如钎料与助焊剂的化学成分，焊接温度、速度、时间等，在波峰焊时均能得到比较完善的控制。

(一)波峰焊接的过程与原理

波峰焊整个焊接过程都是通过传送装置连续进行的。图 10-12 是波峰焊机焊锡槽示意图。

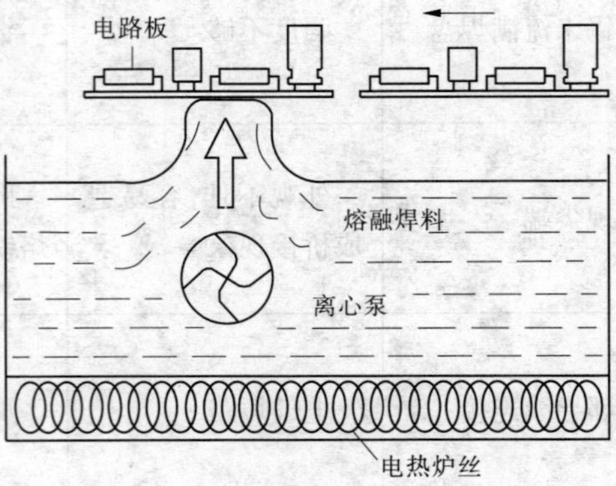

图 10-12　波峰焊机焊锡槽示意图

波峰焊接时,将已完成装件工序的印制板放在波峰焊机匀速运动的导轨上,传送装置带动待焊插件板移动到波峰焊机装有离心泵和喷口的熔锡缸的上方。离心泵根据焊接要求连续不断地泵出平稳的液态锡波,焊锡以波峰形式溢出至焊接板,印制板接触熔化状态的焊锡,一次完成整块电路板上全部元器件的焊接(印制板不需要焊接的焊点和部位,可用阻焊膜贴住,或在那里涂敷阻焊剂,防止焊锡不必要的堆积)。

波峰焊接的钎料在锡锅内始终处于流动状态,使工作区域内的钎料表面无氧化层。由于印制板和波峰之间处于相对运动状态,所以助焊剂挥发容易,焊点内不会出现气泡。

(二)波峰焊的工艺流程

波峰焊的工艺流程是:将元件插入相应的元件孔中→预涂助焊剂→预热(温度 90 ~ 100 ℃,长度 1 ~ 1.2 m)→ 波峰焊(220 ~ 240 ℃)→剪切多余引脚→检查。

为了获得良好的焊接质量,焊接前应做好充分的准备,如预镀焊锡、涂敷助焊剂、预热等。焊接后的冷却、清洗等操作也都要做好。

在自动生产化流程中,除有预热的工序外,基本上同手工焊接过程类似。预热可以使助焊剂达到活化点,它是在进入焊锡槽前的加热工序。可以是热风加热,也可以用红外线加热。涂助焊剂一般采用发泡法,即用气泵将助焊剂溶液泡沫化(或雾化),从而均匀地涂敷在印制板上。

波峰焊机适用于大批量的生产需要。但由于多种原因,波峰焊机容易造成焊点短路现象,补焊的工作量较大。

二、浸焊

浸焊是将插装好元器件的印制板浸入熔化的锡锅内,一次性完成印制板上众多焊接点的焊接方法,如图 10-13 所示。浸焊有手工浸焊和机器自动浸焊两种方式。

(一)浸焊的主要设备

浸焊所用的主要设备是浸焊锡锅。浸焊锡锅是在普通锡锅的基础上加装温度调控装置和焊锡滚动装置构成的。

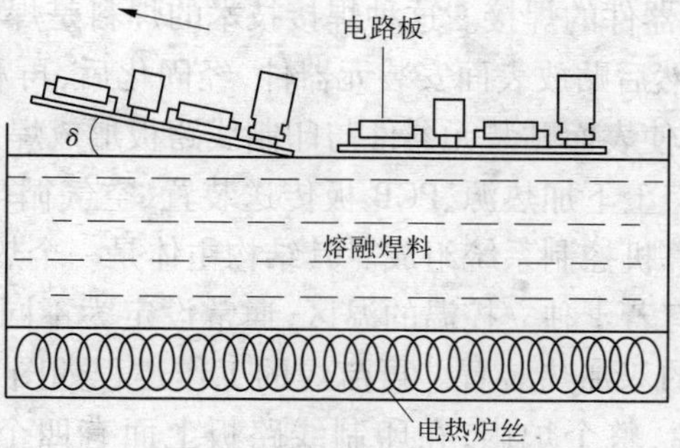

图 10-13 浸焊机工作原理

(二)浸焊的工艺过程

不管是手工浸焊还是机器自动浸焊,其基本工艺过程是一样的,即:锡锅准备→印制板准备→浸锡→冷却印制板→剪切引脚→二次浸锡→质量检查。

在这样的工艺过程中,锡锅准备主要是使锡锅中的锡温为 230 ~ 250 ℃;印制板准备则是给 PCB 板涂覆松香助焊剂,在自动浸焊方式时,还要在烘干助焊剂的同时给焊件预热。由于浸焊这种焊接技术自身的特点,以及元器件的引脚较长,难以做到一次焊接就使焊点的质量达到要求,第一次浸焊主要起固定引脚的作用,剪切引脚之后还要二次浸锡。

(三)手工浸焊

对于小体积的印制板,如果要求不高,采用手工浸焊较为方便。

手工浸焊是手持印制板来完成焊接,其步骤如下:

(1)焊前锡锅加热,调整熔化的焊锡温度为 230 ~ 250 ℃。为了去掉锡层表面的氧化层,要随时加一些松香助焊剂。

(2)在印制板上涂上一层助焊剂,一般是在松香酒精溶液中浸一下。

(3)使用简单的夹具将待焊接的印制板夹着浸入锡锅中,使印制板与焊锡表面水平完全接触。整个焊接的时间控制在 3 ~ 5 s,浸入深度以电路板厚度的 50% ~ 70% 为宜。为提高焊接的质量,避免整体同时浸入焊锡可能出现气泡,导致气泡区域无法浸焊,印制板浸入锡锅时应以与焊锡面成 10° ~ 20° 开始浸入,而后慢慢放平。待印制板全部浸入焊锡液面后,再将先入焊锡的一边慢慢提起,与焊锡面成 10° ~ 20° 角,斜向上离开锡液。

(4)拿出印制板,待冷却后,修剪引脚并二次浸锡,检查焊接质量。如有较多焊点没焊好,要重复浸焊。对只有个别点未焊好的,可用电烙铁手工补焊。

在将印制板放入锡锅时,要保持平稳,印制板与焊锡的接触要适当。这是手工浸焊成败的关键。因此,手工浸焊时要求操作者必须具有一定的操作技能。

(四)自动浸焊

机器自动浸焊要求先将印制板安装在具有振动头的专用设备上,然后再浸入焊料中。此法在焊接双面印制板时,能使焊料浸润到焊点的金属化孔中,使焊接更加牢固,并振动掉多余的焊料,焊接效果较好。需要注意的是,使用锡锅浸焊时要及时清理掉锡锅内熔融焊料表面形成的氧化膜、杂质和焊渣。此外,钎料与印制板之间大面积接触,时间长,温度高,容易损坏元器件,还容易使印制板变形。通常,机器浸焊采用得较少。

三、再流焊

再流焊也称回流焊,是伴随微型化电子产品的出现而发展起来的一种新的焊接技术,目前主要应用于表面安装元器件的焊接。这种焊接技术的焊料是焊膏，预先在 PCB 焊接部位（焊盘）施放适量的焊膏，然后贴放表面安装元器件，经固化后，再利用外部热源使焊料融化再次流动，最后经冷却后，使表面贴装元器件与印制线路板形成焊点，实现焊接。

再流焊机主要由炉体、上下加热源、PCB 板传送装置、空气循环装置、冷却装置、排风装置、温度控制装置以及计算机控制系统组成。其结构主体是一个热源受控的隧道式炉膛，沿传送系统的运动方向，设有若干独立控温的温区，通常设定为不同的温度，全热风对流再流焊炉一般采用上、下两层的双加热装置。再流焊的工作过程如图 10-14 所示。线路板随传动机构直线匀速进入炉膛，整个炉内，在印制线路板上面有四个温区，下面有两个温区。PH1 和 PHL 组成第一区域——预热区，PCB 进入后，PCB 板上的焊膏中的助焊剂受热而活性化，助焊剂浸润焊接对象，元器件得到充分预热；印制线路板进入由 PH2 组成的第二区域——干燥区域，焊膏中的低沸点溶剂和抗氧化剂挥发，化成烟气排出，助焊剂干燥；REF1、REF2 和 REFL 组成第三区域——焊接区域，PCB 进入后，焊盘上的膏状焊料在热空气中熔化，浸润焊接面，REFL 用来稳定温度曲线；第四区域为冷却区，在这里，印制线路板的焊料冷却凝固，全部焊点完成焊接。

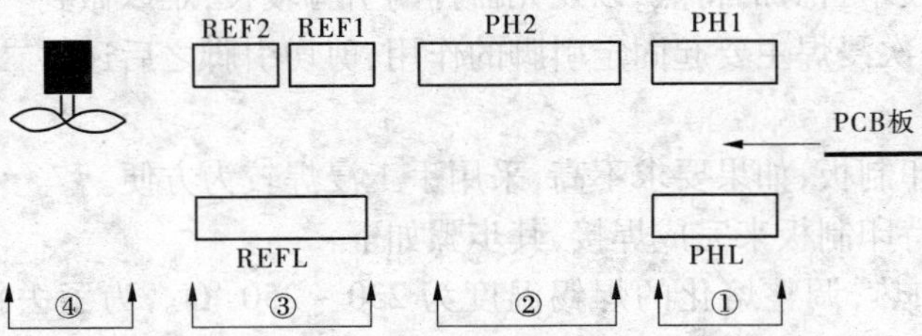

图 10-14　再流焊工作过程示意图

第五节　手工拆焊

将已焊焊点拆除的过程称为拆焊。调试和维修中常需要更换一些元器件，这只能通过手工拆焊来完成。在实际操作中，拆焊比焊接难度要高，如果拆焊方法不得当，还会损坏元器件及印制板。

一、拆焊工具

常用的拆焊工具有吸锡电烙铁、吸锡器、吸锡带、热风枪、医用空心针头等几种。

（一）吸锡电烙铁

吸锡电烙铁用于吸去熔化的焊锡，使焊盘与元器件或导线分离，达到解除焊接的目的。

（二）吸锡器

吸锡器用于吸取熔化的焊锡，要与电烙铁配合使用。先使用电烙铁将焊点熔化，再用吸锡器吸除熔化的焊锡。

（三）吸锡带

吸锡带用于吸取焊接点上的焊锡，使用时将焊锡熔化，借助助焊剂使之吸附在吸锡带（吸锡绳）上。

提示：专用的吸锡绳价格昂贵，可用网状屏蔽铜线代替，或者采用电线中的细铜丝自制吸锡带，效果也很好。使用自制吸锡带时，用烙铁熔化一些松香在铜丝上即可。

（四）热风枪

热风枪用于将待拆焊的元器件所有引脚的焊点一起熔化，再借助于夹持工具使其脱离电路板，达到拆焊的目的。多引脚的通孔元器件（如集成电路）及表面装贴元器件，比较适合使用热风枪进行拆焊。

正确使用热风枪可提高拆焊的效率，如果使用不当，会损坏元器件、部件、组件，尤其是塑料排线座及键盘座等部件，还可能损坏 PCB 板或使电路短路等。

使用热风枪时，根据焊件大小选择合适的风枪口（喷嘴）；插上电源，打开电源开关，调气流调节钮和温度调节钮，使枪口吹出温度和风流大小合适的热风；加热时，热风枪的风口离元件引脚 2 ~ 3 cm，风口要垂直对准待加热处（加热嵌入式的贴片 IC 时，风枪口与电路板则成 45°角），来回四周均匀地送热风。热风枪关机时，先把设定温度调节钮调至最小，气流调节钮调至最大，2 ~ 3 min 后，热风枪内的余热散失，拔下电源插头。过早拔下电源线，将会降低热风枪的使用寿命，甚至损坏热风枪。

提醒：加热时不要对着中间或一处一直吹，以免把 PCB 板吹鼓包，或使元器件、部件、组件损坏。

（五）医用空心针头

选用合适的医用空心针头，用钢锉锉平针头的尖部，与电烙铁配合进行拆焊。具体方法是：边用电烙铁熔化焊点，边把针头套在被焊元器件引线上，直至焊点熔化后，将针头迅速插入印制电路板的孔内，使元器件的引线脚与印制板的焊盘脱开。

二、拆焊的基本原则

拆焊前一定要弄清楚原焊接点的特点，不要轻易动手。拆焊应遵循的基本原则是：

（1）不可损坏待拆除的元器件、导线及周围的元器件。

（2）拆焊时不可损坏印制板上的焊盘及印制导线。

（3）对已判断为损坏的元器件，可先将其引线剪断再拆除，这样既可以减少其他损伤，又比较容易实施拆焊。

（4）在拆焊过程中，应尽量避免拆动其他元器件或变动其他元器件的位置，如确实需要，需做好复原工作。

三、拆焊的方法

（一）分点拆焊法

对卧式安装的阻容元器件，两个焊接点距离较远，可采用电烙铁分点加热，逐点拔出。如果待拆焊的元件引脚是弯折焊接在焊盘上的，要用烙铁头一边加热一边撬直，而后再行拆除。

拆焊时，将印制板竖起，一边用烙铁加热待拆元器件的焊点，一边用镊子或尖嘴钳夹住元器件引脚轻轻拉出。

(二)集中拆焊法

晶体管及立式安装的阻容元器件之间焊接点距离较近,可用烙铁头同时快速交替加热几个焊接点,待焊锡熔化后一次拔出。对多引脚的元器件,如开关、插头插座、集成电路等,可用专用烙铁头或热风枪同时对准各个焊接点,一次加热取下。

(三)保留拆焊法

对需要保留元器件引脚和导线端头的拆焊,要求比较严格,也比较麻烦,可用吸锡器先吸去被拆焊接点外面的焊锡。一般情况下,用吸锡器吸去焊锡后能够取下元器件。

如果遇到多脚插焊件,虽然用吸锡器清除过钎料,但仍不能顺利摘除,这时候细心观察一下其中哪些脚没有脱焊,找到后,用清洁而未带钎料的烙铁对引脚进行熔焊,并对引脚轻轻施力,向没有焊锡的方向推开,使引脚与焊盘分离,多脚插焊件即可取下。

如果是搭焊的元器件或引脚,只要在焊点上沾助焊剂,用烙铁熔开焊点,元器件的引脚或导线即可拆下。如遇到元器件的引线或导线的接头处有绝缘套管,要先退出套管,再进行熔解。

如果是钩焊的元器件或导线,拆焊时先用烙铁清除焊点的焊锡,再用烙铁加热,将钩下的残余焊锡熔开,同时须在钩线方向用铲刀撬起引线,移开烙铁并用平口镊子或钳子矫正。再次熔焊取下所拆焊件。注意:撬线时不可用力过猛,要注意安全,防止将已熔化的焊锡弹入眼内或衣服上。

如果是绕焊的元器件或引脚,则用烙铁熔化焊点,清除焊锡,弄清楚原来的绕向,在烙铁头的加热下用镊子夹住线头,逆绕退出,再调直待用。

(四)剪断拆除法

被拆焊点上的元器件引脚及导线如留有余量,或确定元器件已损坏,可先将元器件或导线剪下,再将焊盘上的线头拆下。

四、拆焊的操作要点

(一)严格控制加热的温度和时间

因拆焊的加热时间较长,所以要严格控制加热温度和时间,以免将元器件破坏或使焊盘翘起、断裂。宜采用间隔加热法来进行拆焊。

(二)拆焊时不要用力过猛

在高温状态下元器件封装的强度会下降,尤其是塑封器件,过力的拉、摇、扭都会破坏元器件和焊盘。

(三)吸去拆焊点的钎料

拆焊前,用吸锡工具吸去钎料,有时可以直接将元器件拔下。即使还有少量锡连接,也可以减少拆焊的时间,减小元器件和印制板损坏的可能性。在没有吸锡工具的情况下,则可以将印制板或能移动的部件倒过来,用电烙铁加热拆焊点,利用重力原理让焊锡自动流向电烙铁,也能达到部分去锡的目的。

提示:使用吸锡电烙铁拆焊时,千万不要用金属的加热吸锡头给焊盘施力,否则很容易破坏焊盘;待拆焊点上焊料少,有时反倒不容易吸除干净,此时可在待拆焊点上先施焊再拆焊。

第六节　表面安装元件的手工焊接与拆焊

现在越来越多的电器采用表面贴装元件，与传统的封装相比，它具有很多优点。但是，表面贴装元件比较适合采用波峰焊和再流焊这样的大批量工业化焊接，不便于手工焊接与拆焊。尽管在现代化生产过程中自动化和智能化是必然趋势，但在科研、试制、小批量生产或产品维修时，又必须使用手工方法进行焊接与拆焊。因此，电子技术人员了解和掌握手工SMT的基本操作方法，是非常有必要的。

一、小批量手工表面贴装的基本操作方法

在科研、试制、小批量生产时，手工SMT的操作关键有以下三个方面。

（一）涂覆黏合剂和焊膏

最简单的涂覆是人工用针状物直接点胶或涂焊膏，经过训练，人工可以达到机械涂覆黏合剂的效果。

手动丝网印刷机及手动点滴机可满足小批量生产涂覆焊膏的要求。

（二）贴片

贴片机是SMT设备中最昂贵的设备，手工SMT操作最简单的方法是用镊子借助于放大镜，仔细地将片式元器件放到设定的位置。由于片式元器件的尺寸太小，特别是窄间距的QFB引线很细，用夹持的方法很可能会损伤元器件，因此采用带负压吸嘴的手工贴片装置是最好的选择，这种装置一般备有尺寸形状不同的若干吸嘴，以适应不同形状和尺寸的元器件，并且装置上自带视像放大镜。

（三）焊接

最简单的SMT手工焊接是采用热风枪或恒温电烙铁焊接，焊接时要注意焊接时间及温度，温度一般设置在300 ℃。如果用于小元器件焊接，可把温度适当调低；如果被焊接的元器件较大或在大面积金属上（如地线的大面积铜箔）焊接，适当把温度调高。焊接中注意防静电保护。

二、少量手工表面贴装的基本操作方法

对于产品检修中的少量纯手工SMT，所使用的工具、材料和方法，与小批量手工SMT并不完全相同。

（一）所需工具和材料

对表面贴装元件进行手工焊接操作，所需的基本工具有热风枪或防静电恒温焊台（带有25 W的铜头小烙铁）。其中恒温焊台的烙铁尖要细，顶部的宽度不能大于1 mm。所需的其他工具和材料有：尖头镊子，可以用来移动和固定芯片；放大镜，用于焊后焊点的检查；还要准备1.0 mm细焊丝、焊膏和助焊剂、无水酒精、防静电手腕等。使用助焊剂的目的主要是增加焊锡的流动性，这样焊锡可以被烙铁牵引，并依靠表面张力的作用光滑地包裹在引脚和焊盘上。在焊接后用酒精清除板上的焊剂。

（二）手工SMT的基本步骤

对于少量手工SMT，不管是使用电烙铁，还是使用热风枪，也不管元器件的引脚数量多

少,其基本步骤简单说来有四步:整理引脚与焊盘,引脚对准焊盘,焊接,清洗、检查与修整。

1. 整理引脚与焊盘

焊接前,对曾经使用过的焊盘要用烙铁整理平整,然后,用无水酒精清洁焊盘及其周围,以防引脚和焊盘表面的氧化物、锈斑、油垢、杂质及灰尘等影响焊接的质量。在焊盘上涂松香酒精助焊剂。检查元件的引脚是否变形。对于变形的引脚应加以修整,以免出现元件虚焊、短路或错位现象。

2. 引脚对准焊盘

采用表面装贴技术,焊盘及引脚小而密集,易造成元器件引脚错位。元器件引脚较多时,在将元器件位置固定(可采用先将 2 ~ 4 个引脚对准焊好)后,要在放大镜下仔细观察,调整引脚,使其与焊盘完全对正,方能对剩余所有引脚实施焊接。

提示:对于引脚多而密集的贴片芯片,精准的引脚与焊盘的对齐尤其重要,应仔细检查核对,这是保证高质量焊接的前提。

3. 焊接

对准位置后,使用电烙铁或热风枪进行元器件焊接。焊锡的用量要以恰好充满焊盘为宜。元器件引脚较多时,焊好后必须等待冷却片刻,才可触动元器件,以免产生移位。

4. 清洗、检查与修整

采用表面安装技术,手工焊接容易出现虚焊、短路、偏位、少锡、多锡、毛刺、锡球、锡渣、焊盘脱落等现象。焊接后需清洗、检查,发现问题还需补焊或修整。

清洗电路板时,可以用酒精棉球将板上有松香助焊膏的地方擦干净,也可以用硬毛刷蘸上酒精将芯片的引脚之间的松香刷干净,用吹气球加速酒精蒸发。

电路板清洗干净后,用放大镜仔细检查,发现问题,用尖头电烙铁对不良焊点进行修补,直至焊接达到工艺要求。

(三)引脚(或焊接端子)较少的贴片元器件的手工焊接

如果只是焊接少量的、焊接端子较少的贴片元器件,相对容易一些。对于贴片阻容元器件则更容易焊一些,可以先在焊盘上涂一点松香酒精助焊剂,再在一个焊盘上镀上锡,然后马上用左手拿镊子夹住元器件放于焊盘上,并用镊子将其暂时固定,右手用烙铁将已镀锡焊盘上的焊锡熔化,将元器件焊接端焊好,焊上一头之后,左手镊子可以松开,再看看是否放正了;如果已放正,用锡丝将另外的焊接端焊好。

这种方法同样适用于有 2 ~ 4 个焊接端的其他贴片元件,如二极管、晶体管等。

(四)贴片集成电路的焊接

对于引脚较多但间距较宽的贴片元件(如许多 SO 型封装的 IC,引脚的数目为 6 ~ 20,引脚间距在 1.27 mm 左右),可以采用点焊焊接方法。对于引脚密度比较高(如 0.5 mm 间距)的元件,可以采用点焊或拖焊、拉焊,也可以采用点焊 4 个引脚后使用热风枪焊接的方法。不管采用哪一种方法,焊接前要先在焊盘上涂松香酒精助焊剂。

1. 点焊

点焊,即先焊一只引脚,然后用锡丝焊其余的引脚。但对于这类元件,由于其引脚的数目多且密,因而引脚与焊盘对齐非常关键。在一个焊盘上镀锡后(通常选在角上的焊盘,并且只镀上很少量的锡),用镊子或手将元件与焊盘对齐,注意要使所有引脚的边都对齐,然后左手(或通过镊子)稍用力将元件按在 PCB 板上,右手用烙铁将镀锡焊盘对应的引脚焊好。焊好后左手可以松开,但不要大力晃动电路板,而是轻轻将其转动,将另外 3 个角上的引脚先焊上。当 4 个引角都焊上以后,元件基本固定,这时可以将剩下的引脚一个一个焊上。焊接的时候让烙铁头带少量锡,一次焊一个引脚。

提示:如果不小心将相邻引脚焊接短路,传统的吸锡器是派不上用场的,使用编织带吸锡清理即可。应当注意的是,吸锡结束后,应将烙铁头与吸上了锡的吸锡带同时撤离焊盘。如果吸锡带粘在焊盘上,千万不要用力拉吸锡带,要重新用烙铁头加热后再轻拉吸锡带,使其脱离焊盘。

2. 拖焊

焊接贴片集成电路还可以采用拖焊的方法。拖焊时要选用恒温烙铁并配刀型(又称弯型)烙铁头,焊接步骤如下:

(1)先固定贴片 IC 的两三个脚,然后在需要拖焊的一列引脚开始处先堆一堆比较多的锡,不要怕短路。

(2)把烙铁头放入松香溶液中,使烙铁头沾满松香溶液,甩掉烙铁头部多余的焊锡。

(3)然后可以将电路板倾斜 45°角,利用刀型头和焊锡本身的自重和张力沿着芯片一边做 S 形拖焊,从开始到末尾,结束处可以多刮几下。一遍拖过之后如果有短路可以再拖一遍。再有短路,可使用吸锡带吸锡。焊完以后,用酒精清洗掉多余的松香。

3. 拉焊

拉焊的焊接步骤如下:

(1)用镊子将芯片放到电路板上,将芯片的引脚和焊盘精确对准。电烙铁上少量焊锡并定位芯片,点焊固定边角上的两三个脚。

(2)将适量的酒精松香助焊剂涂于引脚上,并将一个酒精棉球放于芯片上,使棉球与芯片的表面充分接触,以利于芯片散热。

(3)擦干净烙铁头并蘸一下松香使之容易上锡。给烙铁上锡,焊锡丝融化并粘在烙铁头上,直到融化的焊锡呈球状将要掉下来的时候停止上锡,此时,焊锡球的张力略大于自身重力。

(4)将电路板倾斜放置,倾斜角度大于 70°且小于 90°。在芯片引脚未固定那边,用电烙铁拉动焊锡球沿芯片的引脚从上到下慢慢滚下,同时用镊子轻轻按酒精棉球,让芯片的核心保持散热;滚到头的时候将电烙铁提起,不让焊锡球粘到周围的焊盘上。至此,芯片的一边已经焊完,按照此方法再焊接其他的引脚。

4. 点焊配合热风枪焊接

用镊子将芯片放到电路板上,将芯片的引脚和焊盘精确对准。用恒温电烙铁上少量焊锡,点焊四边的三四个引脚,定位芯片。再给芯片引脚涂上焊膏,热风枪选好风嘴,插上电源,打开开关,调好温度和风流大小(温度调节钮调至 3 ~4 挡,一般在 300 ℃左右,风量调节钮调至 2 ~3 挡),使风嘴口离元件引脚 2 cm 左右,垂直对准引脚,来回四周均匀地先吹热风。使用此法焊接,能否成功的关键是焊膏涂抹的多少和均匀与否。如果没有焊膏,也可在引脚上涂上松香酒精助焊剂,再截取与集成块引脚等宽的细焊锡丝(焊锡丝的直径根据引脚间距、长短选定),用镊子夹持固定在芯片的一排引脚上,用热风吹融;焊好一排引脚,再焊对面一排。所有引脚焊完后，在放大镜下，用针尖进行一个一个引脚的检验，以防虚焊或桥接。最后清洗掉助焊剂。

提示：①用热风枪拆焊小型贴片元件时，一般采用小嘴喷头，热风枪的温度调至2～3挡，风速调至1～2挡。用热风枪拆焊体积相对较大的贴片集成电路时，可采用大嘴喷头，热风枪的温度可调至3～4挡，风量可调至2～3挡；②表面装贴元件的手工焊接其实并不难，方法也不仅仅只有以上介绍的几种，焊接成功的关键在于是否细心，同时要注意，用烙铁加热引脚的时间不可太长，以免焊盘剥离。

三、表面安装元器件的拆焊

对表面贴装元器件进行拆焊，所能使用的工具只有电烙铁和热风枪。拆焊的方法也只有集中拆焊法一种。

（一）两焊接端元器件的拆焊

只有两个焊接端的贴片元器件（如贴片阻容元器件）的拆卸，是比较容易的，只要用两把烙铁（左右手各拿一把）对元器件的两端同时加热，等锡熔化以后用两把烙铁夹持元器件，轻轻一提即可将元器件取下。

这类元器件使用热风枪拆卸，也很容易：一手持热风枪将焊锡吹熔，另一手用镊子等夹具趁焊锡熔化之际将元器件取下。但是应该注意，使用热风枪拆卸贴片元器件，一定要选择较小的喷嘴，并使喷嘴吹出温度和风流大小合适的热风，且拆焊过程中喷嘴只能对准待拆元器件吹风。否则，极易将不需拆焊的其他小贴片元器件吹跑。

（二）多引脚元器件的拆焊

对诸如晶体管、IC等引脚多、密度高的元器件，拆卸主要使用热风枪。方法是：一只手使用适当工具（如镊子）夹住元器件，另一只手用热风枪来回吹所有的引脚，等所有引脚都熔化时将元器件提起。吹热风的时候，应尽量不要对着元器件的中心，时间也要尽量短。元器件拆下后还要用烙铁清理焊盘。

提醒：拆焊时在撬起集成电路前，可用镊子轻轻碰一下集成电路，如果集成电路会微微晃动，说明集成电路的引脚焊锡已经全部熔化，这是取下集成电路的最佳时机。一定要注意，在焊锡还未融化时，切不可用力分离拆卸元器件，否则极易将焊盘带起，致使焊盘及印制导线与基板剥离。

训练、思考与问答

1. 助焊剂对焊接有何作用？经常用的助焊剂有几种？实际焊接时可以多多使用助焊剂吗？为什么？
2. 焊接的五步法是怎样的？每一步都该注意些什么？
3. 焊接时为什么大都选用共晶焊锡？锡铅焊料有哪些优点？常用的焊料有哪些？
4. 应如何预防虚焊、堆焊、拉尖等不良焊点的出现？桥接是如何形成的？该怎样避免？
5. 怎样判断焊点是否为虚焊？

6. 想想看，冬天焊接容易出现什么问题？夏天在电扇下焊接又容易出现什么问题？

7. 焊接的时间过长或不足时，对焊接质量有什么影响？焊接时间过长或选用电烙铁功率太大，可能会造成什么样的后果？

8. 如何使用热风焊台？

9. 焊点拆焊时应注意什么问题？拆焊通孔元器件有几种方法？

10. 对表面安装元器件该怎样进行手工焊接？基本步骤有哪些？具体是怎样的？如果焊接中出现了邻近引脚的短路该怎么办？

11. 手工拆焊接表面装贴元器件时应注意些什么？具体的方法是怎样的？

12. 工业生产锡钎焊技术有哪些？

13. 波峰焊接为什么叫波峰焊？再流焊接为什么叫再流焊？

第十一章　电子产品整机装调与质量检验

经插装和焊接工艺过程制作而成的印制电路板，只能算一个部件，还需要经过整机装配（即整机总装）和调试工艺过程，才有可能成为具有设计功能的电子整机产品。而全面、严格的质量检验和质量管理，则是整机产品高质量的保证。

第一节　整机装配

整机装配工艺过程就是以设计文件为依据，按照工艺文件的工艺规程和具体要求，把各种检验合格的电子元器件、机电元件、部件及结构件焊接、连接、安装在印制电路板、机壳、面板等指定位置上，构成具有一定功能的完整的电子产品的过程。电子产品整机装配是生产过程中极为重要的环节，如果组装工艺、工序不正确，就可能达不到产品的功能要求或预定的技术指标。

一、整机装配过程

整机装配过程根据产品的复杂程度、产量大小等方面的不同而有所区别。但总体来看，有装配准备、部件装配、产品调试、整机检验、包装入库等几个环节，如图 11-1 所示。

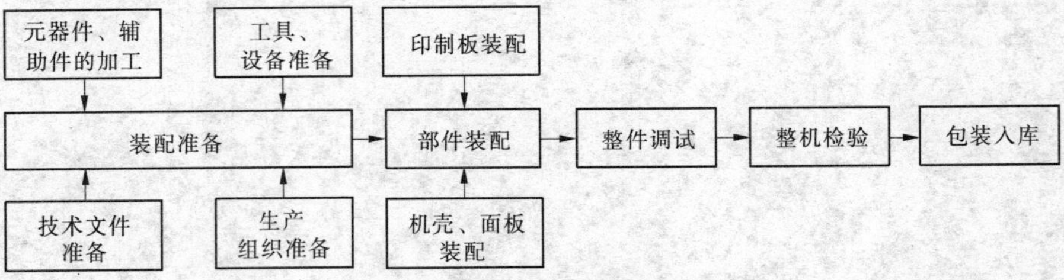

图 11-1　电子产品整机装配过程

（一）装配准备

装配前对所有装配件、紧固件等从配套数量和质量合格两个方面进行检查与准备，同时做好整机装配及调试的准备工作。

在该过程中，元器件分类是极其重要的。处理好这一工作，是避免出错、迅速装配高质量产品的首要条件，在大批量生产时，一般多用流水作业法进行装配，元器件的分类也应落实到各装配工序。

（二）部件装配

部件装配又称装联，即整机总装。

（三）整机调试

整机调试包括调整和测试两部分工作，各类电子产品在部件或总装完成后，一般在最后都要经过调试才能达到额定的技术指标要求。

（四）整机检验

整机检验应遵照产品标准（或技术条件）规定的内容进行。通常有生产过程中生产车间的交收试验、新产品的定型试验及定型产品的定期试验（又称例行试验）等三类试验。其中例行试验的目的，主要是考核产品质量和性能是否稳定正常。

（五）包装

包装是电子产品总装过程中保护和美化产品及促进销售的环节。电子产品的包装通常着重于方便运输和储存两个方面。

（六）入库或出厂

合格的电子产品经过合格的包装，就可以入库储存或直接出厂，从而完成整个总装过程。整机组装的工艺过程会因产品的复杂程度、产量大小等方面的不同而有所区别。

二、整机装配顺序和基本要求

电子设备整机的总装，就是将组成整机的各部分装配件，经检验合格后，连接合成完整的电子设备的过程。

总装之前应对所有装配件、紧固件等按技术要求进行配套和检验，然后对装配件进行清洁处理，保证表面无灰尘、油污、金属屑等现象，因为整机装配总的质量与各组成部分的装配件的装配质量是相关联的。

（一）整机装配顺序与原则

1. 整机装配顺序

整机装配顺序是按组装级别来分的，整机装配按元件级，插件级，插箱板级和箱、柜级顺序进行，如图 11-2 所示。

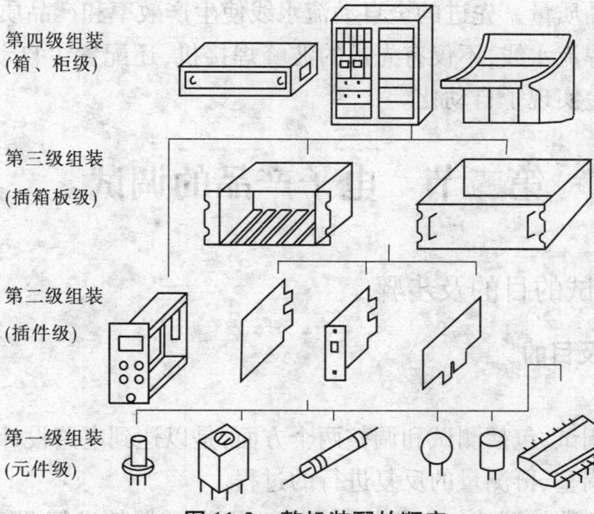

图 11-2　整机装配的顺序

元件级：是最低的组装级别，其特点是结构不可分割。

插件级：用于组装和互连电子元器件。

插箱板级：用于安装和互连的插件或印制电路板部件。

箱、柜级：主要通过电缆及连接器互连插件和插箱，并通过电源电缆送电构成独立的有一定功能的电子仪器、设备和系统。

2. 整机装配原则

整机装配的一般原则为先轻后重、先小后大、先铆后装、先装后焊、先里后外、先下后上、易损件后装、上道工序不得影响下道工序。

(二)整机装配的基本要求

整机装配的基本要求如下：

(1)未经检验合格的装配件不得安装，已检验合格的装配件必须保持清洁。

(2)要认真阅读安装工艺文件和设计文件，严格遵守工艺规程，总装完成后的整机应符合图纸和工艺文件的要求。

(3)严格遵守装配的一般顺序，防止前后顺序颠倒，注意前后工序的衔接。

(4)总装过程中不要损伤元器件和机箱及元器件上的涂覆层。

(5)应熟练掌握操作技能，保证质量，严格执行"三检"(自检、互检、专职检验)制度。

三、流水作业法

电子整机的装配通常是在流水线上通过流水作业的方式完成的。为提高生产效率，确保流水线连续均衡地移动，应合理编制工艺流程，使每道工序的操作时间相等。

(一)流水线作业法的过程

流水线作业法的过程是把一台电子整机的装联和调试等工作划分成若干简单操作项目，每个操作者完成各自负责的操作项目，并按规定顺序把机件传送给下一道工序的操作者继续操作，形似流水般不停地自首至尾逐步完成整机的总装。

(二)流水线作业法的特点

流水线作业虽然带有一定的强制性，但工作内容简单，动作单纯，记忆方便，故能减少差错，提高工效，保证产品质量。先进的全自动流水线使生产效率和产品质量更为提高，例如，先进的印制电路板插焊流水线，不仅有先进的波峰焊接机，还配置了自动插件机，使印制电路板的插焊工作基本上实现了自动化。

第二节　电子产品的调试

一、电子产品调试的目的及步骤

(一)调试的含义及目的

1. 调试的含义

所谓电子产品的调试，包括测试和调整两个方面，是以达到电路设计指标为目的而进行的一系列测量、判断、调整、再测量的反复进行的过程。

调整是指对电路参数的调整。一般是对电路中可调元器件进行调整，使电路达到预定的功能和效果。

测试主要是对电路的各项技术指标和功能进行测量和试验，并同设计的性能指标进行比较，以确定电路是否合格。

2. 调试的目的

调试的目的主要有两个：

(1)通过调试发现产品设计和安装的缺陷与不足等问题,并进行纠正。

(2)通过电路参数的调整,消除因元器件参数或装配工艺不一致而造成产品各项功能和性能指标达不到设计要求的现象。

可见,调试是保证并实现电子产品功能和质量的重要工序,在很大程度上决定了电子产品的质量。

(二)调试方法

较为复杂或新设计的电路,一般采用先分调后联调的方法。

任何电子产品都是由单元部件组成的,调试时可以循着信号的流程,调整各单元电路,使其参数基本符合设计指标。把单元部件调试好后,在此基础上逐步扩大调试范围,最后完成整机调试,这种先分调后整机联调的调试方法,能够及时发现并解决问题。

定型产品或需要相互配合才能运行的产品,一般是将整个电路安装完毕后,一次性调试。

(三)调试的一般步骤

调试工作遵循的一般原则为:先调试部件,后调试整机;先内后外;先调试结构部分,后调试电气部分;先调试电源,后调试其余电路;先调试静态指标,后调试动态指标;先调试独立项目,后调试相互影响的项目;先调试基本指标,后调试对整机质量影响较大的指标。

二、单元部件的调整

单元部件调试的一般工艺流程为:通电前的检查→通电观察→静态调整→动态调整。

(一)通电前的检查

单元部件在通电前,应进行以下几点检查,以免造成不必要的危险。

1. 连线是否正确

检查电路连线是否正确,包括错线、少线和多线。

2. 元器件安装情况

检查元器件引脚之间有无短路,连接处有无接触不良,集成电路和二极管、三极管、电解电容等极性器件是否连接有误。

3. 电源极性、信号源连线是否正确

检查直流电源极性是否正确,信号线是否正确。

4. 电源对地是否存在短路

在通电前,断开一根电源线,用万用表检查电源对地是否存在短路。

电路经过上述检查并确认无误后,方可接通电源。

(二)通电观察

接通电源后,不要急于测量电气性能指标,而要观察电路有无异常现象,例如有无冒烟现象,有无异常气味,手摸集成电路外封装是否发烫等。如果出现异常现象,应立即关断电源,待排除故障后再通电。

(三)静态调整

静态工作点是电路正常工作的前提,因此电路接通后,首先应测量调整静态工作点。静态调试一般是指在没有外加信号,或只固定电平信号的条件下测试电路静态工作点和静态技术性能指标。用测出的数据与设计数据相比较,判断电路直流工作状态是否正常,及时发现电路中已损坏或处于临界工作状态的元器件。通过更换器件或调整电路参数,使电路直流工作状态符合设计要求。

电子电路静态调试包括调试直流供电电源电压值,测试总的静态电流值,测试各级静态工作电压和电流,测试三极管三个电极对地电压以确定其工作状态,测试集成电路各引脚电压,以判断其工作是否正常等。

(四)动态调整

动态调整一般是指在加入信号(或自身产生信号)后,对信号通道的动态工作电压以及有关的波形、频率、相位、电路放大倍数等参量的测量与调整。动态调整是在静态调整的基础上进行的。当电路静态工作正常后,即可进行动态测试。测量过程中如果发现问题,一般是电路级间耦合不良以及信号传输或是振荡电路停振等引起的,应根据测量结果逐级检查,分析信号参数的变化,进行适当的处理,调试正常。若经过动、静态调试后仍不能达到设计要求,应深入分析其测量数据,并要做出修正。

(五)电路调整方法

电路进行静态调整或动态调整的时候,可能需要对某些元器件的参数进行调整,调整的方法常用选择法和调节可调元器件法。

1. 选择法

通过替换元器件来选择合适的电路参数(性能或技术指标)。电路原理图中,在这种元器件的参数旁边通常标注有"※"号(参见第十三章第二节图13-9)。

由于反复替换元器件很不方便,一般总是先接入可调元器件,待调整确定了合适的元器件参数后,再换上与选定参数值相同的固定元器件。

2. 调节可调元器件法

对电路中已经装有的可调整元器件,如电位器、微调电容或可调磁芯等进行调整,使测试的结果与设计要求相吻合。

三、电子产品整机调试与老化

由于电路设计的近似性、元器件参数的离散性和装配工艺的影响,组装完毕的电子整机产品不一定能够达到设计要求的性能指标,需要通过测试和调整来发现、纠正、弥补,使其达到设计预定的性能指标和功能,这就是电子电路的调试。电子整机产品的调试是在单元部件调试的基础上进行的,其目的是使各部分及部件的电气性能更有效地衔接,确保整机技术指标完全达到设计要求。

(一)整机调试的内容

整机调试包括调整和测试两部分工作。

调试的主要内容是:①合理选择和正确使用测试所需要的仪器仪表,严格按照调试工艺指导卡,对单元电路板或整机进行调试和测试;②调试完毕,用封蜡、点胶等方法固定调整元器件的调整部位;③运用电路和元器件的基础理论知识分析和排除调试中出现的故障,对调试数据进行正确处理和分析。

(二)整机调试的一般程序

电子整机因为各自的单元电路的种类和数量不同,所以在具体的调试程序上也不尽相同。通常电子产品调试的一般程序大致为:通电前的检查→通电检查→调试电源→整机通调→整机性能测试与调整→整机的加电老化。

1. 通电前的检查

通电前，按调试工艺规定的接线图检查接线是否正确，检查测试设备、测试仪器仪表和被调试设备的功能选择开关、量程挡位及有关附件是否处于正确的位置，检查所测试产品保险丝是否装入、输入电压是否正确。经检查无误后，方可接通电源。

2. 通电检查

接通电源后，电源指示灯亮，此时应注意有无放电、打火、冒烟等现象，有无异常气味，手摸电源变压器有无超温，检查各种保险开关、控制系统是否起作用，各种冷却系统能否正常工作。若有异常现象，立即停电检查。

3. 调试电源

调试工作首先要进行电源部分的调试，才能顺利进行其他项目的调试。调试电源分以下三个步骤进行。

1）电源空载粗调

电源电路的调试通常先在空载状态下进行，是为了避免电源电路未经调试而被加载，引起相关电子元器件的损坏。调试时，插上电源部分的印制板，测量有无稳定的直流电压输出，其值是否符合设计要求，否则，进行相应的使之达到预定的设计值。

2）等效负载下的细调

为了确保负载电路的安全，在加载调试之前，先在等效负载下对电源电路进行调试，以防接入负载电路可能会受到的冲击。

提醒：对开关型稳压电源只能进行等效负载下的调试，不可进行空载调试。切记！切记！！

3）真实负载下的精调

在初调正常的情况下，加上额定负载，再测量各项性能指标，观察是否符合额定的设计要求，当达到最佳值时，锁定电位器等调整元器件，使电源电路具有加载时所需要的最佳功能状态。

4. 整机通调

调试好的单元部件装配成整机后，其性能参数会受到一定影响，因此装配好整机后，应对其单元部件再进行必要的调试。

5. 整机性能测试与调整

在对整机进一步检查后，按照整机技术指标要求及相应的测试方法，对已调整好的整机进行技术指标测试，判断是否达到质量要求的技术水平。

6. 整机的加电老化

整机产品总装调试完毕后，通常要按一定的技术规定对整机实施较长时间的连续通电考验，即加电老化试验。加电老化的目的是通过老化发现并剔除早期失效的电子元器件，提高电子设备工作可靠性及使用寿命，同时稳定整机参数，保证调试质量。

整机加电老化的技术要求有温度、循环周期、积累时间、测试次数和测试间隔时间等几个方面。

1)温度

整机加电老化通常在常温下进行。有时需对整机中的单板、组合件进行部分的高温加电老化试验，一般分三级：(40 ±2)℃、(55 ±2)℃和(70 ±2)℃。

2)循环周期

每个循环连续加电时间一般为 4 h,断电时间通常为 0.5 h。

3)积累时间

加电老化时间累计计算，积累时间通常为 200 h,也可根据电子整机设备的特殊需要适当缩短或加长。

4)测试次数

加电老化期间，要进行全参数或部分参数的测试，老化期间的测试次数应根据产品技术设计要求来确定。

5)测试间隔时间

测试间隔时间通常设定为 8 h、12 h 和 24 h 等几种，也可根据需要另定。

第三节　整机质检

整机总装完成后，按质量检验的内容进行检验，检验工作要始终坚持自检、互检和专职校验的制度。整机质量的检查通常有外观检查、电路检查、出厂试验和型式试验四个方面。

一、外观检查

装配好的整机表面无损伤，涂层无划痕、脱落，金属结构件无开焊、开裂，元器件安装牢固，导线无损伤，元器件和端子套管的代号符合产品设计文件的规定。整机的活动部分活动自如，机内无多余物(如焊料渣、零件、金属屑等)。

二、电路检查

装联电路检查又称正确性检查，其目的是检查电气连接是否符合电路原理图和接线图的要求，导电性能是否良好。

通常用万用表的 R×100 挡对各检查点进行检查，批量生产时，可根据预先编制的电路检查程序表对照电路图进行检查。

三、出厂试验

出厂试验是产品完成装配、调试后，在出厂前按国家标准逐台试验。一般都是检验一些最重要的性能指标，并且这种试验都是既对产品无破坏性，又能比较迅速完成的项目。不同的产品有不同的国家标准，除上述外观检查外，还有电气性能指标测试、绝缘电阻测试、绝缘强度测试、抗干扰测试等。

四、型式试验

型式试验是对产品的性能指标、产品对环境条件的适应度、工作的稳定性等方面的全面考核。国家对各种不同的产品都有严格的标准。试验项目有高低温、高湿度循环使用和存放试验、振动试验、跌落试验、运输试验等。由于型式试验对产品有一定的破坏性,一般都是在新产品试制定型或在设计、工艺、关键材料更改时,或客户认为有必要时进行抽样试验。

训练、思考与问答

1. 整机装配过程有哪几个环节?
2. 单元电路的静态测试和动态测试有哪些内容?
3. 何谓电子产品的调试?
4. 电子产品调试的目的是什么?其方法是怎样的?
5. 电子产品调试工作遵循的一般原则和步骤是什么?
6. 整机调试的一般程序是什么?
7. 整机质量检验有哪些内容?

第十二章　电子产品技术文件简介

电子产品技术文件包括电子产品设计文件和电子产品工艺文件。

电子产品技术文件是电子产品生产、试验、使用和维修的基本依据，是企业组织生产和实验管理的法规。在从事电子产品规模生产的制造业，产品技术文件具有生产法规的效力，因此要求标准严格、格式严谨、管理规范。生产部门按照工艺图纸进行生产，一点失误也会造成巨大的损失。技术文件一旦审核签署，便不能随意更改，如需更改也必须经过严格的手续，所以技术文件的完备性、权威性和一致性是不容置疑的。

第一节　电子产品设计文件

一、设计文件的定义

电子产品设计文件是电子产品在研究、设计、试制和生产实践过程中积累而形成的图样及技术资料。它规定了产品的组成形式、结构尺寸、原理以及在制造、验收、使用、维护和修理过程中所必需的技术数据和说明，是组织产品生产的基本依据。

二、设计文件的作用

设计文件是能反映产品全貌的技术文件，这些文件的主要作用是：

(1)用来组织和指导企业内部的产品生产。生产部门的工程技术人员利用设计文件给出的产品信息，编制指导生产的工艺文件，如工艺流程、材料定额、工时定额、设计工装夹具、岗位作业指导书等文件，连同必要的设计文件一起指导生产部门的生产。

(2)政府主管部门和监督部门根据设计文件提供的产品信息，对产品进行监测，确定其是否符合有关标准，是否会对社会、环境和群众健康造成危害，同时也可对产品的性能、质量等作出公正评价。

(3)产品使用人员和维修人员根据设计文件提供的技术说明和使用说明，对产品进行安装、使用和维修。这样，就不再需要设计人员或生产技术人员亲自到场。

(4)技术人员和技术部门利用设计文件提供的产品信息，进行技术交流，相互学习，不断提高产品水平。

三、设计文件的种类

设计文件的种类很多，各种产品的设计文件所需的文件种类也各不相同，文件的多少以能完整地表达所需意义而定。一般按文件的样式将设计文件分为三大类：文字性文件、表格性文件和工程图。

(一)文字性文件

文字性文件主要有产品标准或技术条件、技术说明、使用说明、安装说明、调试说明等几种。

(1)产品标准或技术条件:是对产品性能、技术参数、试验方法和检验要求等所作的规定。有些产品标准是国家标准或行业标准作了明确规定的,文件可以引用,国家标准和行业标准未包括的内容文件应补充进去。企业制定的产品标准不能低于国家标准和行业标准。

(2)技术说明:是供研究、使用和维修产品使用的,对产品的性能、工作原理、结构特点有清楚的说明,其主要内容包括产品技术参数、结构特点、工作原理、安装调整、使用和维修等内容。

(3)使用说明:是为使用者正确使用产品而编写的,其主要内容是说明产品性能、基本工作原理、使用方法和注意事项。

(4)安装说明:是供使用产品前的安装工作而编写的,其主要内容有产品性能、结构特点、安装图、安装方法及注意事项。

(5)调试说明:是用来指导产品生产时调试其性能参数的。

(二)表格性文件

表格性文件主要有明细表、软件清单、接线表等。

(1)明细表:是构成产品(或某部分)的所有零部件、元器件和材料的汇总表,也叫物料清单。从明细表可以查到组成该产品的零部件、元器件及材料。

(2)软件清单:是记录软件程序的清单。

(3)接线表:指明连接线(颜色、长度等)具体特征、连接线两端具体连接点等信息的表格。

(三)工程图

工程图主要有装配图、零件图、电路方框图、电路原理图、逻辑图、软件流程图等。

(1)装配图:用机械制图的方法画出的表示产品各组成部分装配组合相互关系的图,从装配图可以看出产品的实际构造和外观。按生产管理和工艺分,有总装图、结构装配图、印制电路板装配图等。

(2)零件图:一般用零件图表示电子产品某一个需加工的零件的外形和结构,在电子产品中最常见也是必须要画的零件图是印制板图。

(3)电路方框图:是一种用简单的"方框"和连线来表示电路构成概况、信号的流通与处理过程以及电路大致工作原理的电路图。

(4)电路原理图:是表明电子产品元器件构成和连接关系、说明其具体工作原理的图纸。

电子产品设计文件通常由产品开发设计部门编制和绘制,经工艺部门和其他有关部门会签,开发部门技术负责人审核批准后生效。

四、设计文件的格式

现行国家标准规定了各种设计文件的格式,具体规定如表 12-1 所示。设计文件的格式举例,如图 12-1 所示。

五、设计文件的填写方法

每张设计文件上都必须有主标题栏和登记栏,零件图应有涂敷栏,装配图、安装图和接线图应有明细栏。主标题栏、明细栏和登记栏的格式分别如图 12-2、图 12-3、图 12-4 所示。

表 12-1　设计文件格式的规定

序号	文件名称	文件简号	格式	
			主页	续页
1	产品标准	—	格式按 GB－2－81 规定	
2	零件图	—	格式(1)	与主页相同
3	装配图	—	格式(2)	与主页相同
4	外形图	WX	格式(1)	与主页相同
5	安装图	AZ	格式(2)	与主页相同
6	总布置图	BL	格式(3)	格式(3a)
7	频率搬移图	PL	格式(3)	格式(3a)
8	方框图	FL	格式(3)	格式(3a)
9	信息处理流程图	XL	格式(3)	格式(3a)
10	逻辑图	LJL	格式(3)	格式(3a)
11	电原理图	DL	格式(3)	格式(3a)
12	线缆连接图	LL	格式(3)	格式(3a)
13	接线图	JL	格式(3)	格式(3a)
14	机械原理图	YL	格式(3)	格式(3a)
15	机械传动图	CL	格式(3)	格式(3a)
16	其他图	TT	根据图种确定	
17	技术条件	JT	格式(4)	格式(4a)
18	技术说明书	JS	格式(4)	格式(4a)
19	使用说明书	SS	格式(4)	格式(4a)
20	说明	SM	格式(4)	格式(4a)
21	表格	TB	格式(4)	格式(4a)
22	整件明细表	MX	格式(5)	格式(5a)
23	整套设备明细表	MX	格式(6)	格式(6a)
24	整件汇总表	ZH	格式(5)	格式(5a)
25	备附件及工具汇总表	BH	格式(7)	格式(7a)
26	成套运用文件清单	YQ	格式(8)	格式(8a)
27	其他文件	TW	格式(4)	格式(4a)
28	副封面	—	格式(9)	—

序号	代号	名称	数量	备注

旧底图总号							
	更改标记	数量	文件号	签名	日期		
底图总号	设计					重量	比例
	复核						
	工艺						
	标准化					第　张	共　张
	批准						
	格式：		制图：	描图：	幅面：		

图 12-1　设计文件格式

更改标记	数量	更改单号	签名	日期		等级	标记	重量	比例
设计									
审核									
工艺									
						第　张		共　张	
标准化									
批准									

图 12-2　主标题栏格式

序号	代号	名称	数量	备注

图 12-3　明细栏格式

旧底图总号	
底图总号	
日期	签名

图 12-4　登记栏格式

第二节　电子产品工艺文件

一、工艺文件的定义

按照一定的条件选择产品最合理的工艺过程（即生产过程），将实现这个工艺过程的程序、内容、方法、工具、设备、材料以及每一个环节应该遵守的技术规程，用文字和图表的形式表示出来，称为工艺文件。

工艺文件和设计文件同是指导生产的文件，但两者是从不同角度提出要求的。工艺文件是工艺部门根据产品的设计文件进行编制的，是设计文件转化来的，但工艺文件又要根据各企业的生产设备、规模及生产的组织形式不同而有所不同。

工艺文件要根据产品的生产性质、生产类型，产品的复杂程度、重要程度及生产的组织形式等进行编制，由于要指导生产，因此要做到正确、完整、统一、清晰。

二、工艺文件的作用

在产品的不同阶段，工艺文件的作用有所不同，试制试产阶段，主要是验证产品的设计（结构、功能）和关键工艺。批量生产阶段主要是验证工艺流程、生产设备和工艺装备是否满足批量生产的要求。

工艺文件的主要作用如下：

（1）为生产部门提供规定的流程和工序，便于组织产品有序地生产。

（2）提出各工序和岗位的技术要求和操作方法，保证操作员工生产出符合质量要求的产品。

（3）为生产计划部门和核算部门确定工时定额和材料定额，控制产品的制造成本和生产效率。

（4）按照文件要求组织生产部门的工艺纪律管理和员工的管理。

三、电子工艺文件的种类

电子工艺文件分为工艺管理文件和工艺规程两大类。

（1）工艺管理文件是企业科学地组织生产和控制工艺工作的技术文件。不同企业的工艺管理文件种类不完全一样，但基本文件都会具备，主要有工艺文件目录、工艺路线表、材料消耗工艺定额明细表、配套明细表等。

（2）工艺规程是规定产品和零件的制造工艺过程和操作方法等方面的工艺文件，主要包括过程卡片、工艺卡片和工艺守则等，是工艺文件的主要部分。过程卡片规定了电子产品的全部工艺路线、使用的工艺设备、工艺流程和各道工序的名称等，供生产管理人员和调度员使用。工艺卡片和工艺守则包括制造电子产品的操作规程、加工的工艺类别，以及产品的指导书等。常见的工艺卡片包括电气装配工艺卡、扎线工艺卡等。

四、电子工艺文件的管理

电子工艺文件的编制是根据生产电子产品的具体情况，按照一定的规范和格式完成的。

为保证产品生产的顺利进行,应该保证工艺文件的完整齐全(成套性),并按一定的规范和格式要求汇编成册。

工艺文件的成册要求,是指对某项产品成套性工艺文件的装订成册要求。它可按设计文件所划分的整件为单元进行成册,也可按工艺文件中所划分的工艺类型为单元进行成册,同时也可以根据实际情况按上述两种方法进行混合交叉成册。成册的册数根据产品的复杂程度可分成一册或若干册,成册应有利于查阅、检查、更改、归档。通常,整机类电子产品在生产过程中,工艺文件应包含的主要项目有以下内容。

(一)工艺文件封面

工艺文件封面装在成册的工艺文件的表面。封面内容应包含产品型号、产品名称、产品图号、本册内容以及工艺文件的总册数、本册工艺文件的总页数、在全套工艺文件中的序号、批准日期等。工艺文件封面格式如图 12-5 所示。

工艺文件 共　页 共　册 产品型号 产品名称 产品图号 本册内容 批准 年　月　日

图 12-5　工艺文件封面格式

(二)工艺文件明细表

工艺文件明细表是工艺文件的目录。成册时,应装在工艺文件封面之后。多册成套的工艺文件应具有成套工艺文件的总目录表和各分册的目录表。明细表中包含零、部、整件图号,零、部、整件名称,文件代号,文件名称和页码等内容。工艺文件明细表格式如图 12-6 所示。

(三)材料配套明细表

材料配套明细表给出了产品生产中所需要的材料名称、型号规格及数量等。材料配套明细表格式如图 12-7 所示。

(四)装配工艺过程卡

装配工艺过程卡又称工艺作业指导卡,它反映了电子整机装配过程中的装配准备、装联、调试、检验、包装入库等各道工序的工艺流程,是完成产品的部件、整机的机械性装配和电气连接装配的指导性工艺文件。装配工艺过程卡格式如图 12-8 所示。

(五)工艺说明及简图卡

工艺说明及简图卡用于编制在其他格式上难以表达清楚、重要的和复杂的工艺说明。它用简图、流程图、表格及文字形式进行说明。工艺说明及简图卡格式如图 12-9 所示。

		工艺文件明细表		产品名称或型号		产品图号
	序号	文件代号、名称	零、部、整件图号	零、部、整件名称	页数	备注
使用性						
旧底图总号						

底图总号		更改标记	数量	文件号	签名	日期	签名		日期	
							拟制			第　页
							审核			
日期	签名									共　页
									第　册	第　页

图 12-6　工艺文件明细表格式

		配套明细表			产品名称		产品图号
	序号	代号	名称	数量	来自何处	交往何处	备注
使用性							
旧底图总号							

底图总号		更改标记	数量	更改单号	签名	日期	签名	日期	
							拟制		第　页
							审核		
日期	签名						标准化		共　页
							批准		
描图：					描校：				

图 12-7　材料配套明细表格式

		装配工艺过程卡						装配件名称	装配件图号	
	序号	装入件及辅助材料		车间	序号	工种		工序(工步)内容及要求	设备及工装	工时定额
		图号、名称	数量							
使用性										
旧底图总号										
底图总号	更改标记	数量	文件号	签名	日期	签名		日期	第　页	
						拟制				
						审核			共　页	
日期	签名									
									第　册	第　页

图 12-8　装配工艺过程卡格式

		工艺说明及简图卡						名称	编号或图号	
								工序名称	工序编号	
使用性										
旧底图总号										
底图总号	更改标记	数量	文件号	签名	日期	签名		日期	第　页	
						拟制				
						审核			共　页	
日期	签名									
									第　册	第　页

图 12-9　工艺说明及简图卡格式

(六)导线及线扎加工表

导线及线扎加工表列出为整机产品、分机、部件等进行系统的内部电路连接,所应准备的各类相应的导线及线扎、排线等材料及其加工要求。导线及线扎加工表格式如图 12-10

所示。

		导线及线扎加工表									产品名称		产品图号	
	序号	线号	名称、牌号、规格	颜色	数量	导线长度(mm)			连接点Ⅰ	连接点Ⅱ	设备及工装	工时定额	备注
						L剥头	A剥头	B剥头					
使用性													
旧底图总号													

底图总号		更改标记	数量	更改单号	签名	日期	签名		日期	第　页
							设计			
							审核			共　页
日期	签名						标准化			
							批准			
描图：					描校：					

图 12-10　导线及线扎加工表格式

(七)检验卡

检验卡提供电子产品生产过程中所需的检验工序,它包括检验内容、检验方法、检验的技术要求及检验使用的仪器设备等内容。检验卡格式如图 12-11 所示。

五、工艺文件的编号和简号

工艺文件的编号是指工艺文件的代号,简称"文件代号"。它由三部分组成:企业区分代号、该工艺文件编制对象(设计文件)的十进制分类编号和工艺文件简号。必要时工艺文件简号可加区分号予以说明,示例如下:

SJA	2 314 001	GJG	1
企业区分代号	十进制分类编号	简号	区分号

第一部分是企业区分代号,由大写的汉语拼音字母组成,用以区分编制文件的单位。

第二部分是设计文件十进制分类编号。

第三部分是工艺文件简号,由大写的汉语拼音字母组成,用以区分编制同一产品的不同

	检验卡			产品名称		产品图号		
	工作地		工序号	来自何处		交往何处		
	序号	检测内容及技术要求	检测方法	检验器具		全检	抽检	备注
				名称	规格及精度			
使用性								
旧底图总号								
底图总号	更改标记	数量	更改单号	签名	日期	签名	日期	
					设计			
					审核			
日期	签名				标准化			
					批准		第　页	共　页
	描图：				描校：			

图 12-11　检验卡格式

种类的工艺文件。

常用工艺文件简号的规定和工艺文件用各类明细表见表 12-2、表 12-3。

第四部分是区分号。当同一简号的工艺文件有两种或两种以上时,可用标注脚号(数字)的方法区分不同的工艺文件。

表 12-2　工艺文件简号的规定

序号	工艺文件名称	简号	字母含义
1	工艺文件目录	GML	工目录
2	工艺路线表	GLB	工路表
3	工艺过程卡	GGK	工过卡
4	元器件工艺表	GYB	工元表
5	扎线加工表	GZB	工扎表
6	各类明细表	GMB	工明表
7	装配工艺过程卡	GZP	工装配
8	工艺说明及简图	GSM	工说明

续表 12-2

序号	工艺文件名称	简号	字母含义
9	塑料压制件工艺卡	GSK	工塑卡
10	电镀及化学镀工艺卡	GDK	工镀卡
11	电化	GQK	工涂卡
12	热处理工艺卡	GRK	工热卡
13	包装工艺卡	GBZ	工包装
14	调试工艺	GTS	工调试
15	检验规范	GJG	工检规
16	测试工艺	GCS	工测试

表 12-3　工艺文件用各类明细表

序号	工艺文件用各类明细表	简号
1	材料消耗工艺定额汇总表	GMB1
2	工艺装备综合明细表	GMB2
3	关键件明细表	GMB3
4	外协件明细表	GMB4
5	材料工艺小号定额综合明细表	GMB5
6	配套明细表	GMB6
7	热处理明细表	GMB7
8	涂敷明细表	GMB8
9	工位器具明细表	GMB9
10	工量器件明细表	GMB10
11	仪器仪表明细表	GMB11

六、工艺文件的计算机管理

随着计算机的广泛应用及其在处理、存储文字和图形功能方面的迅速发展,工艺文件的制作、管理已经全部电子文档化。在当今的技术环境下,某些手工制作的工艺文件已很难使用。所以,掌握电子工艺文件的计算机辅助处理方法及过程十分必要。

电子工程图的计算机辅助处理过程主要可分为三步:

(1)电子工程图素材输入。根据所选用的计算机辅助处理软件的要求,进行电子工程图素材的输入。目前输入的方法基本上有图形法和语言法两种。电子工程图素材输入是将工程图的基本信息告知软件工具,为以后的处理工作做准备。

(2)电子工程图的处理。这一阶段主要完成的工作是:按照标准对电子工程图素材进行加工,对工程图的正确性进行检查,形成标准的电子工程图。

(3)电子工程图的输出。按生产实际的需要,将电子文档形式的电子工程图输出为所需要的形式,如将其输出到工程绘图仪或打印机上,绘制或打印出电子工程图纸。

可以用来绘制电子工程图的计算机辅助处理软件很多,总结起来有以下三大类:

(1)通用的计算机辅助设计软件,如 AutoCAD 等。

(2)电路设计 CAD 软件。

(3)电路设计自动化软件。

可以用来编制工艺文件电子文档的应用软件也有很多种,目前使用最为广泛的是通用办公自动化软件 Microsoft Office 和 WPS。它们的基本功能有:①用文字处理软件编写各种企业管理和产品管理文件;②用表格处理软件制作各种计划类、财务类表格;③用数据库管理软件处理企业运作的各种数据;④编制上述各种文档的电子模板,使电子文档标准化。

用计算机处理、存储工艺文件,与手工抄写、手工绘图的工艺管理文件相比,省去了描图、晒图的麻烦,减少了存储、保管的空间,修改、更新、查询都成为举手之劳,大大减少了工作量,提高了生产效率。但正是因为电子文档太容易修改更新而且不留痕迹,误操作和计算机病毒的侵害都可能导致错误,带来严重的后果。因此,必须认真执行电子行业标准 SJ/T 10629.1~6—1995《计算机辅助设计文件管理制度》,建立 CAD 设计文件的履历表,对每一份有效的电子文档签字、备案,同时定期检查,确认电子文档的正确性,刻成光盘,存档备份。

第十三章 电子产品制作实例

电子产品的工业化组装专业化程度变高，产品的一致性好，质量能够得到保证。但是，在电子产品的设计样机研制阶段和小批量生产中，还需要手工制作。开展电子产品的手工制作，不仅是检验从业人员电子技术专业实践技能高低、强弱的最好办法，而且也是初学者提高专业综合实践技能的最有效办法。下面介绍黑白电视机稳压电源和分立元件收音机两个电子产品的手工制作。

第一节 黑白电视机稳压电源的制作

一、电路原理

黑白电视机稳压电源电路原理图如图13-1所示，电路方框图如图13-2所示。

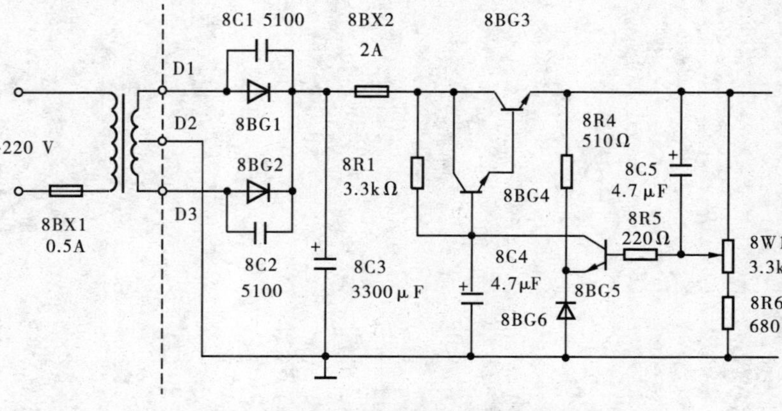

图13-1 黑白电视机稳压电源电路原理图

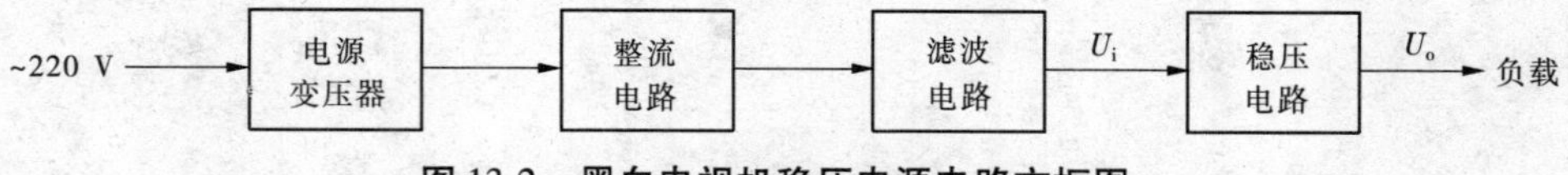

图13-2 黑白电视机稳压电源电路方框图

电源变压器将电网提供的220 V交流电压降压，输出两路相位相反的17 V左右交流电，供整流电路进行全波整流，再经8C3的滤波得到24 V左右、含有一定脉动成分的直流，稳压电路对这个不稳定的直流进行稳压，最后输出稳定度较高的直流电供负载使用。

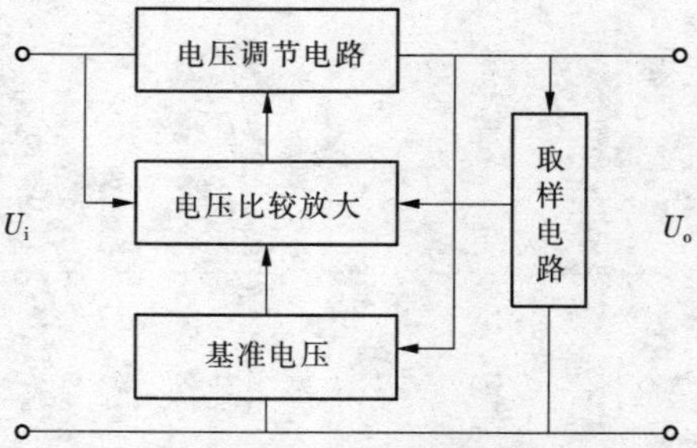

图13-3 稳压电路的组成框图

稳压电路的组成框图如图13-3所示。

当输出电压U_o不稳时，取样电路取出输出电压

(或其一部分),然后与基准电压进行比较,得到误差电压,再经放大,送到电压调整管 8BG3 的基极,促使 8BG3 作出与输出电压相反的变化,最终使输出电压 U_o 稳定。

当 U_i 增大时,稳压过程可表示为:

$U_i\uparrow\rightarrow U_o\uparrow\rightarrow U_{BE5}\uparrow\rightarrow I_{B5}\uparrow\rightarrow I_{C5}\uparrow\rightarrow U_{C5}\downarrow\rightarrow U_{B4}\downarrow\rightarrow I_{B4}\downarrow\rightarrow I_{C4}\downarrow\rightarrow I_{B3}(I_{E4})\downarrow\rightarrow r_{ce3}\uparrow\rightarrow U_o\downarrow$

(注:在上述过程表示中,所有下脚标数字前省略了 8BG 三个字符,如 I_{C5} 应为 I_{C8BG5}。)

同理,当 U_i 降低时,通过电路的反馈作用也会使 U_o 保持基本不变。

二、组装

(一)制作材料

黑白电视机稳压电源的制作是黑白电视机制作中的一部分,所使用的材料参见表 13-1。

表 13-1　黑白电视机稳压电源材料清单

名称	代号	规格或型号	说　明
电阻器	8R1	3.3 kΩ	色环电阻
	8R4	510 Ω	色环电阻
	8R5	220 Ω	色环电阻
	8R6	680 Ω	色环电阻
	8W1	3.3 kΩ	输出电压调节电位器
电容器	8C1	5 100 pF	无极性电容
	8C2	5 100 pF	无极性电容
	8C3	3 300 μF/32 V	铝电解电容
	8C4	4.7 μF/50 V	铝电解电容
	8C5	4.7 μF/50 V	铝电解电容
二极管	8BG1	1N4004 或 1N5401	整流管
	8BG2	1N4004 或 1N5401	整流管
	8BG6	1N5237	8.2 V 稳压管,或用 2CW55
三极管	8BG3	3DD207	金属封装电源调整管
	8BG4	2N5551	
	8BG5	2N5551	
变压器	8T1	双 17 V	交流双 17 V 输出
电流保险管	8BX1	0.5 A	交流保险管
	8BX2	2 A	直流保险管
电流保险管座		夹式	直流保险管管座,1 付 2 支
		螺旋管式	1 付,交流保险管管座
电源调整管散热板		L 形	1 付
焊片			1 个,电源调整管 C 极压接转焊接

续表 13-1

名称	代号	规格或型号	说　明
螺丝		ϕ3 mm	2 个,散热板上固定电源调整管
螺母		ϕ3 mm	2 个,散热板上固定电源调整管
电源线		250 V、1 A	1 根,带插头,接 220 V 电源用
导线		1 mm^2	30 cm,红色两根、黑色一根,变压器次级与电路板连接用; 10 cm,蓝、红各一根,电源调整管 E、C 极接电路板用
导线		0.5 mm^2	10 cm 黄色一根,电源调整管 B 极接电路板用
绝缘套管		6 cm	接交流 220 V 的导体裸露部位绝缘用

(二)制作步骤

1. 电路板识读

识读电路板,就是对电路板的元件面和焊接面各种标志加以识读,也可以认为是对印制电路板上的元器件安装图和印制电路板图的识读。通过这种识读,一是可以与原理图对照,熟悉印制电路和元器件的安装位置与极性;二是可以检查印制电路及元器件安装图、印制电路板图是否存在错误,免除隐患,同时为随后的(元器件插装与焊接、电源调整管与散热板的安装等)制作做准备。

黑白电视机稳压电源的制作,所使用的元器件装配图和印制电路板图如图 13-4 所示。

需要注意的是,为完善性能、改进电路,在本制作用的印制电路板上预留了几个元件插孔和焊盘。还有,PCB 板上的印制电路虽然没有问题,但是电路板上,不管是元器件插装面还是焊接面,都存在着元器件分布标注错误。这些,必须要一一找出,并且做出相应的标志。

提示:这可是提高印制电路板图读图能力的一个很好的练习机会。你发现印制板上的错误了吗?——多印出一个 8R6,少印了稳压二极管,电源调整管 8BG3 基极引线板上焊接位置 B 标示有问题,没有 8BG3 集电极引线板上焊接位置 C 标示。你看出来多印出的 8R6 是哪一个了吗?——是邻近直流保险管 8BX2 的那一个。稳压二极管的位置应该在哪里?8BG3 基极引线焊接位置标示 B 的正确位置和集电极引线板上焊接位置 C 标示又应该在哪里?还有稳压二极管和 8C4、8C5 的极性该怎样标在图中?自己看一看。

修正后的装配图和印制电路板图如图 13-5 所示。

2. 元器件识别与检测

黑白电视机稳压电源的制作,只是黑白电视机制作中的一部分。黑白电视机制作套件中有近两百个部件、元器件,要从中准确无误地挑拣出表 13-1 列出的制作材料,对完成该稳压电源的制作尤为重要。而对这些元器件的检查、测量,则是保证制作质量的关键一步。

1)电阻器的识别与检测

在这个稳压电源制作中用到的固定电阻,都是采用的四色环标注法。它们的色环分别是:橙橙红金(3.3 kΩ)、蓝灰棕金(680 Ω)、绿棕棕金(510 Ω)和红红棕金(220 Ω)。根据色环颜色,就可以从 60 多只电阻中挑出这 4 只电阻来。但是,还必须用万用表对这 4 只固定电阻加以检测核查,以避免辨识不准或者因质量问题给制作带来麻烦。

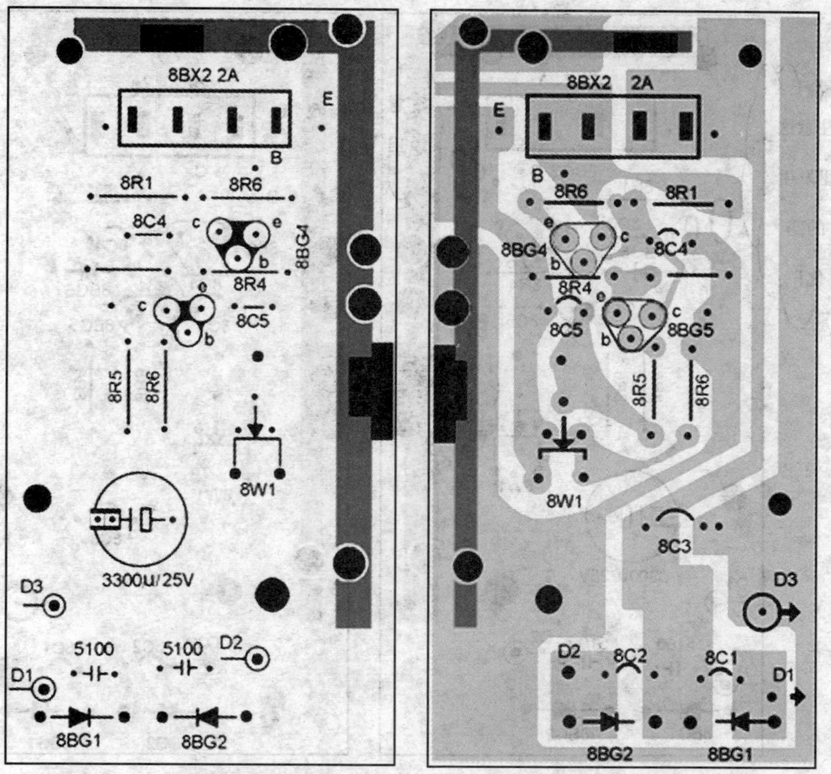

图 13-4　黑白电视机稳压电源元器件装配图和印制电路板图

输出电压调节电位器标称阻值 2.2 kΩ(222),很容易识别。但也要用万用表电阻挡(指针表用“×100”挡)对其标称阻值加以核查,并对其滑动端与电阻体的接触情况进行检测。

2) 电容的识别与检测

5 只电容比较容易识别,也容易检测。只是要注意,标称容量 5 100 pF 也可以标注成 5n1,不要找不到 5 100 pF 的电容,就认为是少给了制作材料。

3) 二极管的识别与检测

整流二极管 1N4004(或 1N5401)是黑色柱状塑封白色环阴极标志,容易识别,也很容易检测。

本制作中用到的(稳压值 8.2 V 左右)稳压二极管 1N5237,采用小型玻璃封装,在黑白电视机制作套件中,还有 3 只 1N4148 二极管也是这种封装。要准确地挑拣出稳压二极管来,需仔细观察外观、认真对比测量:虽然都是粉红玻璃封装,毕竟 4 只二极管中有 3 只是 1N4148,仔细观察外观,还是能看出 4 只中有一只有别于另外的 3 只;用指针万用表的 R×10k 挡测量这 4 只玻封二极管的反向电阻,其中 3 只为∞,是 1N4148,剩余一只反向电阻稍小(300 多千欧),这一只就是稳压二极管。用万用表的 R×1k 挡测量这只稳压二极管,其反向电阻也应为∞,正向电阻只有 10 kΩ。

4) 三极管的识别与检测

黑白电视机线性稳压电源的调整管,采用的是 NPN 型大功率金属管壳封装的 3DD207,其外形如图 13-6 所示。用万用表的 R×1k 挡测量,c—e 间正、反向电阻也均应为∞;b—e 间正向电阻应只有 4～5 kΩ,反向电阻应为∞;b—c 间正向电阻也应该只有 4～5 kΩ,反向

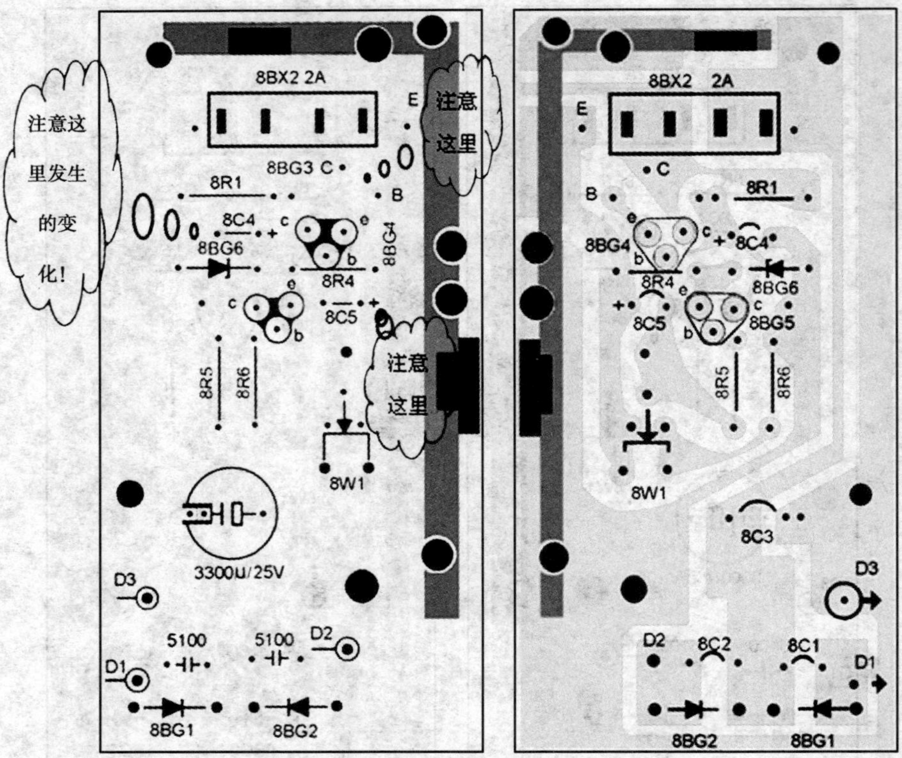

图 13-5　修正后的装配图和印制电路板图

电阻应为∞。

8BG4、8BG5 所使用的 NPN 型三极管 2N5551 外形如图 13-7 所示。用万用表的 R×1k 电阻挡测量,c—e 间正、反向电阻也均应为∞;b—e 间正向电阻应为 10 kΩ 左右,反向电阻应为∞;b—c 间正向电阻也应该只有 10 kΩ 左右,反向电阻应为∞。测量 h_{FE}应在 50 以上。

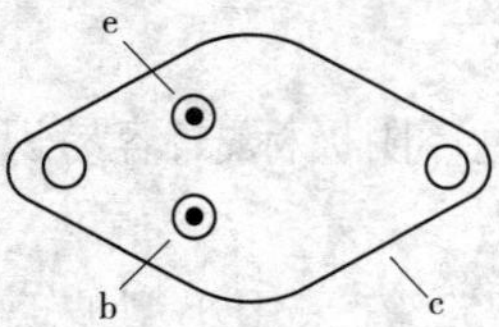

图 13-6　3DD207 外形与管脚排列

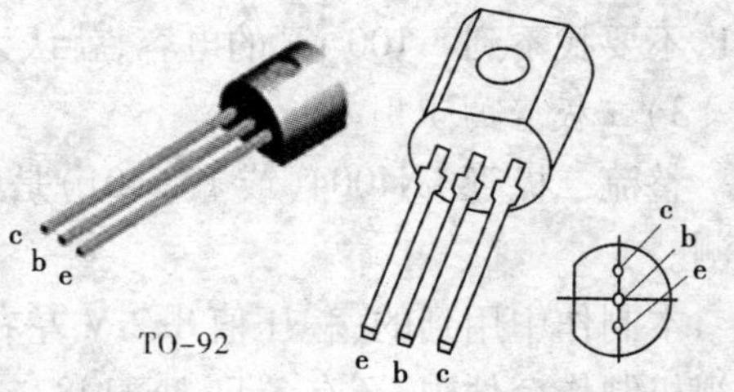

图 13-7　2N5551 外形与引脚排列

提醒:在检测三极管时,应该首先对它们的极性、管型加以判定,而后再进行引脚判定、性能测量。

5)变压器的检测

这个稳压电源使用的变压器为交流双 17 V 输出。次级引出线有 3 个,其中 1 个是公共端。变压器初级绕组的电阻约 80 Ω,两个次级绕组的电阻约 0.2 Ω。通过测量次级 3 个引线两两间的电阻值,能够确定哪一个是公共端(接地端),这在本制作中是必须要做的测量。

除以上的测量外,对变压器还要进行下面的一些检测。

绝缘性能检测：用万用表的“×10 k”电阻挡，测量初、次级绕组间以及初级、次级与变压器铁芯间的电阻，其阻值均应为∞。

外观检查：变压器的初级、次级引出焊片（或引出脚）应牢固无松动，铁芯硅钢片不应松动，变压器绝缘外包装纸应无破损、划伤、烧焦、变黑等痕迹。

输出电压检测：将变压器初级接上 220 V 交流电，正常时次级输出应为交流 17 V 左右。空载通电十几分钟后变压器有微微温升，但以不烫手为正常。

6）电流保险管的识别与检测

黑白电视机稳压电源要用到两只电流保险管，但是二者是不可互换的，要注意观察电流保险管管体上的参数标志，正确选用。正常电流保险管的电阻值为零。

3. 组装

电视机稳压电源的组装按照以下顺序进行：先插装、焊接电路板上小元器件，再组装电源调整管和散热板，最后装交流保险管，连接变压器和电源线。组装前要对元器件的引脚和导线作必要的工艺处理。

1）元器件引脚和导线的焊前处理

安装前，要将元器件引脚上的漆膜、氧化膜刮除干净，如引脚氧化锈蚀严重，还要作浸锡处理。而后，将两个整流二极管的引脚弯成如图 13-8 所示形状。这样，有间隙的卧式安装，能使二极管离开印制板 5～10 mm，利于工作中的散热。其他元器件除 8BG4、8BG5 外，都采用紧贴电路板的卧式安装，不必弯成图 13-8 所示形状。

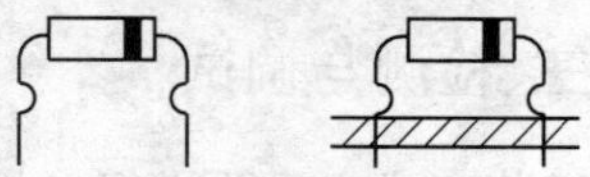

图 13-8　整流二极管引脚调整

提醒：对元器件的引线和导线刮脚、搪锡时，一定要处理到位，不要刮处不焊、焊处不刮。

焊接前，导线也要做刮膜处理。对那些焊接到电路板上的导线，剥出的线头要短一些，3～5 mm即可，刮膜、捻线后可浸锡处理；而对那些要先缠绕后焊接到元器件引脚上的导线，剥出的线头可长一些，刮膜、捻线后不要浸锡。例如，对于接电源调整管基极、发射极的黄、蓝两根导线，剥出的线头就要一端长、一端短，长端线头不浸锡，短端线头浸锡；对于接电源调整管集电极焊片的红色导线，则两端短线头都要作浸锡处理。

2）安装与焊接

经处理后的元器件、导线等就可插装、焊接与安装了。

电路板上小元器件的插装、焊接顺序是：8BG1、8BG2→8C1、8C2→8C3→8BX2→8R1→8C4→8BG4→8BG5→8BG6→8R4→8R5→8C5→8W1→8R6。注意，安装 8W1 时，可根据 8W1 的外形大小调整插装的孔位。

提示：要插装一个元器件焊接一个元器件，千万不要将所有元器件都插装上之后一起焊接；焊接前一定要将引脚顺直了才焊接，否则焊点不美观，也不便于拆焊。

小元器件焊装完成后安装电源调整管与散热板时，首先将电源调整管 8BG3 固定在 L 形散热板的外侧，使 8BG3 的基极、发射极引脚从 L 形散热板相应通孔里面穿出，电源调整管集电极焊片也要垫压在“L”内侧固定 8BG3 的螺母下，这样 8BG3 的集电极焊片和基极、发射极均在“L”内侧；然后，将红色导线线头焊接在集电极焊片上，将蓝色导线线头缠绕在发射极上再焊接,同样方法将黄色导线线头焊接在电源调整管基极上;接着,将 L 形散热板插装在印制电路板上相应的孔位内,并用钳子将固定脚扭弯一定的角度,使其卡在电路板上不致脱落。再将已经焊接在电源调整管各极上的三根导线插装在电路板上对应的孔位中焊接好。

接下来要将 220 V 电源线、螺旋管式电流保险管 2BX1、变压器和组装好的电路板组装连接在一起(暂时不要电源开关)。首先将 220 V 电源线非插头端其中一根导线剪下 5 cm,并把三个端头各剥离出 1 cm 的短线线头,捻线、上锡,套上绝缘套管,与电流保险管 2BX1 焊接连接好之后,用热缩绝缘套管套住焊接处,加热绝缘套管使其缩紧套牢。电源线非插头端另一根导线也剥出 1 cm 的线头,捻线、上锡,和电流保险管上的导线一样也套上绝缘套管,与变压器上的绕组引线焊接好之后,也要使绝缘套管热缩套牢焊接处。而后,把 30 cm 黑色导线两端剥出短线线头,捻线、上锡,其中一端焊接在变压器次级绕组公共端焊片上,另一端通过 D2 插孔焊接在电路板上;两根 30 cm 红色导线作同样的工艺处理后,将变压器次级绕组另外两个端子与电路板的 D1、D3 连接好。

3)剪脚

元器件和导线焊接到 PCB 板上之后,要将多余的引线剪去,留下 2 mm 在焊点之外即可。剪脚工作完成后,电视机稳压电源的组装即告完毕(变压器暂时不用固定)。

三、检测与调试

组装完成之后要进行自检和互检:检查焊点是否美观、焊接质量是否达到要求,检查各元器件参数是否与原理图相同、位置和极性是否正确。最好相互之间做对比检查,发现有不一致的地方就一定存在着错误。通过以上检查发现没有问题,才可进行下面的不带电检测和通电检测。

(一)不带电检测

不带电检测就是在通电之前对组装的稳压电源进行在路电阻检测。

1. 电源插头两端的阻值

安装上 0.5 A 交流保险管,测电源插头两端的阻值,应为 80 Ω 左右,这个数值其实就是变压器初级绕组的电阻。

2. 整流滤波输出端的对地电阻

取下 2 A 直流保险管,用万用表的“ ×100 Ω”电阻挡测量 8C3 两端的电阻,表针可见充电过程,红表笔接地时,表针回到∞处稳定下来;黑表笔接地时,表针回到接近∞处稳定下来。测量结果如果不是这样,说明整流滤波电路或元器件有问题,或安装有问题。

3. 调整管发射极(即稳压电源输出端)对地电阻

装上 2 A 直流保险管,用万用表的 R ×100 挡测量,红表笔接地,黑表笔接调整管发射极,稳定阻值为 3 kΩ 左右,交换表笔测得阻值约为 100 Ω。

(二)通电检测

在路电阻检测无误后,即可进行通电检测。第一次通电时,手不要离开电源插头,一旦发现冒烟、打火等现象,即刻拔掉电源线,避免故障范围进一步扩大。

1. 整流滤波电路的检测

取下 2A 直流保险管,通电测变压器次级电压,即电路板上标有 D1、D2 的焊盘对 D3(电路板上错印为 B3)的电压,应为 16 ~18 V。测 8C3 两端的电压应为 24 V 左右。

2. 稳压电路的检测

取下2 A直流保险管,将万用表置于直流电流50 mA挡,两表笔分别接在直流保险管管座两端(注意表笔的接法),接通电源,正常电流约为20 mA。若此电流明显小于20 mA,说明有部分电路没有工作或没有接通;若此电流明显大于正常值,则说明可能存在短路。

装上2 A直流保险管,接通电源,一边调整8W1,一边测量稳压电路的输出电压(电源调整管E极对地电压),数值应有变化,否则说明组装的电路有问题。

(三)调试

制作的稳压电路通过以上测试,即可进行调试。

1. 空载调试

接通电源,调整8W1,使输出电压为12 V。

2. 假负载调试

在稳压电源的输出端并接上一只12 V 10 W摩托车照明灯泡,输出电压稍有降低,调一下8W1即可。此时稳压电源关键点电压如表13-2所示。若输出电压下降至11 V以下,说明稳压电源带负载能力差,一般是电源调整管或8BG4性能较差所致。

表13-2 稳压电源关键点电压

管名	管脚		
	C极	B极	E极
8BG3	18 V	12.6 V	12 V
8BG4	18 V	13.2 V	12.6 V
8BG5	13.2 V	8.7 V	8.0 V

(四)检测调试中的常见问题

在通电测试调试过程中,稳压电源可能会出现一些问题,下面介绍常见的问题及其可能原因。

1. 空载输出电压偏高,调不下来

空载输出电压偏高,调不下来,接上假负载后可以调到12 V,这可能是8BG3或8BG4穿透电流过大,也可能是8BG5放大倍数过小。

2. 接假负载后连续烧8BG4

空载输出电压可以调到12 V,接上假负载后电压下降很多,且烧坏8BG4时,一般来说是由于调整管集电极接触不良。

3. 空载、有载时输出电压均偏高

当遇到这种问题时,排除安装的原因,要重点怀疑稳压二极管稳压值是否偏高。

(五)故障时的检测调试

对于初学者来说,排除安装过程出现的错误,组装好的稳压电源出现工作不正常,也是时常会遇到的,让他们自己想出办法并找出原因、解决问题,无疑是比较困难的。此时,可以依照下面的方法,分步检测调试,一般都能解决。

(1)将电源调整管的黄色基极引线从电路板上焊下,用一只2 W、10 kΩ的电位器并接在电源调整管的集射极之间,通电后调节电位器,使组装电源的输出电压在10~15 V变化,稳压二极管两端的电压应稳定在8.2 V左右无变化,否则,说明该稳压管有问题或者8R4有问题。若在输出电压变化时,稳压二极管两端的电压也不随之变化,调节电位器使输出电压为12 V,而后调整电位器8W1,8BG5的基极电压应在11.4~15.4 V变化,否则说明8R5、8R6、8W1、8C5中间一定有问题元器件。排除问题后,取下2 W、10 kΩ的调试用电位器,将电源调整管的黄色基极引脚重新焊上。

提醒:从电路板上焊下的调整管黄色基极引脚线头,一定要做好绝缘包裹,以防止测调过程中碰到它处,引起不必要的麻烦。

(2)恢复原电路后通电,调节电位器8W1,取样放大管8BG5的集电极电压应在11.4~15.4 V变化。如果变化值太小,说明8BG5的性能不好;若电压值大于15.4 V或者为8.2 V左右不变化,说明8BG5已损坏。

(3)通过以上的检修调试后,再调节电位器8W1,输出电压应在10~14 V变化。如果输出电压偏高或变化范围小,则可能是8BG5或电源调整管8BG3性能差,需要换新。

提醒:对于初学者来说,当稳压电源出现工作不正常时,在检测调试过程中一定要多动脑、多动表(万用表),忌反复拆焊。不然,很容易弄坏电路板。

通过以上各个步骤,黑白电视机稳压电源的制作即告完成。总结经验和教训,有助于能力的提高,为更大、更复杂的制作项目的完成打下基础。

第二节　分立元件收音机的组装与调试

一、电路原理

本制作采用的收音机套件为S66D型六管超外差式调幅收音机,其电路原理图如图13-9所示。

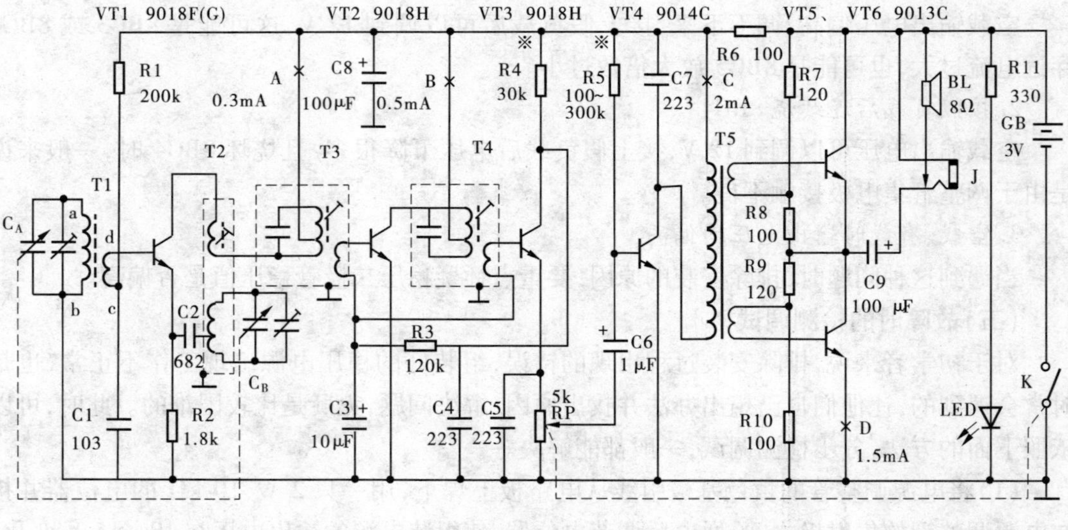

图13-9　S66D型六管超外差式调幅收音机电路原理图

S66D型收音机电路由输入回路、变频电路、中频放大电路、检波电路及音频放大电路等部分组成。与第七章第二节介绍的六管超外差式调幅收音机电路相比,两者的不同仅在低频功放电路:本制作中的功放电路采用的是OTL功放电路——无输出变压器的输入变压器倒相式推挽功率放大电路。

本制作超外差式调幅收音机电路的工作原理参见第七章第二节,这里不再介绍,只指出一点:在图 13-9 所示的收音机电路原理图中,还标注有一些与说明电路原理无关的符号,分别是标注在 T3、T4、T5 的初级接供电电路连线上的"×"、功放管 VT6 的射极接电源负极连线上的"×",以及它们旁边的"A　0.3mA"、"B　0.5mA"、"C　2mA"、"D　1.5mA",还有 R4、R5 旁的"※"和 100~300k。这些辅助文字符号,是在安装调试时才会用到的调试说明符号。"※"表示该偏置电阻阻值可以调整,从而可以改变相应电路的增益;"×"表示印制电路板上印制导线的此处并没有实际连通,而是做成了一个电流测试缺口,即切口焊盘,以方便调试时测量该级电路的静态工作电流。正常时该连接导线中流过的电流就应该是原理图中该"×"号旁边标注的数值,即"A　0.3mA"、"B　0.5mA"、"C　2mA"、"D　1.5mA"中的某一个毫安级电流数值,"A"、"B"、"C"、"D"是这些电流测试缺口的编号。

提示:静态工作电流测量结果正常后,一定要将切口焊盘用焊锡封成一体。否则,电路不会工作。

二、组装

(一)制作材料

S66D 型六管超外差式调幅收音机制作所使用的材料参见表 13-3。

表 13-3　S66D 型六管超外差式调幅收音机制作材料清单

名称	代号	规格或型号	说明
电阻器	R1	200 kΩ	色环电阻
	R2	1.8 kΩ	色环电阻
	R3	120 kΩ	色环电阻
	R4	30 kΩ	色环电阻
	R5	100~300 kΩ	色环电阻,实际所给为 300 kΩ
	R6、R8、R10	100 Ω	色环电阻
	R7、R9	120 Ω	色环电阻
	R11	330 Ω	色环电阻
	RP	5 kΩ	带开关电位器
电容器	C1	0.01 μF(103)	瓷片电容
	C2	6 800 pF	瓷片电容
	C3	10 μF	电解电容
	C4、C5、C7	0.022 μF(223)	瓷片电容,各 1 个
	C6	1 μF	电解电容
	C8、C9	100 μF	电解电容,各 1 个
	C_A、C_B	CBM-223P	双联可调电容,每一连内部都是一个可调电容和一个微调电容的并联组合;微调电容的调节旋钮在双联可调电容的上方表面

续表 13-3

名称	代号	规格或型号	说明
二极管	LED	$\phi 3$	绿色发光二极管
三极管	VT1	9018F	变频管,低 β 值
	VT2、VT3	9018H	中放管和检波管,中 β 值,各 1 个
	VT4	9014C	音频放大前置放大器,高 β 值
	VT5、VT6	9013H	功放,中功率三极管,各 1 个
天线线圈	T1	5 mm × 13 mm × 45 mm	磁性天线
磁棒			
变压器	T2	中周	红色,本振线圈
	T3	中周	白色,中放调谐变压器
	T4	中周	绿色(或黑色),中放调谐变压器
	T5	输入变压器	E 型 6 个引出脚
扬声器	BL	8 Ω	直径 58 mm 外磁式扬声器
导线			4 根,电池正负极与电路板的连接及电路板与扬声器的连接
螺丝		$\phi 2.5 \times 4$ mm	3 个,用于双联电容及拨盘的固定
		$\phi 1.6 \times 5$ mm	1 个,用于电位器拨盘的固定
		$\phi 2 \times 5$ mm	自攻螺丝 1 个,用于将电路板固定在机壳中
电池正负极簧			1 对
连体弹簧			1 个
其他配件			耳机插座 1 个 双联拨盘及电位器拨盘各 1 个 磁棒支架 1 个 收音机前盖和后盖各 1 个 刻度盘 1 个

(二)制作步骤

1. 电路板识读

S66D 型六管超外差式调幅收音机的元器件装配图和印制电路图如图 13-10(a)、(b)所示。

元器件分布图和印制板图分别对应 PCB 板的两面。组装之前,要先将电路原理图、元器件安装图、印制板图和印制电路板进行对照,检查 PCB 板上是否存在错误,免除给随后工作的开展带来不必要的麻烦。

提示：据统计，PCB 板上的错误大部分是文字标注的问题，但也有个别 PCB 板会出现印制导线短路或断路等问题。本制作中提供的分布图、PCB 板没有问题，只是在印制板图上 GB + 到 BL 和 R6 之间（表示印制电源正极供电线路的）绿色线应该连通，却在 C9 下断开了。

2. 元器件识别与检测

元器件识别与检测时，首先要清点元件，然后用万用表对各元器件进行检测，做到制作之前心中有数。

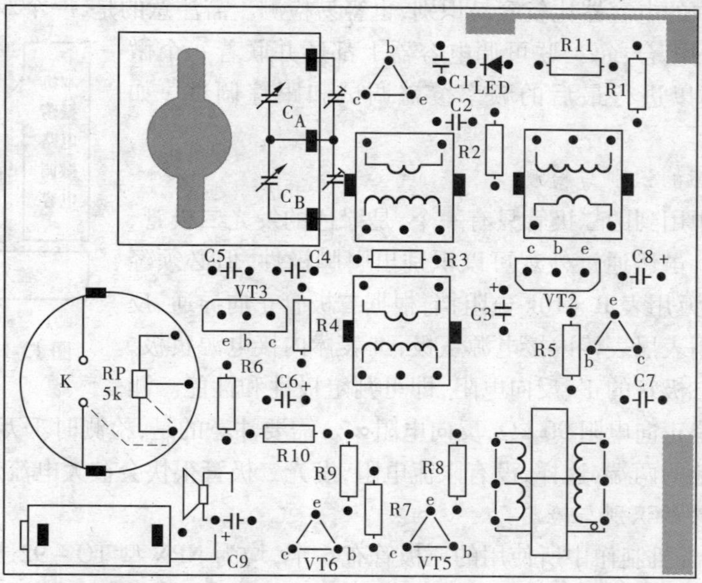

(a) S66D 超外差收音机元器件装配图

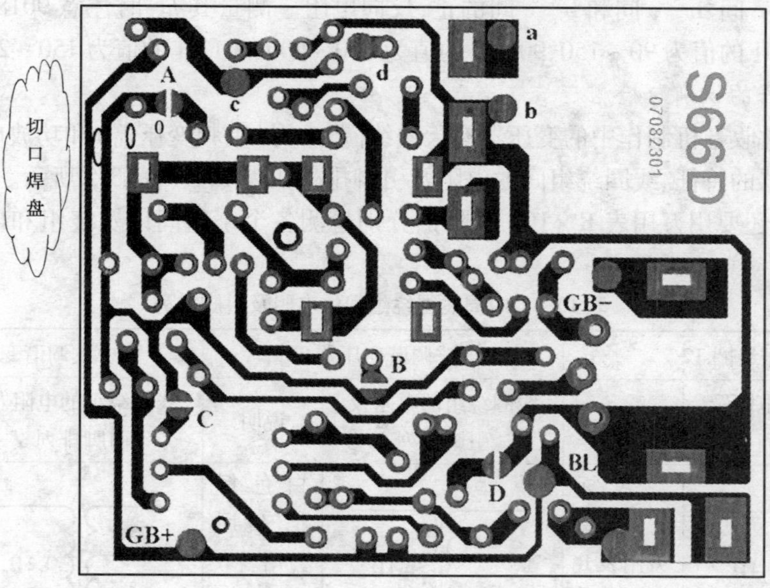

(b) S66D 超外差收音机印制电路图

图 13-10　S66D 超外差收音机 PCB 板两面图样

1）电阻器的识别与检测

本制作中用到的固定电阻，也是采用的四色环标注法。根据色环颜色，就可以对这 11 个电阻进行区分。根据色环颜色读出阻值后，还必须用万用表对这些固定电阻加以检测核查。

带开关的电位器标称阻值 5 kΩ，有 5 个引脚，很容易识别。其两边的两个引脚为电源开关，拨动旋钮到其中一端时能听到“咔嗒”的开关声，可用万用表电阻挡对其通断情况进行检测；中间的三个引脚是电位器，要用万用表电阻挡（指针表用 R×1k 电阻挡）对其标称阻值加以核查，并对其滑动端与电阻体的接触情况进行检测。

2）电容器的识别与检测

本制作中的电容器比较容易识别，也容易检测。需注意的是，一个双联可调电容器实为四个电容器的组合：每一联可调电容器上都还并联着一个微调电容器，用以进行最后的频率覆盖调试和跟踪调试。如图 13-11所示。

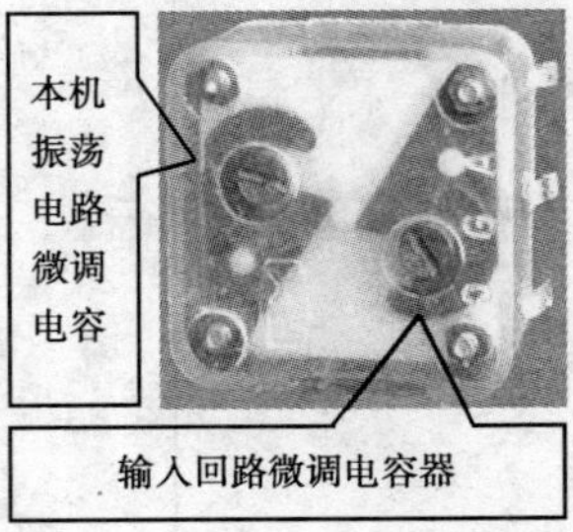

图 13-11　双联可调电容

3）二极管的识别与检测

本制作中用到的二极管只有一个，是绿色的发光二极管，很容易识别。虽然通过外观可以识别出引脚极性，但必须经过检测：选择万用表 R×10k 电阻挡，根据二极管正向导通、反向阻断和万用表黑表棒内接电源正极，红表棒内接电源负极，测量出发光二极管的正、反向电阻，即可判定极性和性能。测量出的结果是正向电阻 90 kΩ，反向电阻∞。需要注意的是，检测时千万不要把发光二极管直接接在电池的两端，这样，没有限流电阻，发光二极管很快会被大电流烧毁。

4）三极管的识别与检测

S66D 收音机制作中所使用的三极管有 6 个，均为 NPN 型 TO－92 封装形式，其外形和引脚排列与图 13-7 所示 2N5551 的外形和引脚排列相同，检测时也可采用万用表 R×1k 电阻挡测量 c—e 间、b—e 间和 b—c 间的正、反向电阻。测量其 h_{FE} 时注意 9018F（G）的值为 55～80，9018H 的值为 90～150，9014C 的值为 200～600，9013H 的值为 150～200。

5）变压器的识别与检测

分立元件收音机制作中的变压器有天线线圈、中周（中频变压器）和功放电路输入变压器。各变压器的特征、线圈绕组间的电阻及引脚排列如表 13-4、表 13-5 所示。

检测时，还要用万用表 R×10k 电阻挡分别检测各个绕组间以及绕组和屏蔽罩之间的绝缘情况。

表 13-4　中周线圈绕组间的电阻及引脚排列

本振线圈 T2		中放调谐变压器 T3		中放调谐变压器 T4	
线圈绕组的电阻及引脚排列	说明	线圈绕组的电阻及引脚排列	说明	线圈绕组的电阻及引脚排列	说明
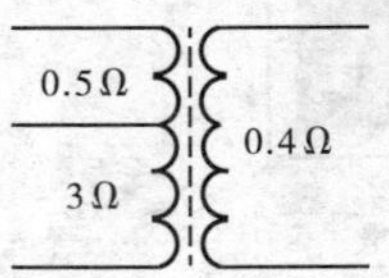	红色标记，使用万用表 R×1 挡测量	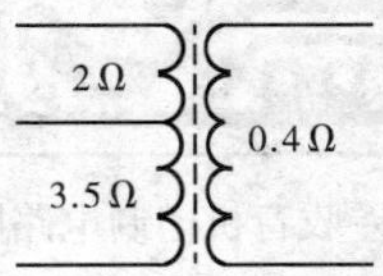	白色标记，使用万用表 R×1 挡测量	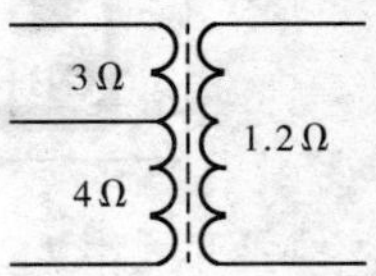	绿色标记，使用万用表 R×1 挡测量

表 13-5　天线、功放电路输入变压器线圈绕组间的电阻及引脚排列

本振线圈 T2		中放调谐变压器 T4	
线圈绕组的电阻及引脚排列	说明	线圈绕组间的电阻及引脚排列	说明
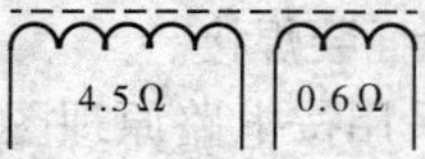	使用万用表 R×1 挡测量，初级线圈匝数多，阻值 165 Ω	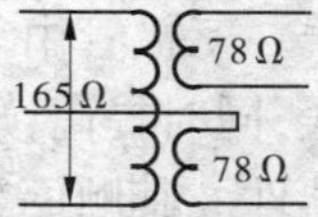	使用万用表 R×10 挡测量，有凸点标记的为初级线圈，阻值 165 Ω

提醒：以往的制作中，一学生没有进行中周金属外壳与各端子绝缘情况检测，组装好通电，测试 VT1 静态电流，发现电流很大。最后查出，是 T2 外壳接地焊脚与固定端子绝缘不良，导致了故障的出现。应引以为戒。

6）扬声器的检测

扬声器的检测可使用万用表 R×1 挡，测得其电阻值约为标称值的 0.8 倍。同时，用万用表两表笔断续碰触扬声器两引出端时，扬声器中应发出“喀喀”声，声音越大越清脆越好；如果无声，即使阻值正常，该扬声器也不能使用。

3. 组装

1）元器件引脚和导线的焊前处理

在安装焊接前要对元器件的引脚和导线做焊前处理，即将元器件引脚上的漆膜、氧化膜刮除干净，对导线做刮膜、浸锡处理。其中磁棒线圈的四根引线头可以直接用电烙铁配合松香焊锡丝来回摩擦几次，使其自动上锡，如需刮膜则要特别小心。

对电阻、二极管等元件根据焊盘间距进行引脚弯脚加工。本制作中的电阻采用立式安装，引脚要加工成图 13-12 所示形状。发光二极管的引脚要折弯成如图 13-13 所示形状，预留 11 mm，并应折弯 180°。

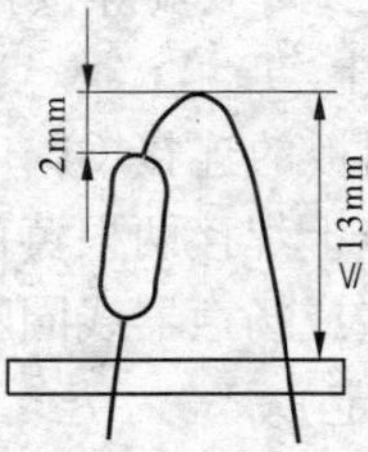

图 13-12　电阻的立式安装

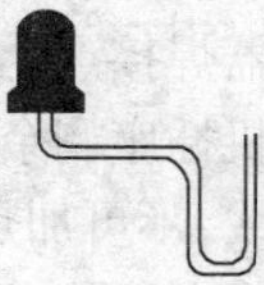

图 13-13　发光二极管引脚弯曲示意图

一红一黑两根电源引线、两根黄色扬声器引线两端各剥离出 5 mm 短线线头，上锡后待用。

提醒：中周、变压器及磁棒线圈的引线较细，在做焊前处理时，注意不要刮断了线圈、绕组的引线。如果它们的引脚明亮无锈蚀，也可不进行刮脚、吃锡处理；对电阻引脚进行弯脚加工时注意色环方向要一致。

2）安装与焊接

元器件、导线等经处理后即可进行插装、焊接。本制作由于元器件数量不多，组装时可以按常规、推荐、非常规等多种组装顺序进行。

常规组装顺序即先装低矮的，再装大一点的组件。具体顺序为：电阻器→瓷片电容→三极管→发光二极管→中周→耳机插座→输入变压器→电位器→磁棒支架→双联电容→磁棒线圈→电池引线和扬声器引线。三极管由于其耐热稍差，也可放在最后插装焊接。

在组装时为防止安装错误，同时提高读图、读板的能力，这里推荐采用按电路原理图从左到右的顺序去插装焊接元器件。其顺序为：双联电容→VT1→R1、C1→R2、C2→T2→T3→C8→C3→VT2→R3→C4→C5→T4→R4→VT3→RP→R5→C6→VT4→C7→R6→T5→R7→R8→R9→R10→VT5→VT6→C9→R11→LED→耳机插座，最后再焊接磁棒线圈、电池引线和扬声器引线等。在 PCB 上安装发光二极管时，可以装板比试一下，发光二极管应能对准收音机塑料机壳前面板电源指示孔，无误后再焊接牢固。

提示：注意，在插装双联可调电容之前要先把磁棒支架垫上，即将磁棒支架垫在双联可调电容和 PCB 之间，然后用螺丝钉固定好双联电容，最后进行焊接。

在组装时，还可采用先安装大器件再安装小器件这样一种有悖于常规的安装方法。这种安装方法的好处：一是不容易装错元器件（大元件在板上占据位置较多，剩下的安装孔就不多了，不易出错），二是容易做到元器件的高度整齐归一。具体安装顺序为：磁棒支架→双联电容→电位器→中周→输入变压器→耳机插座→电阻器→瓷片电容→电解电容→三极管→发光二极管。这样的安装顺序虽然一般不会出错，但是一定要在将电路原理图和 PCB 板（或印制电路板图）对照识读后，才能按照这种方法组装。否则，达不到识读 PCB 板或印制电路板图的目的。

安装时所有元器件的高度不得高于中周的高度。印制板上元器件插装焊接完毕后，将磁棒线圈线头测量后，判断初级线圈（匝数多的）接线端和次级线圈接线端，将初级线圈接头焊接在印制板双联附近的 a、b 焊点上，将次级接线端焊接在 LED 附近的 c、d 焊点上。

焊接电源引线时，红线一端焊接在印制板的 GB + 焊盘上，另一端焊接在电池正极簧片上；黑色引线一端焊接负极弹簧上，另一端焊接在 GB - 焊盘上。

焊接在扬声器焊接点上的两根黄色线，一根焊接在印制板的连接 GB + 的 BL 焊盘上，另一根焊接于耳机插座剩余的一个焊片上。在扬声器焊接点上焊接两根黄色线时注意要远离扬声器线圈引线，不可加热并挑出扬声器线圈引线，以免造成扬声器线圈断路。

至此，S66D 收音机基本组装完毕（拨盘暂时不用安装固定）。

提示：①在安装三极管的时候一定要注意 b、c、e 极的对应，元器件的封装均为 TO－92，即三个引脚是水平排列的，但印制板上的 VT1、VT4、VT5、VT6 均为三角形排列，且顺序不同，插装时注意不要装错；②电阻立式安装时，电阻倾倒后可能会出现引脚间接触到一起，或是碰触到中周的金属外壳，因此安装时要考虑到这个问题，如 R1 和 R11、R6 和 R10、R7 和 R9、R1、R2、R3、R4、R11 与中周间容易相碰到一起；③输入变压器 T5 的线圈骨架上有凸点标记的为初级，插装时要和印制板元器件分布图上的圆点相对应；④在插装焊接时一定要注意不要将元器件装错，尤其是中周、变压器等这些引脚比较多的元器件，一旦焊接错了，再焊下来，很容易损坏元器件本身及电路板焊盘；⑤A、B、C、D 四个电流缺口暂时不用焊接连通。

三、检测与调试

组装完成之后进行自检和互检,发现问题及时纠正。

通过检查发现没有问题,可关断音量电位器的电源开关,装上电池,将万用表置直流 50 mA 挡,黑表笔接电池负极,红表笔接电路板的“地线”(如三个中周的金属屏蔽外壳),此时,应能看到发光二极管亮起来,同时万用表电流有小于 10 mA 的电流指示。如果发光二极管不亮或电流指示过大,则说明电路有故障,应首先排除故障。可检查电池及引线、LED、R11、音量电位器的安装是否有问题等。正常之后即可进行静态工作点的测调、试听和整机调试。

(一)静态工作点的检测与调整

这里静态工作点的调整,主要是指对三极管集电极电流的调整。方法是:旋开电位器的开关(音量旋至最小即测量静态电流),万用表置直流 5 mA 挡,万用表红黑两表笔依次分别接在 A、B、C、D 四个电流缺口的两个半圆形切口焊盘两边(注意红、黑两表笔的接点位置,发现万用表指针反偏,颠倒一下两表笔即可),万用表的指示就是相应放大电路的工作电流。测量的三极管静态电流应分别是 $I_A \approx 0.3$ mA、$I_B \approx 0.5$ mA、$I_C \approx 2$ mA、$I_D \approx 1.5$ mA,测量值与上述值相差不多时说明该级电路基本正常。若测量中发现哪一级电流不正常,则说明该级有问题。电流过小,有可能是元器件脱焊或虚焊;电流过大,则有可能是焊点之间短路或元器件装配错误。如果遇到某一级电流太大或太小,要首先重点检查这一级三极管的极性和质量,然后检查三极管周围元器件是否有组装或质量问题。如果发现电流不正常,应立即断开电源进行检查。

经过上述检查,没有发现问题,收音机也不可能收到电台,还必须经过以下调试。

(二)试听

通过以上静态工作点检查,电路正常后,用电烙铁将 A、B、C、D 四个测试电流用切口焊盘的切口依次焊接连通后,就可以安装双联拨盘(调谐盘)进行试听:将收音机接通电源后把音量旋至最大,慢慢转动调谐盘,应能听到广播声或“咝咝”的电流声,否则应及时找出问题并加以纠正。

提醒:在此过程中不要调中周及微调电容。

(三)调试

收音机经过通电检查并正常发声后,就可以进行整机统调工作,达到调试校准收听频率范围、提高收音机的灵敏度和选择性的目的。统调的步骤是首先调整中频频率,而后调整频率范围(即对刻度),最后进行跟踪统调。

1. 使用仪器调试

1)调整中频频率

调整中频频率就是通过调整中周 T3、T4 的磁芯,使它谐振在 465 kHz 上。调整的方法是:首先将本机振荡回路(如 C_B 两端)用导线短路,使它停振,以避免本振对中频调试工作造成干扰;然后使高频信号发生器输出调制音频 1 kHz、调制度为 30% 的 465 kHz 的中频信号,将双联可变电容器调到最大值(逆时针旋到底)。打开收音机的电源开关,将音量电位器 RP 旋到最大,信号发生器的输出头碰触 VT2 的基极,使用无感旋具调整 T4,使扬声器发出声音最响。然后由后级往前级,从基级输入信号,仅调整 T3、T4,使扬声器中声音最响,中频就调整好了。

调试完成后，去掉使本机振荡器停振的短路线，进行下一步的调试工作。

2）调整频率范围

调整频率范围也叫做调整频率覆盖。它是通过调整本机振荡线圈 T2 和振荡回路的补偿电容实现的。

在中波波段，规定接收频率范围是 535 ~ 1 605 kHz，也就是要求双联可变电容器全部旋入时能接收 535 kHz 的信号，全部旋出时能接收 1 605 kHz 的信号。

调整时，首先将信号发生器调至 520 kHz，收音机刻度盘调至最低端（低于 530 kHz）位置上，此时调整 T2，使扬声器中声音最响。然后将信号发生器调到 1 620 kHz，收音机刻度盘调到最高端（高于 1 600 kHz）位置上，调双联上的本机振荡电路微调电容，使扬声器中声音最响。由于这种调整存在高低端的相互影响，因而需要来回调整几次。

3）跟踪统调

跟踪统调的目的是使本机振荡频率同天线回路谐振频率始终相差 465 kHz。当然，这两个频率要处处保持相差 465 kHz 是困难的。但是，可以做到高、低两点相差 465 kHz。

先将信号发生器调至 600 kHz，收音机刻度盘调到 600 kHz，移动天线线圈 T1 在磁棒上的位置，使扬声器的声音最响，低端统调初步完成。再将信号发生器调至 1 500 kHz，收音机刻度盘调到 1 500 kHz，调双联上的输入回路微调电容器，使扬声器的声音最响，高端统调初步完成。这个调整也存在高、低端的相互影响，因此也要反复调整几次。调完后可用蜡将天线线圈固定在磁棒上。

提醒：在上述调整中，应使用无感旋具（不锈钢、塑料等材料），且其尺寸大小应适当；调整时不能用力过大，以防磁芯破碎。

2. 没有仪器情况下的调整方法

在没有信号发生器的情况下，可以采用已知频率的广播信号作为信号源。调整方法与上面基本相同，只是所用信号变成了广播信号，如需要高频信号，可在高端接收一个广播电台，例如 1 179 kHz 的广播；如需要低频信号，也可在低端接收一个广播电台，例如 603 kHz 的广播。所调元器件与上述有仪器时完全相同。

1）动态调试前做标记

在没有专用仪器的情况下，收音机的调整需要一定的方法和技巧，因而一般不要轻易调整中周和微调电容，以免调乱。动态调试前应先做好标记，记住被调整元器件的原始位置。

2）调试听音，及时归位

调试无改善时要及时归位。当用无感旋具顺时针调整磁芯一定角度不能改善接收效果时（声音的大小和音质），应及时退回到起始位置，然后再试着反时针调整磁芯。如此反复调整对比效果，使之达到最佳。若反调也不能改善接收效果，要及时调回到起始位置，因为问题也许不是出在本级。如果不及时退回到磁芯的起始位置，将会越调越乱。

（四）检测调试中的常见故障及处理

整机装配完毕后，一般会出现两种问题：一是可以收听到电台，但台少，或不清晰、失真，需要调试。二是收听不到电台，或无声。这就需要进行检测，找出问题，加以解决。

1. 常见故障

整机调试过程中，故障多出现在元器件、线路和装配工艺三方面，常见的故障有：

(1)焊接故障，如漏焊、虚焊、错焊、桥接等故障现象。

(2)装配故障，如机械安装位置不当、错位、卡死，电气连线错误、遗漏、断线等。

(3)元器件安装错误。

(4)元器件失效，如元器件损坏或元器件参数达不到要求等。

(5)连接导线的故障，如导线错焊、漏焊，导线烫伤，多股芯线部分折断等。

2. 故障查找方法

常用的故障查找方法有观察法、测量法、信号注入法、比较法、替换法等。

1)观察法

观察法是通过人体感觉发现电子线路故障的方法。这是一种最简单、最安全的方法，也是各种电子设备通用的检测过程的第一步。

利用此法可以判断出元器件的安装错误、错焊、漏焊及搭焊。

提示：装配完毕，进行自查、互查、对比查，可以有效地排除装配过程中出现的“人为”问题。

2)测量法

测量法是使用测量仪器测试电路的相关电参数，与产品技术文件提供的参数作比较，判断故障的一种方法。测量法是故障查找中使用最广泛、最有效的方法。

在收音机故障诊断中主要是测量各级电流及电压。

3)信号注入法

信号注入法就是从信号处理电路的各级输入端，输入已知的外加测试信号，通过终端指示器(例如指示仪表、扬声器、示波器等)或检测仪器来判断电路工作状态，从而找出电路故障。

对于收音机可以采用万用表 R×10 挡，红表笔接电池负极(地)，黑表笔碰触放大器输入端，此时扬声器应发出“咯咯”声。然后手握螺丝刀金属部分去碰放大器输入端，从扬声器听反应，此法简单易行，但响应信号微弱，不经三极管放大则听不到声音。

3. 常见故障检修方法

晶体管收音机的一些常见故障有：完全无声、声小、灵敏度低、声音失真、时响时不响和啸叫声等。

1)判断故障位置

首先判断故障在低放之前还是低放之中(包括功放)。

接通电源开关将音量电位器开至最大，扬声器中没有任何响声，可以判定低放部分肯定有故障。

判断低放之前的电路工作是否正常，则可将音量关小，万用表置直流 0.5 V 挡，两表笔接在音量电位器非中心端的两端上，一边从低端到高端拨动音量调节盘，一边观看万用表指针，若发现指针摆动，即可判断低放之前电路工作基本上是正常的，若无摆动则说明低放之前的电路中也有故障，这时仍应先解决低放电路的问题，然后再解决低放之前电路中的问题。

2)完全无声的故障检修

收音机完全无声是一种最常见故障。所涉及的原因较多,可以直观检查出扬声器断线、开关失灵等许多原因造成完全无声故障,也可以用万用表的电流挡串接在电源的供电回路中测试整机电流来检查完全无声的故障。

正常收音机的静态电流一般为10~15 mA。整机电流测试常见现象如下:

(1)无电流。整机电流为零时,是电源没接通的情况。首先检查电池电压是否达到正常值,有无电池接反的情况。

(2)电流大。当整机电流大得多时,说明电路中有短路现象,应先关断电源,用万用表查出短路的地方。

(3)电流基本正常。如果整机电流基本正常,但仍无声,应做如下检查:①中放电路工作点低否;②本机振荡起振否;③交流通路断路否。

完全无声的故障也可将音量开大,用万用表直流电压10 V挡,黑表笔接地,红表笔分别触碰电位器的中心端和非接地端(相当于输入干扰信号),可能出现三种情况:

(1)碰非接地端喇叭中无"咯咯"声,碰中心端时喇叭有声,这是由于电位器内部接触不良,可更换或修理,以排除故障。

(2)碰非接地端和中心端均无声,说明完全无声是由低放电路造成的。这时用万用表R×10挡,两表笔碰触喇叭若有"咯咯"声,说明喇叭完好,然后用万用表电阻挡接触电解电容C9的正极,喇叭中如无"咯咯"声,说明耳机插孔接触不良或者喇叭的导线已断,若有"咯咯"声,则应检查推挽功放电路,检查顺序如下:

①检查VT5、VT6工作是否正常,T5次级有无断线。

②测量VT4的直流工作状态,若无集电极电压,则T5初级断线;若无基极电压,则R5开路;若红表笔触碰电位器中心端无声,触碰VT4基极有声,说明电容C6开路或失效。

(3)用干扰法触碰电位器的中心端和非接地端,喇叭均有声,则说明低放工作正常。

3)无台故障检修

无台指将音量开大,喇叭中有轻微的"沙沙"声,但调谐时收不到电台。

(1)测量VT3的集电极电压,若无,则说明R4开路或C5短路;若电压不正常,检查R4是否良好。测量VT3的基极电压,若无,则可能R3开路,或T4次级断线或C4短路。

(2)测量VT2的集电极无电压,是T4初级线圈有开路。

(3)测量VT2的基极无电压,是T3次级断路或脱焊;电压正常,但干扰信号的注入,在喇叭中没有响声,是VT2损坏。

(4)测量VT1的集电极无电压,是T2次级线圈断线或T3初级线圈有断线;电压正常,喇叭中无"咯咯"声,则为T3次级线圈有短路或槽路电容短路。如果中周内部线圈有短路故障时,由于匝数较少,所以较难测出,可采用替代法加以验证。

(5)测量VT1的基极无电压,可能是R1或T1次级开路或C1短路;电压高于正常值,是VT1发射极开路;电压正常,但无声,是VT1损坏。

到此如果还收不到电台,则进行下面的检查。

将万用表拨至直流电压挡,两表笔并接于R2两端,用镊子将T2的初级短路一下,看表针指示是否减小(一般减小0.2~0.3 V)。电压不减小,说明本振没有起振,振荡耦合电容C2失效或开路、C1短路(此时VT1基极无电压),T2初级线圈内部断路或短路、质量不好;

电压减小很少，说明本机振荡太弱，是 T2 受潮，或双联电容漏电、微调电容，或 VT1 质量不好。电压减小正常，断定故障在输入回路，查双联电容有无短路，电容质量如何，磁棒线圈 T1 初级有无断线。

4）杂音较大故障检修

杂音较大的故障往往和变频管 VT1 的质量有关，可以更换变频管试一试。另外，变频管集电极电流太大也会引起杂音大，一般变频管的集电极电流不要超过 0.6 mA。

本机振荡过强则会产生啸叫声。产生的原因可能是电源电压过高、变频级电流过大等。

消除方法是：把振荡耦合电容 C2 的容量减小到 5 100 pF，或 C2 回路里串一只 10 Ω 左右的电阻。此外，还可以对调磁棒次级线圈的接头、微调中频变压器（中周）等。

中频放大器自激也会产生强烈的啸叫声，这种啸叫声布满全部刻度盘，除强电台的广播能接收到外，稍微偏调一点就产生啸叫。判断是不是中放自激的方法是：断开变频管集电极，如果仍然啸叫，就是中放自激，如果啸叫停止，说明啸叫来自变频级。

造成中放自激的原因和处理方法是：中周外壳接地不良，失去屏蔽作用，可以重新焊接好；中放管质量不好，内部反馈太大，应更换管子；中放管 β 值过高引起自激，应更换 β 值稍微低的管子；两个中周的次序焊错，造成自激，应调换焊好。

5）时响时不响故障检修

时响时不响是收音机制作中典型的常见故障，属接触不良故障。故障的主要原因是虚焊、印制线路或焊盘断裂等。当然还有其他一些因素，如变频级晶体管工作在临界状态，或中放自激等。

时响时不响故障的解决方法是：将松动的焊点、虚假焊的焊点重新焊牢。

故障检修完成后，收音机应能收听到电台播音，可以进入调试步骤。

提醒：在检修过程中，不要随意拆焊元器件，只有在确定或高度怀疑元器件损坏的情况下才可拆下，进行离线检测。

收音机调试完成后，将调谐盘固定在双联轴上，电路板固定在收音机前框上，固定喇叭，电源引线和喇叭引线埋入适当位置，盖上后盖，这样就可宣告一台超外差收音机组装调试完毕。

提示：学好电子技术需要理论和实践的结合，一定要多动手！

附　录

附录一　电气电路图常用符号

一、常用文字符号

电气电路图中常用电子元器件、部件、组件、设备、装置的基本文字符号代码见附表 1-1。

附表 1-1　常用电子元器件、部件、组件、设备、装置的基本文字符号代码

种类	字母符号		举例
	单字母	双字母	
组件部件	A		分立元件放大器、激光器、印制电路板
		AB	电桥
		AD	晶体管放大器
		AJ	集成电路放大器
变换器(从非电量到电量或从电量到非电量)	B		热电传感器、热电池、光电池、测功计、旋转变压器、变换器或传感器(用做指示和测量)
		BC【注】	晶体换能器
		BP【注】	送话器
		BM【注】	拾音器
		BL【注】	扬声器
		BE【注】	耳机
		BP	压力变换器
		BR	旋转变换器(测速发电机)
		BT	温度变换器
		BV	速度变换器
电容器	C		
二进制单元 延迟器件、存储器件	D		数字集成电路和器件、延迟线、寄存器双稳态元件、单稳态元件、磁芯存储器、寄存器
杂项	E	EH	发热器件
		EL	照明灯

续附表 1-1

种类	字母符号		举例
	单字母	双字母	
保护器件	F		过电压放电器件、避雷器
		FA	具有瞬时动作的限流保护器件
		FR	具有延时动作的限流保护器件
		FS	具有延时和瞬时动作的限流保护器件
		FU	熔断器
		FV	限压保护器件
发电机、电源	G		旋转发电机、振荡器、发生器、同步发电机、异步发电机、蓄电池
信号器件	H	HA	声响指示器
		HL	光指示器、指示灯
继电器 接触器	K	KA	交流继电器
		KA	电流继电器
电感器、电抗器	L		
电动机	M		
模拟元件	N		运算放大器
测量设备 试验设备	P	PA	电流表
		PJ	电度表
		PV	电压表
电力电路开关	Q		自动开关、转换开关、刀开关、负荷开关
		QF	断路器
		QS	隔离开关
电阻器	R		电阻器
			变阻器
		RP	电位器
		RS	测量分路表
		RT	热敏电阻器
		RV	压敏电阻器
		RG【注】	光敏电阻器
		RS【注】	湿敏电阻器

续附表 1-1

种类	字母符号		举例
	单字母	双字母	
控制、记忆、信号电路的开关器件选择器	S	SA	控制开关、控制开关
		SB	按钮开关
		SP	压力传感器
		SQ	位置传感器(包括接近传感器)
		ST	温度传感器
变压器	T	TA	电流互感器
		TV	电压互感器
调制器、变换器	U		鉴频器、解调器、变频器、编码器、变流器、逆变器、整流器
半导体器件电真空器件	V	VG【注】	气体放电管
		VD【注】	二极管
		VT【注】	晶体管
		VT 或 VS【注】	晶闸管
		VC【注】	控制电路用电源的整流器
传输通道、天线	W		导线、电缆、母线、偶极天线、抛物天线
端子插头插座	X		连接插头和插座、接线柱、电缆封端和接头、焊接端子板
		XB	连接片
		XJ	测试插孔
		XP	插头
		XS	插座
		XT	端子板
滤波器均衡器、限幅器	Z		晶体滤波器

注:表中双字母符号一栏中带【注】上角标的双字母符号,不是 GB 7159 标准规定的优先采用符号,而是按照 GB 7159 标准补充文字符号规律和原则制定的常见符号。

二、常用图形符号

电子电路图中常用的不同类别的图形符号见附表 1-2 ~ 附表 1-11。

附表 1-2　常见无源元件的图形符号

名称	图形符号	文字符号	说明或旧符号	名称	图形符号	文字符号	说明或旧符号
电阻器		R	电阻器一般符号	压敏电阻器变阻器	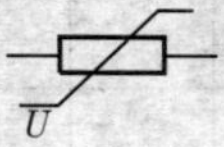	R 或 RV	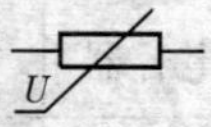 U可以用V代替
		R	一般用于加热电阻				
可变电阻器				热敏电阻器	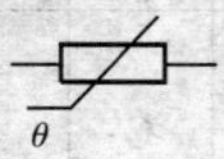	R 或 RT	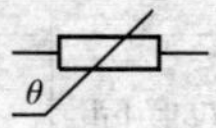 θ可以用t°代替
光敏电阻器		R 或 RG		磁敏电阻器	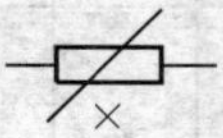	R	
电阻器	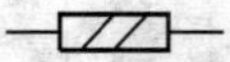	R	0.125 W 电阻器	电阻器	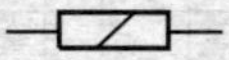	R	0.25 W 电阻器
电阻器		R	0.5 W 电阻器	电阻器	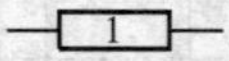	R	1 W 电阻器，大于 1 W 都用数字表示
熔断电阻器	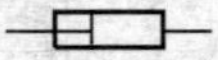	R		滑线式变阻器	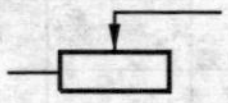	R	带箭头的为滑动接点
两个固定抽头的电阻器	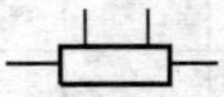	R	可增加或减少抽头数目	两个固定抽头的可变电阻器	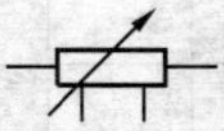	R	可增加或减少抽头数目
分路器，带分流和分压接头的电阻器	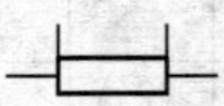	R		带开关的滑动触点电位器	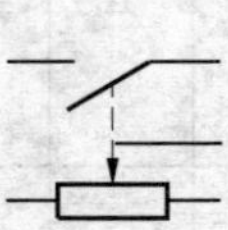	RP	带箭头的为滑动接点
滑动触点电位器		RP	带箭头的为滑动接点	加热元件	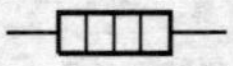	R	
电容器	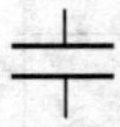	C	电容器一般符号，旧符号为 	极性电容器		C	旧符号有： 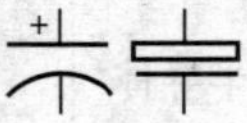

续附表 1-2

名称	图形符号	文字符号	说明或旧符号	名称	图形符号	文字符号	说明或旧符号
可变电容器	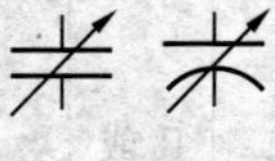	C	可调电容器	微调电容器	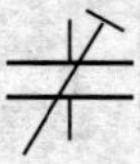	C	
热敏极性电容器	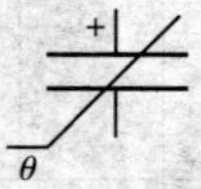	C	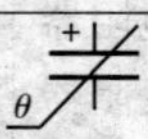 θ可以用t°代替	压敏极性电容器	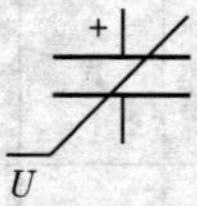	C	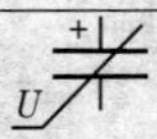 U可以用V代替
双联同调电容器	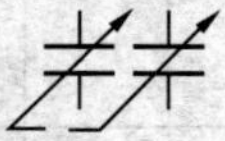	C		扼流圈、电抗器			一般符号
电感器、线圈、绕组、扼流圈		L		带磁芯、铁芯的电感器	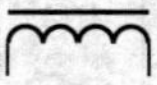		
磁芯有间隙的电感器	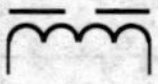	L		带磁芯连续可调的电感器	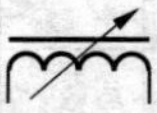	L	
有两个抽头的电感器		L	可增加或减少抽头数目,抽头也可外侧引出	可变电感器	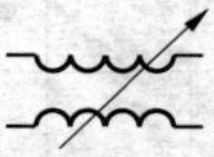	L	
铁氧体磁珠		L		延迟线	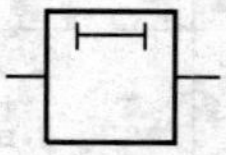	D	一般符号
具有三个电极的压电晶体		B		具有两对电极的压电晶体		B	
两电极压电晶体		B					

注:这里所说的旧符号是指 GB/T 4728—1985 及以前的标准规定的符号,下同。

附表 1-3　常见半导体和电子管类元器件的图形符号

名称	图形符号	文字符号	说明或旧符号	名称	图形符号	文字符号	说明或旧符号
半导体二极管	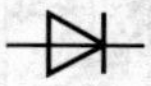	VD	一般符号,左为正极,右为负极	发光二极管		VD	

续表附 1-3

名称	图形符号	文字符号	说明或旧符号	名称	图形符号	文字符号	说明或旧符号
温度效应二极管	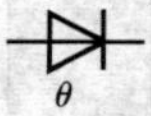	VD	θ可以用 t°代替	变容二极管			
隧道二极管		VD		单向击穿二极管		VD	稳压管
双向击穿二极管		VD		体效应二极管		VD	
双向二极管	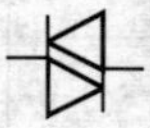	VD	交流开关二极管	阶跃二极管	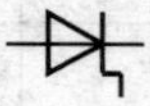	VD	
磁敏二极管	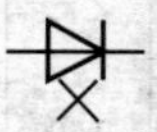	VD		单隧道二极管		VD	反向二极管
光电二极管		VD		光电池		BP	
反向阻断晶体闸流管（N 型控制极）		VS	阳极侧受控	反向阻断晶闸管（P 型控制极）	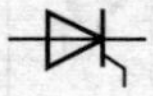	VS	阴极侧受控
可关断三极晶闸管（P 型控制极）	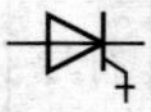	VS	阴极侧受控	双向三极晶体闸流管		VS	三端双向晶体闸流
可关断三极晶闸管（N 型控制极）	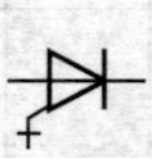	VS	阳极侧受控	光控晶体闸流管		VS	
PNP 型三极管		VT	晶体三极管	NPN 型三极管		VT	
NPN 型三极管		VT	集电极接管壳	N 型基极单结型半导体管		VT	P 型基极箭头相反

续附表 1-3

名称	图形符号	文字符号	说明或旧符号	名称	图形符号	文字符号	说明或旧符号
N型沟道结型场效应管		VT	P型沟道箭头相反	增强型单栅N沟道和衬底无引出线绝缘栅场效应管	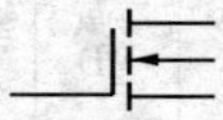	VT	P型沟道箭头相反
耗尽型单栅N沟道和衬底无引出线绝缘栅场效应管	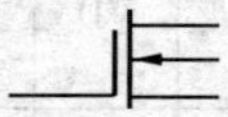	VT	P型沟道箭头相反	耗尽型双栅N沟道和衬底无引出线绝缘栅场效应管	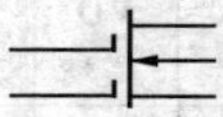	VT	
磁敏三极管	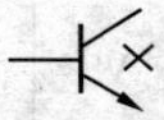	VT	NPN型				

附表 1-4　常见光电元器件的图形符号

名称	图形符号	文字符号	说明或旧符号	名称	图形符号	文字符号	说明或旧符号
PNP型光电三极管		V	有的带有基极引线	NPN型光电三极管		V	有的带有基极引线
光耦合器、光隔离器	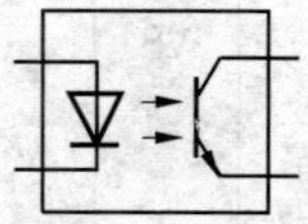			光电二极管型光耦合器	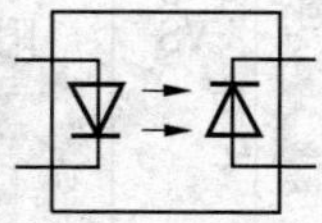		
达林顿型光耦合器	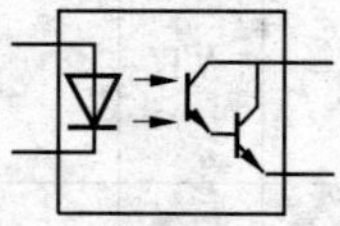			光电三极管型光耦合器	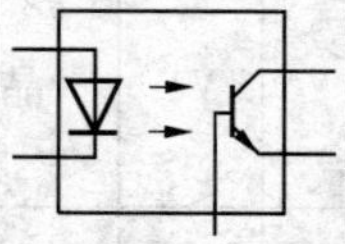		
光电二极管和NPN三级管	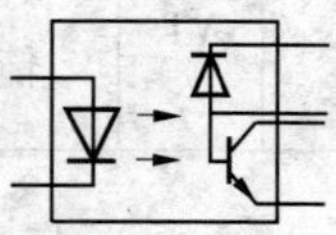			集成电路光耦合器	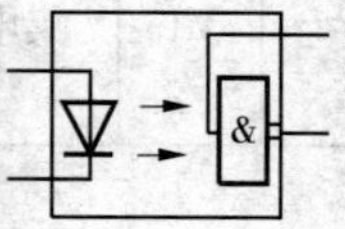		

续附表 1-4

名称	图形符号	文字符号	说明或旧符号	名称	图形符号	文字符号	说明或旧符号
发光数码管	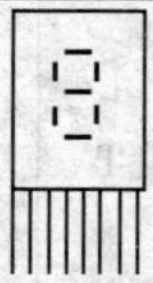			光电转换器	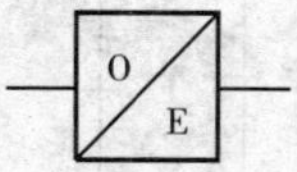		

表附 1-5 常见天线、指示灯、电声换能器件的图形符号

名称	图形符号	文字符号	说明或旧符号	名称	图形符号	文字符号	说明或旧符号
天线		W	一般符号	灯和信号灯		H	
闪光型信号灯		HL		电铃		HA	
蜂鸣器		HA		传声器（话筒）		BM	一般符号
受话器（耳机）		BE	一般符号	扬声器		BL	一般符号
扬声器－传声器	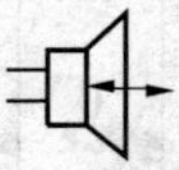	B				B	

附表 1-6 常见电机、变压器、换流器的图形符号

名称	图形符号	文字符号	说明或旧符号	名称	图形符号	文字符号	说明或旧符号
直流电动机		M		直流伺服电动机		M	
交流电动机		M		交流伺服电动机		M	
步进电动机		M		直线电动机	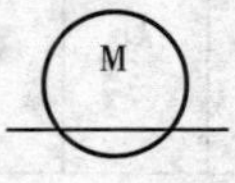	M	

续附表 1-6

名称	图形符号	文字符号	说明或旧符号	名称	图形符号	文字符号	说明或旧符号
双绕组变压器	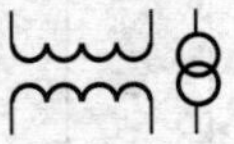	T		绕组间有屏蔽双绕组变压器		T	
带铁芯双绕组变压器		T		绕组上有中间抽头的变压器		T	抽头数可增加
电流互感器、脉冲变压器	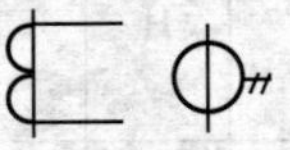	TA		电压互感器	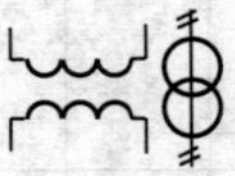	TV	
单相自耦变压器	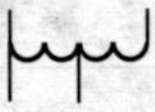	T		可调压的单相自耦变压器	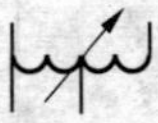	T	
整流器		UR	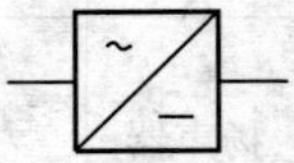	桥式全波整流器	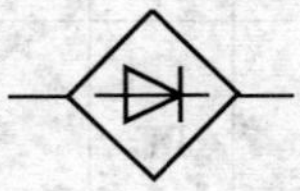	UR	左为直流正输出，右为直流负输出
逆变器		UN		整流器/逆变器		U	
直流变换器	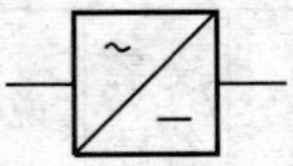			电光转换器	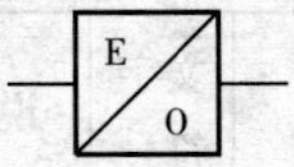		

附表 1-7　常见模拟与数字单元电路的图形符号

名称	图形符号	文字符号	说明或旧符号	名称	图形符号	文字符号	说明或旧符号
调制器、解调器或鉴别器	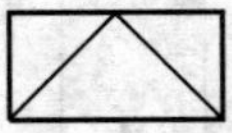	U	一般符号	调频器、鉴频器	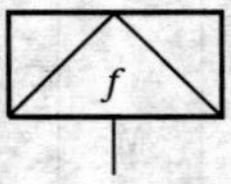	U	

续附表 1-7

名称	图形符号	文字符号	说明或旧符号	名称	图形符号	文字符号	说明或旧符号
调相器、鉴相器	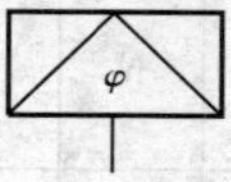	U		运算放大器	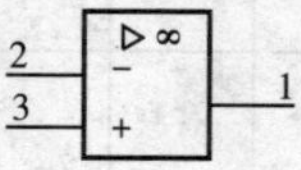	N	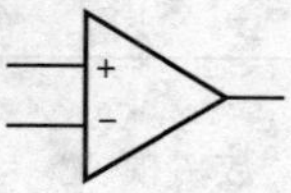
调幅器、解调器	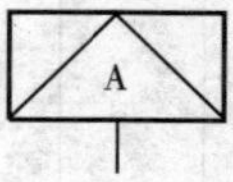	U					
检波器	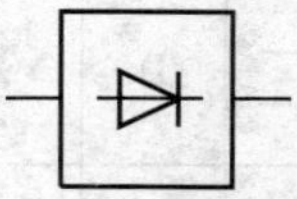			振荡器	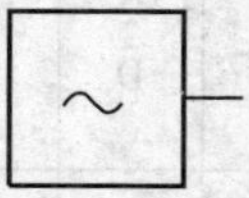	G	
超音频、射频、载频振荡器	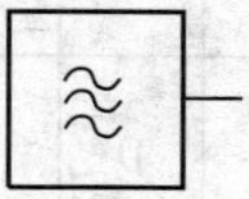	G		多谐振荡器	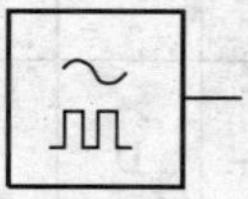	G	
晶体振荡器	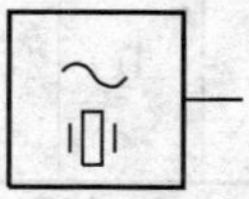	G	一般符号	压控振荡器	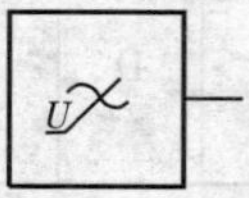	G	
可调衰减器	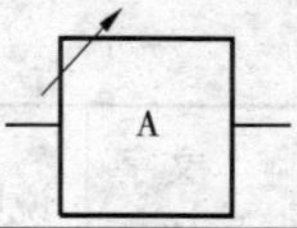	A	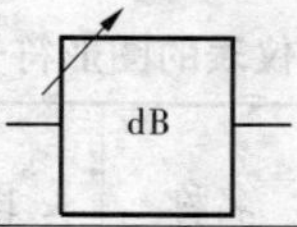	固定衰减器		A	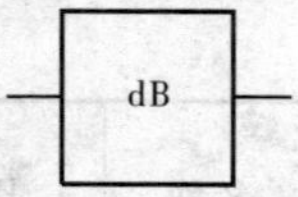
放大器	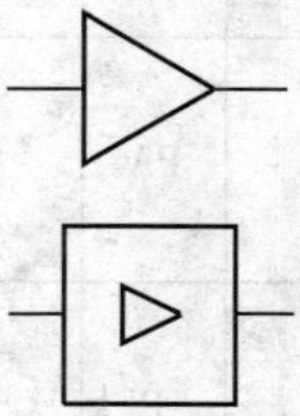	A	一般符号，三角形指向传输方向	可调放大器	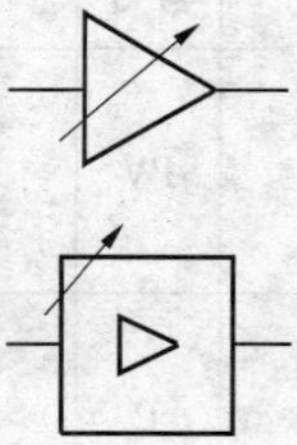	A	
滤波器	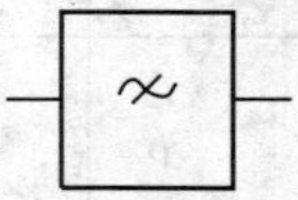	Z	一般符号	高通滤波器	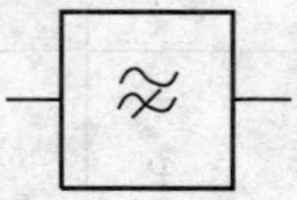	Z	
低通滤波器	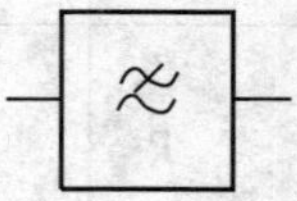	Z		带通滤波器	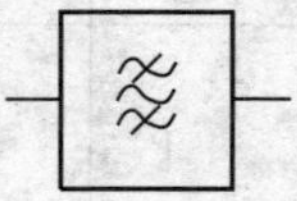	Z	
带阻滤波器	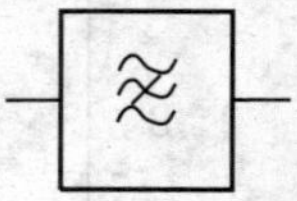	Z		声表面波滤波器	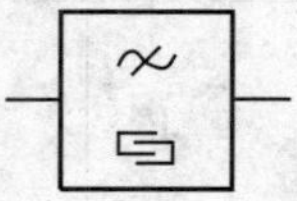	N	SAW

续附表 1-7

名称	图形符号	文字符号	说明或旧符号	名称	图形符号	文字符号	说明或旧符号
变频器	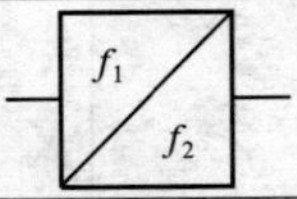	N	频率由 f_1 变为 f_2	分频器	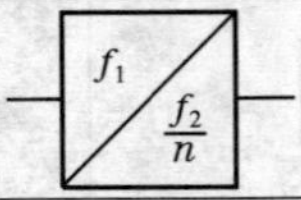	N	
数－模转换器		N		模－数转换器	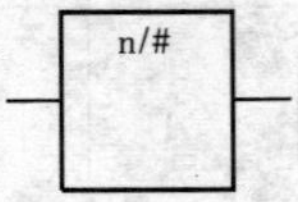		
加法器	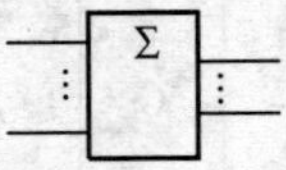	D	通用符号	乘法器	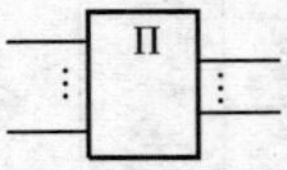	D	通用符号
减法器	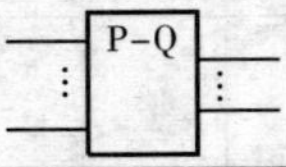	D	通用符号	与门	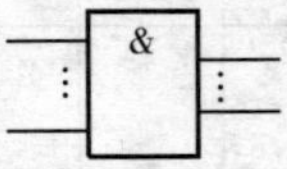	D	
与非门	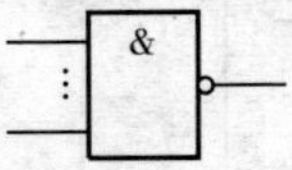	D		或门	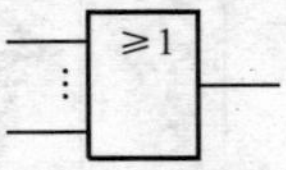	D	
非门反相器	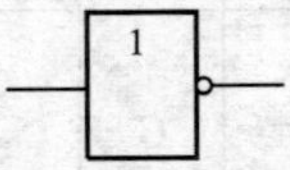	D		施密特触发器与非门	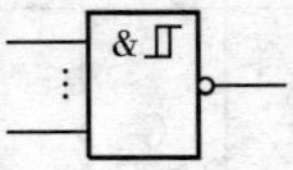	D	

附表 1-8　常见测量仪表的图形符号

名称	图形符号	文字符号	说明或旧符号	名称	图形符号	文字符号	说明或旧符号
电压表		PV		电流表		PA	
功率表		P		频率表		P	
相位表		P		示波器		P	
检流器		P		温度计		P	
电度表	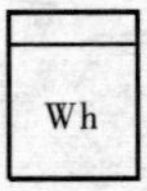	P		霍尔发生器	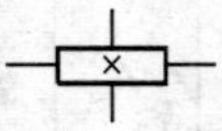	B	

续附表 1-8

名称	图形符号	文字符号	说明或旧符号	名称	图形符号	文字符号	说明或旧符号
热电偶	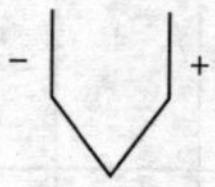	B	示出极性符号	带有隔离加热元件的热电偶		B	

附表 1-9　常见接插件、导线及其连接、接地的图形符号

名称	图形符号	文字符号	说明或旧符号	名称	图形符号	文字符号	说明或旧符号
插座或插座的一个极	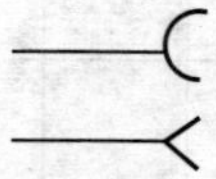	XS		插头或插头的一个极		XP	
插头和插座（凸头和内孔）	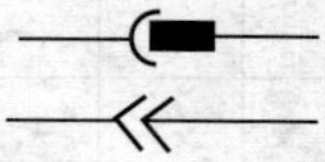	X		两极插头（插塞）和插孔	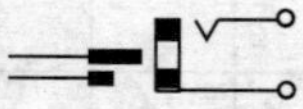	X	左边插塞中长极为插塞尖，短极为插塞体
同轴的插头和插孔	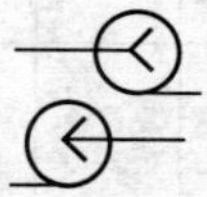	X	示出断开的插孔	同轴插接器		X	
同轴电缆同轴对		X		屏蔽导线		X	
导线				导线组	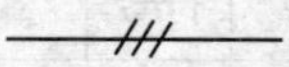		示例为 3 根导线
导线组	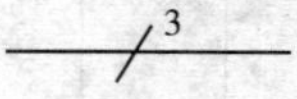		示例为 3 根导线	柔软导线			
绞合导线	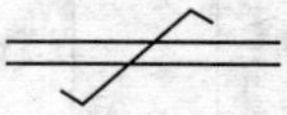		示出 2 股	端子		X	
可拆卸的端子		X		导线的连接点			

续附表 1-9

名称	图形符号	文字符号	说明或旧符号	名称	图形符号	文字符号	说明或旧符号
导线的连接	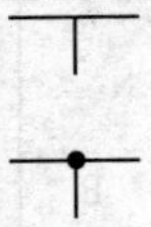			导线的交叉连接			
导线的多线连接	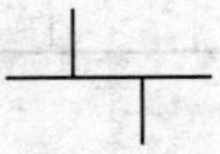			导线的不连接（跨越）			
导线的不连接单线表示法			示出 2×3 线	导线或电缆的分支和合并	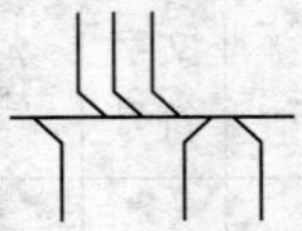		
导线的交叉连接单线表示法			示出 3×3 线	接地		E	一般符号
保护接地				接机壳或接底板	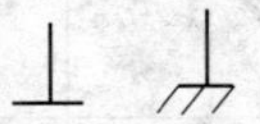		
无噪声接地			抗干扰接地	等电位			

附表 1-10　常见开关与触点、控制与保护器件的图形符号

名称	图形符号	文字符号	说明或旧符号	名称	图形符号	文字符号	说明或旧符号
动合（常开）触点，开关	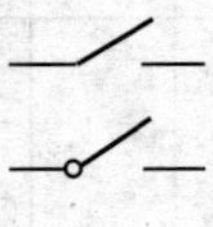	S	开关的一般符号	动断（常闭）触点			
先断后合的转换触点	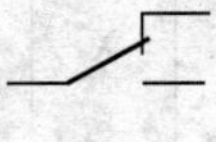			中间断开的双向触点	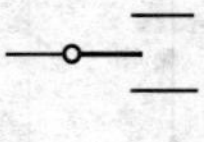		
手动开关	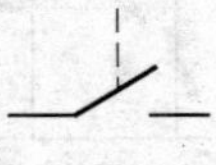	S	一般符号	动合按钮开关	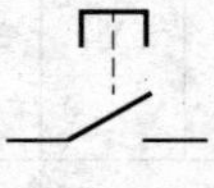	SB	不闭锁（自动复位）

续附表 1-10

名称	图形符号	文字符号	说明或旧符号	名称	图形符号	文字符号	说明或旧符号
拉拔开关	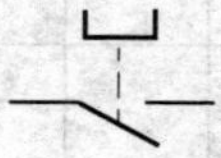	S	不闭锁	旋钮开关,旋转开关		S	闭锁
单极 4 位开关	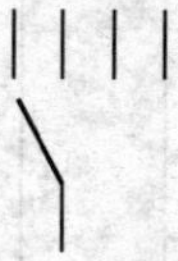	S		3 极联动开关		S	
接触器(在非动作位置触点断开)				接触器(在非动作位置触点闭合)			
继电器的线圈	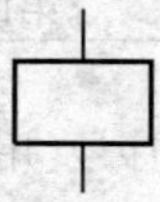	K	一般符号,触点另加,相同	交流继电器的线圈	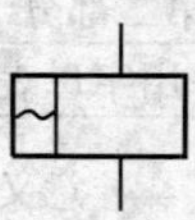	K	触点另加
断路器		QF		隔离开关		QS	
负荷开关		QL		熔断器	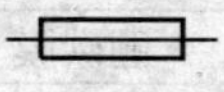	FU	
				保护用充气放电管	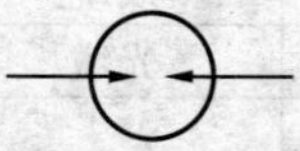	F	
避雷器				火花间隙			

附表 1-11　常见电压、电流、波形及其他图形符号

名称	图形符号	文字符号	说明或旧符号	名称	图形符号	文字符号	说明或旧符号
直流	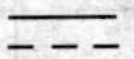	DC	——	锯齿波			
交流		AC		交直流	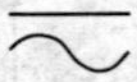		
非电离的电磁辐射（无线电波、可见光）				屏蔽（护罩）			可画成任何方便的形状

附录二　国产电阻器型号命名方法

国产电阻器和电位器的型号命名方法如附表 2-1 所示。

附表 2-1　国产电阻器和电位器的型号命名方法

第一部分		第二部分		第三部分			第四部分
主称（用字母表示）		材料（用字母表示）		特征分类（用数字或字母表示）			序号（用数字表示）
符号	意义	符号	意义	符号	意义		
					电阻器	电位器	
R	电阻器	T	碳膜	1	普通	普通	对主称、材料相同，仅性能指标、尺寸大小有差别，但基本不影响互换使用的产品，给予同一序号；若性能指标、尺寸大小明显影响互换使用，则在序号后面用大写字母作为区别代号
		H	合成膜	2	普通	普通	
		S	有机实芯	3	超高频	—	
		N	无机实芯	4	高阻	—	
		J	金属膜（箔）	5	高温	—	
		Y	氧化膜	6	—	—	
		C	沉积膜	7	精密	精密	
		I	玻璃釉膜	8	高压	特殊函数	
W	电位器	P	硼碳膜	9	特殊	特殊函数	
		U	硅碳膜	G	高功率	—	
		X	线绕	T	可调	—	
		G	光敏	D	—	多圈	
				C	温度测量用	—	
				X	小型		
				P	旁热式	—	
				W	—	微调	
				Z	正温度系数	—	

电阻器和电位器的型号命名方法如附图 2-1 所示。

示例：

①RJ73——R（电阻器）J（金属膜）7（精密）3，即精密金属膜电阻器；

②WXD3——W（电位器）X（线绕）D（多圈）3，即多圈线绕电位器；

③WSW2——微调有机实芯电位器。

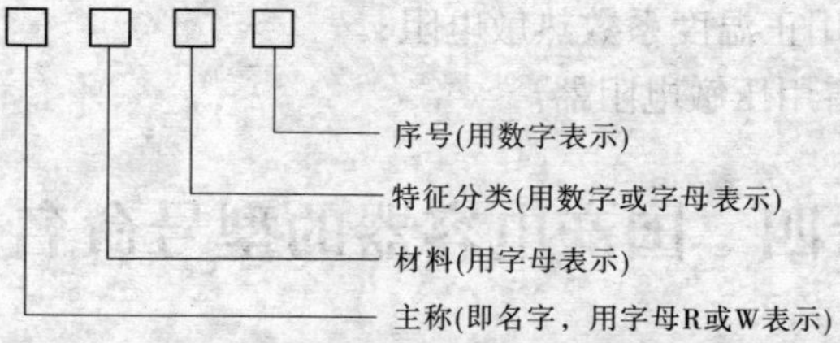

附图 2-1　电阻器和电位器的型号命名方法

附录三　国产敏感器件型号命名方法

国产敏感器件的型号命名方法如附表 3-1 所示。

附表 3-1　国产敏感器件的型号命名方法

第一部分		第二部分		第三部分														第四部分
主称		类别		用途或特征														序号
字母	意义	字母	意义	热敏电阻器		压敏电阻器		光敏电阻器		湿敏电阻器		气敏电阻器		磁敏元件		力敏元件		
		Z	PTC	数字	用途或特征	字母	用途或特征	数字	用途或特征	字母	用途或特征	字母	用途或特征	字母	用途或特征	数字	用途或特征	
M	敏感元件	F	NTC	0	特殊用	C	消磁用	0	特殊用	C	测湿用	Y	烟敏	Z	电阻器	1	硅应变片	
				1	普通用	W	稳压用	1	紫外光	K	控湿用	K	可燃用	W	电位器			
		Y	压敏电阻	2	稳压用	G	高压保护用	2	紫外光							2	硅应变片	
		S	湿敏电阻	3	微波测量用	P	高频用	3	紫外光							3	硅林	
		Q	气敏电阻	4	旁热用	N	高能用	4	可见光									
		G	光敏电阻	5	测温用	K	高可靠用	5	可见光									
		C	磁敏电阻	6	控温用	L	防雷用	6	可见光									
		L	力敏电阻	7	消磁用	H	灭弧用	7	红外光									
				8	线性用	Z	消噪用	8	红外光									
				9	恒温用	B	补偿用	9	红外光									

示例：

①MF11——负温度系数热敏电阻；

②MZ72A——消磁用正温度系数热敏电阻；

③MYL20D——防雷用压敏电阻器。

附录四　国产电容器的型号命名方法

国产电容器的型号命名方法如附表 4-1 所示。

附表 4-1　国产电容器型号命名方法

第一部分		第二部分		第三部分					第四部分
主称（用字母表示）		材料（用字母表示）		特征分类（用数字或字母表示）					序号（用数字表示）
符号	意义	符号	意义	符号	意义				
					瓷介	云母	有机薄膜	电解	
C	电容器	C	瓷介	1	圆片	非密封	非密封	箔式	对主称、材料相同，仅尺寸、性能指标略有不同，但基本不影响互换使用的产品，给予同一序号；若尺寸性能指标的差别明显，影响互换使用时，则在序号后面用大写字母作为区别代号
		Y	云母	2	管形	非密封	非密封	箔式	
		I	玻璃釉	3	叠片	密封	密封	烧结粉，非固体	
		O	玻璃膜	4	独石	密封	密封	烧结粉，固体	
		Z	纸介	5	穿心	—	穿心	—	
		J	金属化纸	6	支柱	—	—	—	
		B	聚苯乙烯	7	—	—	—	无极性	
		L	涤纶聚酯	8	高压	高压	高压	—	
		Q	漆膜	9	—	—	特殊	特殊	
		S	聚碳酸酯						
		H	纸膜复合						
		X	云母纸介	J	金属膜				
		D	铝（电解）	W	微调				
		A	钽（电解）	G	高功率				
		N	铌（电解）	Y	高压				
		G	合金电解						
		T	钛（电解）						
		E	其他电解						

电容器的型号命名方法如附图 4-1 所示。

注意：在第二个字母 B 后再加一字母是为了区分具体材料，如 CB 为聚苯乙烯电容，而 CBB 为聚丙烯电容。

常用固定电容器有聚酯（涤纶）电容（CL）、聚苯乙烯电容（CB）、聚丙烯电容（CBB）、云母电容（CY）、高频瓷介电容（CC）、低频瓷介电容（CT）、玻璃釉电容（CI）、铝电解电容（CD）、钽电解电容（CA）和铌电解电容（CN）等。

示例：

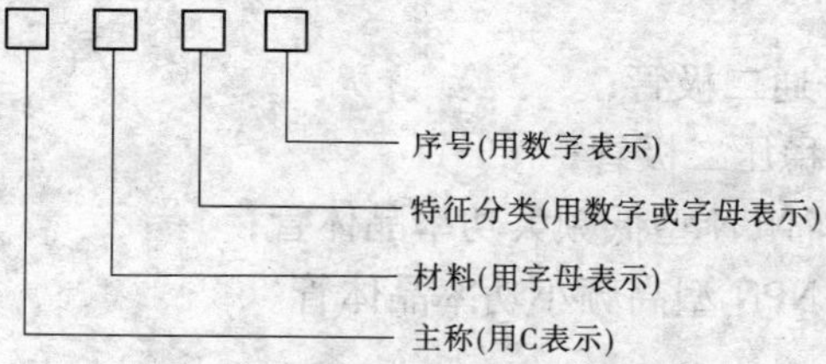

附图 4-1　电容器的型号命名方法

(1)CD11——C(电容器)D(铝)1(箔式电解)1,即铝电解电容器;

(2)CC11——C(电容器)C(瓷介)1(圆片)1,即圆片形瓷介电容器;

(3)CZJX——C(电容器)Z(纸介)J(金属膜)X,即纸介金属膜电容器。

附录五　半导体分立器件的型号命名方法

世界上的不同国家或组织,对半导体器件的命名方法并不相同,下面介绍的是一些常见的国家或组织的半导体分立器件型号命名方法。

一、国产半导体分立器件的型号命名方法

国产半导体分立器件的型号命名方法如附表 5-1 所示。

附表 5-1　国产半导体分立器件型号命名方法

第一部分		第二部分		第三部分		第四部分	第五部分
用数字表示器件电极数目		用汉语拼音字母表示材料和极性		用汉语拼音字母表示器件类型			
符号	意义	符号	意义	符号	意义		
2	二极管	A	N 型,锗材料	P	普通管	用数字表示序号	用拼音表示规格
		B	P 型,锗材料	V	检波管		
		C	N 型,硅材料	W	稳压管		
		D	P 型,硅材料	C	变容管		
3	三极管	A	PNP 型,锗材料	Z	整流管		
		B	NPN 型,锗材料	L	整流堆		
		C	PNP 型,硅材料	S	隧道管		
		D	NPN 型,硅材料	N	阻尼管		
		E	化合物材料	U	光电器件		
				K	开关管		
				X	低频小功率管		
				G	高频小功率管		
				D	低频大功率		
				A	高频大功率		
				T	半导体闸流		
				Y	体效应器件		
				B	雪崩管		
				J	阶跃恢复管		
				CS	场效应器件		
				BT	特殊器件		
				FH	复合管		
				PIN	PIN 型管		
				JG	激光器件		

示例：

①2AP9——锗材料普通二极管；

②2CW55——硅材料稳压二极管；

③3DD207——硅材料 NPN 型低频大功率晶体管；

④3DG12——硅材料 NPN 型高频小功率晶体管。

二、日本半导体器件的型号命名方法

日本半导体器件的型号命名方法如附表 5-2 所示。

附表 5-2　日本半导体器件的型号命名方法

第一部分		第二部分		第三部分		第四部分		第五部分	
用数字表示类型或有效电极数		用 S 表示 EIAJ 注册产品		用字母表示器件的极性及类型		用数字表示在 EIAJ 的登记顺序号		用字母表示对原来型号改进产品	
符号	意义	符号	意义	符号	意义	符号	意义	符号	意义
0	光电二极管、晶体管及其组合管	S	表示已在日本电子工业协会（EIAJ）注册登记的半导体分立器件	A	PNP 型高频管	四位以上的数字	从 11 开始，表示在日本电子工业协会（EIAJ）注册登记的顺序号，不同公司性能相同的器件可以使用同一顺序号，其数字越大越是近期产品	A、B、C、D、E、F、…	用字母表示对原来型号的改进产品
				B	NPN 型高频管				
				C	NPN 型高频管				
				D	NPN 型低频管				
1	二极管			F	P 控制极可控硅				
2	三极管、具有两个以上 PN 结的其他晶体管			G	N 控制极可控硅				
				H	N 基极单结晶体管				
				J	P 沟道场效应管				
				K	N 沟道场效应管				
3	具有四个有效电极或具有三个 PN 结的晶体管			M	双向可控硅				
4	具有 n 个有效电极或具有 $n-1$ 个 PN 结的晶体管								

注：有些日本生产的半导体分立器件外壳上，常采用简化的型号标记方法，即把 2S 省略。例如，2SA1015 简化为 A1015，2SC1815 简化为 C1815。

示例：

①2SA1015——PNP 型高频三极管；

②2SC1815——NPN 型高频三极管；

③2SK2645——N 沟道场效应管。

三、国际电子联合会半导体器件的型号命名方法

国际电子联合会半导体器件的型号命名方法参见附表 5-3。这种命名法被许多欧洲国家采用。

附表 5-3　国际电子联合会半导体器件的型号命名方法

第一部分		第二部分				第三部分		第四部分	
用字母表示使用的材料		用字母表示类型及主要特性				用数字或字母加数字表示登记号		用字母对同一型号分挡	
符号	意义	符号	意义	符号	意义	符号	意义	符号	意义
A	锗材料	A	检波、开关和混频二极管	M	封闭磁路中的霍尔元件	三位数字	通用半导体器件的登记序号(同一类型器件使用同一登记号)	A、B、C、D、E、…	同一型号器件按某一参数进行分挡的标志
		B	变容二极管	P	光敏元件				
B	硅材料	C	低频小功率三极管	Q	发光器件				
		D	低频大功率三极管	R	小功率可控硅				
C	砷化镓	E	隧道二极管	S	小功率开关管				
		F	高频小功率三极管	T	大功率可控硅	一个字母加两位数字	专用半导体器件的登记序号(同一类型器件使用同一登记号)		
D	锑化铟	G	复合器件及其他器件	U	大功率开关管				
		H	磁敏二极管	X	倍增二极管				
R	复合材料	K	开放磁路中的霍尔元件	Y	整流二极管				
		L	高频大功率三极管	Z	稳压二极管				

注:①第一个字母表示材料(A 表示锗管,B 表示硅管),但不表示极性是 NPN 型还是 PNP 型;②凡型号以两个字母开头,并且第一个字母是 A、B、C、D 或 R 的晶体管,大都可以认为是欧洲的产品,或是按欧洲某一厂家专利生产的产品。

示例:

①BU208A——硅材料大功率开关管,参数为 A 挡;

②BT136——硅材料大功率晶闸管。

四、美国半导体器件的型号命名方法

美国晶体管或其他半导体器件的型号命名方法较混乱。附表 5-4 所示为美国晶体管标准型号命名方法,即美国电子工业协会(EIA)规定的晶体管分立器件的型号命名法。

附表 5-4　美国半导体器件型号命名方法

第一部分		第二部分		第三部分		第四部分		第五部分	
用符号表示用途的类型		用数字表示PN结的数目		美国电子工业协会(EIA)注册标志		美国电子工业协会(EIA)登记顺序号		用字母表示器件分挡	
符号	意义	符号	意义	符号	意义	符号	意义	符号	意义
JAN或J	军用品	1	二极管	N	该器件已在美国电子工业协会注册登记	多位数字	该器件在美国电子工业协会登记的顺序号	A、B、C、D、E、…	同一型号的不同挡别
		2	2个PN结器件						
无	非军用品	3	3个PN结器件						
		n	*n*个PN结器件						

注:①第一部分是前缀,第五部分是后缀,中间的三部分为型号的基本部分;②除去前缀以外(一般很少提到前缀),凡型号以1N、2N或3N……开头的晶体管分立器件,如二极管1N4148、1N4007、1N5237和晶体三极管2N5551等,都可以认为是美国产品,或是按美国专利生产的产品;③从型号中无法看出材料、极性、主要特性和类型,如2N开头的既可能是晶体三极管,也可能是场效应管,例如,序号相邻的两器件2N3464和2N3465,前者为硅NPN高频大功率管,而后者是N沟道场效应管。

附录六　集成电路命名方法与国外产品代号

一、国产半导体集成电路命名方法

国产半导体集成电路命名方法见附表6-1。

附表 6-1　半导体集成电路命名方法

第0部分		第一部分		第二部分	第三部分		第四部分	
用字母表示器件符合国家标准		用字母表示		用阿拉伯数字表示器件系列和品种代号	用字母表示器件的工作温度范围		用字母表示器件的封装	
符号	意义	符号	意义		符号	意义	符号	意义
		T	TTL		C	0~70 ℃	W	陶瓷扁平
		H	HTL		E	-40~85 ℃	B	塑料扁平
		E	ECL		R	-55~85 ℃	F	全封闭扁平
		C	CMOS				D	陶瓷直插
		F	线性放大器				P	塑料直插
C	中国制造	D	音响、电视电器		M	-55~125 ℃	J	黑陶瓷直插
		W	稳压器				K	金属菱形
		J	接口电路				T	金属圆形
		B	非线性器件					
		M	存储器					
		μ	微机电器					

例：

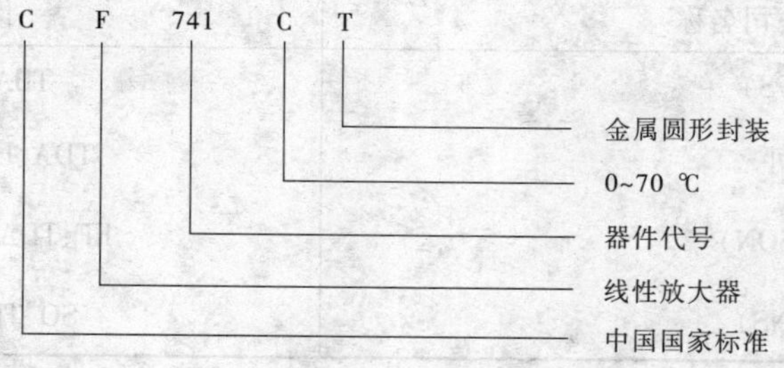

二、国外半导体集成电路命名方法

同半导体分立器件的命名一样，国外不同厂家对半导体集成电路的型号命名方法也不相同，它们有自己的命名方法。一般来说，集成电路的型号由“前缀”、“元器件”、“后缀”三部分组成。“前缀”一般表示公司代号、产品系列和功能分类等，“后缀”常表示封装形式等。

部分国外公司集成电路产品代号如附表 6-2 所示。

附表 6-2　部分国外公司集成电路产品代号

公司名称	代号
美国无线电公司(BCA)	CA、CD、CDM、LM
美国国家半导体公司（NSC）	LM、LF、LH、LP、AD、DA、CD
美国摩托罗拉公司(MOTA)	MC
美国仙童公司(PSC)	μA
美国德克萨斯公司(TII)	TL
美国模拟器件公司(ANA)	AD
美国英特西尔公司(ICL)	IC
美国悉克尼特公司(SIC)	NE
美国史普拉格公司(SPRAGUE)	ULN
日本电气工业公司(NEC)	μPA、μPB、μPC
日本日立公司(HIT)	HA、HD、HM、HN
日本东芝公司(TOS)	TA
日本三洋公司(SANYO)	LA、LB、LC、STK
日本松下公司(Panasonic)	AN
日本三菱公司(Mitsubishi)	M
日本山肯电气有限公司（SANKN）	STR
日本索尼公司(Sony)	BX、CX
日本夏普电子公司(SHARP)	LH、LR、IX
日本新日本无线电公司(JRC)	NJM
韩国三星半导体公司(Samsung)	KA、KM、KS

续附表 6-2

公司名称	代号
荷兰飞利浦公司（PHILIPS）	TBA、TDA
意大利 SGS 电子元件公司	TDA、H、HB、HC
法国汤姆森公司（THOMSON）	EF、TDA、TBA、SFC
德国西门子公司（SIEMENS）	SO、TBA、TDA

常见的国外生产公司集成电路的命名方法如附表 6-3 所示。

附表 6-3　常见的国外生产公司集成电路的命名方法

公司名称	前缀	前缀含义	举例或备注
美国无线电公司（BCA）	CA	线性电路	
	CD	CMOS 数字电路	CD4001、CD4011、CD4093
	CDM	CMOS 大规模电路	
	LM	线性电路	LM386、LM324、LM393、LM339
美国国家半导体公司（NSC）	AD	A/D 转换器	
	DA	D/A 转换器	
	CD	CMOS 数字电路	
	LF	线性场效应	
	LH	线性电路（混合）	
	LM	线性电路	
	LP	线性低功耗电路	
美国摩托罗拉公司（MOTA）	MC	密封集成电路	MC7812
	MMS	存储器电路	
	MLM	线性电路	
日本电气工业公司（NEC）	μPA	组合元件	
	μPB	双极型数字电路	
	μPC	双极型模拟电路	μPC1031、μPC1353、μPC1366
	μPD	单极型数字电路	
日本日立公司（HIT）	HA	模拟电路	HA75339
	HD	数字电路	
	HM	RAM 电路	
	HN	ROM 电路	

续附表 6-3

公司名称	前缀	前缀含义	举例或备注
日本东芝公司(TOS)	TA	双极型线性电路	TA7698、TA7680
	TC	CMOS 电路	
	TD	双极型数字电路	
	TM	MOS 电路	
日本三洋公司(SANYO)	LA	双极型线性电路	
	LB	双极型数字电路	
	LC	CMOS 电路	
	STK	厚膜电路	
日本松下公司(Panasonic)	AN	模拟电路	
	DN	双极型数字电路	
意大利 SGS 电子元件公司	TA	线性电路	
	TB	线性电路	
	TC	线性电路	
	TD	线性电路	TDA，A 为温度代号
	H	高电平逻辑电路	
	HB	CMOS 电路	
	HC	CMOS 电路	

参考文献

[1] 杨承毅.电子元器件的识别和检测[M].北京:人民邮电出版社,2010.
[2] 刘建清.从零开始学电子元器件识别与检测技术[M].北京:国防工业出版社,2007.
[3] 沈小丰.电子技术实践基础[M].北京:清华大学出版社,2005.
[4] 王扬帆.电子技术基础与技能[M].2版.大连:大连理工大学出版社,2010.
[5] 曹振平,王春宏.电子技术实训[M].北京:电子工业出版社,2009.
[6] 王成安.电子技能训练[M].北京:人民邮电出版社,2010.
[7] 冯存喜.电子技能与训练[M].北京:人民邮电出版社,2008.
[8] 杨清学.电子产品组装工艺与设备[M].北京:人民邮电出版社,2007.
[9] 夏西泉.电子工艺实训教程[M].北京:机械工业出版社,2009.
[10] 刘素芳.电子工艺与电子CAD[M].北京:人民邮电出版社,2009.
[11] 王成安.电子产品生产工艺实例教程[M].北京:人民邮电出版社,2009.
[12] 李光兰.电子工艺与设备[M].天津:天津大学出版社,2008.
[13] 金明.电子装配与调试工艺[M].南京:东南大学出版社,2005.
[14] 王迅.电子装配工快速入门[M].北京:北京理工大学出版社,2008.
[15] 夏茂忠.电视机维修实训[M].北京:电子工业出版社,2004.
[16] 王俊峰.学习电路图的方法与技巧[M].北京:机械工业出版社,2007.
[17] 张宪.电气识图及其新标准解读[M].北京:化学工业出版社,2009.
[18] 姜培久,宋久春.印制电路设计标准手册[M].北京:宇航出版社,1993.